Culture – Environment – Society
Humanities and beyond

Volume 6

Edited by
Joanna Godlewicz-Adamiec and Paweł Piszczatowski

Advisory Board:
Friederike Eigler (Georgetown University, Washington DC), Michaela Holdenried (Albert-Ludwigs-Universität Freiburg / Stellenbosch University), Joanna Jurewicz (Uniwersytet Warszawski), Dolors Sabaté Planes (Universidade de Santiago de Compostela), László V. Szabó (Pannon Egyetem Veszprém / Univerzita J. Selyeho Komárno), Manfred Weinberg (Univerzita Karlova, Prag) and Monika Wolting (Uniwersytet Wrocławski)

The volumes of this series are peer-reviewed.

Joanna Godlewicz-Adamiec / Paweł Piszczatowski /
Tomasz Szybisty / Justyna Włodarczyk (eds.)

Literature and Botany

With 7 figures

V&R unipress

Bibliographic information published by the Deutsche Nationalbibliothek
The Deutsche Nationalbibliothek lists this publication in the Deutsche Nationalbibliografie;
detailed bibliographic data are available online: https://dnb.de.

Reviewers: Joela Jacobs (University of Arizona), Urte Stobbe (Universität zu Köln)

© 2025 by Brill | V&R unipress, Robert-Bosch-Breite 10, 37079 Göttingen, Germany, info@v-r.de,
an imprint of the Brill-Group
(Koninklijke Brill BV, Leiden, The Netherlands; Brill USA Inc., Boston MA, USA; Brill Asia Pte Ltd,
Singapore; Brill Deutschland GmbH, Paderborn, Germany; Brill Österreich GmbH, Vienna, Austria)
Koninklijke Brill BV incorporates the imprints Brill, Brill Nijhoff, Brill Schöningh, Brill Fink,
Brill mentis, Brill Wageningen Academic, Vandenhoeck & Ruprecht, Böhlau and V&R unipress.
Unless otherwise stated, this publication is licensed under the Creative Commons License
Attribution 4.0 (see https://creativecommons.org/licenses/by/4.0/) and can be accessed under
DOI 10.14220/9783737018760. Any use in cases other than those permitted by this license
requires the prior written permission from the publisher.

Cover image: © Joanna Godlewicz-Adamiec
Printed and bound by CPI books GmbH, Birkstraße 10, 25917 Leck, Germany
Printed in the EU.

Vandenhoeck & Ruprecht Verlage | www.vandenhoeck-ruprecht-verlage.com

ISSN 2940-6269
ISBN 978-3-8471-1876-3

Contents

Editorial Note 9

Joanna Godlewicz-Adamiec / Paweł Piszczatowski / Justyna Włodarczyk
Literature and Botany: An Ecocritical Exploration of Human-Plant
Relations in Myth, Symbolism, and the Environmental Humanities 11

Botanical-Anthropological Aesthetics and Nature Writing

Marta Czapińska-Bambara (University of Lodz)
Locus silvestris as an Ancient Topos of a Place of Creative Solitude 23

Siegrun Wildner (University of Northern Iowa)
Zwischen „Salweiden" und „Karsterlen": Die magischen Natur- und
Sprachlandschaften in Oswald Eggers lyrischer Prosa 39

Agnieszka K. Haas (Universität Gdańsk)
„Ich bin vor Ihnen, wie eine Pflanze". Pflanzenpflege, Botanik und
poetische Anthropologie Friedrich Hölderlins 51

Laura M. Reiling (Kulturwissenschaftliches Institut Essen)
Ginster-Texte. Schottische Flora bei Burns, Gibbon und Kinsky 71

Philipp Schlüter (Technische Universität Braunschweig)
Die Japanische Schwarzkiefer als ästhetische Epiphanie in
Marion Poschmanns *Die Kieferninseln* (2017) 91

Literary and Real-Life Gardens

Joanna Godlewicz-Adamiec (Universität Warschau)
Rose, Lilie und Katzenminze. Die Verschränkung vom botanischen
Wissen und literarischen Topoi bei Hildegard von Bingen im Vergleich
mit dem *Hortulus* von Walahfrid Strabo 107

Magdalena Koźluk (University of Lodz)
"The gardens of the small world" from the Philosophical Discourse of
Jourdain Guibelet 125

Clémence Laburthe-Tolra (Université d'Angers, Centre Interdisciplinaire
de Recherche sur les Patrimoines en Lettres et Langues)
Vita Sackville-West's Real-Life and Literary Gardens 139

Roxana-Andreea Ghiţă (Universität Craiova)
„... die letzte Vollendung der Idee des Gartens": Überlegungen zum
Gartentopos im Roman *Im Norden ein Berg, im Süden ein See, im Westen
Wege, im Osten ein Fluss* (2003) von László Krasznahorkai 157

On Plant Symbolism in Art and Literature

Joanna Rybowska † (University of Lodz)
The Symbolism of Vine in the Culture of Ancient Greeks 179

Piotr Kociumbas (Universität Warschau)
Lignum Sanctum oder Valerius Herbergers *Arbor Vitae* (1622) auf den
Tod von Daniel Bucretius. Ein Beitrag zur pflanzenkundlichen Deutung
des Lebensbaummotivs im frühneuzeitlichen Trauerschrifttum 197

Grażyna Krupińska (Schlesische Universität Katowice)
Baumsymbolik um 1900 unter Berücksichtigung von
Lou Andreas-Salomés Geschlechtertheorie 221

Yuuki Kazaoka (Kitasato-Universität, Sagamihara)
Ingeborg Bachmanns Gedicht *Im Gewitter der Rosen*. Ein Beispiel für die
Rosensymbolik in der deutschsprachigen Nachkriegsliteratur 233

Lina Užukauskaitė (Universität Salzburg)
Pflanzen und Pflanzenpoetik in Kunst und Literatur: Cy Twomblys
Rosengemälde und ihre literarischen Vorlagen (Ingeborg Bachmann,
Rainer Maria Rilke) 249

Plant Agency and (Eco)Literature

Małgorzata Kowalcze (University of the National Education Commission, Krakow)
The (Non)Human Garden in William Golding's *Lord of the Flies*:
Insights from New Materialism and Ecocriticism 271

Łukasz Kraj (Jagiellonian University in Kraków)
Can a Poem Blossom? Tadeusz Peiper's "Blooming Composition" as an
Example of Affinity between Text and Plant 287

Piotr Kołodziej (University of the National Education Commission, Krakow)
The Silence and the Speech of Plants 301

Beate Sommerfeld (Adam Mickiewicz-University Poznań)
„Es blühete mir die Bude voll" – Friederike Mayröckers Blumensprache
aus neo-materialistischer Perspektive 317

Piotr F. Piekutowski (University of Silesia in Katowice)
Plant Plotting: Econarratological Reading of Olga Tokarczuk's
"Green Children" 333

Magdalena Roszczynialska (University of the National Education Commission, Krakow)
The Named Ties of Nature: The Functions of Botanical Nomenclature in
the Ecoliterature of Michał Książek 349

Editorial Note

The book you are holding is the result of the international conference "Literature and Botany," held from May 20–22, 2022, as part of the inter-university research project "Literature – Contexts" carried out by the Institute of German Studies at the University of Warsaw and the Institute of Modern Languages at the University of the National Education Commission, Krakow and supported by the "Non-Anthropocentric Cultural Subjectivity" Research Center at the Faculty of Modern Languages at the University of Warsaw. The conference brought together scholars from numerous international institutions.

We were honored to host keynote speakers Ursula K. Heise from the University of California, Los Angeles, a distinguished scholar in environmental humanities, and Urszula Zajączkowska from Warsaw University of Life Sciences, a renowned botanist, poet, and essayist. We are also delighted to have had Urte Stobbe, a leading German expert in *plant studies*, as one of our esteemed guests. The contributions of the keynote speakers set the tone for interdisciplinary discussions that bridged literature and botanical studies with environmental consciousness and creative expression.

In addition to the invaluable keynote addresses, we are proud of the collaboration between the University of Warsaw's Botanical Garden and our international partners from UCLA, Albert-Ludwigs-Universität Freiburg, and Universidade de Santiago de Compostela. The collection of papers in this volume reflects the diversity and interdisciplinary nature of the conference, engaging with non-anthropocentric perspectives and the intersections of literature, ecology, and cultural studies.

We hope this volume not only advances current scholarly debates but also inspires future research at the intersection of literature and botanical studies. We express our deepest gratitude to all participants and partners who made this conference and publication possible. Special thanks go to the authorities and staff of the Faculty of Modern Languages at the University of Warsaw, who provided us with full organizational support.

Joanna Godlewicz-Adamiec / Paweł Piszczatowski / Justyna Włodarczyk

Literature and Botany: An Ecocritical Exploration of Human-Plant Relations in Myth, Symbolism, and the Environmental Humanities

Since the dawn of human civilization, plants have profoundly shaped the naturocultural world, influencing symbolic landscapes in various historical contexts. From religious mythology to modern ecological discourse, the intricate relationship between humanity and the botanical world is reflected deeply in literature. The study of how plants are depicted in literature is not only an exploration of symbolism but also a lens through which one can examine more significant cultural, spiritual, and ecological trends.

In the context of modern environmental crises, literature has increasingly embraced an ecocritical perspective, where the symbolic and material roles of plants are revisited in response to challenges such as biodiversity loss, deforestation, and climate change. This shift in literary focus reflects a broader societal recognition of the planet's ecological emergencies, and literature has become a critical space for exploring how human and non-human lives are intertwined. Ecocriticism, as a field, seeks to analyze how literature engages with the natural world, offering both a critique of human exploitation of nature and a vision of more sustainable futures. Central to this discussion is the role that plants play in both the symbolic and material fabric of these narratives, as literature offers a platform for reimagining the place of vegetal life within human systems of meaning and ecological practice.

This trend aligns with the growing field of environmental humanities, which brings together scholars from various disciplines to explore how environmental issues are reflected in cultural expressions, narratives, and intellectual thought. Ursula K. Heise's work, for instance, emphasizes the narrative structures that are being transformed by environmental concerns, where the Anthropocene has not only introduced new themes into literature but has also restructured how stories about the natural world are told. In her groundbreaking book *Sense of Place and Sense of Planet: The Environmental Imagination of the Global*, Heise explores how global environmental issues – such as climate change and species extinction – have shifted the focus of literature from local or national environments to a planetary scale.¹ In *Imagining Extinction: The Cultural Meanings of Endangered Species*, Heise examines how literature and culture engage with environmental crises by focusing on species extinction. Here, she argues that extinction narratives reflect cultural anxieties about human impact on the planet and examines how these stories shape public perceptions of biodiversity loss. Heise's work highlights how environmental narratives are not just scientific or political, but are also deeply embedded in cultural practices, storytelling, and human identity. With its pervasive environmental disruptions, the Anthropocene requires literature to adopt new narrative strategies that reflect the interconnectedness of human and non-human lives.²

In the German-speaking world, scholars such as Urte Stobbe have made significant contributions to this interdisciplinary dialogue. Stobbe's recent work emphasizes the importance of plants not merely as biological entities but as cultural agents that have played a vital role in shaping human history, identity, and systems of knowledge.³ By positioning plants at the intersection of cultural, ecological, and literary studies, Stobbe's research underscores the interdisciplinary nature of *plant studies*, which seeks to integrate insights from the humanities and the natural sciences to form a more holistic understanding of vegetal life. In doing so, her work reflects the broader shift in environmental humanities towards recognizing the agency of plants – not just as passive elements in ecosystems but as active participants that shape and are shaped by human culture. This approach also highlights the critical need for collaboration between disciplines to fully grasp the current environmental crisis's complexities.

The choice of the term "botany" in the title reflects the volume's intent to engage not only with plants as living beings and agents but also with the discipline of botany as a scientific framework that traditionally focuses on the classification, study, and understanding of plants in the natural world. While botany itself does not encompass the cultural or symbolic dimensions of plants, its juxtaposition with literature in this volume opens a space for exploring how the scientific study of plants interacts with and informs cultural narratives, myths, and poetics. This interdisciplinary approach seeks to highlight the dynamic relationship between scientific knowledge systems and their broader cultural resonances.

---

1 Ursula K. Heise, *Sense of Place and Sense of Planet: The Environmental Imagination of the Global* (Oxford: Oxford University Press, 2008), 119–24.
2 Ursula K. Heise, *Imagining Extinction: The Cultural Meanings of Endangered Species* (Chicago: University of Chicago Press, 2016), passim.
3 Urte Stobbe, "Kulturwissenschaftliche Pflanzenstudien (Plant Studies)," in *Nachhaltigkeit interdisziplinär. Konzepte, Diskurse, Praktiken. Ein Kompendium*, ed. Ursula Kluwick and Evi Zemanek (Cologne: Böhlau Verlag, 2019), 347–59.

While *plant studies* have increasingly explored the agency of plants, this volume aims to foreground how botany shapes our conceptualizations of the vegetal world. In this sense, the volume operates at the intersection of *plant studies* and *human-plant studies*, exploring not only the material and ecological realities of plants but also the cultural and epistemological frameworks that mediate these realities. This dual focus enriches the ecocritical exploration by drawing attention to the dynamic interplay between plants, as entities with their own forms of agency, and botany, as a human effort to catalog, interpret, and sometimes exploit these entities. By integrating these perspectives, the volume highlights the multiplicity of ways in which plants exist in literature – not just as symbols or metaphors, but also as subjects entangled in human knowledge systems and practices.

Historical Context of Plants in Literature

Although *plant studies* in their current form have only developed in recent decades, the relationship between plants and literature can be traced back to some of the earliest recorded texts in human history. In mythologies worldwide, plants often symbolize life, death, and regeneration, serving as central figures in creation stories. The Axis Mundi, or the World Tree, is a symbol in numerous cultures, such as the Yggdrasil tree in Nordic mythology, the Chinese mulberry Fusang, and the Sumerian Schaluppu. These mythological trees are considered to establish the cosmic axis, connecting the heavens, earth, and underworld, symbolizing a unifying life force. The Tree of Life, found in the Garden of Eden, similarly serves as a symbol of life, growth, and divine creation in Judeo-Christian texts.[4]

Simultaneously, plants have played a critical role in religious and spiritual practices. The Vedic soma and the Iranian haoma, for example, were believed to expand human consciousness and connect individuals with higher spiritual realms. These early connections between plants and human spirituality underscore the botanical world's deep integration into early religious and literary imaginations. Scholars such as Michael Marder have argued that this mythic and spiritual engagement with plants continues to influence modern perceptions of vegetal life.[5]

---

4 Mircea Eliade, *The Sacred and the Profane: The Nature of Religion* (New York: Harcourt, 1959), 149–51.
5 Michael Marder, *Plant-Thinking: A Philosophy of Vegetal Life* (New York: Columbia University Press, 2013), 133, 176.

As human knowledge of the natural world evolved, so too did the role of plants in literature. Theophrastus of Eresos, often regarded as the father of botany, authored *Historia Plantarum* in the 4th century BCE, a text that laid the groundwork for botanical study in the Western world.[6] His work went beyond myth and spiritual significance to consider plants systematically, correlating their properties with the human body and establishing the roots of phytotherapy. This tradition continued throughout the European Middle Ages, where herbaria and botanical texts flourished. Walahfrid of Reichenau's *Liber de Cultura Hortorum*,[7] Hildegard of Bingen's *Physica*,[8] and Konrad of Megenberg's *Book of Nature*[9] not only cataloged plants and their medicinal properties but also engaged with the artistic and poetic dimensions of botany.

One of the more notable intersections of botany and literature in early modern times is found in the work of Albrecht von Haller, whose poem *Die Alpen* (1729) integrates botanical knowledge directly into its verses.[10] This integration of botanical detail within a literary text highlights the ways in which plants served as both scientific and poetic subjects in early modernity. Von Haller's work also carries forward the Renaissance and Baroque tradition of the garden as a *locus amoenus* – a place of idealized, pastoral beauty that reflects humanity's longing for a harmonious relationship with nature.

Plants and the Anthropocene

In the contemporary era, the discourse surrounding plants has shifted significantly due to the environmental challenges posed by the Anthropocene – the epoch defined by human impact on Earth's ecosystems. Scholars like Anna Tsing have expanded the scope of this discussion, offering critical frameworks to understand the role of plants not only in natural ecosystems but also within the socio-political and economic structures that shape human history. Tsing's

---

6 Theophrastus, *Historia Plantarum*, trans. Arthur F. Hort (London: Heinemann, 1916). An important influence on later science were his two surviving botanical works: *Enquiry into Plants (Historia Plantarum)* and *On the Causes of Plants* (Theophrastus, "De causis plantarum, or On the Causes of Plants," in *The Marvels of the World. An Anthology of Nature Writing Before 1700*, ed. Rebecca Bushnell (Philadelphia: University of Pennsylvania Press 2021), 73–76).
7 Walahfrid of Reichenau, *Liber de Cultura Hortorum*, ed. Bernhard Bischoff (Berlin: De Gruyter, 2014).
8 Hildegard of Bingen, *Physica: The Complete English Translation of Her Classic Work on Health and Healing*, trans. Priscilla Throop (Rochester, VT: Healing Arts Press, 1998).
9 Konrad von Megenberg. *Das Buch der Natur*, ed. Urban von Zahnd, 2 vols. (Stuttgart: Anton Hiersemann, 2003).
10 Albrecht von Haller, *Die Alpen* (Bern: Wyss, 1729).

concept of the "Plantationocene," a term she uses as an alternative for the Anthropocene, underscores the central role of plants in discussions about colonialism, capitalism, and environmental degradation. This term emphasizes how the rise of plantation economies during colonial expansion established enduring systems of environmental and social exploitation, particularly through the commodification and industrial-scale cultivation of specific plants.[11]

The "Plantationocene" refers not just to the literal plantations that proliferated during European colonialism but to the broader logic of monoculture that has come to define industrial agriculture. In these systems, the biodiversity of ecosystems is sacrificed in favor of single-crop cultivation, which maximizes short-term profits but devastates the environment. Such practices contribute to deforestation, soil degradation, and the destruction of local ecosystems, reducing biodiversity and resilience. Monoculture also reinforces the extractive nature of capitalism, where land and plants are treated as resources to be exploited for economic gain, without regard for their long-term environmental or social impacts. This extraction-based model directly results from colonial practices, where plantations were established to grow crops like sugar, cotton, rubber, and tobacco, primarily for European markets. The environmental and social consequences of these practices, including the displacement of indigenous peoples, the enslavement of African populations, and the creation of exploitative labor systems, are still felt today.

Tsing's framework draws attention to the fact that while plants have historically been central to these systems of exploitation, they are also at the heart of current ecological crises. The widespread use of monocultures, combined with the ongoing deforestation of tropical rainforests, has led to severe biodiversity loss and has exacerbated the climate crisis. Deforestation not only destroys habitats for countless species but also eliminates the carbon-sequestering capabilities of forests, contributing to global warming. The destruction of rainforests to make way for palm oil plantations, for instance, is one of the most prominent examples of how plant-based economies are contributing to environmental degradation on a global scale.

In this context, Tsing's "Plantationocene" is a useful conceptual tool for linking the history of botanical exploitation to the contemporary environmental crisis. By understanding how plants have been entangled in systems of power and profit, we can begin to see the Anthropocene not just as a geological epoch characterized by human impact on the planet but as an era profoundly shaped by economic systems that prioritize extraction and exploitation over sustainability and care. This perspective also highlights the need for alternative models of

---

11 Anna Tsing, *The Mushroom at the End of the World: On the Possibility of Life in Capitalist Ruins* (Princeton: Princeton University Press, 2015), passim.

human-plant relations – models that emphasize biodiversity, ecological balance, and ethical stewardship of the natural world. The threat to biodiversity from monocultures, mass deforestation, and the industrialization of agriculture is not only a topic of scientific debate but also a recurrent theme in literature. In the time of "self-conscious Anthropocene," as Lynn Keller terms it,[12] literary texts explore the consequences of human domination over the natural world, emphasizing the need for symbiotic relationships between humans and the environment. One notable example is Richard Powers's Pulitzer Prize-winning novel *The Overstory* (2018), which explores the deep connections between human lives and trees.[13] Powers's novel highlights how trees, as sentient beings with intricate communication networks, challenge anthropocentric views of nature and call for a reevaluation of humanity's relationship with the plant world.

This literary treatment of trees is echoed in *The Secret Life of Trees* by Peter Wohlleben, a seminal work in popular science that reveals the hidden complexity of plant life.[14] Wohlleben argues that trees communicate with one another, form communities, and exhibit behaviors typically attributed to animals, such as nurturing and cooperation. His work aligns with the posthumanist view that plants are not passive objects but active agents in ecosystems.

Posthumanist Perspectives on Botany

The rise of posthumanist concepts in the environmental humanities has further complicated traditional views of plants in literature. In contrast to earlier anthropocentric depictions, which primarily treated plants as passive entities to be observed, used, or manipulated by humans, posthumanist perspectives emphasize the interconnectedness of all life forms and challenge the hierarchical separation between humans and non-human entities. This shift aligns with a broader cultural and intellectual movement that seeks to dismantle human exceptionalism and promote a more inclusive understanding of life. In doing so, posthumanism invites us to view plants not merely as background elements in literary and ecological narratives, but as active agents that co-create the world around us.

Michael Marder's *Plant-Thinking: A Philosophy of Vegetal Life* is a foundational work in this reimagining of the vegetal world. In it, Marder presents a radical philosophical argument for recognizing plants as possessing a unique

---

12 Lynn Keller, *Recomposing Ecopoetics: North American Poetry of the Self-Conscious Anthropocene* (Charlottesville: University of Virginia Press, 2018).
13 Richard Powers, *The Overstory* (New York: W.W. Norton, 2018).
14 Peter Wohlleben, *The Secret Life of Trees: What They Feel, How They Communicate—Discoveries from a Secret World*, trans. Jane Billinghurst (London: Greystone Books, 2016).

form of agency that challenges traditional notions of subjectivity and sentience.¹⁵ He argues that plants are not static objects but interact with their environment in ways that indicate a form of "vegetal being."¹⁶

In *Thus Spoke the Plant*, Monica Gagliano explores the idea of plant cognition and communication, drawing on her scientific research and personal experiences with plant life. Gagliano challenges the traditional view of plants as passive entities by presenting them as sentient beings capable of learning, memory, and decision-making. She advocates for recognizing plants as intelligent organisms that communicate and interact with their environments in ways that defy human-nonhuman hierarchies.¹⁷

In *Plants as Persons: A Philosophical Botany*, Matthew Hall also examines the concept of plant subjectivity, arguing that plants should be acknowledged as beings with inherent value and agency. He challenges traditional views that only humans and animals qualify as "persons," presenting a philosophical framework that includes plants in ethical considerations. Drawing on Indigenous perspectives, ecological philosophy, and plant science, Hall advocates for reevaluating human-plant relationships, calling for a more profound respect for plants' roles in ecosystems and their potential for sentience.¹⁸

These concepts push the boundaries of how we think about agency and autonomy, suggesting that plants, in their ability to respond to stimuli, adapt to environmental changes, and foster symbiotic relationships, participate in shaping the ecological world. This view of plants as active participants resonates with the growing acknowledgment, within the environmental humanities, of non-human entities as vital components of ecosystems.

These perspectives on posthumanism and non-anthropocentric plant studies are critical to the central themes explored in this volume. As scholars increasingly question human-centered models of existence, the chapters collected here offer new ways of understanding plants as active participants in ecological, philosophical, and literary contexts. By examining the agency of plants, the contributors engage with pressing contemporary issues such as biodiversity loss, climate change, and the ethical dimensions of human-nonhuman relationships. However, many authors also draw upon historical representations of plants in literature, from antiquity to the 20th century, and significantly enrich the volume's analytical dimensions. This historical perspective provides depth by illustrating

---

15 Michael Marder, *Plant-Thinking: A Philosophy of Vegetal Life* (New York: Columbia University Press, 2013), 8 passim.
16 Ibid., 74–90.
17 Monica Gagliano, *Thus Spoke the Plant: A Remarkable Journey of Groundbreaking Scientific Discoveries and Personal Encounters* (Berkeley: North Atlantic Books, 2018).
18 Matthew Hall, *Plants as Persons: A Philosophical Botany* (Albany: State University of New York Press, 2011).

pre-Cartesian models of thought, which were considerably less anthropocentric than the frameworks that emerged after the Cartesian revolution. These earlier conceptions of nature offer alternative ways of thinking about human-plant relations and challenge modern assumptions about nature's passivity as well as stereotypical notions of the backwardness of premodern thinking.

The multi-author contributions to this volume explore the literary representations of botanical issues from diverse perspectives, reflecting the interdisciplinary nature of plant studies and posthumanist thought. The book is divided into four thematic sections, exploring different intersections between plant studies and literary analysis. These sections cover a wide range of topics, from the symbolic representation of plants to their role in cultural, historical, and ecological narratives.

In the 1st section devoted to "Botanical-Anthropological Aesthetics and Nature Writing" **Marta Czapińska-Bambara** examines *locus silvestris* as a literary topos, exploring how nature becomes a space for solitude and creativity. **Siegrun Wildner**'s study of Oswald Eggers' prose highlights the use of nature's linguistic magic, showcasing its literary power. **Agnieszka K. Haas** delves into Friedrich Hölderlin's works, emphasizing botanical imagery, while **Laura M. Reiling** discusses Scotland's plant-life representation in literary forms. **Philipp Schlüter** examines the role of Japanese black pine aesthetics in the work of Marion Poschmann – one of the leading voices in German nature writing – as a means of achieving purification and existential reorientation for the main character.

The 2nd section contains four essays dedicated to "Literary and Real-Life Gardens" and includes analyses of works from different periods. **Joanna Godlewicz-Adamiec** draws parallels between the botanical wisdom of Hildegard von Bingen and Walahfrid Strabo's *Hortulus*, comparing different forms of medieval plant knowledge. **Magdalena Koźluk** interprets philosophical reflections related to gardens and their metaphorical meanings. **Clémence Laburthe-Tolra** focuses on Vita Sackville-West's gardens, blending both her literary creations and her real-life gardening passion. **Roxana-Andreea Ghiță** presents reflections on the Garden Topos in the Novel *Im Norden ein Berg, im Süden ein See, im Westen Wege, im Osten ein Fluss* (2003) by László Krasznahorkai.

The 3rd section "On Plant Symbolism in Art and Literature" broadens the research perspective by incorporating intermedial references to the visual arts. Here, **Joanna Rybowska †** investigates vine symbolism in ancient Greek culture, showing its use in various mythological and religious contexts. **Piotr Kociumbas** examines the *Arbor Vitae* (Tree of Life) motif in early modern funeral literature, interpreting its symbolic importance. **Grażyna Krupińska** explores the symbolism of trees in selected works from the turn of the 19th and 20th centuries through the lens of plant studies, identifying femininity as a central metaphor. **Yuuki Kazaoka** explores the use of roses in postwar German literature, while **Lina**

Užukauskaitė analyzes Cy Twombly's visual representation of plant motifs, particularly roses, in art.

In section 4, the focus is on "Plant Agency and (Eco)Literature." **Małgorzata Kowalcze** analyzes non-human entities in William Golding's *Lord of the Flies*, particularly the role of the forest as an active character. **Łukasz Kraj** discusses the poetic representation of plants in Tadeusz Peiper's works, focusing on the fusion of modernist aesthetics and nature. **Piotr Kołodziej** and **Beate Sommerfeld** examine the concept of plant language, investigating how plants communicate in literature, both literally and metaphorically. **Piotr Piekutowski** proposes an econarratological reading of Olga Tokarczuk's "Green Children," while, in the final chapter of the volume, **Magdalena Roszczynialska** argues that Michał Książek's use of botanical nomenclature dissolves human exceptionalism, positioning language as a tool for multispecies solidarity.

In conclusion, this collection highlights the vital role that posthumanist perspectives play in reshaping how we think about plants. By challenging traditional anthropocentric views and emphasizing the interconnectedness of all life forms, the contributors to this volume provide a nuanced and multifaceted exploration of plant agency, vitality, and ecological significance. As we face unprecedented environmental challenges, the work collected here offers important insights into how we might rethink our relationships with the plant world, not as distant or passive, but as integral and active participants in the web of life.

The literary and ecological frameworks presented here invite readers to explore further how botany informs both past and present cultural discourses. Whether through ancient myths, Renaissance gardens, scientific inquiry, or contemporary posthumanist ecocriticism, the botanical world offers fertile ground for rethinking human relationships with nature. As we face the growing ecological crises of the Anthropocene, literature's engagement with plants may provide both a mirror and a model for reimagining more sustainable and symbiotic ways of living with the natural world.

Bibliography

Eliade, Mircea. *The Sacred and the Profane: The Nature of Religion*. New York: Harcourt, 1959.

Gagliano, Monica. *Thus Spoke the Plant: A Remarkable Journey of Groundbreaking Scientific Discoveries and Personal Encounters*. Berkeley: North Atlantic Books, 2018.

Hall, Matthew. *Plants as Persons: A Philosophical Botany*. Albany: State University of New York Press, 2011.

Haller, Albrecht von. *Die Alpen*. Bern: Wyss, 1729.

Heise, Ursula K. *Imagining Extinction: The Cultural Meanings of Endangered Species.* Chicago: University of Chicago Press, 2016.

–. *Sense of Place and Sense of Planet: The Environmental Imagination of the Global.* Oxford: Oxford University Press, 2008.

Hildegard of Bingen. *Physica: The Complete English Translation of Her Classic Work on Health and Healing.* Translated by Priscilla Throop. Rochester, VT: Healing Arts Press, 1998.

Keller, Lynn. *Recomposing Ecopoetics: North American Poetry of the Self-Conscious Anthropocene.* Charlottesville: University of Virginia Press, 2018.

Konrad von Megenberg. *Das Buch der Natur.* Edited by Urban von Zahnd. 2 vols. Stuttgart: Anton Hiersemann, 2003.

Marder, Michael. *Plant-Thinking: A Philosophy of Vegetal Life.* New York: Columbia University Press, 2013.

Powers, Richard. *The Overstory.* New York: W.W. Norton, 2018.

Stobbe, Urte. "Kulturwissenschaftliche Pflanzenstudien (Plant Studies)." In *Nachhaltigkeit interdisziplinär. Konzepte, Diskurse, Praktiken. Ein Kompendium*, edited by Ursula Kluwick and Evi Zemanek, 347–59. Cologne: Böhlau Verlag, 2019.

Theophrastus. "De causis plantarum, or On the Causes of Plants." In *The Marvels of the World. An Anthology of Nature Writing Before 1700*, edited by Rebecca Bushnell, 73–76. Philadelphia: University of Pennsylvania Press 2021.

–. *Historia Plantarum.* Translated by Arthur F. Hort. London: Heinemann, 1916.

Tsing, Anna. *The Mushroom at the End of the World: On the Possibility of Life in Capitalist Ruins.* Princeton: Princeton University Press, 2015.

Walahfrid of Reichenau. *Liber de Cultura Hortorum.* Edited by Bernhard Bischoff. Berlin: De Gruyter, 2014.

Wohlleben, Peter. *The Secret Life of Trees: What They Feel, How They Communicate – Discoveries from a Secret World.* Translated by Jane Billinghurst. London: Greystone Books, 2016.

Botanical-Anthropological Aesthetics and Nature Writing

Marta Czapińska-Bambara (University of Lodz)

Locus silvestris as an Ancient Topos of a Place of Creative Solitude

Abstract
The forest in the literature of Latin antiquity is a multidimensional place. On one hand, it is a space for the coexistence of deities and nature; on the other, it hides the entrance to the underworld, part of which is also forested. Contrary to the *locus amoenus* – a safe area where you can relax pleasantly – forests, groves and coppices (*silvae, luci, nemora*) represent places where one can create alone but must be especially careful because of the dangers lurking in those places (wild beasts, snakes, bothersome insects, mythical creatures). It turns out that in the ancient Latin literature of the Empire, places like forests, groves and coppices, by consistently combining their presence with poetry and solitude, have become a separate and repeatedly reproduced *locus communis*, which deserves a separate name *locus silvestris*.
Keywords: forest, *locus silvestris*, poetry, loneliness, Latin literature

Ancient concepts of landscape and nature and their relationship with humans are now analyzed in terms of agriculture, gardens or focus on a specific type of landscape, called *locus amoenus* in the literary tradition and its close connection with pleasure and loneliness.[1] In this context, forests, groves and coppices (*silvae, luci, nemora*) are perceived as one of the elements of nature that fits into the topos of a pleasant place and, as such, does not constitute a separate literary

---

1 See e.g. Carlo Scardino, *Agriculture in the Classical World* (Oxford: Oxford University Press, 2018); Victoria Emma Pagán, *Rome and the Literature of Gardens* (London: Duckworth, 2006); John Henderson, *The Roman Book of Gardening* (London: Routledge, 2004). There are several monographs and articles on the *locus amoenus* in classical and medieval literature, and the authors' attention is focused mainly on pointing to these places in literary works of selected epochs (Hass, Schönbeck, Thos) or showing that the development of this motif in late antiquity became a bridge for the Humanist conceptions of the poet's relationship with the landscape (Schlapbach). See Petra Hass, *Der locus amoenus in der antiken Literatur: zu Theorie und Geschichte eines literarischen Motivs* (Bamberg: Wissenschaftlicher Verlag, 1998); Gerhard Schönbeck, *Der locus amoenus von Homer bis Horaz* (Köln: G. Wasmund, 1964); Dagmar Thoss, *Studien zum locus amoenus im Mittelalter* (Wien: W. Braumüller, 1972); Karin Schlapbach, "The Pleasance, Solitude, and Literary Production: The Transformation of the 'locus amoenus' in Late Antiquity," *Jahrbuch für Antike und Christentum* 50 (2007): 34–50.

motif.² The aim of this article is to show that forests played a special role in ancient Latin literature, and because their presence was consistently linked to poetry and solitude, they became a separate and repeatedly reproduced *locus communis*, which deserves a separate name *locus silvestris*. This is also confirmed by the poetic descriptions of forested places, where – as the analysis of source texts suggests – the presence of trees was of the greatest importance, while their type and species played a secondary role.

In the literature of the Augustan era, forests, groves and coppices are multi-level and multi-dimensional places. They are described as an area that allows access to the realm of both the heavens and the underworld. On the one hand, forests, groves and coppices were treated as temples of the gods, in which statues representing deities were erected and shrines dedicated to those deities to enable people to contact them.³ The belief that those places are sacred was closely related to the symbolism of *Arbor Mundi* – the tree of the world, which permeated three cosmic and religious spheres: sky, earth and the underground. Thanks to this, it became a bridge between people, the world of gods and the dead.⁴ For the ancient Romans, the realization of *Arbor Mundi* was a tree with a golden branch, thanks to which Aeneas could safely descend into the shadow realm and return from it unscathed.⁵ Literary and religious studies show that the embodiment of *Arbor*

---

2 K. Schlapbach assumes that the words *nemora et luci* refer metonymically to a more complete description of the *locus amoenus*, although she notes that the relationship between these concepts is very fragile, because the term *locus* has very gloomy connotations in the literature. She also admits that the *locus amoenus* is very rarely described as a place that promotes intellectual solitude (Schlapbach, "The Pleasance," 42–43).

3 Idaliana Kaczor, "Kult drzew w tradycji mitologicznej i religijnej starożytnych Greków i Rzymian," *Acta Universitatis Lodziensis. Folia Litteraria Polonica* 3 (2001): 73–85.

4 The symbolism of the phytomorphic manifestation of the cosmos that was the World Tree in the religious beliefs of many peoples was used to classify parts of the world around the vertical and horizontal structure of the Holy Tree. The three-tier, horizontal structure represented: the sky, the earth and the underground; future, present and past; ancestors, present generation, and descendants; auspicious, neutral and bad moments; the three parts of the human body: the head, torso and legs, and the three basic elements: fire, earth and water. The four-sided, vertical structure of the *Arbor Mundi* was used to allegorically represent the four corners of the world, the four seasons, and the four parts of the day. The Holy Tree was therefore a picture of an orderly time and space (ibid., 45). The image of *Arbor Mundi* corresponds to the description of an oak in Virgil, whose branches reach the sky and the roots the Tartarus (Virgil, "Georgics," in Virgil, *Eclogues, Georgics, Aeneid I–VI*, trans. Henry R. Fairclough (Cambridge, MA: Harvard University Press; London: William Heinemann, 1960), II,291–92). According to the poet of Verona, the first inhabitants of Lazio were born from oak trunks (Virgil, "Aeneid," in Virgil, *Aeneid VII–XII. The Minor Poems*, trans. Henry R. Fairclough (Cambridge, MA: Harvard University Press; London: William Heinemann, 1960), VIII,315).

5 It was commonly believed that Virgil was modeled on the *Odyssey* of Homer in writing *The Aeneid*. The Greek poet, however, did not introduce the motif of the plant on which Odysseus' meeting with the souls of the dead depended. Therefore, it is assumed that Virgil made use of his native Roman mythological tradition (Kaczor, "Kult drzew," 61).

Mundi was, according to the Romans, in the real world – in Aricia, and more specifically in the grove devoted to Diana Nemorensis, which was the political and religious center of the league of Latin cities subordinated to Rome.[6] On the other hand, forests, groves and coppices were the area where, according to the ancients, descent to the Underworld, i. e. the world of the dead, took place.[7] The kingdom of the Orc (Latin *Orcus*) in the story of Virgil exists in a world parallel to the world of the living, and it is complete in all its complexity. After all, it is located under Italy, not in another dimension, and its landscape is similar to that on the surface of the earth. There are hills, valleys and plains that are covered with forests and flowing by rivers.[8] The words of Sibyl, a Cumean fortune teller, advising Aeneas how he can safely go in the Underworld, explains that the Underworld is a wooded place, explains that the impenetrable forests thicken in that land ("tenent media omnia silvae"[9]) and if Aeneas fulfills certain conditions, he will be able to see them ("sic demum lucos Stygis [...] aspicies"[10]). The detailed description of the Underworld shows that there was a great myrtle forest ("myrtea circum silva tegit"; "silva in magna"[11]), growing on the Fields of Mourning (*Lugentes campi*) and the laurel grove growing on the Champs Elysees ("odoratum lauris nemus"[12]), where it spread its fragrance around the people there.

The choice of myrtle and laurel seems not to be accidental for several reasons. One of them was the relationship with the deities to whom these plants were dedicated. In the Roman mythological tradition, myrtle was associated with the cult of the goddess of love – Venus, and laurel – with the cult of Apollo.[13] Thus,

---

6 Ibid., 65.
7 "A deep cave there was, yawning wide and vast, shingly, and sheltered by dark lake and woodland gloom ("tuta lacu nigro nemorumque tenebris"), over which no flying creatures could safely wing their way; such a vapour from those black jaws poured into the over-arching heaven [whence the Greeks spoke of Avernus, the Birdless Place]." (Virgil, "Aeneid," in Virgil, *Eclogues, Georgics, Aeneid I–VI*, trans. Henry R. Fairclough (Cambridge, MA: Harvard University Press; London: William Heinemann, 1960), VI,237–42). In Lucan's case, the forest hides not only the entrance to the Underworld, but also the access to the necromancer witch (Lucan, *The Civil War (Pharsalia)*, trans. James D. Duff (Cambridge, MA: Harvard University Press; London: William Heinemann, 1928), VI,642–45).
8 Alice K. Turner, *The History of Hell* (New York: Harcourt Brace & Company, 1993), 35.
9 Virgil, "Aeneid," VI,131.
10 Ibid., VI,154–55.
11 Ibid., VI,443–44; VI,451.
12 Ibid., VI,658.
13 Virgil in "Eclogue 7" claims that Venus likes myrtle the most, and Apollo likes laurel (Virgil, "Eclogues," in Virgil, *Eclogues, Georgics, Aeneid I–VI*, trans. Henry Rushton Fairclough (Cambridge, MA: Harvard University Press; London: William Heinemann, 1960), VII,62). This belief was echoed by Pliny the Elder who said that Venus was consecrated to myrtle and to Apollo the laurel (Pliny The Elder, *Natural History*, vol. 4 (books XII–XVI), trans. Harris Rackham (London: William Heinemann; Cambridge, MA: Harvard University Press, 1960), XII,3). We also see the connection of myrtle with the symbolism of love in Petronius. When Polyaenus watches Circe seducing him, he notices that she is playing casually with a branch of

the myrtle in the Underworld described in *The Aeneid* symbolically refers to the goddess of love, because it grows in the Fields of Regret, where the dead reside because of an unhappy ending feeling.[14] The choice of laurel and thus the reference to the cult of Phoebo (*Phoebo digna*) seems to be mainly a reference to the cleansing rituals performed in the place dedicated to it.[15] The fact that both myrtle and laurel are evergreen plants that do not change their colour with the changing seasons of the year was also of great importance. Not reflecting the cycle of transience in this way, on the one hand, they became a perfect symbol of a place where time passes at a different rhythm than for mortals on earth,[16] and, on the other hand, the strength and invincibility of nature, because even if they had access to water in the form of underground rivers (although the chemical composition of Styx, Cocytos and Phlegeton certainly differed from the structure of the waters supplying the terrestrial vegetation),[17] they grew despite the lack of sunlight necessary for plants to vegetate.

In Latin literature, forests, groves and coppices appear to be a unique area, being an epiphany of transcendence and nature. Therefore, they are present wherever a person strives or goes. Thanks to this, they seem to guarantee contact with something that exceeds the cognitive abilities of a human being, and therefore allows a human to create.

The connection of the process of creation with the presence of trees and the distance from the hustle and bustle of human clusters is characteristic of the

---

myrtle (Pétrone, *Le Satiricon*, texte établi et traduit par Alfred Ernout (Paris: Les Belles Lettres, 1958), XXXI,9).

14 The connection of myrtle with love and death can also be seen in Tibullus, where his lover, abducted by sudden death, goes to the Underworld, and a myrtle wreath adorns his hair: "There are all, on whom Death swooped because of love; on their hair are myrtle garlands for all to see." (Tibullus, "Elegiae," in *Catullus, Tibullus and Pervigilium Veneris*, trans. John P. Postgate (Cambridge, MA: Harvard University Press; London: William Heinemann, 1962), I,3,65–66).

15 Apollo, due to the fact that Delphi was the main center of divination, as well as the area where Letoida performed the ritual of cleansing the pilgrims, became a god of divination and purification at the same time (Kaczor, "Kult drzew," 118). The fact that he was considered the god of cleansing rituals is also indicated by one of his nicknames: *Phojbos* – of the basic meaning "pure" (Hanna Zalewska-Jura, "Epigramatyczny charakter Apollina i Artemidy," *Collectanea Philologica* 4 (2002): 104–5).

16 The belief of the ancients that myrtle is indestructible was repeated in late antiquity by Heronymus of Stridon (Hieronymus Stridoniensis, "Commentaria in Isaiam," in Hieronymus Stridoniensis, *Opera omnia*, vol. 4, recognovit Jacques P. Migne (Paris: Bibliothecae Cleri Universae, 1865), XII,41,502: "Cedrus autem et ciparissus, et myrtus, odoris optimi sunt, et imputribiles"), stressing that myrtle, like cedar or cypress, is a tree that does not deteriorate (Stanisław Kobielus, *Florarium Christianum. Symbolika roślin – chrześcijańska starożytność i średniowiecze* (Tyniec: Wydawnictwo Benedyktynów, 2014), 142).

17 The river Eridan, gushing out from under the laurel grove on the Champs Elysees, then rolled through the forests of the upper world (Virgil, "Aeneid," VI,658–59).

Augustan era and inseparably connected with the creation of poetry. Horace explicitly says that poetry can only be created among trees:

> scriptorum chorus omnis amat nemus et fugit urbem,
> [...]: hic ego rerum
> fluctibus in mediis et tempestatibus urbis
> verba lyrae motura sonum conectere digner?
>
> The whole chorus of poets
> loves the grove and flees the town,
> [...]: and here, amid the waves of life, amid
> the tempests of the town, am I deign to weave
> together words which shall awake the music of the lyre?[18]

Only in the forest, walking in silence, can one reflect on what is wise and good ("an tacitum siluas inter reptare salubris, / curantem quicquid dignum sapiente bonoque est?"[19]). Horace considers only such knowledge to be the beginning and source of writing ("Scribendi recte sapere est et principium et fons"[20]). Moreover, the course of the process of creation, according to Horace, is similar to the cycle of passing which forests are subject to every year: first, as the first leaves on the trees sprout first ideas, then they explode in full greenness in all their essence, to finally fall, exhausting the topic and ending the whole cycle at the same time ("Vt siluae foliis pronos mutantur in annos, / prima cadunt, ita uerborum uetus interit aetas"[21]).

Virgil's bucolic poetry also arises among the trees. Shepherds in love entrust their feelings to forests in his works:[22]

> tantum inter densas, umbrosa cacumina, fagos
> adsidue veniebat. ibi haec incondita solus
> montibus et silvis studio iactabat inani.
>
> he would day by day come
> among the thick beeches with their shady summits,
> and there alone in fruitless passion fling these artless
> strains to the hills and woods.[23]

---

18 Horace, "Epistles," in Horace, *Satires, Epistles and Ars poetica*, with an English translation by Henry R. Fairclough (Cambridge, MA: Harvard University Press; London: William Heinemann, 1961), II,2,77–86.
19 Ibid. I,4,4–5.
20 Horace, "Ars poetica," in Horace, *Satires, Epistles and Ars poetica*, with an English translation by Henry R. Fairclough (Cambridge, MA: Harvard University Press; London: William Heinemann, 1961), 309.
21 Ibid., 60–61.
22 Cf. Virgil, "Eclogues," I,5; IV,3; V,28; VII,59; VIII,58.
23 Ibid., II,3–5.

And when the poet is fed up with songs, he wants the forests to go away: "Nor even songs have charms for me; once more adieu, even ye woods!" ("neque carmina nobis / ipsa placent; ipsae rursus concedite, siluae"[24]). Elegic Propertius also sings his feelings for Cynthia in the woods on his own:

> et quodcumque meae possunt narrare querelae,
> cogor ad argutas dicere solus aves.
> sed qualiscumque es resonent mihi "Cynthia" silvae,
> nec deserta tuo nimine saxa vacent.
>
> and all that my plaintive cries can tell must be uttered in this
> waste place to shrill-voiced birds.
> But be what thou wilt, still let the woods re-echo
> "Cynthia," nor these lone crags have rest from the
> sound of thy name.[25]

Ovid, in turn, elaborates on an issue that puzzles him:

> est nemus arboribus densum, secretus ab omni
> voce locus, si non obstreperetur aquis.
> hic ego quaerebam, coepti quae mensis origo
> esset, et in cura nominis huius eram.
>
> There is a grove where trees grow
> thick, a spot sequestered from every sound except
> the purl of water. There I was musing on what
> might be the origin of the month just begun, and
> was meditating on its name.[26]

In the era of the Empire, Tacitus and Pliny the Younger confirm that the topos *locus silvestris* as a place where one can create in solitude and where poetry is born seems to be already established. In the "*Dialogue on Oratory*," Tacitus, one of the interlocutors – Aper – states that poets who want to do something and create a wonderful work must give up the company of friends and the pleasures of the capital city, renounce all other duties and – as they say themselves – withdraw into forests and groves, that is, in solitude:

> Poetis, si modo dignum aliquid elaborare
> et efficere velint, relinquenda conversatio amicorum
> et iucunditas urbis, deserenda cetera officia,
> utque ipsi dicunt, in nemora et lucos, id est in solitudinem
> secedendum est.

---

24 Ibid., X,62–63.
25 Propertius, *Elegies*, with an English translation by Harold E. Butler (Cambridge, MA: Harvard University Press; London: William Heinemann, 1958), I,18,29–32.
26 Ovid, *Fasti*, trans. James G. Frazer (Cambridge, MA: Harvard University Press; London: William Heinemann, 1959), VI,9–12.

A poet, when he is minded laboriously to produce
some creditable composition, has to turn his back on
the society of friends and all the charms of city-life;
abandoning every other function, he must retire
into the solitude, as poets themselves say, of the
woods and the groves.[27]

The second participant of the conversation – Maternus – adds that he enjoys forests and groves, and even loneliness so much that he even considers it one of the main advantages of poetry that songs cannot be composed amid the noise or when the accuser is already sitting at the house door, nor amid the despair and tears of the accused. Thanks to this, the creator's soul goes to clean and innocent places and delights in staying in holy places:

Nemora vero et luci et secretum ipsum, quod Aper
increpabat, tantam mihi adferunt voluptatem, ut inter
praecipuos carminum fructus numerem quod non in
strepitu nec sedente ante ostium litigatore nec inter
sordes ac lacrimas reorum componuntur, sed secedit
animus in loca pura atque innocentia fruiturque
sedibus sacris.

As for the woods and the groves and the idea of a
quiet life, which came in for such abuse from Aper,
so great is the joy they bring me that I count it
among the chief advantages of poetry that it is
not written amid the bustle of the city, with
clients sitting in wait for you at your own front door,
or in association with accused persons, shabbily
dressed and with tearful faces: no, the poetic soul
withdraws into the habitations of purity and innocence,
and in these hallowed dwellings finds its
delight.[28]

Similarly, Pliny the Younger (who himself wrote and perfectly understood the poetic language code[29]) in his letter to Tacitus explains that when he goes to the forest to hunt, he actually goes to think in solitude and create: "Besides the sylvan solitude with which one is surrounded, and the very silence which is observed on

---

27 Tacitus, "Dialogus de oratoribus," in Tacitus, *Dialogus, Agricola, Germania*, trans. William Peterson (Cambridge, MA: Harvard University Press; London: William Heinemann, 1958), 9.
28 Ibid., 12.
29 In his *Letters* Pliny the Younger, presenting himself as a poet, whose works are created in places charged with meaning in the literary tradition, thus creates a well-thought-out and stylized image of himself. His *Letters* should therefore be regarded as a carefully composed work, similar to a collection of poems (Judith Hindermann, "Orte der Inspiration in Plinius' 'Epistulae,'" *Museum Helveticum* 66 (2009): 223–24).

these occasions, strongly incline the mind to meditation" ("iam undique silvae et solitudo ipsumque illud silentium quod venationi datur, magna cogitationis incitamenta sunt"[30]). In this letter, as in two others, Pliny equates hunting wild forest animals with hunting in mind.[31] Thanks to this comparison, thoughts appear as gifts of nature that grow, mature and must be skillfully captured.[32] Man, on the other hand, has to make an effort to get something valuable. He repeats this belief in the inseparable connection of poetry with lonely hunting in the forest in another letter to Tacitus, explaining that since he cannot hunt, he fails to write poems, which are best written in forests and groves ("inter nemora et lucos"[33]).

The fact that in the case of the claim that valuable poems can arise only in isolation provided by forests, groves or coppices, we are dealing precisely with the *locus silvestris* motif as a place of creative solitude, and not with the literary reality that looked completely different, testify to the words of both Tacitus and Pliny the Younger. In *Dialogue on Oratory*, Aper states that the poet Bassus creates at home and that his poems are born there, by the light of a lamp, and when he works on one piece all year round, he then "chisels out a book" ("excudit et elucubravit": Tacit., *Dial. de orat.*, 9). Thus, the works of poetry were not created at the moment of inspiration amid a walk in the forest, which could at the same time mark them with divine provenance.[34] However, they were the result of long-term work, performed in solitude, away from people, but not in the circumstances of forest nature. Interesting in this context also seems to be the use of the word "excudit,"[35] which shows in a very vivid way that the writing work resembled the tedious work of a woodcutter rather than a poet, on whom – almost without his participation – divine inspiration flowed. Pliny the Younger in *Letters* also repeatedly confirms that both other poets known to him and himself create at home. In a letter to Calvizius, he writes about the poet Spurinna, who, living accordingly to a fixed schedule, always goes to his room after a walk and sits down to write pastorals ("se cubiculo ac stilo reddit. Scribit enim [...] lyrica doctissima"[36]). On the other hand, in a letter to Fuscus, Pliny, describing his typical day in a summer estate in today's Tuscany, explains that he gets up every day around one in the afternoon, sometimes earlier, but does not open the

---

30 Pliny The Younger, *Letters*, vol. 1, with an English translation by William Melmoth (Cambridge, MA: Harvard University Press; London: William Heinemann, 1961), I,6.
31 Ibid., V,18; IX,10 and IX,36.
32 Hindermann, "Orte der Inspiration," 229.
33 Pliny The Younger, *Letters*, IX,10.
34 Ovid directly speaks of the inner presence of a deity in the poet: *Fasti*, VI,5; *Ars amatoria*, trans. Roy K. Gibson (Cambridge: Cambridge University Press, 2009), III,548–49.
35 *Excudo, ĕre, cudi, cusum* – to get something out of something (by forging); forge, produce, work out.
36 Pliny The Younger, *Letters*, III,1.

windows, because the mind rests best in silence and darkness when he is away from what can distract him and thinks. He then reflects on each word as if he had written and corrected it. Then he calls someone and dictates what he has put together. It is only around 4 or 5 pm that he goes outside.[37] In a letter to Apollinar, the place where he actually creates is described as a forest. He claims that his bedroom has a bed and windows, but the exterior walls are covered with grapevines, so the interior is shaded and cool. In his opinion, then, you lie there, as in a forest (*quam in nemore*), but you do not feel the rain when it rains.[38]

Skepticism towards the idea of the forest as an ideal place for creative work has already been expressed by Quintilian, who stated that while the lack of companionship and silence favor writing, the charm of groves and forests is conducive to relaxation rather than work:

> Everyone, however, will agree that the absence of company and deep silence are most conducive to writing, though I would not go so far as to concur in the opinion of those who think woods and groves (*nemora silvasque*) the most suitable localities for the purpose, on the ground that the freedom of the sky and the charm of the surroundings produce sublimity of thought and wealth of inspiration. Personally I regard such an environment as a pleasant luxury rather than a stimulus to study.[39]

Some researchers point out that Pliny, when describing his estate in which he creates, refers to the *locus amoenus* motif, i.e. a pleasant place that in the literary tradition is a setting for poetic inspiration and at the same time a stage where poets recite their works.[40] It seems, however, that the poets of the Augustan era and the Empire era, presenting forests, groves and coppices as the *topos* of a place of creative solitude, do not mean only a pleasant place (*locus amoenus*), because

---

37 Ibid., IX,36. Even if he means his estate in Laurentum, outside of Rome, it is still about the house inside which he writes (ibid., I,13 and I,22; cf. Cicero, *Letters to Atticus*, vol. 3, ed. and trans. Eric O. Winstedt (Cambridge, MA: Harvard University Press; London: William Heinemann, 1961), XII,15).
38 Pliny The Younger, *Letters*, V,6.
39 Quintilianus, *The Institutio Oratoria*, vol. 4 (books X–XII), trans. Harold E. Butler (Cambridge, MA: Harvard University Press; London: William Heinemann, 1961), X,3,22. Quintilian also stated that the best form of seclusion is to work in the light of a lamp, and therefore indoors (ibid., X,3,27).
40 Hindermann, "Orte der Inspiration," 227. As the opposite of this kind of place, Hindermann points to the *locus horribilis*, that is, a space unfavorable to the formation of valuable 'literary works. Such places include a bathhouse, an after-lunch siesta area or the interior of a litter during a journey, i.e. those areas where a person usually finds rest (*otium*) for the body and could focus his efforts on mental activity, but the presence of other people and the lack of unconditional silence (as in the forest) prevents him from doing so (Judith Hindermann, "'Locus amoenus' und 'locus horribilis' – zur Ortsgebundenheit von 'otium' in den 'Epistulae' von Plinius dem Jüngeren und Seneca," in *Muße und Rekursivität in der antiken Briefliteratur: Mit einem Ausblick in andere Gattungen*, ed. Franziska C. Eickhoff (Tübingen: Mohr Siebeck, 2016), 116).

they point out that these forested areas, while they can be of course beautiful, are also full of dangers and therefore frightening.[41] They contain wild beasts, snakes, vipers, dangerous insects, or even dangerous mythical characters.[42] These dangers do not fit in with the theme of a pleasant neighborhood as a source of creative inspiration, mainly related to rest and love,[43] but they are perfectly combined with the theme of hunting wild game in forests, which is associated with both great effort and danger.[44]

Ancient poets, referring to the forest motif as a place where poetry is created, rarely indicate specific species of trees that grow in it.[45] The exact picture of the

---

41 D. Garrison, presenting the forest as a source of fear in Seneca, Lucan or Statius, sees the source of the *macabre forest* topos in the stories of Caesar of Gaul (Daniel Garrison, "The 'Locus Inamoenus': Another Part of the Forest," *Arion: A Journal of Humanities and the Classics* 2, no. 1 (1992): 102–4). The image of the forest as a formidable place would therefore have its origin in the so-called "Foreign forest," that is, lying outside the known territory, under the jurisdiction and protection of the Roman gods.

42 Virgil, "Georgics," III,425; "Eclogues," III,93; Ovid, *Metamorphoses*, 2 vols., trans. Frank J. Miller (Cambridge, MA: Harvard University Press; London: William Heinemann, 1960–1984), XI,21 (snakes); Virgil, "Georgics," III,147–8 (gadfly); Horace, "Odes," in Horace, *The Odes and Epodes*, ed. and trans. Charles E. Bennett (Cambridge, MA: Harvard University Press; London: William Heinemann, 1960), I,22; Virgil, "Aeneid," III,646; VII,404; "Eclogues," X,53; "Georgics," III,247–48 and Ovid, *Metamorphoses*, X,143–44; XI,21 (wild animals); Virgil, "Aeneid," III,675 (cyclopes). It seems that the choice of these characters and animals is not accidental. It should be remembered that with individual fragments of *Arbor Mundi*, sacred iconography associated various categories of creatures, especially animals: birds were depicted at the top of the tree, in the middle, on both sides of the trunks – wild or domesticated animals and the man, at the foot – real or fantastic figures of chthonic character: snakes, vipers, frogs and dragons (Kaczor, "Kult drzew," 45).

43 Schlapbach, "The Pleasance," 44.

44 The association of the symbolic forest landscape of *The Aeneid* with hunting, fighting, exile and death was very common even in the Middle Ages. The classical and later biblical concepts of hunting and forest strongly influenced medieval writers who combined the images of wasteland, desert and wild forest with the landscape of a medieval forest. Associations of loneliness with divine inspiration as part of forest symbolism have been appropriated by romantic literature and have become one of the most popular forms of literary entertainment at aristocratic courts in northern Europe (Charles Watkins, *Trees, Woods and Forests: A Social and Cultural History* (London: Reaktion Books, 2014), 42 and 48).

45 Curtius points out that the description of a forest appears for the first time in Latin literature in Petronius (Pétrone, *Satiricon*, XXXI,8), and it is a description of a mixed forest which, in his opinion, is an inseparable element of the *locus amoenus* motif. There, Petronius mentions the plane tree (*platanus*), cypress (*cupressus*) and pine (*pinus*), which grow where lovers meet (Ernst Robert Curtius, *Europäische Literatur und lateinisches Mittelalter* (Bern: A. Francke, 1954), 202). A similar list of selected trees is found in Horace, when he encourages us to enjoy the moment and not think about the future "reclining under this lofty plane or pine" ("Odes," II,11,13–15). Horace and Virgil mention that plane trees were planted in the gardens of stately estates: "the lonely plane-tree will drive out the elm" (Horace, "Odes," II,15,4–5); "The plane already yielding to drinkers the service of its shade" (Virgil, "Georgics," IV,146). Horace also mentions a pine in front of the house: "thine be the pine that overhangs my dwelling" ("Odes," III,22,5), and Virgil about a pine in the garden: "pine in the garden" ("Eclogues,"

forest only emerges when it comes to acquiring wood for mourning altars. The forest shown in this context can already be seen in Ennius:

> Incedunt arbusta per alta, securibus caedunt.
> Percellunt magnas quercus, exciditur ilex,
> fraxinus frangitur atque abies consternitur alta,
> pinus proceras pervortunt; omne sonabat
> arbustum fremitu silvai frondosai.

> Then strode they through tall timber-trees and hewed
> With hatchets; mighty oaks they overset;
> Down crashed the holm and shivered ash outhacked;
> Felled was the lofty fir; they wrenched right down
> Tall towering pines; and every woody tree
> In frondent forest rang and roared and rustled.[46]

In similar circumstances, the ancient forest emerges in Virgil's *The Aeneid*, when Aeneas and his companions gather wood for the mourning altar for Mizen:

> itur in antiquam silvam, stabula alta ferarum;
> procumbunt piceae, sonat icta securibus ilex
> fraxineaeque trabes cuneis et fissile robur
> scinditur, advolvunt ingentis montibus ornos.

> They pass into the forest primeval, the deep lairs of beasts;
> down drop the pitchy pines, and the ilex rings to
> the stroke of the axe; ashen logs and splintering oak
> are cleft with wedges, and from the mountains they
> roll in huge rowans.[47]

One can imagine the ancient forest also on the basis of the description of the situation when, after the Latins' request for a truce to bury the bodies of the fallen, both peoples: Teukras and Latins go to the forest for wood for mourning altars for the fallen:

> per silvas Teucri mixtique impune Latini
> erravere iugis. ferro sonat alta bipenni
> fraxinus, evertunt actas ad sidera pinos,
> robora nec cuneis et olentem scindere cedrum
> nec plaustris cessant vectare gementibus ornos.

VII,65). A. Giesecke explains that in the Mediterranean Sea the mountains were covered with *pinus nigra*, coastal areas with *pinus halepensis* and *pinus pinea* gardens (Annette Giesecke, *The Mythology of Plants: Botanical Lore from Ancient Greece and Rome* (Los Angeles: J. Paul Getty Trust, 2014), 127).

46 Ennius, "Annales," in *Remains of old Latin. Ennius and Caecilius*, vol. 1, trans. Eric H. Warmington (Cambridge, MA: Harvard University Press; London: William Heinemann, 1961), VI,181–85.

47 Virgil, "Aeneid," VI,179–82.

Teucrians and Latins o'er the
forest heights roamed scatheless together. The lofty
ash rings under the two-edged axe; they lay low
star-towering pines, and ceaselessly their wedges
cleave oak and fragrant cedar, and groaning wains
convey the mountain-ash.[48]

The fragments quoted above show that the forests which at the turn of the second and first centuries BC grew in Italy[49] consisted of pines (*pinus*[50]), spruces (*picea*[51]), firs (*abies*[52]), cedars (*cedrus*[53]), holm oaks (*quercus ilex*[54]), sessile oaks (*quercus robur*[55]), and manna ash (*fraxinus ornus*[56]). Other descriptions also

---

48 Ibid., XI,134-38.
49 According to Pliny the Elder, cedars, larches, holm oaks, and manna ash grew in the mountain zones of the Apennine Peninsula. Firs, sessile and holm oaks, chestnuts and lindens preferred mountain areas and valleys. In the mountainous regions you could also find elms, laurels and myrtle trees. Beeches and manna ash, as well as pedunculate and sessile oaks also grew in the plains (*Natural History*, XVI,73-74). In antiquity, most of Italy was heavily forested. The development of civilization, and in particular the use of wood for cooking, heating (especially in public baths) and cremation has inexorably led to massive deforestation (Roger Sands, "A History of Human Interaction with Forest," in *Forestry in a Global Context*, ed. Roger Sands (Wallingford: CABI, 2013), 20-21).
50 Horace, "Odes," I,14,11; II,3,9; II,10,10; IV,6,10; Virgil, "Aeneid," IX,85 and IX,116; X,230; "Eclogues," VII,24; "Georgics," I,256; II,389; Propertius, *Elegies*, I,18; Ovid, *Metamorphoses*, V,442; XIV,638.
51 Ovid, *Metamorphoses*, III,155; X,101; cf. Pliny the Elder, *Natural History*, XVI,40.
52 Virgil, "Eclogues," VII,66; "Georgics," II,68; cf. Pliny the Elder, *Natural History*, XVI,41-42.
53 Virgil, "Aeneid," VII,13 and VII,178; "Georgics," III,414.
54 Horace, "Odes," III,23,10; IV,4,57; "Epodes," in Horace, *The Odes and Epodes*, ed. and trans. Charles E. Bennett (Cambridge, MA: Harvard University Press; London: William Heinemann, 1960), XV,5; "Epistles," I,16,9; Virgil, "Aeneid," III,390; IV,505; VIII,43; IX,381; XII,702; "Eclogues," VI,54; VII,1; "Georgics," II,253; III,334; Tibullus, "Elegiae," II,5,27; Ovid, *Metamorphoses*, I,112. *Quercus ilex* belongs to the subgenus *Heterobalanus* (Adam Boratyński, "Zarys systematyki dębów / Outline of Oak Taxonomy," *Sylwan* 10 (1994): 75).
55 It should be noted that when describing the Sabine landscape, Horace points to two species of oak: *Quercus ilex* and one that only refers to the term *quercus*. This probably points to the distinction between two oak subgenera that grow in Europe: *Quercus* (to which *quercus robur* belongs) and *Heterobalanus* (to which *quercus ilex* belongs). (Boratyński, "Zarys systematyki dębów," 73-75). The term *quercus* appears in Horace, "Odes," IV,13,10; Virgil, "Aeneid," III,680; VII,509; VIII,616; "Eclogues," I,17; IV,30; VI,28; Ovid, *Metamorphoses*, III,91; VII,623; XIII,799. The term *Quercus robur* can be found in Virgil, "Aeneid," XI,137; "Georgics," II,64; Ovid, *Metamorphoses*, VII,204; VIII,743 and VIII,753; XIV,391. Perhaps we should also include oaks, mentioned in: Virgil, "Aeneid," IV,441 and "Georgics," III,332. Horace and Virgil also mention oaks called *aesculus*: Horace, "Odes," III,10,17; Virgil, "Georgics," II,16 and II,291.
56 Horace, "Odes," I,9,12; II,9,8; III,27,58; Virgil, "Eclogues," VI,71; "Aeneid," II,626; IV,491; X,766; "Georgics," II,71 and II,113. Sometimes there is only the general term *fraxinus*: Virgil, "Eclogues," VII,65 and VII,68; "Georgics," II,66; Ovid, *Metamorphoses*, VII,677; cf. Pliny the Elder, *Natural History*, XVI,63-64.

reveal elms (*ulmus*[57]), beeches (*fagus*[58]), alders (*alnus*[59]), chestnuts (*castanea*[60]), cypresses (*cupressus*[61]) and lindens (*tilia*[62]), and in the riverside landscape poplars (*populus*[63]) and willows (*salax*[64]).

The names of trees appear when there is a specific use of the selected wood or a symbolic connection with a given deity. In the case of linking the forest with poetry, we are dealing with a general term, such as *silva, nemus, lucus*. The nature and mood of the pieces in which the forest appears is of course varied. After all, the forest in *The Aeneid* is presented as a landscape of possibilities combined with destiny, prophecy and "something unexpected," and this image is in contrast to the harmony of idyllic shepherd groves in *The Eclogs* or the forested landscape of desperate elegies of Propertius.[65] What they have in common is the presence of trees that witness the poetry being born. When Orpheus, called by Ovid the Apollo bard,[66] sits on the plain to mourn the loss of Eurydice, the forest itself comes to him, and with it, wild animals, snakes and birds.[67] The forest thus becomes a measure of the quality of poetry, because only with a true, divine poet do forests come to life, may they approach or depart from it.[68]

---

57   Horace, "Odes," I,2,9; II,15,5; "Epistles," I,7,84; I,16,3; Virgil, "Eclogues," I,58; V,3; "Georgics," I,170; II,72 and II,83; Ovid, *Metamorphoses*, XIV,661 and XIV,665; cf. Pliny the Elder, *Natural History*, XVI,72.
58   Virgil, "Eclogues," I,1; cf. "Georgics," IV,566; I,173; II,71; "Eclogues," II,3; III,12; V,13; Propertius, *Elegies*, I,18; Varro, *On the Latin Language*, vol. 1 (books V–VII), trans. Roland G. Kent (Cambridge, MA: Harvard University Press; London: William Heinemann, 1958), V,152; Pliny the Elder, *Natural History*, XV,15.
59   Virgil, "Georgics," II,112 and II,451; Ovid, *Metamorphoses*, XIII,790.
60   Virgil, "Georgics," II,15; Ovid, *Metamorphoses*, XIII,819.
61   Horace, "Odes," I,9,11; II,14,23; IV,6,10; "Ars poetica," 19; Virgil, "Aeneid," II,714; VI,216; "Eclogues," I,25; "Georgics," I,20; II,84 (*cyparissi*); Ovid, *Metamorphoses*, III,155. In Virgil we can also find the term: "coniferous cypresses" (*coniferae cyparissi*: "Aeneid," III,680); cf. Pliny the Elder, *Natural History*, XVI,139-41.
62   Virgil, "Georgics," I,173; II,449; cf. Pliny the Elder, *Natural History*, XVI,65.
63   Horace, "Odes," II,3; Virgil, "Georgics," II,13; "Aeneid," VIII,276 and VIII,286; "Eclogues," VII,61 and VII,66; Tibullus, "Elegiae," I,4,30; Ovid, *Metamorphoses*, V,590. Cf. Pliny the Elder, *Natural History*, XVI,85, which mentions the white poplar (*Populus alba*), black (*Populus nigra*) and aspen (*Populus Libyca*), see Mateusz Korbik, "Przegląd systematyki rodzaju 'Populus L.' / A Review of systematics of 'Populus L.,'" *Rocznik Polskiego Towarzystwa Dendrologicznego* 68 (2020): 81.
64   Virgil, "Eclogues," III,65 and III,83; V,16; X,40; "Georgics," II,84; II,110 and II,434.
65   Watkins, *Trees, Woods and Forests*, 43.
66   Ovid, *Metamorphoses*, XI,8.
67   Ibid., X,86-90; X,143-44; XI,21 and XI,45-46; "Tristia," in Ovid, *Tristia. Ex Ponto*, trans. Arthur R. Wheeler (Cambridge, MA: Harvard University Press; London: William Heinemann, 1924), IV,1,17. Cf. Calpurnius Siculus, *The Eclogues*, ed.. Charles. H. Keene (London: Bloomsbury Publishing, 1998) IV,66-68.
68   Cf. Virgil, "Eclogues," X,62-63. Orpheus thread and the forests that listen to him: ibid., III,46; VI,30; VIII,56; "Georgics," IV,510.

The sources of the *locus silvestris* motif as a place of creative solitude should probably be sought in the rhetorical tradition. After all, Cicero in a letter to Atticus compares the state of being immersed in reading with the entrance to a dense and thorny forest.[69] Such a search for origins of this motif, however, deserves a separate analysis. Still, there is no doubt that the topos *locus silvestris* is clearly present in the works of Latin poets of the early and late Empire, and at the end of antiquity Nemesianus will return to it in his pastorals: "until at length in weariness, consumed by the dread fire of love, Mopsus and Lycidas thus laid bare their wounds to the solitary groves, and by turns wailed forth in song their sweet complaints" ("Cum tandem fessi, quos dirus adederat ignis / sic sua desertis nudarunt vulnera silvis / inque vicem dulces cantu luxere querellas")[70]; "Alone I sing, all the wood resounds with my strain" ("Solus cano: me sonat omnis / silva").[71] Moreover, it is also worth emphasizing that *locus silvestris* should definitely be treated as a separate *locus communis*, which is a testimony to the literary self-awareness of the poets of that period.

Bibliography

Boratyński, Adam. "Zarys systematyki dębów / Outline of Oak Taxonomy." *Sylwan* 10 (1994): 73–88.

Calpurnius Siculus. *The Eclogues*. Edited by Charles H. Keene. London: Bloomsbury Publishing, 1998.

Cicero. *Letters to Atticus*. Vol. 3. Edited and translated by Eric O. Winstedt. Cambridge, MA: Harvard University Press; London: William Heinemann, 1961.

Curtius, Ernst Robert. *Europäische Literatur und lateinisches Mittelalter*. Bern: A. Francke, 1954.

Ennius. "Annales." In *Remains of Old Latin. Ennius and Caecilius*, vol. 1, translated by Eric H. Warmington, 2–465. Cambridge, MA: Harvard University Press; London: William Heinemann, 1961.

Garrison, Daniel. "The 'Locus Inamoenus': Another Part of the Forest." *Arion: A Journal of Humanities and the Classics* 2, no. 1 (1992): 98–114.

Giesecke, Annette. *The Mythology of Plants: Botanical Lore from Ancient Greece and Rome*. Los Angeles: J. Paul Getty Trust, 2014.

---

69 Cicero, *Letters to Atticus*, XII,15: "In hac solitudine careo omnium colloquio, cumque mane me in silvam abstrusi densam et asperam, non exeo inde ante vesperum." ("In this solitude I don't speak to a soul. In the morning I hide myself in a dense and wild wood, and I don't come out till the evening.").

70 Nemesianus, "Eclogae," in *Minor Latin Poets*, trans. John W. Duff, Arnold M. Duff (Cambridge, MA: Harvard University Press; London: William Heinemann, 1961), IV,11–13.

71 Ibid., IV,41–43. Nemesianus also mentions holm oaks (ibid., III,2); elms (ibid., I,31; III,3; IV,8); beeches (ibid., I,31; IV,9) and poplars (ibid., IV,1 and IV,23).

Hass, Petra. *Der locus amoenus in der antiken Literatur: zu Theorie und Geschichte eines literarischen Motivs.* Bamberg: Wissenschaftlicher Verlag, 1998.

Henderson, John. *The Roman Book of Gardening.* London: Routledge, 2004.

Hindermann, Judith. "'Locus amoenus' und 'locus horribilis' – zur Ortsgebundenheit von 'otium' in den 'Epistulae' von Plinius dem Jüngeren und Seneca." In *Muße und Rekursivität in der antiken Briefliteratur: Mit einem Ausblick in andere Gattungen,* edited by Franziska C. Eickhoff, 113–32. Tübingen: Mohr Siebeck, 2016.

–. "Orte der Inspiration in Plinius' 'Epistulae.'" *Museum Helveticum* 66 (2009): 223–31.

Horace. "Ars poetica." In Horace, *Satires, Epistles and Ars poetica,* with an English translation by Henry R. Fairclough, 442–89. Cambridge, MA: Harvard University Press; London: William Heinemann, 1961.

–. "Epistles." In Horace, *Satires, Epistles and Ars poetica,* with an English translation by Henry R. Fairclough, 248–441. Cambridge, MA: Harvard University Press; London: William Heinemann, 1961.

–. "Epodes." In Horace, *The Odes and Epodes,* edited and translated by Charles E. Bennett, 360–417. Cambridge, MA: Harvard University Press; London: William Heinemann, 1960.

–. "Odes." In Horace, *The Odes and Epodes,* edited and translated by Charles E. Bennett, 2–357. Cambridge, MA: Harvard University Press; London: William Heinemann, 1960.

Kaczor, Idaliana. "Kult drzew w tradycji mitologicznej i religijnej starożytnych Greków i Rzymian." *Acta Universitatis Lodziensis. Folia Litteraria Polonica* 3 (2001): 3–146.

Kobielus, Stanisław. *Florarium Christianum. Symbolika roślin – chrześcijańska starożytność i średniowiecze.* Tyniec: Wydawnictwo Benedyktynów, 2014.

Korbik, Mateusz. "Przegląd systematyki rodzaju 'Populus L.' / A Review of systematics of 'Populus L.'" *Rocznik Polskiego Towarzystwa Dendrologicznego* 68 (2020): 77–90.

Lucan. *The Civil War (Pharsalia).* Translated by James D. Duff. Cambridge, MA: Harvard University Press; London: William Heinemann, 1928.

Nemesianus. "Eclogae." In *Minor Latin Poets,* translated by John W. Duff, Arnold M. Duff, 449–515. Cambridge, MA: Harvard University Press; London: William Heinemann, 1961.

Ovid. *Ars amatoria.* Translated by Roy K. Gibson. Cambridge: Cambridge University Press, 2009.

–. *Fasti.* Translated by James G. Frazer. Cambridge, MA: Harvard University Press; London: William Heinemann, 1959.

–. *Metamorphoses.* Vol. 1 (books I–VIII) and vol. 2 (books IX–XV). Translated by Frank J. Miller. Cambridge, MA: Harvard University Press; London: William Heinemann, 1960–1984.

–. "Tristia." In Ovid, *Tristia. Ex Ponto,* translated by Arthur R. Wheeler, 2–263. Cambridge, MA: Harvard University Press; London: William Heinemann, 1924.

Pagán, Victoria Emma. *Rome and the Literature of Gardens.* London: Duckworth, 2006.

Pétrone. *Le Satiricon.* Texte établi et traduit par Alfred Ernout. Paris: Les Belles Lettres, 1958.

Pliny The Elder. *Natural History.* Vol. 4 (books XII–XVI). Translated by Harris Rackham. London: William Heinemann; Cambridge, MA: Harvard University Press, 1960.

Pliny The Younger. *Letters.* Vol. 1. With an English translation by William Melmoth. Cambridge, MA: Harvard University Press; London: William Heinemann, 1961.

Propertius. *Elegies*. With an English translation by Harold E. Butler. Cambridge, MA: Harvard University Press; London: William Heinemann, 1958.
Quintilianus. *The Institutio Oratoria*. Vol. 4 (books X–XII). Translated by Harold E. Butler. Cambridge, MA: Harvard University Press; London: William Heinemann, 1961.
Sands, Roger. "A History of Human Interaction with Forest." In *Forestry in a Global Context*, edited by Roger Sands, 1–36. Wallingford: CABI, 2013.
Scardino, Carlo. *Agriculture in the Classical World*. Oxford: Oxford University Press, 2018.
Schlapbach, Karin. "The Pleasance, Solitude, and Literary Production: The Transformation of the 'locus amoenus' in Late Antiquity." *Jahrbuch für Antike und Christentum* 50 (2007): 34–50.
Schönbeck, Gerhard. *Der locus amoenus von Homer bis Horaz*. Köln: G. Wasmund, 1964.
Stridoniensis, Hieronymus. "Commentaria in Isaiam." In Hieronymus Stridoniensis, *Opera omnia*, vol. 4, recognovit Jacques P. Migne, 17–704. Paris: Bibliothecae Cleri Universae, 1865.
Tacitus. "Dialogus de oratoribus." In Tacitus, *Dialogus, Agricola, Germania*, translated by William Peterson, 18–129. Cambridge, MA: Harvard University Press; London: William Heinemann, 1958.
Thoss, Dagmar. *Studien zum locus amoenus im Mittelalter*. Wien: W. Braumüller, 1972.
Tibullus, "Elegiae." In *Catullus, Tibullus and Pervigilium Veneris*, translated by John P. Postgate, 191–283. Cambridge, MA: Harvard University Press; London: William Heinemann, 1962.
Turner, Alice K. *The History of Hell*. New York: Harcourt Brace & Company, 1993.
Varro. *On the Latin Language*. Vol. 1 (books V–VII). Translated by Roland G. Kent. Cambridge, MA: Harvard University Press; London: William Heinemann, 1958.
Virgil. "Aeneid I–VI." In Virgil, *Eclogues, Georgics, Aeneid I–VI*, translated by Henry R. Fairclough, 240–571. Cambridge, MA: Harvard University Press; London: William Heinemann, 1960.
–. "Aeneid VII–XII." In Virgil, *Aeneid VII–XII. The Minor Poems*, translated by Henry R. Fairclough, 2–365. Cambridge, MA: Harvard University Press; London: William Heinemann, 1960.
–. "Eclogues." In *Eclogues, Georgics, Aeneid I–VI*, translated by Henry R. Fairclough, 2–77. Cambridge, MA: Harvard University Press; London: William Heinemann, 1960.
–. "Georgics." In *Eclogues, Georgics, Aeneid I–VI*, translated by Henry R. Fairclough, 80–237. Cambridge, MA: Harvard University Press; London: William Heinemann, 1960.
Watkins, Charles. *Trees, Woods and Forests: A Social and Cultural History*. London: Reaktion Books, 2014.
Zalewska-Jura, Hanna. "Epigramatyczny charakter Apollina i Artemidy." *Collectanea Philologica* 4 (2002): 99–116.

Siegrun Wildner (University of Northern Iowa)

Zwischen „Salweiden" und „Karsterlen": Die magischen Natur- und Sprachlandschaften in Oswald Eggers lyrischer Prosa

Abstract
Oswald Egger's work *Val di Non* is an assemblage comprised of innovative literary, linguistic, and visual experiments. Its cryptic poetic texts and eccentric graphic art illustrate the author's peripatetic probe of his native South Tyrolean mountainous environment with its geological and botanical qualities. Throughout his expedition, the author demystifies, deconstructs, and re-encodes botanical expressions and illustrations as verbal and visual frames of references within these representations of arcane landscapes. This article examines Egger's experimental strategies that allow him to disrupt and defy semiotic, semantic, syntactic, literary, and artistic conventions, while at the same time opening new spaces for innovative perception, imagination, and expression.
Keywords: contemporary experimental literature, intermediality, botany, new nature writing

Im zeitgenössischen Literaturbetrieb gilt der Autor Oswald Egger vielen als einer der wichtigsten Vertreter der deutschsprachigen experimentellen Literatur; einige Kritiker bezeichnen ihn als „Avantgarde Dichter", „Sprachmagier und Worterfinder",[1] andere als „Grenzgänger zwischen Literatur und Wissenschaft",[2] oder auch als „Sprach-Schamane[n]".[3] Besonders hervorgehoben und mit Literaturpreisen honoriert werden die Faszinationskraft von Eggers Texten, die Originalität und Musikalität der Sprache, die Affinität zu Naturwissenschaften, besonders zu Geologie, Botanik, und Mathematik.

---

1 Martin Endres und Ralf Simon, „Close reading und Prosa. Einleitende Überlegungen zu Oswald Egger", in *„Wort für Wort" - Lektüren zum Werk von Oswald Egger*, hg.v. Martin Endres und Ralf Simon (Berlin: De Gruyter, 2021), 1.
2 Tobias Lehmkuhl, „Seltsame Späße. Ich mosaiziere innenhin", Rezension von *Val di Non* von Oswald Egger, *Süddeutsche Zeitung*, 26.02.2018, abgerufen am 30.12.2022, https://www.sueddeutsche.de/kultur/seltsame-spaesse-ich-mosaiziere-innenhin-1.3883178.
3 Josephine Güntner, „Ich singe, also bin ich, singe ich'", *Stellwerk-Magazin*, 16.01.2019, abgerufen am 30.12.2022, https://stellwerk-magazin.de/magazin/artikel/2019-01-16-oswald-egger.

Auf den ersten Blick erscheinen Eggers poetische Texte als Spielfeld für grenzüberschreitende Wort-, Form-, Laut- und Klangexperimente; als eine Art semantischer Collage versehen mit Versatzstücken aus verschiedensten wissenschaftlichen und künstlerischen Quellen; als selbstreferentielle, zufallsgesteuerte literarische Experimente, oftmals auch intermedial präsentiert in Wort und Bild. Lassen sich jedoch die Leser*innen intensiver ein auf Eggers wahrnehmungsstarke Texte, seine Wortaggregate, Wortverdrehungen und Wortzerstückelungen, wird schnell klar, dass der Autor suchend eine „Wort-für-Wort" Poetik verfolgt, die gewohnte Denk- und Sprachschablonen stört und auch zerstört, um sich über die „Verweiskraft der Wörter" einen sprachlichen Neuzugang für die Umsetzung sinnlicher Wahrnehmungen zu schaffen.[4]

Die vorliegende Arbeit hat sich zum Ziel gesetzt, Eggers bewusste Suchbewegungen nach einem neuen Sehen als eine Art poetologisches Verfahren anhand einiger Textbeispiele aus seinem Werk *Val di Non* nachzuzeichnen. Das Hauptaugenmerk liegt dabei auf Eggers Naturschilderungen als „sprachliches Material",[5] mit denen er herkömmliche Bild- und Sprachräume sprengt und gewohnte Objektkonturen auflöst, um sich und seinen Leser*innen „augenblitzende Lücken",[6] Freiräume zu schaffen, die das Potenzial eines sprachlichen Neuanfangs bergen könnten. Nicht umsonst verweist Egger auf der letzten Seite seiner Textsammlung *Val di Non*, in einer Art poetologischen Nachworts, auf ein Zitat aus Parmenides Erkenntnistheorie des Seienden, das auch als Kernsatz für die Naturfunktion in der Egger'schen Poetik gelten kann: „Willst du das Seiende erkennen, so gebrauche nicht deine Augen, die nur sehen, was vor den Augen ist, sondern schaue ebenso die entfernten Dinge mit dem Geist, dem sie fest gegenwärtig sind."[7] Nicht nur die Wahrnehmungsobjekte, sondern auch die Wahrnehmung selbst, insbesondere das „Sehen" an sich, rücken in den Fokus. Wie überträgt man die Bilder im Kopf in Sprache, ohne sich in gewohnte Seh- und Denkweisen zu verstricken? Es geht hier um das Phänomen des subjektiven Bewusstseins und seiner verschiedenen Erscheinungsformen als Herausforderung für die Literatur. „Sehe ich den Sinn?"[8] – fragt Egger in seinem Text für *Poetica 5* und betont damit, wie das Ich seinen Welt- und Dingbezug erst durch seine Wahrnehmungen und Bewusstseinsleistungen (wie Empfindungen, Vorstellungen, Erinnerungen und sensorische Gefühle) etablieren kann. Oder, mit Maurice Merleau-Ponty anders formuliert: Wie wird das Subjekt durch bewusste

---

4 Oswald Egger, „Ich will semantische Wolken erzeugen. Interview mit Oswald Egger", Interview von Christina Weiss, *Die Welt*, 27.05.2010, abgerufen am 30.12.2022, https://www.welt.de/wel t_print/kultur/article7801662/Ich-will-semantische-Wolken-erzeugen.html.
5 Ibid.
6 Ibid.
7 Oswald Egger, *Val di non* (Berlin: Suhrkamp, 2017), 207.
8 Zit. nach Güntner, „Ich singe, also bin ich, singe ich'".

Wahrnehmung zum konstituierenden Teil einer wahrgenommenen Welt? Und somit: Wie wird das Sehen zur notwendigen Voraussetzung des „Zur-Welt-Seins", des „*j'en suis*"?[9]

In *Val di Non* übernehmen Eggers Naturlandschaften die Funktion von entgrenzten Wahrnehmungsträgern und Projektionsflächen für sprachliche Experimente, die darum bemüht sind, das „Sichtbare und Unsichtbare", das „Sagbare und Unsagbare" fassbar und erfassbar zu machen.[10] Eggers Poetik in *Val di Non*, aber auch in anderen Werken wie etwa in *Entweder ich habe die Fahrt am Mississippi nur geträumt, oder ich träume jetzt* (2021), eröffnet dadurch eine ungewohnte und ungewöhnliche Umgangsweise mit Natur- und Landschaftswahrnehmungen, die sich im oszillierenden Spannungsverhältnis von Natur – Aisthesis – Sprache (auch als Zeichenprozesse im Sinne von Semiotik) ansiedeln lässt.[11]

Die Egger'schen Text-Bild-Zeichenkombinationen in *Val di Non* kann man nur dann den literarischen Neuorientierungen von Naturpoesie als *New Nature Writing* oder *New Landscape Writing* zuordnen, wenn sie breitgefächert definiert werden, wie etwa bei Volker Demuth, der *Landscape Writing* als „Labor veränderter Wahrnehmungsweisen und Denkformen" sieht.[12] Oder begrifflich großflächig abgesteckt als Ausdruck menschlicher Begegnung mit dem nichtmenschlichen Leben, das das Alltägliche wie auch das Exotische, den wissenschaftlichen wie auch den literarischen Diskurs miteinschließt, wie Joe Moran Landschaftspoesie (mit Vertretern wie Kathleen Jamie, Richard Mabey und Robert Macfarlane) im anglo-amerikanischen Kontext zu erklären versucht: „A common thread that unites the new nature writing is its exploration of the potential for human meaning-making not in the rare or exotic but in our everyday connections with the non-human natural world."[13] *New Nature Writing* als

---

9 Maurice Merleau-Ponty, *Phänomenologie der Wahrnehmung*, 6. Auflage (Berlin: De Gruyter, 1966), 239, 423.
10 In Anlehnung an Merleau-Pontys unvollendeten und posthum veröffentlichen Werk *Das Sichtbare und das Unsichtbare* (1964). Zu Ent-grenzung im phänomenologischen Wahrnehmungserweiterung in Eggers Texten siehe auch Siegrun Wildner, „Von Grenzen und Grenzgängern in der deutschsprachigen Südtiroler Literatur", *Oxford German Studies* 48, Nr. 1 (2019): 68–69, DOI: 10.1080/00787191.2019.1583432.
11 Ästhetik sollte deshalb im Rahmen dieser Ausführungen in der begrifflichen Erweiterung als „Aisthetik" verstanden werden, wie Wolfgang Welsch es definiert. Für ihn ist Aisthetik die „Thematisierung von Wahrnehmungen aller Art, sinnenhaften, ebenso wie geistigen, alltäglichen wie sublimen, lebensweltlichen wie künstlerischen". Wolfgang Welsch, *Ästhetisches Denken* (Stuttgart: Philipp Reclam, 1990), 9.
12 Volker Demuth, „Landscape Writing – brauchen wir eine ökologische Poetik?", *Deutschlandfunk*, 06.03.2022, abgerufen am 30.12.2022, https://www.deutschlandfunk.de/umwelt-und-sprache-landscape-writing-brauchen-wir-eine-oekologische-poetik-102.html.
13 Joe Moran, „A Cultural History of the New Nature Writing", *joe moran's words on the everyday, the banal and other important matters*, abgerufen am 30.12.2022, https://joemo-

Genre subsumiert auch häufig literarische Antworten auf das Zeitalter des Anthropozäns, die oftmals als Ökokritik gegen die Zerstörung von Natur durch den Menschen ankämpfen und/oder sich als Natur- und Sprachbewahrer auszeichnen. Zum Beispiel sieht Macfarlane sein Buch *Landmarks* als „book about the power of language", „a field guide to literature", „a word-hoard of the astonishing lexis for landscape", wobei er sich auf Landschaften in Großbritannien und Irland bezieht.[14] In diesem Punkt tangiert Eggers Poetik in *Val di Non* Macfarlanes spracharchäologisches Verfahren, nämlich dort, wo Egger „Wort-für-Wort Folgen voralpiner Substrate (keine Quellen)" ausgräbt und „Wort für Wort (als Zwickmühle) […] im zähglühenden Substrat der rätischen Rest- und Trümmersprache" „grummeln" lässt.[15]

Der Titel *Val di Non* (auf Deutsch Nonstal) bezieht sich auf ein alpines Tal in Südtirol, südlich von Lana, den Ort, in dem Egger aufgewachsen ist. Die Texte im Werk *Val di Non* stehen nur lose durch diese Bergregion miteinander in Verbindung. Sie erzählen keine Geschichten, sind keine autobiografischen Erinnerungen, und auch keine Naturschilderungen im traditionellen Sinn, wie Egger selbst konstatiert: „Es gibt keinen Faden, den man verlieren könnte."[16] Der Autor spart bewusst narrative Textelemente aus und setzt auf sprachlich umgeformte und daher verformte bzw. umgedeutete Momentaufnahmen aus Flora und Fauna, von geologischen Topografien, Mythen, Legenden, und Dialekten, und einer Lebenswelt, in der sich das poetische Subjekt nur kurzweilig verortet.

Eggers Texte lassen sich in kein etabliertes Gattungskorsett zwängen, sind gleichzeitig Beschreibung, Ent-schreibung, und Überschreibung, Prosa und Poesie. Der Autor spielt mit dem Einsatz bzw. Versatz von literarischen Vorlagen, zergliedert und rekombiniert Sprachteile, setzt Neologismen ein, überrascht mit Wortpermutationen und ungewöhnlichen Wortkombinationen, mit inhaltlichen und formalen Inversionen, und er eröffnet so neue dichterische Wahrnehmungs- und Sprachwelten. Mit seiner saloppen Formulierung „Texte wie Intarsien zu mischen", bringt Egger seine poetologische Verfahrensweise der Zerstückelung und Neubestückung auf den Punkt. Seine Texte als „Intar-sien" agieren für den Autor als „Einlassungen", „kleine Landschaften und Zustände in sich", auch „Inkrustationen", als sprachliche Ein- und Ablagerungen.[17]

---

ran.net/academic-articles/a-cultural-history-of-the-new-nature-writing/; dasselbe auch in *Literature & History* 23, Nr. 1 (2014): 49–63, DOI: 10.7227/LH.23.1.4.
14 Robert Macfarlane, *Landmarks* (London: Hamish Hamilton, 2015), 1.
15 Egger, *Val di Non*, 207.
16 André Hatting, „Prosa und Poesie zugleich", Rezension von *Val di Non* von Oswald Egger, *Deutschlandfunk*, 04.09.2017, abgerufen am 30.12.2022, https://www.deutschlandfunkkultur.de/oswald-egger-val-di-non-prosa-und-poesie-zugleich-100.html.
17 Egger, „Ich will semantische Wolken erzeugen".

Wie die Intarsientechnik in der Handwerkskunst, unterliegen auch Eggers Intarsientexte einem bewussten Produktionsprozess, bei dem „Sprachmaterial" als Einlagemateriel zurechtgestückelt wird, um bisher unvermittelte visuelle Eindrücke denkbar zu vermitteln.[18] Der Prozess zeigt das Vordringen auf etwas Neues, das jedoch im Moment des Entstehens schon wieder den Neuwert verloren hat. Egger schafft sich, wie er erläutert, „Ösen", also Öffnungen, die eine ungehinderte Sichtweise aufblitzend und „augenblitzend" ermöglichen. Er sucht scheinbar „Ausblicke", denn „[w]enn man schon gefangen ist in der Gegenwart, dann schaffen Texte augenblitzende Lücken. […] Es geht um kleine Aufmerksamkeiten in diesem Meer von Möglichkeiten".[19] Diese Dekonstruktions- und Montageverfahren, die auch den Umgang mit Lücken und semantischen Zwischenräumen miteinkalkulieren, erlauben dem Autor ungewöhnliche und überraschende Beziehungen und Bezugssysteme herzustellen, und auch unklare Ergebnisse zu akzeptieren. Eine der Stärken der Texte ist ihr Wagnis.

Übertragen vom handwerklichen Arbeitsvorgang und dem Umgang mit unterschiedlichen Materialien, handelt es sich bei Egger nicht nur um eine literarische Auseinandersetzung von Zeichen und Wörtern, sondern auch um diverse Wechselwirkungen von Texten, Zeichnungen und Schriftblöcken. Die Leser*innen von *Val di Non* sehen sich mit Fragen nach Intermedialität der Text-Bild-Produktionen konfrontiert. Eine typische Buchseite in *Val di Non* präsentiert sich wie folgt: Auf dem unteren Drittel des Blattes befindet sich ein Textblock, auf den oberen zwei Dritteln der Seite sind Grafiken, die naturwissenschaftlichen Abbildungen ähneln. Sie sind mit feinen Linien und filigranen Schraffierungen gezeichnete, zarte, bizarre Gebilde zwischen Organischem und Anorganischem, magisch bezaubernd und rätselhaft zugleich. Die Betrachter*innen glauben beispielsweise Blatt- und Zellstrukturen zu erkennen, Wurzelgeflechte und Samenkapseln, oder auch amöbenhafte und quallenartige Gebilde. Egger versteht „dieses Ineinandergreifen von Sprache und Gestalt"[20] als charakteristischen Bestandteil seiner Arbeit, wobei die Einzelteile auch hier durch ihre zwanglose Kombinationsvielfalt zu einem erweiterten Wahrnehmungsbewusstsein beitragen. Auf die Interviewfrage, ob denn Zeichnen für ihn, den Autor, auch eine Art

---

18 Ähnlich argumentiert Gilgen, der Eggers literarische Intarsientechnik als „minutiöse Kompositionen" sieht, die „bewusst und erkennbar konstruiert" sind. Peter Gilgen, „Im Medium der Literatur. Versuch, einen Satz aus Oswald Eggers ‚Val di Non' zu lesen", in *„Wort für Wort" – Lektüren zum Werk von Oswald Egger*, hg. v. Martin Endres und Ralf Simon (Berlin: De Gruyter, 2021), 111.
19 Egger, „Ich will semantische Wolken erzeugen".
20 Oswald Egger, „Georg Trakl Preis an Oswald Egger", Interview von Heinrich Schwazer, *Die Neue Südtiroler Tageszeitung*, 18.08.2017, abgerufen am 30.12.2022, https://www.tageszeitung.it/2017/08/18/georg-trakl-preis-an-oswald-egger/.

Schreiben sei, verweist er auf die komplexe Interaktion von narrativen und visuellen Elementen:

> Uneingeschränkt – die Zeichnungen sind „im Grunde" die Erzählungen, die sich und den Leser im Buch entlanghangeln, wie Einstiege in einer hangenden Wand. Die Wörter bilden quasi den Chor dazu, den Wald, den man nicht sieht, weil Bäume dastehen. Es ist wie im Sprichwort: Felder haben Augen, Wälder Ohren. Und das was geschieht, vorgeht und erzählt erscheint, taucht auf im Sehfeld, jeder Seite, und die Zeichnungen im Buch „Val di Non" sind eben das ganze Verzeichnis davon.[21]

Zeichnungen sowie Zeichen und Schrift als Textarrangements produzieren „eine Art Wechselrede", Zeichen, die in Schwingung geraten und einen Prozess auslösen, „geschwätzig werden".[22]

Kleine quadratische Vierzeiler meist ohne Reim stehen oft neben den Grafiken, ohne jedoch direkte Bedeutungszusammenhänge zwischen Bild und Text erkennen zu lassen. „Sie führen das Auge durch die Seiten und Blätter",[23] bieten eine Art visuelle Orientierung. Egger bezeichnet diese Vierzeiler als „geometrische Zeichnung" und als „Zwischenbilder" „hintereinander verschachtelt",[24] die den Rahmen vertrauter Denk- und Sprachschablonen sprengen und neue Möglichkeitsräume öffnen können. Ein Beispiel:

Wohin
Ginge ich mit
Dem Bindseil
im Hain?

Mein ganz
In den Augen-
Gruben begrabenes
Kopfüber-Leben.[25]

Ähnlich wie bei den Egger'schen „Ösen", sind es bei den Vierzeilern oftmals „Silbenschnitte",[26] die neue Wahrnehmungskontexte ermöglichen. Sie erzeugen neue Wahrnehmungsräume und Sprachräume, indem an einer bestimmten oder ungewohnten Stelle des existierenden/existenten Wortes eine Trennungslinie gezogen wird. Das Wort (wie hier im Beispiel „Augen-/Gruben") wird aufgespalten, zerteilt, auseinanderdividiert, um dann mit einer neuen Komponente

---

21 Ibid.
22 Oswald Egger, „#LiteraturBewegt2: Zeichen poetisieren. Oswald Egger im Gespräch mit Ralf Simon", Gespräch im Rahmen der Ausstellung „#LiteraturBewegt: punktpunktkommastrich. Zeichensysteme im Literaturarchiv", Deutsches Literaturarchiv Marbach, 08.02.2022, *YouTube*, abgerufen am 30.12.2022, https://www.youtube.com/watch?v=g5TwofO23I8.
23 Egger, „Ich will semantische Wolken erzeugen".
24 Egger, „#LiteraturBewegt2: Zeichen poetisieren".
25 Egger, *Val di Non*, 37.
26 Egger, „#LiteraturBewegt2: Zeichen poetisieren".

ausgestattet („Gruben begrabenes") den semantischen Kontext eigenmächtig zu gestalten. Die hypothetische Frage im ersten Vierzeiler lädt zum Nachdenken über ein potenzielles Zusammentreffen von Mensch und Natur ein, über die Zielsetzung und Sinnhaftigkeit eines solchen Eintretens bzw. Eingreifens des mit „Bindseil" ausgerüsteten Menschen in einen Hain, ein mehrdeutiger Begriff, der in der Natur- und Kulturgeschichte mit botanischen, sakralen und poetischen Konnotationen behaftet ist.

Die Natur in den Textabschnitten bzw. Schriftblöcken von *Val di Non* zeigt sich in Form von rastlosen, dynamischen Textbewegungen, die mit adjektivischer Nuancierung und Detaillierung mit Sinneseindrücken auf die Leser*innen einprasseln. Egger vermischt und schichtet intarsiengemäß Naturbilder und Sprachbilder, wie dieses Beispiel einer sich selbst überlassenen, wilden Landschaft veranschaulicht:

> Inseln von Ginster und Oleander schwimm'ben ineinander über, überwuchert. Böschungstrümmer schieferten zu Tafelfalten hängendschroff – oft: geschaftete mit zerlappten Schaften, blinde und weglose Pfade, Talwannen: Grätig eingerissene rinnen und triefen von der vielfach unterwühlten; und daß die Grasnarbe plaggenweise absackt.[27]

Auffallend und verständlich sind die Namen der Pflanzen, die im Nonstal typischerweise vorkommen, wie „Ginster und Oleander" und in den nächsten Textabschnitten: Pinien, Zypressen, Salweiden, Karsterlen, Wasserliesch, Opuntien und Agaven. Betrachtet man jedoch diese Sträucher und Bäume in ihrem von Egger umgestalteten Beziehungsgefüge, entziehen sie sich etablierten Bedeutungskonstitutionen, wie hier gleich im ersten Satz des Textzitates zu beobachten ist: „Inseln von Ginster und Oleander schwimm'ben ineinander über, überwuchert." „Schwimm'ben" – eine Neu Kombination aus „schwimmen" und vielleicht „schweben" zu „schwimm'ben ineinander über – überwuchert" – wie eine Art Schichtung, nicht nur in der Natur, sondern auch sprachlich. Und weiter heißt es im Text: „Böschungstrümmer schieferten zu Tafelfalten hängendschroff – oft:" – die eigenwillige Setzung von Satzzeichen, wie Gedankenstrich und Doppelpunkt, forcieren Denkpausen und suggerieren eine weiterführende Natur- und Sprachlandschaft. Die „Pfade" und „Talwannen" und „rinnen", die diese Landschaften in „zerlappte Schaften" zerreißen, erweisen sich als „blind" und „weglos", ohne Anfang und ohne Ende, wie in einem (Sprach)-Labyrinth. Die Kleinschreibung von „rinnen", konfrontiert die Leser*innen mit den Möglichkeiten, das Wort als Substantiv im Sinne von „Rinne" als „Furche" oder als Verb „rinnen" im Sinne von „fließen" zu deuten, d. h. „fließen" in der Folgekombination mit „triefen" als eine von Wasser unterhöhlte Grasnarbe, die sich absenkt.

---

27 Egger, *Val di Non*, 36.

Auch im nächsten Textzitat aus *Val di Non* sprengt der erste Satz vertraute Natur- und Sprachvorstellungen, obwohl hier ein „Ich" den phänomenologischen Wahrnehmungsprozess inszeniert und orchestriert:

> Ich beginne mit einer häutig verwendeten, ärmeligen Molkeklamm, die lebhaft gegen die unruhigen Formen bald fast klobiger Schrunde talt [...]. Die Pinien und üppigeren Zypressen stehen an so strotzenden Hängen, es wuchs jede Salweide, als ob eine bastgelb apere Karsterle sich neigt, und pickt verästigt in die Sickerblöcke vertrocknete Quelle: Die Küste bricht in baren Flanken mitten in die Buchten ab, der heiße Tuffstaub brennt auf [...].[28]

Die visuellen Eindrücke „beginnen" mit dem Fokus auf eine „Molkeklamm", eine enge tiefe Schlucht, deren weiße Wassergischt mit dem Begriff „Molke" assoziiert und mit dem Wort „Klamm" und „talt", eine Verbalisierung des Substantives „Tal" in Zusammenhang gebracht wird. Der pointillistisch semantische Farbton „bastgelb" in Kombination des zweiten Adjektivs „aper" sticht hervor. „Einer bastgelb aperen Karsterle" wird innerhalb eines irrealen Komparationssatzes eine sprachliche Funktion zugewiesen. Wörter wie „lebhaft", „unruhig", „flattern", „verästigt", „abbrechen", „aufbrennen" produzieren rastlose, überreizte Wahrnehmungs- und Textbewegungen.

Erkennbar an diesen kurzen Textabschnitten ist, dass Eggers lyrische Prosa in *Val di Non* (und auch in seinen anderen Werken) durch semantische Verdichtungen und Verflechtungen, durch „kalkulierte Abweichungen"[29] schwer zugänglich ist. Die Texte sind weitgehend handlungsarm und verweigern sich der dem*r Leser*in vertrauten Bedeutungssemantik. Egger verfolgt eine bewusst herbeigeführte Abkehr von einer vorgeformten Sprache. Er versucht die Sprache zu verformen, damit ist hier gemeint, die Wortbedeutung und die im Wort mitgelieferte logische Erklärung zu verdrehen, sodass eine neue Semantik im Sinne von Onomasiologie entstehen könnte. Gleichzeitig heißt das aber auch, dass es bei der ‚verformten' Sprache nicht primär um eine neu geschaffene Bedeutung geht, sondern um eine Erstellung veränderter und veränderbarer Sprachzeichen, also zerlegt bzw. zerstuckelt und neu konstituiert als kleinste bedeutungstragende Zeichen, also als Morpheme. In einem Interview im Jahre 2010 erläutert Egger:

> Ich setze die Wörter, die ich finde, wie Aufrufe ein, wie Anrufungen. In meinen frühen Texten, wo ich beispielsweise Pflanzennamen als sprachliches Material genommen habe – ging es nicht um die botanische Korrektheit, sondern um die Verweiskraft der Wörter. Ich hatte mal einen Botaniker in einer Lesung, der irritiert sagte, die genannten Pflanzen wüchsen doch niemals nebeneinander. Ich denke, Wissen allein führt oft zu

---

28 Ibid., 37.
29 Gilgen, „Im Medium der Literatur", 117.

nichts. Es geht mir um eine semantische Wolke, die um die Silbe herum erzeugt wird im Vertrauen darauf, dass das Gemeinsame darin auszumachen sein wird.[30]

Als Sprach-Jongleur mit „semantischen Wolken" führt Egger seine Leser*innen an die hermeneutischen Grenzen der Texte. Es stellt sich folglich die Frage, wie man aus literaturwissenschaftlicher Perspektive mit Eggers Texten umgehen soll. Der 2021 erschienene Aufsatzband mit dem Titel *Wort für Wort* versucht an Eggers Werk mittels grundlegenden philologischen Handwerkszeuges den Wortsemantiken quasi „wortwörtlich" nachzugehen, „auf Verbindungen, Verstrebungen und Textlogiken zu achten", die laut der Herausgeber Endres und Simon „sehr wohl lesbar und präzise zu interpretieren sind".[31] Mit anderen Worten, die Autor*innen bemühen sich, die Texte bzw. einzelne Sätze durch *close reading*, d. h. immanente Interpretationen oder durch eine Art exegetische Praxis, zu erschließen.

Man könnte aber auch Eggers Texte mithilfe von theoretischen Konzepten der Wahrnehmung, wie etwa die des Phänomenologen Maurice Merlau-Ponty, aus einer ganz anderen Richtung betrachten. Man denke dabei an seine Auslegungen über das Sehen, das genaue Hinsehen, und auch das hinter die Dinge (dazu zähle ich auch die Natur) sehen, dort wo die Gedankenbilder entstehen. Man müsse sich auf die Welt und die Dinge einlassen (auch auf die noch nicht Sichtbaren). Das ist einer von Merleau-Pontys zentralen Gedanken in seinem unvollendet gebliebenen Werk *Le visible et l'invisible* (*Das Sichtbare und das Unsichtbare*), das 1964 posthum erschienen ist.

Die Egger'schen Texte sind keine Erkundungsstreifzüge des Ichs durch Fauna und Flora, keine poetische Vermessung der Natur, auch kein „topografisches Experiment mit dem Sehen", wie es Paul Jandl in seiner Rezension von *Val di Non* formuliert.[32] Egger experimentiert mit Versuchen, hinter die gewohnten Dinge zu schauen, also nicht nur das Sichtbare, sondern auch das Unsichtbare zu er-tasten und zu be-greifen, wie er in einem Interview erklärt: „Wir Menschen wollen etwas Ermessbares sehen, dass man Ausmessen, sehen und bewegen kann, aber es gibt immer noch die unsichtbaren Dinge […]."[33] Die Frage ist nur, ob oder wie sich Wahrnehmungen, d. h. Sinneswahrnehmung (*noema*) und Sinnwahrnehmung (*noesis*), um Edmund Husserls Terminologie zu borgen, in Sprache übertragen lassen.

---

30 Egger, „Ich will semantische Wolken erzeugen".
31 Endres und Simon, „Close reading und Prosa", 1.
32 Paul Jandl, „Die Weltschöpfung beginnt jeden Tag von vorne", Rezension von *Val di Non* von Oswald Egger, *Neue Zürcher Zeitung*, 15.06.2017, abgerufen am 30.12.2022, https://www.nzz.ch/feuilleton/oswald-egger-val-di-non-die-weltschoepfung-beginnt-jeden-tag-von-vorne-ld.1300055.
33 Egger, „#LiteraturBewegt2: Zeichen poetisieren".

Die poetische Umsetzung des Sehens in *Val di Non* scheint jedoch immer wieder in seinen Ansätzen stecken zu bleiben. Zum Beispiel lässt der Autor „wunderliche Augen-Gestalten" tanzen und das Ich sich seiner Sehkraft selbst vergewissernd fragen, „Ich öffne die Augen, ach ja?" um dann „einen schwärmenden Balg- und Garbentanz von Licht und -Licht" wahrzunehmen.[34] „Nachbilder" treten auf und „Bilder im Augenhintergrund, ohne Raum, gar keine Vorstellungen davon".[35] Alle diese Versuche scheitern, münden im Nichts. Paul Jandl interpretiert *Val di Non* als „ein raffiniertes Verneinungsbuch".[36] Mit Verneinungsbuch spielt Jandl (und auch Peter Gilgen in seinem Aufsatz über Eggers *Val di Non*) auf die wörtliche Übertragung vom italienischen *Val di Non* ins Deutsche an: das Tal des Nichts. Geeigneter scheint der Begriff der „Leere" zu sein, denn Eggers poetologische Verfahren laufen immer wieder zwangsläufig ins Leere. Ein Anfang der Sprache, der Versuch in „unvordenkliche" (Egger) Sprachräume dringen zu können, verläuft im Nichts, eine Erkenntnis, die der Autor sich selbst freimütig eingesteht: „Alle meine Äußerungen finden keinen Anfang, und ich rede mir ein, ich komme nicht dazu, weil ich nie einen Anfang finden kann. Ich schaffe eine Sprache, die mich beansprucht, und auch, dass ich mich rastlos darin ausdrücke."[37] Es gibt auch andere Werke Eggers, in denen er apophatisch verfährt, wie zum Beispiel in Gedichtbänden *Nichts, das ist* und *nihilum album* (also das weiße Nichts).[38] Ein Zitat von dem Mystiker Juan de la Cruz, das Egger an den Anfang von *Val di Non* stellt, unterstreicht die sprachphilosophische Dimension des Werkes: „[…] – nichts, nichts, nichts, nichts, nichts, nichts, und auf dem Berge nicht." Stößt Egger im Wittgenstein'schen Sinne an seine Sprachgrenzen? In seiner „Berliner Rede zur Poesie" aus dem Jahre 2016 reflektiert Egger in etwas resignierendem Ton, aber auch durchaus selbstironisch:

> *Krumm kann gerade nicht werden, noch erzählt, was fehlt,* und irgendwie aus *Nichts wird nichts*, […] als könnte ich mir aus Nichts etwas machen: Ich haue lediglich getretene Wege, die oft etwas verwachsen tun. Es ist z. B. nicht gerade leicht, eine schnurstracke Allee, sobald sie *durch* den Wald führt, derart auszuschlagen, dass keine Spur ihrer vorigen Szenerie mehr übrigbleibt.[39]

Trotz dieser Sprachskepsis und dem auch immer wieder in dem Werk *Val di Non* mitschwingendem Misstrauen gegenüber den eigenen Wahrnehmungen und ihrer Umsetzung in Sprach- und Denkbilder, agiert Egger unermüdlich weiter als

---

34 Egger, *Val di Non*, 46.
35 Ibid., 65.
36 Jandl, „Die Weltschöpfung".
37 Oswald Egger, *Was nicht gesagt ist. Berliner Rede zur Poesie* (Göttingen: Wallstein, 2016), 13.
38 Gilgen, „Im Medium der Literatur", 105.
39 Egger, *Was nicht gesagt ist*, 6.

Sprach-Jongleur, der die „semantischen Wolken" und Wort-Bälle in die Luft wirbelt und beim wieder Auffangen feststellt, dass die Bälle auf einer ungeahnten, unbeabsichtigten, aber dennoch mit Absicht zur Rotation und zum freien Flug verwirbelten Oberfläche in seiner Hand oder vielleicht besser, auf seinem Blatt landen.

Bibliografie

Demuth, Volker. „Landscape Writing – brauchen wir eine ökologische Poetik?" *Deutschlandfunk*, 06.03.2022. Abgerufen am 30.12.2022. https://www.deutschlandfunk.de/umwelt-und-sprache-landscape-writing-brauchen-wir-eine-oekologische-poetik-102.html.

Egger, Oswald. *Entweder ich habe die Fahrt am Mississippi nur geträumt, oder ich träume jetzt*. Berlin: Suhrkamp, 2021.

–. „Georg Trakl Preis an Oswald Egger". Interview von Heinrich Schwazer, *Die Neue Südtiroler Tageszeitung*, 18.08.2017. Abgerufen am 30.12.2022. https://www.tageszeitung.it/2017/08/18/georg-trakl-preis-an-oswald-egger/.

–. „Ich will semantische Wolken erzeugen. Interview mit Oswald Egger". Interview von Christina Weiss, *Die Welt*, 27.05.2010. Abgerufen am 30.12.2022. https://www.welt.de/welt_print/kultur/article7801662/Ich-will-semantische-Wolken-erzeugen.html.

–. „#LiteraturBewegt2: Zeichen poetisieren. Oswald Egger im Gespräch mit Ralf Simon". Gespräch im Rahmen der Ausstellung „#LiteraturBewegt: punktpunktkommastrich. Zeichensysteme im Literaturarchiv", Deutsches Literaturarchiv Marbach, 08.02.2022. *YouTube*. Abgerufen am 30.12.2022. https://www.youtube.com/watch?v=g5TwofO23I8.

–. *Val di non*. Berlin: Suhrkamp, 2017.

–. *Was nicht gesagt ist. Berliner Rede zur Poesie*. Göttingen: Wallstein, 2016.

Endres, Martin und Ralf Simon. „Close reading und Prosa. Einleitende Überlegungen zu Oswald Egger". In *„Wort für Wort" – Lektüren zum Werk von Oswald Egger*, herausgegeben von Martin Endres und Ralf Simon, 1–15. Berlin: De Gruyter, 2021.

Endres, Martin und Ralf Simon, Hg. *„Wort für Wort" – Lektüren zum Werk von Oswald Egger*. Berlin: De Gruyter, 2021.

Gilgen, Peter. „Im Medium der Literatur. Versuch, einen Satz aus Oswald Eggers ‚Val di Non' zu lesen". In *„Wort für Wort" – Lektüren zum Werk von Oswald Egger*, herausgegeben von Martin Endres und Ralf Simon, 95–119. Berlin: De Gruyter, 2021.

Güntner, Josephine. „‚Ich singe, also bin ich, singe ich'". *Stellwerk-Magazin*, 16.01.2019. Abgerufen am 30.12.2022. https://stellwerk-magazin.de/magazin/artikel/2019-01-16-oswald-egger.

Hatting, André. „Prosa und Poesie zugleich". Rezension von *Val di Non* von Oswald Egger. *Deutschlandfunk*, 04.09.2017. Abgerufen am 30.12.2022. https://www.deutschlandfunkkultur.de/oswald-egger-val-di-non-prosa-und-poesie-zugleich-100.html.

Jandl, Paul. „Die Weltschöpfung beginnt jeden Tag von vorne". Rezension von *Val di Non* von Oswald Egger. *Neue Zürcher Zeitung*, 15.06.2017. Abgerufen am 30.12.2022.

https://www.nzz.ch/feuilleton/oswald-egger-val-di-non-die-weltschoepfung-beginnt-j eden-tag-von-vorne-ld.1300055.

Lehmkuhl, Tobias. „Seltsame Späße. Ich mosaiziere innenhin". Rezension von *Val di Non* von Oswald Egger. *Süddeutsche Zeitung*, 26.02.2018. Abgerufen am 30.12.2022. https:// www.sueddeutsche.de/kultur/seltsame-spaesse-ich-mosaiziere-innenhin-1.3883178.

Macfarlane, Robert. *Landmarks*. London: Hamish Hamilton, 2015.

Merleau-Ponty, Maurice. *Phänomenologie der Wahrnehmung*. 6. Auflage. Berlin: De Gruyter, 1966.

–. *Das Sichtbare und das Unsichtbare. Gefolgt von Arbeitsnotizen*. Übersetzt von Regula Giuliani und Bernhard Waldenfels. Paderborn: Wilhelm Fink, 1986.

Moran, Joe. „A Cultural History of the New Nature Writing". *joe moran's words on the everyday, the banal and other important matters*. Abgerufen am 30.12.2022. https://joe moran.net/academic-articles/a-cultural-history-of-the-new-nature-writing/. Dasselbe auch in: *Literature & History* 23, Nr. 1 (2014): 49–63. DOI: 10.7227/LH.23.1.4.

Welsch, Wolfgang. *Ästhetisches Denken*. Stuttgart: Philipp Reclam, 1990.

Wildner, Siegrun. „Von Grenzen und Grenzgängern in der deutschsprachigen Südtiroler Literatur". *Oxford German Studies* 48, Nr. 1 (2019): 54–70. DOI: 10.1080/00787191. 2019.1583432.

Agnieszka K. Haas (Universität Gdańsk)

„Ich bin vor Ihnen, wie eine Pflanze". Pflanzenpflege, Botanik und poetische Anthropologie Friedrich Hölderlins

Abstract
This paper examines how Friedrich Hölderlin uses the motif of plant care in his poetry and private letters, and the purposes for employing this motif. The question is whether the poet has botanical knowledge and how this knowledge is related to other areas, such as agriculture, geography, and topography. Selected examples from his poetry are used to show how Hölderlin establishes a parallel between plant care and the human being and the education of children, as well as between botany and anthropology. The article discusses whether botany can be helpful in understanding his poetry.
Keywords: Hölderlin, botany, plant care, agriculture in poetry, anthropology

Ambivalenz der Allegorie: Eine (schwache?) Pflanze

In einem Brief an Schiller vom 18. September 1797 vergleicht sich Friedrich Hölderlin mit einer schwachen Pflanze, die gerade (ein-)gepflanzt worden ist: „Ich bin vor Ihnen, wie eine Pflanze, die man erst in den Boden gesezt hat. Man muß sie zudeken um Mittag. Sie mögen über mich lachen; aber ich spreche Wahrheit."[1]

In dem Brieffragment klingt offensichtlich seine Verehrung, aber auch überzogene Sensibilität gegenüber dem elf Jahre älteren Dichter an. Zugleich sind hier Hölderlins Kenntnisse über die Pflanzenpflege erkennbar, die dem Aufbau einer gleichnishaften Allegorie dienen. Es liegt auf der Hand, dass diese einen pragmatischen Charakter hat: Hölderlin möchte bei Schiller Anerkennung finden, und eine feinfühlige Pflanze sollte beim Empfänger eine positive Reaktion hervorrufen. Dem Brieffragment lässt sich außerdem entnehmen, dass Hölderlin das Wissen über die Pflanzung nicht unbekannt war. Er wusste, dass eine Pflanze vor dem Sonnenlicht geschützt werden muss, damit sie keinen

---

[1] Friedrich Hölderlin, *Sämtliche Werke. Große Stuttgarter Ausgabe*, hg. v. Friedrich Beissner (Stuttgart: Kohlhammer, 1946–1985), Bd. 6.1, 251 (Nr. 144, V. 62–64).

Sonnenbrand bekommt, und dass die allzu intensive Wirkung des Sonnenlichts sie vernichten könnte. Seine agrar-botanischen Kenntnisse gebraucht Hölderlin dazu, eine Parallele zu dem Verhältnis zwischen sich selbst und Schiller herzustellen, in der er als Pflanze indirekt von Schiller (der Sonne) abhängt und zugleich geschützt werden muss. Auf den ersten Blick kann das Gleichnis Verehrung und Begeisterung ausdrücken. Es kann aber auch etwas über das Verhältnis zwischen den beiden Dichtern aussagen: Die allzu kleine Distanz zu einer angesehenen Persönlichkeit führt zur Gefahr der Vernichtung. Vermutlich fühlte sich Hölderlin unsicher und war sich seines literarischen Potenzials nicht bewusst. Stimmt das aber in der Tat? Fügt man die übrigen Details der Kommunikation zwischen ihm und Schiller zusammen, dann stellt sich heraus, dass die Pflanzenpflegeallegorie eher das ambivalente Verhältnis der Dichter zueinander als eindeutige Verehrung darstellt. Es ist doch längst belegt worden, dass diese Bekanntschaft von Reibungen und Missverständnissen nicht ganz frei war.[2]

Einerseits hat Hölderlin 1797 Grund zur Dankbarkeit, denn Schiller hatte vorher seinen *Wanderer* für die „Horen" und den *Äther* für den „Almanach" angenommen. Andererseits wurden der Publikationszusage Ratschläge hinzugefügt, die eine ungestörte Freude verderben mussten. Schiller rät, einen engeren Bezug auf das Sinnliche und Plastische zu nehmen und das Philosophieren zu meiden, was den zum Geistigen neigenden Dichter nur verunsichern musste.[3] Aus der Perspektive Hölderlins, der in der Kindheit seinen Vater und Stiefvater verloren hat und im fernen Verwandten sein dichterisches Vorbild finden wollte, muss jede Kritik von einer Autoritätsperson wie Schiller unangenehm ausfallen. Die Bekanntschaft oszilliert somit zwischen Verehrung und Distanz, die sich mit der Zeit noch vertieft.

Als Schiller den Verwandten als Hauslehrer des 10-jährigen Sohnes seiner ehemaligen Vertrauten und Freundin Charlotte von Kalb in Waltershausen vermittelt, verspricht sich Hölderlin viel: Er kann in die Nähe des großen Dichters kommen und hegt dabei die Hoffnung, in Jena Vorlesungen zu hören oder sogar zu halten. Für die beiden Dichter aber hat das eher unangenehme Folgen. Hölderlin muss auf die Privatlehrerstelle verzichten, da der Zögling sich als schwer erziehbar und sein Verhalten als Anstoß erregend erweisen.

Das Verhältnis (das zwischen Pflanze und Sonne wie auch das zwischen Hölderlin und Schiller) ist also voll von Spannungen. Letztendlich hat das, wie es Ulrich Gaier nahelegt, zur „Flucht aus Jena"[4] geführt. Zur Verschlechterung der

---

2 Vgl. Ulrich Gaier, „Friedrich Schiller", in *Hölderlin-Handbuch. Leben – Werk – Wirkung*, hg. v. Johann Kreuzer, Sonderausgabe (Stuttgart: Metzler, 2011), 8–82.
3 Hölderlin, *Sämtliche Werke*, Bd. 7.1, 46.
4 Gaier, „Friedrich Schiller", 81.

Beziehungen trug auch bei, dass Schiller von Hölderlin in vielerlei Hinsicht nicht nur nachgeahmt, sondern dichterisch überstiegen wurde, was Gaier zufolge endgültig zu Missgunst und Neid führte.[5] In Anbetracht dessen ergibt sich die Frage: Meint Hölderlin tatsächlich, dass er einer schwachen Pflanze ähnlich sei?

Es liegt auf der Hand, dass Hölderlin im Moment des Geständnisses aus dem zitierten Brief vom September 1797 keine „junge Pflanze" mehr ist. Er ist reif und selbstbewusst genug, um seine literarische Erfahrung hochzuschätzen, obwohl die Lebensumstände nicht günstig sind. Zwar ringt er weiterhin um die Gunst Schillers, aber diese Bemühungen stehen nicht im Widerspruch mit dem Selbstbewusstsein und der philosophischen wie literarischen Selbstständigkeit. Hölderlin bemüht sich auf jeden Fall, den Kontakt mit Schiller wiederaufzunehmen, um ihn für seine literarischen Projekte zu gewinnen. In demselben Brief unternimmt er den Versuch, ihn noch einmal von seiner Gleichrangigkeit als Dichter zu überzeugen. Er erwähnt die englische Übersetzung der *Kabale und Liebe*, die er ihm früher übersandte, wohl in der Hoffnung, in Schillers Augen (wieder) Gunst zu finden. Der spärlich antwortende Schiller meidet den Kontakt. 1798 endet die ungleiche Beziehung: „Sie wissen es selbst – schreibt Hölderlin – daß jeder große Mann den andern, die es nicht sind, die Ruhe nimmt, und daß nur unter Menschen, die sich gleichen, Gleichgewicht und Unbefangenheit besteht."[6] Angesichts dieser angespannten Atmosphäre kann aber das am Anfang zitierte Brieffragment nicht mehr als eindeutiges Zeugnis der Verehrung gelten.

In Anbetracht dessen kann man einmal mehr fragen, ob sich Hölderlin in der Pflanzenpflegemetapher oder -allegorie in der Tat als schwache Pflanze darstellt, wenn Schiller die Rolle der (eher schädlich wirkenden) Sonne zugeschrieben wird.

Im Brief werden zwar auch andere Attribute des Lichts bzw. der Sonne genannt, die deren negative Wirkung aufdecken: „[...] Sie *beleben* mich *zu sehr*, wenn ich um Sie bin. Ich weiß es noch ganz gut, wie Ihre Gegenwart mich immer *entzündete*, daß ich den ganzen andern Tag zu keinem Gedanken kommen konnte."[7]. Aber im Lichte des nahen Abbruchs der Kontakte, den Hölderlin hier wohl schon erahnt, scheint weder dieser Aspekt der schädlichen Auswirkungen einer übermächtigen Sonne noch die Schwachheit der jungen Pflanze an sich im Vordergrund zu stehen. Vielmehr lässt sich der Vergleich Hölderlins wie eine Vorwegnahme des Kontaktabbruchs lesen: Man muss die Pflanze zudecken, und Hölderlin wird genau dies tun, indem er sich – nicht zuletzt natürlich auch als Reaktion auf den Rückzug Schillers – selbst zurückzieht. Damit erweist sich die „schwache Pflanze" als gar nicht mehr so schwach.

---

5 Ibid.
6 Hölderlin, *Sämtliche Werke*, Bd. 6.1, 169.
7 Ibid., Bd. 6.1, 250–51 (Nr. 144, V. 57–60). Hervorhebungen von mir.

Aus dem umfassenden Kontext des Vergleichs („ich bin [...] wie eine Pflanze") geht hervor, dass der Dichter eine botanisch-anthropologische Parallele zwischen Pflanze und Mensch zieht, die sich hier als Darstellungsweise des psychischen bzw. sozialen Zustands erweist. Die Parallele dient ihm auch zu anderen Zwecken, wobei ihre Bedeutung variierend ist. Im Folgenden sollen Beispiele der Anwendung von Pflanzengleichnissen in ausgewählten Briefen, Gedichten und Fragmenten des *Hyperion*-Romans angeführt werden. Dabei wird der Frage nachgegangen, ob Hölderlins Kenntnisse der Botanik wie der Agrarkultur, Pflanzenpflege sowie geografisch-topografischer Bedingungen für die Interpretation seiner Werke relevant sein können.

„ungepflügt, und die Steinhaufen": erwünschte Einheit von Natur und (Agrar)kultur?

An einigen Stellen seiner Briefe vergleicht Hölderlin die Pflanzenexistenz mit dem Dichtertum. Die Konnotationen mit dem Pflanzenleben, insbesondere in Bezug auf das eigene Leben, fallen dabei negativ aus. Das Gleichnis über die ungenügende Pflanzenpflege und die unterschätzte Dichterexistenz taucht im Brief vom 9. November 1795 an Gottfried Ebel[8] auf, wo auf unerfüllte Träume vom Dichterleben eingegangen wird:

> Es sollte mir so gut bekommen, einmal wieder Nahrung für mein Inneres zu finden. Hier zu Land ist der Boden nicht gerade schlimm, aber er ist ungepflügt, und die Steinhaufen, die ihn drüken, hindern auch den Einfluß des Himmels, und so wandl' ich meist unter Disteln oder Gänseblumen.[9]

Das Bild der schlecht ausgerichteten Landwirtschaftsarbeit, die den Boden „ungepflügt" lässt, soll auf ungünstige soziale Bedingungen im Leben aufmerksam machen, die dazu beitragen, dass die natürlichen Umstände der pflanzlichen wie menschlichen Existenz („Einfluß des Himmels", „der Boden") nicht ausreichend ausgenutzt werden können. Der Boden, als soziale Umgebung verstanden, die wie im Fall einer Pflanze nicht verlassen werden kann, weist auf die Abhängigkeit von der Abstammung und dem gesellschaftlichen Rang hin. Die Anwesenheit von „Disteln oder Gänseblumen" im Leben, die sonst bei der Agrararbeit als Unkraut gelten, dient indirekt zur Stärkung des eigenen Selbstbewusstseins, da die anderen (das Unkraut) die Mittelmäßigkeit oder schädliche Wirkung repräsentieren, aber auch die Möglichkeiten einer uneingeschränkten Existenz schmälern. Wichtiger noch ist, was sich aus diesem gleichnishaften

---
8 Ibid., Bd. 6.1, 184.
9 Ibid.

Vergleich ergibt: Die Kultur und Natur müssen nämlich in Einklang gebracht werden und zusammenarbeiten, damit die Lebensbedingungen für die Dichterarbeit erfüllt werden können. Die Elemente der Agrarkultur und Natur bilden also die eigentliche, vollständige Umgebung der „Pflanze" und sind in gleichem Maße für ihre Entwicklung von Belang. Die Verknüpfung der Natur und Kultur sowie der religiöse Unterton in der Bezugnahme auf den „Himmel" als dichterische Inspiration werden zur Grundidee der Dichtung von Hölderlin, in der Kultur und Natur versöhnt werden sollen: Aus dem Brief lässt sich erschließen, dass es die sozialen Umstände sind, die den Zugang zu der Inspiration („Einfluß des Himmels") verstellen, die von der Natur und der ihr innewohnenden Gottheit kommt.

Hölderlin antwortet mehrmals auf die aktuelle Frage nach dem Verhältnis zwischen Mensch und Pflanze, das zu seiner Zeit das Paradigma einer Wechselwirkung mit der Natur widerspiegelt. Im 18. Jahrhundert versucht man anhand eines Vergleiches mit dem Pflanzen- und Tierreich den Menschen den *getrennten* Systemen der Natur und Kultur zuzuordnen. Die Suche nach Affinität geht auf das Konzept des ontologischen Dualismus zurück, laut dem der Mensch als zersplitterter Teil einer Ganzheit mit ihrem materiellen und geistigen Prinzip aus Leib und Seele besteht, so wie eine Pflanze, die Wurzel und Blüte hat.

Hölderlin versucht bereits in seiner frühen Dichtung, diese getrennten Systeme von Natur und Kultur auf verschiedene Art und Weise miteinander zu verknüpfen.

Pflanzenleben als Sinnbild der Vegetation und der Weiblichkeit

Im Brief an Karl Gock vom 12. Februar 1798 klagt der Dichter über das schwierige Leben. Die Agrarsymbolik taucht wiederum auf: „Wir leben in dem Dichterklima nicht. Darum gedeiht auch unter zehn solcher Pflanzen kaum eine".[10] Das Pflanzenleben fungiert in den zitierten Briefen als Symbol der Passivität oder des nicht erfüllten (oder gescheiterten) Lebens. Seinem Freund Neuffer gesteht er in einem anderen Brief, dass ihm sein Theologiestudium im Tübinger Stift überdrüssig geworden ist. Dabei vergleicht er seine eigene Existenz mit dem (offenkundig unglücklichen) Leben einer Pflanze. „Du wirst lachen – schreibt er – daß mir in diesem meinem Pflanzenleben neulich der Gedanke kam, einen Hymnus an die Künheit zu machen".[11]

Aus dem Textfragment wird ersichtlich, dass Hölderlin das Pflanzenleben eindeutig aufklärerisch, als Sinnbild der Vegetation und Passivität auffasst, die er

---

10 Ibid., 264.
11 Ibid., 81.

dennoch durch seine Dichtung therapeutisch zu bewältigen versucht. Eine kritische Beurteilung der eigenen Lebenslage und der in diesem Kontext gebrauchte Vergleich mit dem Pflanzenleben zeigen, dass er mit dem nicht ganz freiwillig gewählten Lebensgang unzufrieden war, sich davon distanzieren wollte und sich der Ausweglosigkeit seiner Lage bewusst war. Die Frustration zieht jedoch die literarische Kompensation nach sich.

Der Ausschnitt aus dem Brief des Theologiestudenten Hölderlin ist im Grunde genommen nur eine Ausnahme, denn in seinen späteren Schilderungen der Pflanze bzw. der Blume, die er moralanthropologisch gebraucht, wird die Blume traditionell mit Liebe und dem Weiblichkeitsideal Diotima in Zusammenhang gebracht. Diese Tendenz stimmt mit der Tradition des 18. Jahrhunderts überein, in der die Pflanzen in gleichem Maße Erotik, (weibliche) Passivität und den Entwicklungsprozess des Menschen darstellen.[12] Darüber hinaus geben die übrigen Pflanzenmetaphern aus Hölderlins Gedichten, insbesondere aus seinem *Hyperion*-Roman, ähnlich wie bei Schiller, „Denkanstöße für das bewusste Handeln des Menschen".[13]

Die Darstellungsweise der Pflanzenwelt und ihre metaphorische Bedeutung ergibt sich in der Dichtung von Friedrich Hölderlin in erster Linie aus dem mythisch-numinosen Charakter seiner Naturbegeisterung.

Wenn die Überzeugung des Theologiestudenten Hölderlin von der Passivität der Pflanze auf die Moralphilosophie und Anthropologie der Aufklärung und auf die Kritik an mangelnder Aktivität zurückgeht, führt sein Konzept der Weiblichkeit im *Hyperion*-Roman und der mit ihm verbundenen Pflanzenmetaphorik zu einer ganz anderen Auffassung des Pflanzenlebens, das nicht mehr als Bild einer sinnlosen Vegetation angesehen wird, wie es Hölderlin 1793 noch zu glauben scheint, sondern als Ausdruck der höheren Existenz.

Einerseits steht die Passivität der Pflanze für ihre Vegetation. Auf der Basis der mechanischen Theorien entwickelt sich in der Moralphilosophie und Anthropologie der Aufklärung eine Pflanzenauffassung, die die Passivität mit der mangelnden Aktivität des Menschen vergleicht. Andererseits wird sie Vorbild der Kontemplation und der außersinnlichen Erkenntnis. Die letztgenannte Vorstellung findet man bei Schiller, der vor allem die Romantiker inspirierte, die sie eindeutig mit dem geistigen Fortschreiten, aber auch mit der Erotik ver-

---

12 Susanne Balmer, „Der weibliche Entwicklungsroman als widerspenstiges Narrativ – Pflanzenmetaphorik und bürgerliche Geschlechterdichotomie in ‚Jülchen Grünthal' und ‚Christa Ruland'", in *Gender Scripts. Widerspenstige Aneignungen von Geschlechternormen*, hg. v. Christa Binswanger u. a. (Frankfurt: Campus Verlag, 2009), 206.
13 Robert Ulshöfer, *Die Literatur des 18. Jahrhunderts und der Romantik in neuer Sicht. Der Anstoß der Naturwissenschaften des 17./18. Jahrhunderts zur Entstehung der Literatur der Moderne und zum Entwurf eines Weltfriedensplans* (Würzburg: Königshausen & Neumann, 2010), 121.

knüpfen.[14] Schiller beschreibt in seinen „Horen" den meditativen Zustand der Pflanze als einen der höchsten Heiligkeit, über die der Mensch jedoch hinauszusteigen hat: „Suchst du das Höchste, das Größte? Die Pflanze kann es dich lehren. Was sie willenlos ist, sei du es wollend – das ist's!"[15] Ulshöfer zufolge repräsentiert das Höchste bei Schiller „Gesetze des Wachsens und Sich-Entwickelns der Pflanzen".[16] Die neue, romantische Auffassung des Pflanzenlebens ist mit der kontemplativen Vegetation und der außersinnlichen Erkenntnis verbunden, die der Pflanze von Schiller und später von Friedrich Schlegel im *Lucinde*-Roman (1799) zugeschrieben wird. Schlegel, sich dabei auf Schillers Epigramm[17] stützend, stellt einerseits das willenlose Leben einer Pflanze als Kontemplation, andererseits als Metapher des Liebesaktes dar. Er verbindet sie mit dem Weiblichkeitsideal und präsentiert anhand dieser Auffassung das Konzept der Androgynität, in dem die männlichen und weiblichen Merkmale aufgehoben werden.[18]

Ein ähnliches Bild des Idealweiblichen und der Einheit der Liebenden wird in *Hyperion* angesprochen. Diotima, die mit einer Blume verglichen wird, repräsentiert zugleich das Streben nach der Einheit: „das himmlische Mädchen stand in seiner Wehmuth da, wie die Blume, die in der Nacht am lieblichsten duftet".[19] Die keusche Liebe und die Einheitsphilosophie wird in der Liebe Hyperions zu Diotima zum Ausdruck gebracht, wobei die Idee des Einen in der Vision der Liebesvereinigung vorhanden ist: „Wir waren *Eine Blume* nur, und unsre Seelen lebten in einander, wie die Blume, wenn sie liebt, und ihre zarten Freuden im verschloßnen Kelche verbirgt".[20] Auch hier liegen Ähnlichkeiten zu den Romanfragmenten von Schlegel und Novalis (*Heinrich von Ofterdingen*) vor.

In Bezug auf den *Hyperion*-Roman soll noch auf den Gebrauch von Pflanzen- oder Baumnamen hingewiesen werden, die hier aus Platzgründen nur erwähnt werden können. Hölderlin gebraucht in seinen Gedichten nicht nur einzelne Pflanzengattungen, sondern geht mit dem Stilmittel der Parallele komplexer vor: Er verwendet semantische Felder, die mit der Pflanzenvegetation verbunden sind.

---

14 Vgl. Agnieszka K. Haas, „Aufhebung der Weiblichkeit? Pflanzenmetaphorik und Geschlechterdarstellungen in der Literatur um 1800", *Studia Germanica Gedanensia* 40 (2019): 83–84.
15 *Schillers Werke. Nationalausgabe*, Bd. 1: *Gedichte in der Reihenfolge ihres Erscheinens 1776–1799*, hg. v. Julius Petersen und Friedrich Beißner (Weimar: Hermann Böhlaus Nachfolger, 1943), 249; vgl. dazu auch Claudia Brauers, *Perspektiven des Unendlichen: Friedrich Schlegels ästhetische Vermittlungstheorie: Die freie Religion der Kunst und ihre Umformung in eine Traditionsgeschichte der Kirche* (Berlin: Erich Schmidt, 1996), 159.
16 Ulshöfer, *Die Literatur des 18. Jahrhunderts*, 121.
17 *Schillers Werke*, Bd. 1, 249.
18 Vgl. Haas, „Aufhebung der Weiblichkeit", 78–79.
19 Hölderlin, *Sämtliche Werke*, Bd. 3, 86.
20 Ibid., Bd. 3, 61. Hervorhebung von mir.

Eines von vielen Beispielen finden wir in *Hyperion*, wo die Entwicklungsphase der Pflanze als Idealzustand der Menschheit vor dem Eingriff der Zivilisation aufgefasst wird:

> Von Pflanzenglük begannen die Menschen und w u c h s e n a u f, und w u c h s e n, bis sie *reiften*; von nun an gährten sie unaufhörlich fort, von innen und außen, bis jezt das Menschengeschlecht, unendlich aufgelöst, wie ein Chaos daliegt, daß alle, die noch fühlen und sehen, Schwindel ergreift [...]. Ideal wird, was Natur war, und wenn von unten gleich der *Baum verdorrt* i s t und *verwittert, ein frischer Gipfel ist noch hervorgegangen* aus ihm, und g r ü n t im Sonnenglanze, wie einst der *Stamm* in den Tagen der Jugend; Ideal ist, was Natur war.[21]

Pflanzen- und Seelenphysiologie

Die anthropologisch-ästhetische Herangehensweise Hölderlins an das Pflanzenmotiv ergibt sich aus seinen naturphilosophischen Ansichten, aber auch aus der Kenntnis der Agrarkultur, wie es das Brieffragment vom 18. September 1797 bestätigt. Das Motiv der fototropischen Pflanzenbewegung verwendet der Dichter in diesem Brief, aber auch im Bild der der Sonne entgegenfliegenden Seele in *Hyperion*, in dem sich der Ich-Protagonist mit einer Pflanze vergleicht, die wachsend sich der Sonne zuwendet:

> O es sind heilige Tage, wo unser Herz zum erstenmale die Schwingen übt, wo wir, voll schnellen feurigen Wachstums dastehn in der herrlichen Welt, wie die junge Pflanze, wenn sie der Morgensonne sich aufschließt, und die kleinen Arme dem unendlichen Himmel entgegenstrekt.[22]

Einerseits ist aus dem Text ersichtlich, dass sich die Pflanze der Regel des Fototropismus entsprechend verhält. Andererseits wird der Vergleich eingeführt, um die menschliche Existenz im Verhältnis zum Göttlichen darzustellen, was auch sonst eines der wichtigsten Motive in Hölderlins *Hyperion*-Roman ist. Da die Pflanze in der heliotropischen Bewegung gezeigt wird, in der sich die Blätter und Blüte nach der Sonne richten, bleibt die Metapher mit den biologischen Gesetzen des Fototropismus im Einklang. Die Bewegung der Pflanze, die unter dem Einfluss des Lichts zustande kommt, wurde erst in der zweiten Hälfte des 19. Jahrhunderts genauer beschrieben.[23]

---

21 Ibid., Bd. 3, 63. Hervorhebung von mir.
22 Ibid., Bd. 3, 10–11.
23 Karl Mägdefrau, *Geschichte der Botanik. Leben und Leistung großer Forscher* (Stuttgart: Gustav Fischer Verlag 1992; unveränderter Nachdruck: Berlin: Springer Spektrum, 2013), 271–72.

Ähnlich wie zwischen menschlicher Existenz und pflanzlich-biologischen Gesetzmäßigkeiten lassen sich auch Analogien zu physikalischen Gesetzmäßigkeiten finden. Wie Ulshöfer belegt, stellen vor allem die „mechanischen Gesetze[] der Bewegung" von Kepler und Newton[24] „die Wachstums- und Entwicklungsgesetze im Bereich des Humanen" dar, die „das Verhältnis Mensch-Gott neu" formulieren lassen.[25]

Was im *Hyperion*-Fragment noch verblüffender zu sein scheint, ist die indirekte Bemerkung, die auf den physiologischen Charakter dieses Phänomens und die Parallele zur göttlichen Lichtwelt hinweist. Hyperion betont, dass die Bewegung durch einen Lichtreiz hervorgerufen und als Wachstumsbewegung aufgefasst wird. Es handelt sich um eine junge Pflanze, die sich der Sonne zuwendet. Durch die Begeisterung für die Sonne als Wachstumsanreiz wird der Zusammenhang zwischen dem Pflanzen- und Menschenreich sowie zwischen der Physiologie der Pflanzen und der so genannten Seelenphysiologie hergestellt, die auf das Geistesleben zurückgeht. Die Verhaltensweise der Pflanze entspricht nämlich den Vorstellungen der Physikotheologie. Ihre Vertreter, wie z. B. Barthold Hinrich Brockes, betrachteten alle Naturerscheinungen als sinnlich wahrnehmbare Manifestationen der kosmischen, d. h. göttlichen Harmonie, in der das wahrnehmbare Licht als physikalische wie göttliche Quelle alles Lebens fungiert.[26] Sowohl das Licht als auch die Pflanze haben dieser Auffassung nach einen materiell-geistigen und metaphorischen Charakter. Die Parallele zwischen Pflanze und Seele wird in *Hyperion* durch Epitheta („heilige Tage", „herrliche[] Welt", „unendliche[r] Himmel") bestätigt. Das gilt auch für die platonische Metonymie des Seelenflugs (vor dem „unser Herz […] die Schwingen übt") und das Motiv der Morgensonne, die Konnotationen mit der Gottheit hervorrufen sollen.

Angesichts der anderen Werke Hölderlins gilt die (pflanzliche) Bewegung „nach oben" als Zeichen der seelischen Entwicklung. Das Emporsteigen, das im übertragenen Sinne sowohl dem Menschen und seiner Vervollkommnung als auch der Pflanze in gleicher Weise zukommt, stellt durch die vertikale Achse den Zusammenhang zwischen der Welt der Götter und der Menschen dar.

Aus diesem Beispiel geht hervor, dass Hölderlin das Leben der Pflanzen, die im Boden verwurzelt sind und sich dem Sonnenlicht entgegenstrecken, d. h. zwischen Himmel und Erde existieren, mit der menschlichen Existenz vergleicht,

---

24 Vgl. Ulshöfer, *Die Literatur des 18. Jahrhunderts*, 26–27.
25 Ibid., 27.
26 Brockes umfangreiches, sechsbändiges Werk *Irdisches Vergnügen in Gott* (1721–1748) war dem Dichter bekannt. Es befand sich in der Spitalbibliothek in Nürtingen; Anke Bennholdt-Thomsen und Alfredo Guzzoni, „Abermals die Blumen", in Anke Bennholdt-Thomsen und Alfredo Guzzoni, *Marginalien zu Hölderlins Werk* (Würzburg: Königshausen & Neumann, 2010), 81.

die materieller und geistiger Natur ist. In der Mitte der Weltachse stehend, streckt die Pflanze ihre Blätter, anthropomorphisch als „Arme" bezeichnet, dem Himmel entgegen, wie der Mensch seine „Schwingen übt". Trotz der Verwurzelung in der Erde, des „Wachstums [...] in der herrlichen Welt" wird der „unendliche Himmel" das Ziel aller Sehnsüchte – im Fall des Pflanzen- wie des Menschenlebens.

Wenn aber die anderen Merkmale der Pflanze wie Sensibilität, Brüchigkeit, Vergänglichkeit dem Menschen zugeschrieben werden, scheint in Hölderlins Dichtung der Zusammenhang der Pflanzen mit dem Numinosen[27] stärker in den Mittelpunkt zu rücken. Seine Auffassung der Pflanze entspricht der Definition der „absoluten, philosophischen Metapher", die Hans Blumenberg zufolge der Pflanze zugeschrieben werden kann, die die Grundzüge der *conditio humana* darstellt. Die Naturphilosophie Hölderlins, der die Pflanzennamen vor allem metaphorisch versteht, berücksichtigt aber sehr oft auch biologische Merkmale der Pflanzenarten.

Pflanze in der Gartenkunst: „[I]ch bin wie ein alter Blumenstok"

Vor allem aus den Brieffragmenten geht hervor, dass die poetische Anthropologie Hölderlins mit der Auffassung seiner eigenen Existenz und der Erziehung im Allgemeinen einhergeht, die wiederum ihre Wurzel in der Geschichte der Botanik, aber vor allem der Gartenkunst hatte. In der Pädagogik von Rousseau wurde die Erziehung mit der Formierung einer Pflanze verglichen.[28] Die gute Erziehung wurde bereits im 17. Jahrhundert als Gartenkunst betrachtet, und die Bezeichnung selbst stand „für Baumschulen in Gebrauch und bezeichnete dabei die Kunst, Bäume mit geraden, vertikalen Stämmen anstatt einer Vielzahl quertreibender Äste wachsen zu lassen".[29] In der ersten Hälfte des 17. Jahrhunderts benutzte der Pädagoge Jan Amos Comenius die Sprache der Botanik für die Erziehung und forderte deren Anpassung an die Gesetze der Natur. Die Kinder sollte man demzufolge als Bäume formen, damit sie wie Bäume süße Früchte tragen können[30].

---

27 Helga Volkmann, *Märchenpflanzen, Mythenfrüchte, Zauberkräuter. Grüne Wegbegleiter in Literatur und Kultur* (Göttingen: Vandenhoeck & Ruprecht, 2002), 7.
28 J. J. [Jean-Jacques] Rousseau, *Emil oder über die Erziehung*, Teil 1, übers. v. C. F. Cramer (Braunschweig: Verlag der Schulbuchhandlung, 1789), 44–45.
29 Harald Kleinschmidt, „Posituren im Wandel. Beobachtungen zur Geschichte der Körperhaltung und -bewegung vornehmlich im frühneuzeitlichen Europa", *Jahrbuch für Europäische Geschichte* 10 (2009): 122.
30 Ibid., vgl. Johann Amos Comenius, *Große Didaktik*, übers. und hg.v. Andreas Flitner (Stuttgart: Klett-Cotta, 1992), 45.

Die Gartenkunst, vor allem aber die Landwirtschaftsarbeiten und Pflanzenpflege waren Hölderlin von Kind an bekannt, wovon seine frühesten Gedichte wie Briefe zeugen. Aus dem Beispiel geht hervor, dass er bestimmte Pflanzen wie auch Benennungen von Bäumen im wortwörtlichen und übertragenen Sinn verwendete.

Das gleichnishafte Bild der verpflanzten Blume, diesmal im Kontext des Seelenzustands und der nötigen Aufmerksamkeit, die dem Menschen nach einer traumatischen Erfahrung zukommt, wird im Brief an den Halbbruder Karl vom Sommer 1796 vor Augen geführt. Die verletzte Pflanze versinnbildlicht die psychische Zerrüttung und Melancholie Hölderlins nach der Trennung von Susette Gontard. Der Dichter ist sich dessen bewusst, dass das Erlebnis seine Spuren in der Psyche für immer hinterlassen hat:

> Aber wenn Du schon Dir selbst sehr viel bist, so bedarfst Du deßwegen auch der rechten Pflege für Dein Herz und Deinen Geist. [...] ich bin [...] wie ein alter Blumenstok, der schon einmal mit Grund und Scherben auf die Straße gestürzt ist, und seine Spößlinge verloren und seine Wurzel verlezt hat, und nun mit Mühe wieder in frischen Boden gesezt und kaum durch ausgesuchte Pflege vom Verdorren gerettet, aber doch hie und da noch immer welk und krüpplig ist und bleibt.[31]

Wilde Natur und Landwirtschaft: eine Opposition?

Die Kenntnisse der Agrarkultur und Natur sind bereits in einem der frühesten Gedichte Hölderlins *Einst und jetzt* auffindbar. Hier werden Erinnerungen an „güldne[] Stunden vergangner Zeit" mit Jahreszeiten und ihren pflanzlichen Attributen verknüpft, deren Anwendung mit der geobotanischen Topographie einhergeht.

> Ich seh euch wieder – herrlicher Augenblick!
> Da füttert' ich mein Hühnchen, da pflanzt' ich Kohl
> Und Nelken – freute so des Frühlings
> Mich und der Ernt, und des Herbstgewimmels.
>
> Da sucht' ich Maienblümchen im Walde mir,
> Da wälzt' ich mich im duftenden Heu umher,
> Da brockt' ich Milch mit Schnittern ein, da
> Schleudert' ich Schwärmer am Rebenberge.[32]

Die Gegenüberstellung der wilden Natur und der kultivierten Landwirtschaft wird mit Pflanzennamen („Kohl", Nelken, Maienblümchen, Rebe) wiedergegeben. Es handelt sich um die Pflanzen, die auf diesem Gebiet tatsächlich wild

---

31 Hölderlin, *Sämtliche Werke*, Bd. 6.1, 211.
32 Ibid., Bd. 1.1, 92.

wachsen oder angebaut werden. In Württemberg, in der Nähe von Lauffen, Neckar, Tübingen oder Stuttgart herrscht ein mildes Klima, in dem der Weinanbau möglich ist. Die meisten Pflanzennamen im Gedicht sind mit landwirtschaftlichen Tätigkeiten wie dem Getreidesammeln (Ernte) und Grasmähen verbunden. Die Landwirtschaftsarbeit wird als idyllische Beschäftigung angesehen, was zur Folge hat, dass das Pflanzenreich, zu dem einzelne Pflanzen, aber auch Sammelnamen (*collectivum* wie Wälder) gehören, als Ort fröhlicher Stimmung, als *locus amoenus*, d. h. eine idyllische Umgebung angesehen wird.

In dem Gedicht wird auch das Thema Erinnerung angesprochen, die sich auf das lyrische Ich kathartisch auswirkt, was in der reifen Dichtung fortgesetzt und in Bezug auf die Anamnese verwendet wird. Der idealisierten Schilderung der Kindheit, des Aufenthalts im Schoße der Natur wohnt in *Einst und Jetzt* eine ‚Scheingrenze' zwischen Kultur und Natur inne. Aus der Perspektive des sprechenden Ich gelten hier sowohl Natur als auch Kultur als Genussquellen der frühen Lebenserfahrung, zumal sie in der Erinnerung in eins verschmelzen. Die Scheingrenze zwischen diesen ästhetisch-existenziellen Dimensionen betrifft auch die wilden Pflanzenarten („Da sucht' ich Maienblümchen im Walde mir"), die nur in einem *scheinbaren* Kontrast zu der kultivierten Natur oder den Garten- und Landwirtschaftsarbeiten stehen („da pflanzt' ich Kohl / Und Nelken"). Die beiden Gruppen der Pflanzen vervollständigen das idyllische Gesamtbild, in dem die Entspannung im Schoße der Natur in die Erinnerung an die fröhliche Kindheit übergeht und die Zeit des Schwelgens in den Vorzügen des Dorflebens („da wälzt' ich mich im duftenden Heu umher") sich mit der Reflexion über die Gegenwart des lyrischen Subjekts verbindet.

In der zur Idylle stilisierten Erinnerung an die vergangene Kindheit werden Jahreszeiten mit ihren symbolischen pflanzlichen Attributen ausgestattet. Zum Schluss des Gedichts taucht das für die reife Dichtung Hölderlins charakteristische Motiv der Weinlesezeit auf: „da / Schleudert' ich Schwärmer am Rebenberge". Im Gedicht wird die mythisch-metaphysische Bedeutung der Rebe, des Weins, der dionysischen, aber auch dichterischen „Schwärmerei", hervorgehoben und mit geobotanischen Umständen verbunden, da der Weinanbau für die Umgebung Stuttgarts charakteristisch ist. Daraus lässt sich schlussfolgern, dass sich schon auf dieser Etappe die Keime der ästhetisch-anthropologischen Auffassung der Natur entwickelten.

Natur, Geschichte und Pflanzen: *Die Teck*

Dasselbe gilt für die Auffassung der Geschichte im Zusammenhang mit der Natur und ihren Attributen wie Bäume, Pflanzen und Blumen. Im Jugendgedicht *Die Teck*, das auf das Jahr 1788 datiert wird und im Hexameter gehalten ist,[33] taucht das Motiv der Rebenernte auf, die vordergründig auf den herbstlichen Weingenuss hinweist. Die Rebe ist hier aber zugleich sowohl mit der Symbolik des Dionysischen wie des letzten Abendmahls als auch mit dem historischen Ruhm des zur Zeit Hölderlins bereits nur noch als Ruine stehenden mittelalterlichen Schlosses Teck verbunden, was der realen Topografie entspricht.

> Mich mit den Frohen zu freuen, zu schauen den herbstlichen Jubel,
> Wie sie die köstliche Traube mit heiterstaunendem Blike
> Über sich halten, und lange noch zaudern, die glänzende Beere
> In des Kelterers Hände zu geben – wie der gerührte
> Silberlokigte Greis an der abgeernteten Rebe
> Königlich froh zum herbstlichen Mahle sich setzt mit den Kleinen [...][34]

Die Burg Teck kennzeichnet sich durch eine erhabene Naturlandschaft mit dichten Wäldern, Felsen und Bergen wie auch eine heroische Geschichte, die auf das Mittelalter zurückgeht. In seinem pathetischen Jugendgedicht fasst Hölderlin die Landschaft vor allem als Ort der historischen Meditation auf, in der die Pflanzen, vor allem die Bäume, als Zeichen und Zeugen der ehrwürdigen Geschichte und der beinahe kontemplativen Reflexion über das traurige Jetzt fungieren. Die „Traubenhügel" („so hab ich noch die Traubenhügel erstiegen") sowie „tausendjährige Eichen" sind real existierende Naturelemente der heimatlichen Umgebung zur Lebenszeit Hölderlins. *Die Teck* thematisiert nämlich einen 775 Meter hohen Ausläuferberg in der Nähe von Nürtingen, dessen Geschichte im Gedicht wiederbelebt wird und in die reale Gegenwart des sprechenden Ich eingebaut wird. Dass der Dichter die „abgeerntete[] Rebe" nicht nur zu Realien seiner Heimat und ihrer Geschichte zählt, sondern zugleich symbolisch versteht, ist in der Anspielung auf das Letzte Abendmahl sichtbar: „Kinder! am Segen des Herrn ist alles, alles gelegen".[35] Eine zentrale Stelle nimmt hier die Vision aus der Vergangenheit ein, der die unglückliche Gegenwart des sprechenden Ich gegenübergestellt wird.

Auf den ersten Blick scheint die Landschaft mit ihren Einzelheiten nur Ausgangspunkt der poetischen Vision zu sein. Wolfgang Braungart betont, dass die Landschaft mit den Bergen der Schwäbischen Alb zum heimatlichen Koordinatensystem Hölderlins gehörte. Dieses System besteht aus wohlbekannten

---

33 Ibid., Bd. 1.2, 367.
34 Ibid., Bd. 1.1, 55.
35 Ibid.

Landschaften, den schwäbischen Städten Nürtingen, Tübingen, Stuttgart wie aus dem Fluss Neckar.[36] Die Weinrebe taucht in Hölderlins ersten Gedichten wie *Einst und Jetzt* oder *Die Teck* nicht nur als Symbol, sondern zugleich als typische Landwirtschaftspflanze im Königreich Württemberg auf, die ihm aus der frühen Lebenserfahrung wohlbekannt war. Auf den Hügeln in der Nähe von Denkendorf, Lauffen, in Tübingen, am Neckar, wo er seine Kinder- und Jugendjahre verbrachte, wird sie bis heute angebaut. Traubenhügel gehören nach Baumgart „nicht nur in den motivischen Zusammenhang der herbstlichen Weinlese. Sie verweisen [...] auf die tatsächliche Umgebung der Teck".[37]

Die Weinrebe in den ersten Gedichten Hölderlins weist auf das letzte Abendmahl Christi hin, ruft aber auch Reminiszenzen an seine Heimat hervor. Eine besondere Stelle wird später die Weinrebe in der Elegie wie *Brod und Wein* einnehmen, wo sie synkretistisch gebraucht und mit dem dionysischen Mythos verknüpft werden wird.

In seiner Dichtung verwendet Hölderlin das Motiv der Traube und des Weins in der Funktion der Metonymie, des Gleichnisses, mitunter als Oxymoron und biblische Allegorie. Es ist das heilige Getränk der Götter, vom alten Griechenland (Dionysien) über das nicht minder antike Rom (Bacchus) über Christus. Durch diese Doppelfunktion spielt die Traube eine besondere Rolle im Synkretismus von Hölderlin.

Das Benennen einiger Pflanzen zeigt die Sensibilität des jungen Dichters, mit der er die Naturphänomene wahrnimmt. Die Pflanzen, die ihm wohlbekannt sind, werden von ihm zugleich gleichnishaft bzw. symbolisch verwendet, wodurch der Zusammenhang zwischen der materiellen Existenz der Natur und ihrer göttlichen Herkunft, an die viele Dichter des 18. Jahrhunderts weiterhin glauben, aufbewahrt wird.

In *Die Teck* dienen dem Dichter botanische Beobachtungen dazu, die Geschichte zu vergegenwärtigen und im Bewusstsein die Gegenwart mit der Vergangenheit verschmelzen zu lassen: Die Rede von bemoosten Mauern thematisiert die alte Burg Teck als Ruine und betont den Aspekt ihrer Zerstörung. Zugleich wird dasselbe Bild in einer Anamnese verwendet, in der Zeit und Raum aufgehoben werden. In *Die Teck* steht der Fürst „über den moosigten Mauern [...], sein Gebirge zu schauen". Die Einzelheiten der Landschaft wie die Felsen und „die tausendjährigen Eichen", die vom Schloss herab zu sehen waren, bestätigen den mittelalterlichen Ruhm des Schlosses und machen ihn überzeitig: „Ewiger, als mein Name, die tausendjährigen Eichen!" Eichen, die später im bekannten Hexametergedicht *Die Eichbäume* mit den Titanen verglichen wer-

---

36 Wolfgang Braungart, „Die Teck", in *Gedichte von Friedrich Hölderlin. Interpretationen*, hg. v. Gerhard Kurz (Stuttgart: Philipp Reclam jun., 1996), 15.
37 Ibid., 16.

den, stehen für die Beständigkeit der Macht und der Ehre. Die Hügel mit dem Schloss werden dem Tal mit seinen Hütten der Freundschaft und der Baumsymbolik: den Linden und Birnenbäumen gegenübergestellt. Mit Hilfe der Pflanzenwelt wird das Gesamtbild der Gegenwart und Vergangenheit als eine Einheit inszeniert.

Die Botanik und die Naturphilosophie um 1800

Der Ausbildung des Theologiestudenten Hölderlin musste es wohl an naturwissenschaftlichem Wissen fehlen, oder dieses Wissen musste ganz oberflächlich sein. Das könnte gleich zum Einwand führen, dass er die Natur allzu metaphysisch betrachtete und ihrer realen Existenz, der Biologie der Pflanzen und überhaupt der Lebewesen kaum Aufmerksamkeit schenkte.[38] Stimmt das aber mit dem Stand der Botanik um 1800 überein? Erstens wird die Pflanze seit der Aufklärung nicht mehr als leblose „Maschine", d. h. mechanistisch betrachtet.[39] Zweitens werden ihrem Bild vielmehr irrationale bzw. menschliche Züge verliehen und es wird in der Naturphilosophie idealisiert, dämonisiert oder irrational-symbolisch gezeigt, was auf die mystisch-alchemistische Herkunft dieser Naturauffassung zurückgeht. Im 18. Jahrhundert sind die Überzeugungen von der organischen Welt weiterhin von dieser Tradition geprägt. Dichtern wie Goethe, die offenbar über ein umfassenderes Wissen über die Natur als Hölderlin verfügen, bleibt die gnostisch-mystische Auffassung trotzdem nicht fremd, vielmehr machen sie von ihr in ihrer Dichtung Gebrauch. Im ausgehenden 18. Jahrhundert wird neben der Naturauffassung der empirischen Wissenschaften wie Chemie, Mechanik und Botanik ein irrationaler Standpunkt der Naturphilosophie aufrechterhalten. Demzufolge entsprechen die Pflanzenbeschreibungen bei den Romantikern wie Novalis, Schlegel oder E. T. A. Hoffmann, wenn auch verschiedener Art, sowohl dem wissenschaftlichen Stand der Botanik als der Naturphilosophie, die der anthropomorphisierten bzw. vergeistigten Pflanzenwelt Platz einräumt. Zum Teil gilt das auch für Hölderlin. Die Tendenz vieler Autoren jener Zeit, die Natur zu vermenschlichen, geht auf anthropomorphe Beschreibungen der Pflanzen in den Schriften von Botanikern wie Carl von Linné zurück.[40]

Fragt man nach der Parallele zwischen Mensch und Pflanze bei Hölderlin, dann muss das Menschenbild, das in der philosophischen Anthropologie ent-

---

38 Vgl. Marek Zybura, „Friedrich Hölderlin. Przestrzenie życia – przestrzenie poezji", *Orbis Linguarum* 1 (1994): 57, 68.
39 Benjamin Bühler, „Botanik", in *Literatur und Wissen. Ein interdisziplinäres Handbuch*, hg. v. Roland Borgards (Stuttgart: Metzler, 2013), 64.
40 Haas, „Aufhebung der Weiblichkeit", 76–77.

wickelt wurde, mit der botanischen Auffassung der Pflanzenwelt konfrontiert werden. In der Aufklärung herrschen verschiedene Konzepte des Menschenbildes: neben dem dualistischen Konzept der Einteilung in Körper und Geist[41] die Überzeugung von der Einheit der Natur und das Konzept des Verhältnisses „des Teils zum Ganzen",[42] das seit der frühen Neuzeit in der Natur Einheit in der Mannigfaltigkeit sehen lässt. Anders als bei solchen Autoren wie Goethe ist für Hölderlins poetische Welt das Stufenmodell[43] in seinem Achsenweltmodell der Wechselwirkung zwischen Mensch, Natur und Gott (oder Götter, die Himmlischen u. ä.) nur teilweise vorhanden.

Allen diesen Modellen wohnt die Überzeugung inne, die in Mensch und Pflanze Bestandteile derselben Natur, des Universums, sehen lässt, was erst deren Vergleich denkbar macht. Für die Literatur des 18. Jahrhunderts ist charakteristisch, dass die Schilderungen der Natur, die „mit anderen Augen gesehen" wird,[44] das in ihr vorhandene Geistige beinhalten. Die Kenntnis der Naturgesetze führt zur Entstehung neuer literarischer Formen wie Ellipse und Spirale. Darüber hinaus wird „[da]s Universum [...] zum Gegenstand der Dichtung",[45] was auch für das poetische Werk Hölderlins von Bedeutung ist.

Das Vorhandensein der biologisch-botanischen Inhalte in Hölderlins Dichtung scheint paradoxerweise darauf zurückzuführen, dass er – wie viele Dichter und Denker des 18. Jahrhunderts, wie Kant, Klopstock, Schiller oder Herder – eine pietistische Erziehung erhalten und das Theologiestudium abgeschlossen hat. Er konnte daher wie die anderen „an der Auseinandersetzung zwischen Naturwissenschaft und christlichem Glauben" teilnehmen.[46] Robert Ulshöfer charakterisiert die Stimmung, die in der Dichtung der zweiten Hälfte des 18. Jahrhunderts herrscht, wie folgt: Für die Dichter jener Zeit „ist Gott der Schöpfer der Welt und der Urheber der Gesetze des Kosmos",[47] die den Charakter der Dichtung jener Zeit prägen. Wie die „Urfiguren des Universums", wie die Spirale „als Strukturprinzipien der Geschichte der Menschheit" gelten können,[48] so können sie die Gestalt der Dichtung gleichermaßen prägen. In der irrational-metaphysischen Auffassung, die in der Aufklärung z. B. von Heinrich Jacobi und Herder repräsentiert wird, geht man davon aus, dass die in der Natur geltenden Gesetze auf göttliche, allgemein gültige Gesetze zurückzuführen sind. Erst dann

---

41 Wolfgang Pleger, *Handbuch der Anthropologie. Die wichtigsten Konzepte von Homer bis Sartre* (Darmstadt: Wissenschaftliche Buchgesellschaft, 2013), 14.
42 Ibid.
43 Ibid., 208.
44 Vgl. Ulshöfer, *Die Literatur des 18. Jahrhunderts*, 26.
45 Ibid.
46 Ibid.
47 Vgl. ibid.
48 Vgl. ibid.

ist das Gleichnis oder die Metapher, in denen Mensch und Pflanze aneinandergereiht werden, überhaupt möglich, weil das Materiell-Biologische (dem das Pflanzenreich auf den ersten Blick zugerechnet wird) und das Geistige (zu dem die Natur mit allen ihren Pflanzen und Tieren ebenso gehört) für Hölderlin eine Einheit bilden. Wie „[d]ie Prozesse der Umwandlung der Elemente in der Chemie […] als weitere Bestätigung für die universale Gesetzlichkeit des Kosmos"[49] dienen, so werden die Phänomene aus dem Pflanzenreich dazu gebraucht, die Gesetze der Natur, Geschichte und der Menschheit in Einklang zu bringen, wobei das Göttliche ihr höchstes Prinzip ist.[50]

Fazit

Wie lässt sich die Parallele zwischen Mensch und Pflanze erklären? Die Auffassung des Menschen, der zwischen der Welt der Materie und des Geistes hin- und her gerissen wird, stammt aus der platonischen Lehre, die ihre Widerspiegelung in den Werken vieler Dichter des ausgehenden 18. Jahrhunderts wie Goethe, Herder, oder auch Novalis findet. Die Betrachtung des Menschen als Doppelwesen lässt den Vergleich des Menschen mit einer Pflanze zu, die zwischen Himmel und Erde steht.

An ausgewählten Beispielen aus verschiedenen Werken und Briefen von Hölderlin wurde gezeigt, dass sich sein botanisches Wissen sowohl mit der Realität als auch mit der nicht weniger wichtigen symbolischen Bedeutung bestimmter Pflanzen, Bäume wie Blumengattungen verbindet.

Hölderlins Kenntnisse über die Botanik, Pflanzenpflege und -vegetation, Landwirtschaft und geografische Verteilung bestimmter Pflanzenarten (womit sich die Geobotanik beschäftigt) lassen sich dennoch aus einigen Briefstellen, aus seinem *Hyperion*, aber auch aus den frühesten Gedichten herauslesen. In seiner späteren Dichtung, die hier nicht präsentiert worden ist, kommen mehrere Pflanzenarten vor, deren Situierung dem botanischen Wissen und den Regeln der Pflanzenpflege entspricht. Zahlreiche namenlose Pflanzen, für die Region Baden-Württemberg typische Baumgattungen wie Eichen, Ulmen, Buchen, Birken, Linden, Birnbäume, aber auch exotische Palmen, Orangenbäume, „der Ölbaum und die Zypresse",[51] „die goldne Frucht des Zitronenbaums, [die] aus

---

49 Vgl. ibid.
50 Die Spuren der biologischen Betrachtung der Seele kommen noch in der zweiten Hälfte des 19. Jahrhunderts im Begriff der „Physiologie der Seele" vor, die der Philosoph Rudolf Hermann Lotze in seiner Abhandlung *Medizinische Psychologie oder Physiologie der Seele* (1852) beschreibt.
51 Hölderlin, *Sämtliche Werke*, Bd. 3, 87.

dunklem Laube blinkt",[52] „die reife Pomeranze",[53] der Myrtenstrauch, Platanen.[54] die in *Hyperion* vorkommen, stehen im Einklang mit ihrer geotopographischen Situierung, der eine metaphorische Bedeutung hinzugefügt wird. Hölderlin verwendet einheimische Blumennamen wie Rosen, Lilien, Nelken, Maiblümchen, aber er kennt sich in den mythisch-symbolischen Bedeutungen der Pflanzen der griechischen Antike oder des Christentums wie Efeu und Weinrebe aus, die er zu verschiedenen Zwecken gebraucht: als Attribute der Götter, Zeichen der göttlichen Immanenz in Natur und Geschichte, als Elemente der wohlbekannten Heimatlandschaft bzw. des von ihm besungenen mythischen Griechenlands. Sie tauchen schließlich als Symbole der Seelenreinheit und der Liebe, Symbole der Keuschheit und Zeichen des ersehnten goldenen Zeitalters auf.

Bibliografie

Balmer, Susanne. „Der weibliche Entwicklungsroman als widerspenstiges Narrativ – Pflanzenmetaphorik und bürgerliche Geschlechterdichotomie in ‚Jülchen Grünthal' und ‚Christa Ruland'". In *Gender Scripts. Widerspenstige Aneignungen von Geschlechternormen*, herausgegeben von Christa Binswanger u. a., 205–25. Frankfurt: Campus Verlag, 2009.

Bennholdt-Thomsen, Anke und Alfredo Guzzoni. „Abermals die Blumen". In Anke Bennholdt-Thomsen und Alfredo Guzzoni, *Marginalien zu Hölderlins Werk*, 79–94. Würzburg: Königshausen & Neumann, 2010.

Brauers, Claudia. *Perspektiven des Unendlichen: Friedrich Schlegels ästhetische Vermittlungstheorie: Die freie Religion der Kunst und ihre Umformung in eine Traditionsgeschichte der Kirche*. Berlin: Erich Schmidt, 1996.

Braungart, Wolfgang. „Die Teck". In *Gedichte von Friedrich Hölderlin. Interpretationen*, herausgegeben von Gerhard Kurz, 9–30. Stuttgart: Philipp Reclam jun., 1996 (Universal-Bibliothek 9472).

Bühler, Benjamin. „Botanik". In *Literatur und Wissen. Ein interdisziplinäres Handbuch*, herausgegeben von Roland Borgards, 64–69. Stuttgart: Metzler, 2013.

Comenius, Johann Amos. *Große Didaktik*. Übersetzt und herausgegeben von Andreas Flitner. Stuttgart: Klett-Cotta, 1992.

Gaier, Ulrich. „Friedrich Schiller". In *Hölderlin-Handbuch. Leben – Werk – Wirkung*, herausgegeben von Johann Kreuzer, Sonderausgabe, 78–82. Stuttgart: Metzler, 2011.

Haas, Agnieszka K. „Aufhebung der Weiblichkeit? Pflanzenmetaphorik und Geschlechterdarstellungen in der Literatur um 1800". *Studia Germanica Gedanensia* 40 (2019): 74–89.

---

52 Ibid.
53 Ibid.
54 Ibid., 177.

Hölderlin, Friedrich. *Sämtliche Werke. Große Stuttgarter Ausgabe.* Herausgegeben von Friedrich Beissner. Bde. 1.1–8. Stuttgart: Kohlhammer, 1946–1985.

Kleinschmidt Harald. „Posituren im Wandel. Beobachtungen zur Geschichte der Körperhaltung und -bewegung vornehmlich im frühneuzeitlichen Europa". *Jahrbuch für Europäische Geschichte* 10 (2009): 121–47.

Mägdefrau, Karl. *Geschichte der Botanik. Leben und Leistung großer Forscher.* Stuttgart: Gustav Fischer Verlag, 1992 (unveränderter Nachdruck: Berlin: Springer Spektrum, 2013).

Pleger, Wolfgang. *Handbuch der Anthropologie. Die wichtigsten Konzepte von Homer bis Sartre.* Darmstadt: Wissenschaftliche Buchgesellschaft, 2013.

Rousseau, J. J. [Jean-Jacques]. *Emil oder über die Erziehung.* Teil 1. Übersetzt von C. F. Cramer. Braunschweig: Verlag der Schulbuchhandlung, 1789.

[Schiller, Friedrich]. *Schillers Werke. Nationalausgabe.* Bd. 1: *Gedichte in der Reihenfolge ihres Erscheinens 1776–1799,* herausgegeben von Julius Petersen und Friedrich Beißner. Weimar: Hermann Böhlaus Nachfolger, 1943.

Ulshöfer, Robert. *Die Literatur des 18. Jahrhunderts und der Romantik in neuer Sicht. Der Anstoß der Naturwissenschaften des 17./18. Jahrhunderts zur Entstehung der Literatur der Moderne und zum Entwurf eines Weltfriedensplans.* Würzburg: Königshausen & Neumann, 2010.

Volkmann, Helga. *Märchenpflanzen, Mythenfrüchte, Zauberkräuter. Grüne Wegbegleiter in Literatur und Kultur.* Göttingen: Vandenhoeck & Ruprecht, 2002.

Zybura, Marek. „Friedrich Hölderlin. Przestrzenie życia – przestrzenie poezji". *Orbis Linguarum* 1 (1994): 55–72.

Laura M. Reiling (Kulturwissenschaftliches Institut Essen)

Ginster-Texte. Schottische Flora bei Burns, Gibbon und Kinsky

Abstract
The article examines different methods of depicting (cultivated) nature in three texts – or collections of texts – from the 18th to the 21st century in European literature, namely in late 18th-century poems by Robert Burns, in the 1932 novel *Sunset Song* by Lewis Grassic Gibbon, and in Esther Kinsky's 2020 poetry book *Schiefern*. Using the example of gorse (also called whin or furze), the analysis addresses the question of how these literary texts approach plants. Contextualized within cultural plant studies, the article addresses the question of how gorse constitutes or frames a view of nature transformed into literature. In the selected texts, gorse, which is characteristic for Scottish landscapes, especially while blooming yellow in spring and early summer, is presented as both a diegetic and a realistic plant. It is shown as part of an idyllic-romantic concept of nature, a poetics of inconspicuousness and rural barrenness, and an aesthetic poetological reflection.
Keywords: Scotland, gorse, inconspicuousness, barrenness, nature

and the steady gorse digs in
embers of perfume, sealed in a crown of thorns[1]

Blüht der Ginster, verfärben sich weite Teile schottischer Landschaft ins Gelbe. Robert Macfarlane schreibt im Schottland-Kapitel „Fußstapfen" seines Buchs *Alte Wege* (2018, orig. *The Old Ways* (2012)): „Auf dem im Süden von Torrans [sic!] liegenden Streifen Moor schimmerten gelber Ginster und violette Besenheide [...]."[2] Literarische Texte des 18. bis 21. Jahrhunderts reflektieren dieses Moment, bei dem, so Rudolf Borchardt allgemeiner sprechend, „Pflanzenkleid

---

[1] John Burnside, „Settlements", *London Review of Books*, abgerufen am 26.09.2022, https://www.lrb.co.uk/the-paper/v20/n08/john-burnside/settlements. Ich danke Christina Becher für ihre hilfreichen Anmerkungen zu diesem Beitrag.
[2] Robert Macfarlane, *Alte Wege*, übers. v. Andreas Jandl und Frank Sievers, 2. Aufl. (Berlin: Matthes & Seitz, 2018), 169. Im vorliegenden Beitrag wird ob der Schwierigkeit der Lektüre des Schottischen bei Burns und Gibbon und auch ob der Lesbarkeit v. a. mit den deutschen Übersetzungen (aller Texte, sofern publiziert) gearbeitet.

und Landschaft in einem engen physiognomischen Zusammenhange stehen",[3] vielgestaltig.[4] Exemplarisch aufzeigen lässt sich das mithilfe dreier ob ihrer Entstehungszeit, Gattung und Originalsprache sehr heterogener Texte, und zwar mit dem Roman *Lied vom Abendrot* (orig. *Sunset Song*) des schottischen Autors Lewis Grassic Gibbon (James Leslie Mitchell (1901–1935)) aus dem Jahr 1932, von Esther Kinsky 2018 aus dem schottischen Englisch ins Deutsche übertragen, mit Gedichten und Prosaminiaturen aus Kinskys Band *Schiefern* von 2020 und, einleitend, mit Gedichten des schottischen Dichters Robert Burns (1759–1796). Diese Texte verhelfen schottischer Natur (besonders bei Gibbon ist es auch eine nutzbar gemachte ‚Natur') subtil zu Sichtbarkeit. Sie sind weniger beschreibend als Macfarlanes *Travel* und *Nature Writing* und erzählen mithilfe des Vegetabilen besonders von humanen Beziehungen sowie denen zwischen Natur und Mensch und vom Schreiben (über die Natur) selbst. Im Folgenden geht es darum, am Beispiel des Ginsters, vor allem des Stechginsters (*Ulex europaeus*[5]), und vor dem konzeptionellen Hintergrund der kulturwissenschaftlichen Pflanzenforschung[6] Verfahren der Literarisierung des Vegetabilen („Phytopoetik"[7]) zu bestimmen. Betont sei bereits, dass Ginster in den ausgewählten Texten weniger in allegori-

---

3 Rudolf Borchardt, *Der leidenschaftliche Gärtner* (Berlin: Matthes & Seitz, 2020), 103.
4 Der Fokus liegt hier auf schottischen Räumen, ansonsten wäre etwa Thomas Hardys Roman *Clyms Heimkehr* (orig. *The Return of the Native* von 1878) hinzuzuziehen, der bereits zu Beginn Ginster thematisiert: „ein Ginsterschneider", „Dieses [...] Land ist im ersten englischen Grundbuch, dem Domesday-Buch, registriert. Seine Beschaffenheit wird dort als eine mit Heidekraut, Ginster und Dornbusch bewachsene Wildnis, ‚Bruaria', bezeichnet" (Thomas Hardy, *Clyms Heimkehr*, übers. v. Dietlinde Giloi (Ditzingen: Reclam, 2021), 11, 14).
5 Vgl. Woodland Trust, „Common gorse", abgerufen am 14.09.2022, https://www.woodland trust.org.uk/trees-woods-and-wildlife/plants/wild-flowers/gorse/; The Linnean Society of London, „Ulex europaeus", abgerufen am 14.09.2022. https://linnean-online.org/38540/#?s=0&cv=0.
6 2025 erscheint der Band *Pflanzen: Kulturwissenschaftliches Handbuch*, hg. v. Joela Jacobs und Isabel Kranz, 2019 fand die Konferenz „Vegetal Poetics: Narrating Plants in Culture and History" des Literary and Cultural Plant Studies Network statt (Tagungsband *Plant Poetics: Literary Forms and Functions of the Vegetal* i. E.); vgl. dazu Christina Becher, „Conference Report on ‚Vegetal Poetics: Narrating Plants in Culture and History'", *KULT_online* 61 (2020), abgerufen am 14.09.2022, https://doi.org/10.22029/ko.2020.1015. Vgl. auch Joela Jacobs und Isabel Kranz, „Einleitung. Das literarische Leben der Pflanzen: Poetiken des Botanischen", *Literatur für Leser* (2017): 85–89, sowie Urte Stobbe, „Plant Studies: Pflanzen kulturwissenschaftlich erforschen – Grundlagen, Tendenzen, Perspektiven", *Kulturwissenschaftliche Zeitschrift* 4 (2019): 91–106.
7 Urte Stobbe, Anke Kramer und Berbeli Wanning, „Einleitung: Plant Studies – Kulturwissenschaftliche Pflanzenforschung", in *Literaturen und Kulturen des Vegetabilen. Plant Studies – Kulturwissenschaftliche Pflanzenforschung*, hg. v. Urte Stobbe, Anke Kramer und Berbeli Wanning (Berlin: Peter Lang, 2022), 15, 17. In etwas anderer Gangart, mit Fokus auf vegetabilische Erotik, vgl. Joela Jacobs, „Phytopoetics: Upending the Passive Paradigm with Vegetal Violence and Eroticism", *Catalyst: Feminism, Theory, Technoscience* 5, Nr. 2 (2019): 1–18.

scher oder symbolischer Funktion, sondern primär, mit *Animal* und *Plant Studies* gedacht, als diegetische realistische Pflanze zur Darstellung kommt.[8]

Gedichtete Idyllen bei Burns

Robert Burns gelte vielen, so die Anglistin Cordula Lemke in der Zeitschrift *Textpraxis*, „als Ikone einer generellen *Scottishness* [...]. Im Gegensatz zu seiner kulturellen Zentralität als Popikone sind Burns' Gedichte weniger kanonisch und werden generell von der Forschung der Romantik erstaunlich oft ignoriert".[9] Burns' Sprache wechsele zwischen Heimatdialekt, stilisiertem *Scots* und *Standard English*, sein Themenspektrum umfasse das Schicksal eines Gänseblümchens[10] ebenso wie Erotik, Moral, Religion und Politik. Bei der Sichtung von Burns' Gedichten denkt man womöglich, permanent auf Beschreibungen von Ginster zu treffen und ihn als omnipräsenten Teil der erzählten schottischen Landschaft vorzufinden, denn Burns, der groß geworden ist auf dem Land am River Afton und sich selbst als „universal singer of nature"[11] bezeichnet, besingt vielfach offenkundig im Modus der Idylle[12] die Heidelandschaften und die das Land durchziehenden Flüsse, welche etwa von Pflanzen wie Rose und Geißblatt umgeben sind.[13] Explizit erwähnt, wie beispielsweise in einem Gedicht über den Fluss Nith, wird der Ginster jedoch recht selten. In dem Gedicht *Die Ufer des Nith*,

---

8 Vgl. Stobbe „Plant Studies", 101; Roland Borgards, „Tiere und Literatur", in *Tiere. Kulturwissenschaftliches Handbuch*, hg. v. Roland Borgards (Stuttgart: Metzler, 2016), 226–28. Zur Relation von *Animal* und *Plant Studies* vgl. Frederike Middelhoff, „Animal Studies und Plant Studies: Eine Verhältnisbestimmung", in *Literaturen und Kulturen des Vegetabilen. Plant Studies – Kulturwissenschaftliche Pflanzenforschung*, hg. v. Urte Stobbe, Anke Kramer und Berbeli Wanning (Berlin: Peter Lang, 2022), 71–95.
9 Cordula Lemke, „Robert Burns. Autor ohne Werk?", *Autor und Werk. Wechselwirkungen und Perspektiven*, Sonderausgabe # 3 von *Textpraxis. Digitales Journal für Philologie* (2018), http://dx.doi.org/10.17879/77159506879.
10 Robert Burns, „To a Mountain Daisy", *Poetry Foundation*, abgerufen am 14.09.2022, https://www.poetryfoundation.org/poems/43817/to-a-mountain-daisy.
11 Andrew O'Hagan, „Introduction", in *A Night Out With Robert Burns*, hg. v. Andrew O'Hagan (Edinburgh: Canongate, 2018), xix.
12 Der schottische Autor John Burnside schreibt, er „träumte davon, ins Schottland der Tannenwälder, des Heidekrauts und der hübschen Küstendörfer zurückzukehren – [...] das Schottland [...] des Dichters Robert Burns, wo die Menschen stolz, frei und naturverbunden waren" (John Burnside, „Schottlands schöne Lügen", *Neue Zürcher Zeitung*, 17.02.2012, abgerufen am 14.09.2022, https://www.nzz.ch/schottlands_schoene_luegen-ld.719180). Ein kurzer Umriss der Idyllendichtung in der Mitte des 18. Jahrhunderts findet sich in: Nils Jablonski, *Idylle. Eine medienästhetische Untersuchung des materialen Topos in Literatur, Film und Fernsehen* (Stuttgart: Metzler, 2019), 18–21.
13 Robert Burns, „Ye banks and braes o' bonnie Doon", abgerufen am 14.09.2022, https://www.lieder.net/lieder/get_text.html?TextId=23194&RF=1; „Afton Water", in *A Night Out With Robert Burns*, hg. v. Andrew O'Hagan (Edinburgh: Canongate, 2018), 21–22.

hier in der Übertragung von Wilhelm Gerhard aus dem Jahr 1840, lauten die ersten vier Verse der zweiten Strophe:

> Wie blüht der Hagedorn so schön,
> Im Thale, wo die Drossel singt.
> Wie heiter sind die sanften Höhn,
> Wo's Lämmchen zwischen Ginster springt.[14]

Ein lyrisches Ich, in den vier zitierten Versen nicht hervortretend, adressiert im Gedicht den Fluss Nith, wie an anderer Stelle auch den Fluss Afton,[15] in direkter und exklamatorischer Weise („O klarer Nith", „Wie sehn' ich [...] / Nach dir und Freunden mich zurück!").[16] Burns schafft ein pastorales Setting, in dem die Szene einem *locus amoenus* gleich entfaltet wird. Zentrale Bestandteile des erdichteten idyllischen Raums sind Flora und Fauna, speziell Hagedorn, Ginster, Drossel und Lamm, dazu Höhe und Tal. Alles ist in Gelassenheit dargestellt, das Diminutiv „Lämmchen" verstärkt den Eindruck von Sanftheit und Harmonie, ebenso wie Jambus und Kreuzreim des zwei-strophigen Gedichts den harmonischen Impetus akzentuieren. Der Ginster tritt des Weiteren in den Burns' Liebeslyrik zuzuordnenden Gedichten *Caledonia* und *Schmucke Bursch von Galla-Wasser* hervor (Übersetzung von Karl Bartsch). In *Caledonia* heißt es:

> Ich weile doch gern in den einsamen Thalen
> Wo unter dem Ginster entsprudelt der Quell.
> Bin gern in der Haine, der grünenden, Mitte
> Wo Primel und Maßlieb [Gänseblümchen] und Schneeglöckchen steht,
> Weil dort durch die Blumen mit trippelndem Schritte,
> Den Hänfling belauschend, mein Hannchen oft geht.[17]

Schmucke Bursch von Galla-Wasser evoziert eine vergleichbare Szene, ebenso installiert das Gedicht die Sprechinstanz eines männlichen lyrischen Ichs:

> Über den Bach und über die Höh',
> Über das Moor und die Haide,
> Meinem Lieb folg' ich durchs Wasser nach,
> Mit aufgeschürztem Kleide.
>
> Hinter dem Ginster, dem Ginster dort,
> Hinter dem Ginster, mein Holdchen.[18]

---

14 Robert Burns, *Gedichte: Mit des Dichters Leben und erläuternden Bemerkungen*, übers. v. Wilhelm Gerhard (Leipzig: Barth, 1840), 144, V. 9–12.
15 Burns, „Afton Water", 21.
16 Burns, *Gedichte*, 144, V. 6, 15–16.
17 Robert Burns, *Lieder und Balladen 1*, übers. v. Karl Bartsch (Hildburghausen: Verlag des Bibliographischen Instituts, 1865), 128.
18 Ibid., 39.

Besungen wird liedhaft in beiden Gedichten nicht nur die schottische Landschaft, geprägt von Wasser, Tal, Avifauna und Flora (mit Erwähnung des sich öfter in Burns' Lyrik wiederfindenden Gänseblümchens), sondern vor allem ein Mädchen – „Hannchen" und „Holdchen", das wie das Lamm im Gedicht *Die Ufer des Nith* im Diminutiv genannt und zärtlich gezeichnet wird („trippelnd[]"). Die durchwanderte Landschaft findet sich ausführlich dargestellt, die Anaphern im zweiten Gedicht markieren den wandernden sowie singenden und damit rhythmisch-gleichmäßigen Modus der Szene. Der Ginster, zuletzt durch die Wiederholung besonders hervorgehoben, staffiert primär einen lieblichen Raum aus, der sich in dem Mädchen spiegelt und umgekehrt. Er dient als Element, um primär Anderes zu verorten: Quell und Mädchen. Es manifestiert sich in dieser idyllischen Naturdarstellung bezogen auf den Ginster nicht nur ein poetisches, sondern auch poetologisches Moment pflanzlicher Unauffälligkeit, das in späteren literarischen, in Schottland situierten Texten wieder auftaucht.

Unauffälligkeit und Kargheit: *Lied vom Abendrot*

Knapp 150 Jahre später und anders als in der Burns'schen romantisierenden Weise tritt der Ginster in Gibbons Roman *Lied vom Abendrot* hervor. Bemerkenswerterweise lautete eine frühere Übertragung aus den 1970er-Jahren für den DDR-Verlag Volk und Welt *Der lange Weg durchs Ginstermoor*. Gibbons Roman, der als einer der wichtigsten schottischen Texte gilt,[19] handelt von der weiblichen Figur Chris im frühen 20. Jahrhundert in einer Gegend um das Dorf Kinraddie in den Grampian Mountains südlich von Aberdeen. Ähnlich wie in Texten von Thomas Hardy, ist der Buchausgabe von *Sunset Song* im Verlag Jarrolds Publishers von 1932, und auch den späteren Ausgaben, beispielsweise der des Guggolz Verlags, eine vom Autor selbst gezeichnete Karte der erzählten Gegend beigegeben (Abb. 1).[20]

Chris darf das College besuchen, bis die Mutter stirbt und sie auf den Hof Blawearie (oben rechts auf der Karte) zurückkehrt.[21] Nach dem Tod des Vaters

---

19 Alison Flood, „Lewis Grassic Gibbon's Sunset Song voted Scotland's favourite novel", *The Guardian*, 18.10.2016, abgerufen am 14.09.2022, https://www.theguardian.com/books/booksblog/2016/oct/18/lewis-grassic-gibbons-sunset-song-voted-scotlands-favourite-novel-crofting.

20 Vgl. Lewis Grassic Gibbon, *Lied vom Abendrot*, übers. v. Esther Kinsky, 2. Aufl. (Berlin: Guggolz, 2021), 370–71.

21 Bildung/Schule und Landwirtschaft/Haushalt stehen sich kontrastiv gegenüber, so sagt eine Figur zu Chris: „*Jetzt wirst du wohl wegmüssen aus der Höheren Schule, das will ich wetten, Bildung ist ein Schiet, besser wenn du gar keine hast. Fürs Träumen und für Schiet wirste mau Zeit haben, wenn auf Blawearie der Haushalt geführt sein will*" (Gibbon, *Lied vom Abendrot*, 102; Hervorhebung im Original). Ähnlich später Chris selbst: „Und ihre feinen, herrlichen

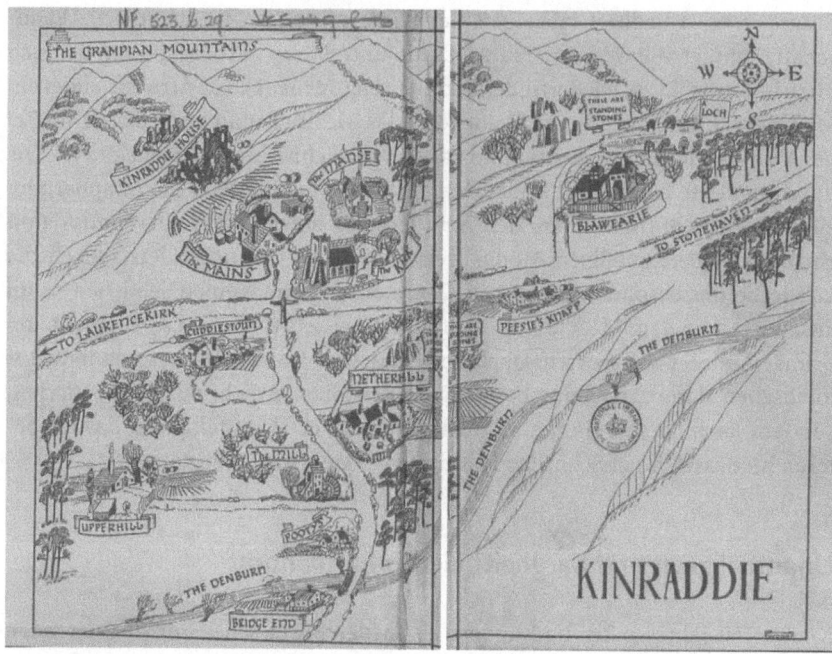

Abb. 1

widmet sich Chris der Landwirtschaft. Berthold Schoene schreibt im *Scottish Studies Review:* „Chris is portrayed as torn between progress and tradition, the country and the city, Scottish authenticity and increasing Anglo-British self-estrangement [...]".[22] Zentral im Roman ist das einfache Leben der Bauern in einer kargen Landschaft. Der Naturraum ist hier, anders als bei Burns, durch den Fokus auf das landwirtschaftliche Agieren der Figuren ein in besonderem Maße kultivierter Raum. Es heißt, das rhythmische Moment der Jahreszeiten und Wetter auf syntaktischer Ebene durch Wiederholung und Parallelismus replizierend: „Winter wie Frühjahr, Sommer wie Erntezeit, Dürre wie Sonnenschein auf den Hängen des Barmekin, das Leben zog die Furchen durch die Gewannen und lenkte seine Gespanne".[23] Die Protagonistin selbst reflektiert vielfach dieses Leben in der (kultivierten) ‚Natur', das mit städtischem und gebildetem Leben im Kontrast steht, aber von der Figur nicht minder geschätzt wird, was sich auch an der Metaphorik zeigt:

> Baldowereien! – die waren nichts gewesen als die Träume eines Kindes von Spielzeug, Spielzeug, an dem es jetzt haperte, doch das nie genügen würde gegen das Tosen des Sturms oder das Blöken der Schafe auf dem Moor, oder gegen den prickelnden Duft eines frischgepflügten Feldes unter der Pflugschar" (ibid., 178).

22 Berthold Schoene, „Cosmopolitan Scots", *Scottish Studies Review* 9, Nr. 2 (2008): 79.
23 Gibbon, *Lied vom Abendrot,* 53–54.

> Und dann kam es sie so sonderbar an dort in den schlammichten Feldern, dieser Gedanke, dass gar nichts blieb, wie es war, nichts außer dem Land, über das sie ging, um- und umgepflügt und -gegraben von den Händen der Häusler, seit die ersten von ihnen die Aufrechten Steine am See von Blawearie errichtet hatten [...]. Meer und Himmel und das Volk, das schrieb und kämpfte und gelehrt war, lehrend und sprechend und betend blieben sie nur einen Atemzug lang, ein Nebelschwaden in den Hügeln, doch das Land war für immer da [...].[24]

Die Übersetzerin Kinsky merkt in ihrem Vorwort an, Gibbon habe „keinen ‚Bauernroman' geschrieben", vielmehr „einen dem Modernismus verpflichteten Text mit eigenwilliger Verwendung idiomatischer Elemente und politischem Bewusstsein", der Roman sei „eine emphatische Darstellung von Mensch und Landschaft".[25] Nicola Sturgeon, bis 2023 *First Minister* von Schottland, konstatiert wiederum: „[T]he novel is also, and without a hint of sentimentality [...], a story of human resilience and spirit. The characters draw strength and perspective from the land, even as it takes its toll on them."[26] Agrarische Arbeit und entsprechende harte Lebensbedingungen in ökologischer wie ökonomischer Hinsicht prägen den Text maßgeblich.

Gibbon nutzt in *Lied vom Abendrot* den Ginster vor allem als Markierung dieses ruralen, topografisch genau bestimmten Raums, wodurch die Flora Bestandteil der narrativen Konstitution einer spezifischen ländlichen Gegend ist. Das erste Romankapitel heißt „Pflügen", setzt somit, wie die anderen drei Kapitel („Eggen", „Zeit der Saat", „Ernte"[27]), schon im Titel eine bäuerliche Arbeitspraktik ins Zentrum, und beginnt wie folgt:

> Unter und rings um Chris Guthrie, die ausgestreckt lag, wisperte und haspelte die Juniheide und schüttelte ihr Gewand, gelb vom Ginster und überhaucht mit Lila, die erste Blüte vom Heidekraut, doch noch nicht ganz in voller Inbrunst seiner Farbe. Und im Osten gegen das Kobaltblau des Himmels lag das Glitzern der Nordsee, das war hinter Bervie, und in einer Stunde vielleicht mochte der Wind sich dort drehen, und dann mochtest du den Wandel schon spüren in Stärke und Ungestümigkeit [...].[28]

Zum Auftakt des Romans wird die Flora erwähnt, noch bevor eine genauere räumliche und zeitliche Lokalisierung erfolgt, die gedanklich über die Grenzen des Dorfs und damit auch die der dem Roman beigefügten Karte hinausweist. Die Natur, markiert durch Heide und Ginster, tritt zudem leicht anthropomorphisiert hervor, indem die Heide „wispert" und „haspelt" sowie ein „Gewand" hat.

---

24 Ibid., 178.
25 Ibid., 7.
26 Nicola Sturgeon, „Read Nicola Sturgeon's new introduction to ‚Sunset Song'", *Canon Gate*, abgerufen am 14.09.2022, https://canongate.co.uk/news/read-nicola-sturgeons-new-introduction-to-sunset-song/.
27 Gibbon, *Lied vom Abendrot*, 101, 161, 261.
28 Ibid., 49.

Die Farben evozieren eine sommerliche Landschaft. Dass Ginster bereits im ersten Satz des Romans vorkommt, legt die Vermutung nahe, er spiele in dem Roman eine hervorgehobene Rolle. Dem ist aber nicht so, vielmehr zeigt sich, dass Gibbon Ginster immer wieder, wenngleich oft nonchalant, in die Beschreibungen des ländlichen Raums fügt und die Pflanze damit eine unauffällige Präsenz erhält. Ginster ist omnipräsenter Teil des realen und erzählten Raums, aber zugleich auch so topisch, dass er keine besondere narrative Ausprägung erfährt. Man liest etwa, die Figuren „sahen die Ginsterbüsche, die sich schwarz zu beiden Seiten des Wegs die weißen Hügel hinaufzogen [...]".[29] Es ist nicht einmal, wie am Romananfang, der gelb blühende und damit auffällige Busch, den es vielleicht ob seiner Farbpracht zu beschreiben gelte, sondern es kommt der unauffällige, „schwarz[e]" Busch zu Gehör, der unaufgeregt Teil des erzählten Raums ist.

Vergleichbar ist die folgende Beschreibung, die ob der Raumkomponenten an Burns erinnert: „[J]enseits des Den, oben in den Feldern vom Upperhill, hörte sie ein Schaf zwischen den Ginsterbüschen blöken."[30] Der Ginster wird nicht näher dargestellt, sondern dient der Ausbreitung des ländlichen erzählten Raums. Es ist nicht einfach nur vom Moor oder der Heide die Rede, sondern es wird wiederholt explizit der Ginster (norddeutsches Synonym: ‚Brambusch') erwähnt: „Auf dem Weg durch den Ginster hörte er einen Schuss, der John Guthrie [...] [, er] rannte jetzt zwischen den dürren Brambüschen in großen Sätzen bergauf wie ein Hase [...]."[31] Der Vergleich von Hase und Mensch, der den ruralen Rahmen des Textes verstärkt, wiederholt sich an späterer Stelle: „[S]ie konnte nicht stehenbleiben, nicht aufhören zu laufen, ein Hase, den die Schlinge gepeitscht hat. [...] [D]ie Aufrechten Steine erhoben sich aus dem Ginster, um ihr aus stillen Antlitzen ins Gesicht zu blicken. * [...] Sie [...] hörte das hohe Schrillen im Ginster und ließ sich wieder auf den Boden sinken."[32] In dieser unauffälligen Weise der Ginster-Evokation wird Pflanzliches in einen erzählten Raum getragen, der sich durch eine unauffällige Landbeschreibung herstellt. Es sind meist recht kurze Schilderungen, oft nicht länger als ein, zwei Sätze, die besonders die Vogelwelt, Jahreszeiten und Ernte betonen.[33]

---

29 Ibid., 67.
30 Ibid., 317.
31 Ibid., 70. Vgl. auch ibid., 363.
32 Ibid., 259–60.
33 Beschreibungen lauten: „hier draußen, im Sonnenschein und beim Summen der Bienen im Heidekraut und im Wogen des Heidedufts" (ibid., 159), „bergan durchs Grün des Apriltags, durch Spinnweb, das wie Dunst um die Büsche schwebte" (ibid., 161), „Drumtochty Hill [verfärbte] sich im Sommer von der blühenden Heide tiefer lila [...] als jeder andere Hügel in Schottland" (ibid., 251). Bei den Vögeln werden vor allem Fasan, Kiebitz und Lerche benannt: „und – *ssirrruuu!* – ein Fasan flatterte mit klatschendem, schwirrendem Flügelschlag" (ibid., 161), „die Kiebitze klagten in der Ferne" (ibid., 296), „die Lerchen am Himmel" (ibid., 305),

Es fällt zugleich, trotz primärer Unauffälligkeit des Ginsters, eine Besonderheit auf, und zwar das, wenngleich zaghafte Moment von Anthropomorphisierung:

> Später meinte nämlich ein Pflüger, er hätte ihn gesehn, wie er da oben gegen den Himmel scheimelte und ein großes Büschel Sauerampfer ausriss und aß. Dann geriet er in den Wald von Upperhill und wartete [...] – ein dichter dicker Lärchenwald wars, mit einem Pfad mittendurch, wo das Licht kaum hineinfand, und die Zapfen knirschten und knackten und moderten unterm Schritt, und ab und an kroch ein grüner Riegel aus Ginster aus einer Mulde im Wald und schaute dich an [...].[34]

Während der Sauerampfer ausschließlich Objekt ist, ausgerissen und verzehrt wird, kommt dem Ginster *agency* zu, denn er kriecht und, hier sind wir doch deutlich im Bereich humanoider Zuschreibung, schaut die Figur an. Stobbe merkt in ihren Ausführungen zu den *Plant Studies* an, „die offenkundige Bewegungs-, Gesichts- und Stimmlosigkeit sowie die scheinbare Passivität von Pflanzen" stelle „Lesarten, die Pflanzen als irgendwie handelnde Entitäten in den Mittelpunkt rücken, vor ernstzunehmende Herausforderungen".[35] Gibbon spielt, in den 1930ern, in seinem fiktionalen Text mit ebendieser Gegensätzlichkeit von Pflanze und Mensch/Tier. Schreibt etwa Jean-Henri Fabre in *Respiration des plantes* (1876): „À l'animal revient le mouvement volontaire. À la plante, l'immobilité. Le premier se déplace [...]; la seconde persiste dans un continuel repos",[36] bricht Gibbon hiermit, indem er die Pflanze sich bewegen und schauen lässt, sie an menschliche Fertigkeiten annähert. An anderer Stelle wird der Ginster ganz aus dem semantischen Feld der Natur herausgenommen: „[E]r pierte sie immerzu an, immer noch schüchtern, doch mit einer Art Glühen in dieser Schüchternheit, in den Augen hatte er eine Glut wie ein verlodernder Ginsterbusch. *Vielleicht können wir zusammen essen?* [...] So kehrten sie ein bei Mother White [...]. Und Ewan lehnte sich über den Tisch, die Glut loderte jetzt beinah [...]."[37] Die Vorstellung von der Glut des brennenden Ginsters überträgt sich in eine Beschreibung der Figur Ewan, die Unsicherheit zeigt. Zwischenmenschliche Befangenheit holt die Erzählstimme durch den Natur-Vergleich ein, der am Ende der Szene wiederaufgenommen wird. Es ist der Vergleichshorizont der für die Figuren omnipräsenten Ginsterlandschaft, welcher der Erzählstimme auch in anderen Feldern in den Sinn kommt und der den für Gibbons Roman

---

„die Sonne schien und die Kiebitze riefen, Schnepfen standen um ein Brack" (ibid., 249), „[d]och jetzt war da nichts als das Korn, das wuchs, und die Kiebitze, die riefen" (ibid., 263).
34 Ibid., 82.
35 Stobbe, „Plant Studies", 102.
36 Jean-Henri Fabre, *Respiration des plantes* (Paris: Éditions Payot & Rivages, 2022), 63. Zu übersetzen als: „Dem Tier kommt die willentliche Mobilität zu. Der Pflanze die Immobilität. Das erste bewegt sich [...]; die zweite verharrt in ständiger Ruhe."
37 Gibbon, *Lied vom Abendrot*, 185.

konstitutiven Konnex von Figur und (kultivierter) Natur im Kontext agrarischer Arbeit markiert. Da es ein karges Land ist und ein einfaches bäuerliches Leben, das auch in aller Härte gezeigt wird, liest es sich als erzählerisch konsequent ob Gibbons Relationierung von Mensch und Umwelt,[38] dass der Ginster nicht immer in Farbe beschrieben wird, sondern oft als karg und erzählerisch unauffällig.

Pflanzlich-ästhetische Spuren: *Schiefern*

„Um über Pflanzen zu sprechen, muss man sie zuallererst wahrnehmen. Das ist schwieriger, als es klingt, denn meistens scheinen Menschen Pflanzen zu übersehen", schreibt die Kulturwissenschaftlerin Solvejg Nitzke 2022 in ihrem Aufsatz „Pflanzenwelten. Natur, Kunst, Kontamination" in der *Dritten Natur*.[39] Sie rekurriert auf das Konzept der (westlichen) ‚Pflanzenblindheit' (*Plant Blindness*), das in Arbeiten der Biolog_innen Elisabeth E. Schussler und James H. Wandersee entwickelt wurde.[40] Schon an Gibbons *Lied vom Abendrot* zeigt sich ebendiese diffizile Relation von Wahrnehmung und Darstellung, indem der Ginster zwar permanent von den Figuren (und womöglich auch vom durch das Schottische streifenden Autor) wahrgenommen wird und er dadurch auch in der Versprachlichung dieser Wahrnehmung präsent ist, er aber zugleich für die Landschaft so topisch ist, dass er in der entsprechenden Literarisierung nicht besonders markant vorgestellt wird. Die real-topografische Sichtbarkeit spiegelt sich nicht in einer besonderen literarischen Markierung, sondern, fast im Gegenteil, führt womöglich für nicht besonders auf Ginster achtende Lesende zu Unauffälligkeit. Eine andere literarische Gangart wäre, realer pflanzlicher Omnipräsenz mit geschärfter Aufmerksamkeit zu begegnen und dieses Sehen künstlerisch auszustellen. Diesen Modus sieht man bei Kinsky umgesetzt. Sie schreibt 2020, fast 100 Jahre nach Gibbon, in einem ganz anderen sozio-kulturellen und -ökologischen Setting und mit Wissen um ‚Pflanzenblindheit', ‚Phytopoetik' sowie *Nature Writing*, von dem sie sich zugleich abgrenzt.[41] Bei ihr rückt das Sehen von Pflanzen selbst in den Fokus.

---

38 Vgl. Hannah Sackett, „‚Nothing is true but change': archaeology, time and landscape in the writing of Lewis Grassic Gibbon", *Scottish Archaeological Journal* 27, Nr. 1 (2005): 15: „The [...] landscape orientated aspects of Grassic Gibbon's work mean that his books contain a subtle and complex reading of how people and communities relate to and shape their surroundings."
39 Solvejg Nitzke, „Pflanzenwelten. Natur, Kunst, Kontamination", *Dritte Natur* 5 (2022): 241.
40 Elisabeth E. Schussler und James J. Wandersee, „Toward a Theory of Plant Blindness", *Plant Science Bulletin* 47, Nr. 2 (2001): 2–9.
41 Simon Probst schreibt dazu: „Sie interessiert sich in ihrem Schreiben nicht in erster Linie für die ‚sogenannte Natur', sondern für [...] hybride Orte von menschlichen und nichtmenschlichen Wirkungen und Bewohnern [...]. Das heißt, wenn sie überhaupt von ‚Natur'

Ihr Band *Schiefern* präsentiert die spezifische Landschaft der Slate Islands, einer Inselgruppe der Inneren Hebriden, und knüpft u. a. an eine Reise mit Martin Chalmers zu den Schieferinseln an.[42] Ein solcher Gestus des Fokussierens einer bestimmten Gegend wiederholt sich später etwa in ihrem eindringlichen Prosa-Poesie-Band *FlussLand Tagliamento* (2023), war aber bereits 2013 konstitutiv für den Zyklus *Naturschutzgebiet*, in dem es um Kinskys Beobachtung des verwilderten und dann wieder durch Abholzung gestörten Parks des Oskar-Helene-Heims am Rande Berlins geht. Simon Probst spricht passend, wenngleich er nur Kinskys Texte bis 2018 in den Blick nimmt, von „Gelände-Texten".[43] Gerade in ihren jüngeren poetologischen Texten wie *Störungen* (2023) diskutiert Kinsky selbst eingehend den Begriff des ‚Geländes'.[44] Es geht in *Schiefern* um Schiefergestein und dessen vormaligen Abbau (bis Mitte des 20. Jahrhunderts) sowie entsprechende landschaftliche Spuren, um „eine spröde, zugleich postindustrielle und unzivilisierte Landschaft" bzw., so Franziska Humphreys, „*disturbed lands*, […] Gebiete also, auf denen sich […] Natur und Mensch zueinander in ein historisches und zumeist konfliktuelles Verhältnis setzen".[45] Der Band gliedert sich in die drei Teile „Deep Time", „Siebenunddreißig Stimmen" und „Schrifttierchen", wodurch bereits der Konnex von Sprache, Schrift und Geologie/Erdgeschichte akzentuiert wird. Ihnen ist jeweils eine Fotografie des Geländes vorangestellt – eine typische intermediale Geste von Kinskys Büchern: In *Naturschutzgebiet* sind Fotografien der Autorin integriert, in *FlussLand Tagliamento* Holzschnitte des Illustrators Christian Thanhäuser, in *Störungen*

---

spricht und schreibt, dann verweist diese nicht auf Unberührtes oder Ursprüngliches, sondern muss durch genaue Beschreibung von Schichtenbildungen und Wechselwirkungen mit menschlichen Aktivitäten und ihren Spuren bestimmt werden" (Simon Probst, „Esther Kinskys Gelände-Texte: Ein ‚nicht-modernes' Genre der vielen möglichen Ökologien", in *Deutschsprachiges Nature Writing von Goethe bis zur Gegenwart. Kontroversen, Positionen, Perspektiven*, hg. v. Gabriele Dürbeck und Christine Kanz (Berlin: Metzler, 2021), 285–86). Vgl. dazu, ganz wesentlich, auch: Jan Gerstner, „Schreiben im gestörten Gelände. Die prekäre Position der Natur bei Esther Kinsky", in *Welche Natur? Und welche Literatur? Traditionen, Wandlungen und Perspektiven des Nature Writing*, hg. v. Tanja van Hoorn und Ludwig Fischer (Berlin: Metzler, 2023), 195: „Etwas formelhaft ließe sich sagen, dass die Schrift der Natur nicht zu lesen ist, weil die Natur nicht schreibt; doch dies wird erkennbar, wenn sie als Schrift betrachtet wird. Die Frage nach der Zugehörigkeit von Kinskys Texten zum Nature Writing gibt damit wohl weniger Auskunft über diese selbst, als darüber, was mit dem Begriff des Nature Writing selbst überhaupt erfasst wird und worauf man ihn beziehen will."
42 Esther Kinsky, *Störungen* (Wien: Residenz Verlag, 2023), 57–58. Chalmers ist 2014 verstorben (dessen Krankheit ist zentraler Hintergrund von *Naturschutzgebiet*), die Fotografien der Schieferinseln in *Störungen* stammen von 2017, es folgte also später eine weitere Reise.
43 Probst, „Esther Kinskys Gelände-Texte", vgl. zu Kinskys ‚Gelände'-Vorstellung zudem: Gerstner, „Schreiben im gestörten Gelände", 181–82, 185.
44 Esther Kinsky, „Gestörtes Gelände", in *Naturalismen. Kunst, Wissenschaft und Ästhetik*, hg. v. Robert Felfe und Maurice Saß (Berlin: De Gruyter, 2019), 1–8; Kinsky, *Störungen*, 13–14.
45 Franziska Humphreys, „alles / will die erinnerung sagen / wird schrift. Sehen, Erinnern und Benennen in Esther Kinskys ‚Schiefern'", *MLN* 137, Nr. 3 (2022): 567, 569.

Kinskys Fotografien des Oskar-Helene-Heims und der Schieferinseln. Die versammelten Texte changieren zwischen Gedicht und Prosaminiatur. Der Dichter Nico Bleutge konstatiert im *Deutschlandfunk Kultur:*

> Der Schiefer mit seinen unterschiedlichen Lagen bietet ihr [Kinsky] eine andere Form von Erzählung und eine andere Vorstellung von Zeit an. Einerseits entdeckt sie im Stein „gepresste geschichtete zeit", andererseits lässt sie sich von den Spuren der Schrifttierchen anregen, alles als „texturen" auszulegen und entsprechend lesen zu wollen. Das Gedicht mit seiner Möglichkeit, Sprache zu schichten, Bildmomente ineinander zu stauchen und über Klang und Rhythmus die Idee einer linear verlaufenden Zeit zu brechen, kommt ihr dabei entgegen. Und so deutet sie die Insel als versehrte und „verzerrte" Landschaft [...].[46]

Das erste Mal tritt Ginster im vierten Text des Bandes hervor, spezifiziert als „kriechginster".[47] Das Gedicht, in dem Ginster benannt wird, trägt den Titel *Überfahrt* und skizziert die Ankunft des erkundenden Subjekts, das sich aber nicht, anders als bei Burns, explizit herausstellt. Es spricht kein Ich, vielmehr scheint die Stimme einer auktorialen Erzählinstanz verwandt. Nach Moosen, Farn, Nadelhölzern, Brombeeren und Hagedorn in den vorangegangenen Texten ist es der Ginster, um den das Feld der Flora ergänzt wird. Der (wie bei Gibbon kriechende) Ginster nimmt dabei die gelbe Spur der Flechten auf, die im vorigen Gedicht *Insel* beschrieben wurde („die hellen flechten gelblich auf granit").[48] In *Überfahrt* wird mit dem Ginster zum einen Flora re-präsent gemacht, zum anderen wird er in einen für Kinskys Texte zentralen Bereich verschoben, den von Erinnerung und Sprache:

> Wie spricht sich die sprache am ort
> mit welchem wortverlauf
> längs bruchstellen und unterm wind
> geduckt in den verkrauteten kriechginster?[49]

Es geht weder nur um den sprachlichen Ausdruck der Insulaner_innen noch um die insulare Flora, sondern beides verschiebt sich ineinander und wird durch den fragenden Duktus in einen reflexiven Bereich getragen. Wie beim Schieferabbau Schiefer gebrochen wird, werden hier sprachliche Brechungen gestaltet, indem etwa nicht von der ‚Längsbruchstelle' die Rede ist, sondern ‚längs' als Präposition von dem Substantiv der ‚Bruchstellen' getrennt und damit der Verlauf der Worte mit dem Landschaftsraum zusammengebracht wird. Was genau hier „geduckt"

---

46 Nico Bleutge, „Unterwegs in scherbigem Gelände", *Deutschlandfunk Kultur*, 27.03.2020, abgerufen am 14.09.2022, https://www.deutschlandfunkkultur.de/esther-kinsky-schiefern-unterwegs-in-scherbigem-gelaende-100.html.
47 Esther Kinsky, *Schiefern* (Berlin: Suhrkamp, 2020), 14.
48 Ibid., 13.
49 Ibid., 14.

ist, bleibt nicht nur unbestimmt, sondern die Parallelität der Präposition „längs" und des Partizips „geduckt" legt nahe, dass es nicht nur der Ginster im Wind sein kann, der hier beschrieben wird, sondern auch die Sprache selbst, die eine Mimikry des Raums vollzieht. Mithilfe des Ginsters werden Gelände und Sprache respektive Schrift ineinander verschränkt.[50]

Ginster tritt wieder zu Beginn des Gedichts *Flora* in Erscheinung, die erste der vier Strophen lautet:

> Hat er geblüht
> der ginster
> schickte er sich an war er
> im verblühn das gedächtnis
> vermerkt kein ginstergelb
> trotz gebotener jahreszeit.[51]

Klingt der erste Vers aufgrund des Satzbaus wie eine Frage, endet die Strophe jedoch nicht mit einem Fragezeichen, wodurch die Leseerwartung irritiert wird. Dem Ginster gehört nicht nur explizit der zweite Vers, in dem nichts anderes steht als „der ginster", sondern er bestimmt den fragenden Ton des Gedichts, der in Enjambements und mit Tempus-Wechsel Naturbeschreibung und Reflexion verknüpft. Eine nicht explizierte Stimme stellt Fragen sowohl an den (Zeit-) Raum als auch an die eigene Erinnerung, die fehlerhaft scheint bzw. einen abweichenden („kein", „trotz") Raum erinnert. Die zweite Strophe beschreibt *ex negativo* („nichts") den Ginster, ohne ihn zu erläutern, aber dennoch, mit den „doppelten blütenhüllen", Merkmale setzend, die eine botanische Einordnung ermöglichen: „Nichts von / sparrigen blattachseln / doppelten blütenhüllen".[52] Gefragt wird in der dritten Strophe: „Was hat wohl geblüht", „heidekraut etwa / hellviolett und leicht"?[53] Die Stimme evoziert eine Landschaft, die es mehr in der Imagination denn in der Realität gibt. Markierung dessen ist auch, dass zumeist, besonders hervorstechend im Text *Blühen*,[54] eine metaphorische, adjektivische Sprache die botanisch informierte ersetzt. Weniger naturkundliches Wissen wird vermittelt, vielmehr geht es um die Konstituierung eines vorrangig assoziativen und kritischen Bild- und Empfindungsraums. Die Worte modulieren einen durchaus gebrochenen Landschafts- und Denkraum, der sich gerade durch

---

50 An späterer Stelle betont eine imaginierte grüne Schriftfarbe den Konnex von Schreiben und Natur: „und auf dem panzer [eines Käfers] steht etwas / wie geschrieben in grüner schrift" (ibid., 60).
51 Ibid., 26.
52 Ibid.
53 Ibid.
54 „Das heidekraut blüht und krallt sich büschlig in wellungen und stufungen der schieferklüfte […] und so stehn die blühenden büschel wie gewölk in lila, rosa, weiß vor dem querbrüchigen Gestein" (ibid., 34).

Abweichungen auszeichnet und sich permanent von realistischen Zügen ins Sprachreflexive verschiebt.[55] Wenn man am Ende liest: „alles / will die erinnerung sagen / wird schrift",[56] ist der Übertritt in den Denkraum vollzogen.

Die Verquickung von Ginster und Sprache ist im zweiten Teil des Bandes noch prägnanter, weil dort die Medialität des Geländeschreibens selbst in den Vordergrund rückt. Ginster taucht zum einen in den nummerierten Gedichtstrophen/Stimmen auf. Die Strophe 34 lautet, realistisch und anti-realistisch zugleich:

> Beim ginster war mal eine schlange
> unter den büschen am fließ die blüten
> sind auf sie gefallen ich hab einen stein
> aufgenommen da war sie schon weg.[57]

Zum anderen, und das ist die Besonderheit des zweiten Teils, steckt Ginster in der Linie, die sich, typografisch abgesetzt, durch die Strophen und über mehrere Doppelseiten hinweg zieht, das reguläre Schriftbild unterbricht und einen eigenen horizontal orientierten Leserhythmus schafft und einfordert (Abb. 2).

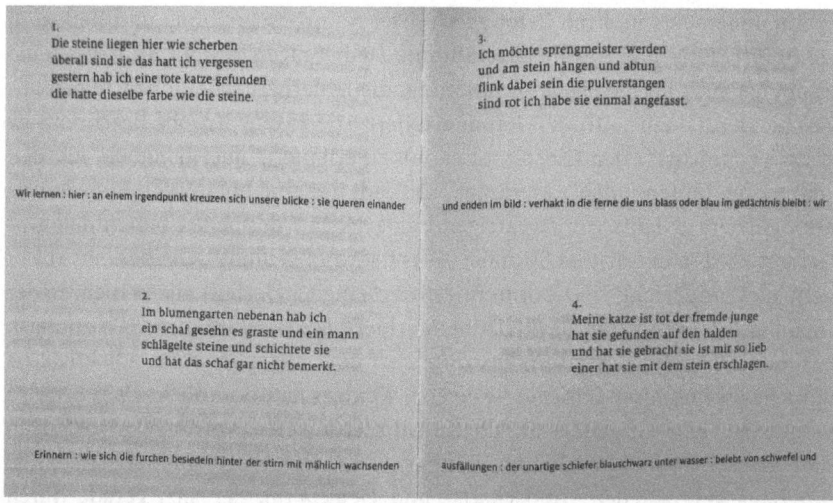

Abb. 2

Bleutge kommentiert: „Zwischen den Gedichten verlaufen wie die Adern im Stein zwei Textbänder, die von der Erinnerung sprechen [...]."[58] Diese beiden „Text-

---

55 Permanent gibt es solche Verquickungen, etwa ibid., 35: „das wasser in ständigem eifer beim leisen / nachschreiben von // rillen im umliegenden fels".
56 Ibid., 26.
57 Ibid., 62.
58 Bleutge, „Unterwegs in scherbigem Gelände".

bänder" unterscheiden sich in ihrer Erzählhaltung, denn während das obere Band eine Stimme expliziert – „Wir lernen" lauten die ersten beiden Worte, die dann vielfach wiederholt werden –, kommt in dem zweiten, unteren Band kein Ich/Wir/Er/Du vor. Es legen sich eine subjektive und eine ent-subjektivierte Stimme in der Art zweier divergenter Tonspuren nebeneinander, die dennoch beide, auch durch vergleichbare Syntax, einen ähnlichen Sound haben. Es handelt sich je um einen lange nicht endenden, allein durch Doppelpunkte strukturierten Satz. Die Flora im oberen Band scheint lokalisiert: „hier", heißt es, dennoch wird diese Verortung sogleich unterminiert: „an einem irgendpunkt". Dann liest man, mit spezieller Interpunktion und Orthografie: „ort : hier auf dem altalten boden : dem fahlgebänderten der stein hervorbringt : gestein um gestein : durchglimmerter schiefer : geäderter fels wie entblutet : sonst ginster nur primelkränze weißdorn und disteln die rosigen geißblattfinger [...]".[59] Dieser gestreckte, adjektivreiche Abschnitt zieht sich über drei Textseiten. Man sieht eine Auflistung verschiedener Pflanzen wie Ginster, Primel, Weißdorn, Distel und Geißblatt (es sind dieselben wie in Burns' und Gibbons Texten und in den anderen Gedichten in *Schiefern*). Zugleich entzieht sich die wirklichkeitsnahe schottische Pflanzenansammlung einem realistischen Setting, indem deren Habitat abstrahiert und folglich ent-lokalisiert erscheint, denn der Fels ist „geädert[]" und der Boden „altalt[]". Der Boden scheint primär, wieder im Rahmen einer Distanznahme zur realen Landschaft und einer linguistischen Subversion, ästhetisch dem Text*band* angenähert, indem er „fahlgebändert[]" ist. In dieser Korrelation von realer und literarisierter Landschaft und eigener Sprache respektive Form-Ästhetik, die Assoziationen mit visueller Poesie weckt, zeigt sich eine Verschränkung von Raum und Schrift, die den realen „boden" in der Art einer Tabula Rasa als Grundlage des *per se* pflanzlich basierten Schreibens (Papyrus) einsetzt.

Oswald Egger schrieb drei Jahre zuvor in seinem Text *Val di Non* (2017), nicht in schottischer, sondern italienischer Gegend lokalisiert, ebenso von solchen Verwachsungen, die ebenfalls Ginster und Schiefer engführen und sprach-ästhetisch mit Schiefer spielen. *Schiefern* als Titel von Kinskys Buch ist nicht etwa Plural von ‚dem Schiefer' (das wäre ‚Schiefer'), sondern nimmt einen prozessualen Moment auf, angelehnt an das Verb ‚schiefern', was ‚splittern' meint, abgeleitet vom mittelhochdeutschen ‚schiveren', ‚zerschiveren'.[60] Zugleich ist er aber auch adjektivisch lesbar als ‚schiefern', also aus Schiefer bestehend – wie zum Beispiel Schreibtafeln. Egger schreibt: „Inseln von Ginster und Oleander

---

59 Kinsky, *Schiefern*, 48–50.
60 DWDS, „Schiefer, der", abgerufen am 14.09.2022, https://www.dwds.de/wb/Schiefer; ferner: DUDEN, „schiefern", abgerufen am 14.09.2022, https://www.duden.de/rechtschreibung/schiefern_absplittern_werfen_huepfen.

schwimm'ben ineinander über, überwuchert. Böschungstrümmer schieferten zu Tafelfalten hängendschroff".[61] Ginster wird im pflanzlichen und andeutungsweise maritimen Feld situiert, die Böschung schiefert, also splittert, löst sich ab zu Falten (wie „über, überwuchert" als sprachliche Falte erscheint), die wiederum Tafeln sind und damit deutlich Schreibtafeln assoziieren, also Schriftlichkeit und Schriftmaterialität. Es ist ebendieser, neologistisch verfremdete und damit gemeine Sprach-Codes brechende, auf Sensualistisches zielende Konnex von Natur und Schrift(materialität), den auch Kinsky herausarbeitet, wenn sie von ‚Fahlgebändertem' spricht und damit ihre „Textbänder" selbst, ihr Schreiben und dessen Format, qua Naturbeschreibung evoziert.

Auch im dritten Teil des Bandes ist der Ginster wieder präsent – *Schiefern* schafft dezidiert repetitive Momente, welche die kreisenden Bewegungen des Ichs (und der Autorin) über die Insel imitieren –, etwa im Gedicht *April*:

> Im april dieses goldlicht
> mit drossel und ginster
> und langen schatten
>
> hänflinge noch
> im krautigen gras
> aus hellen kehlen
> lautend [...][62]

Nonchalant wird der Ginster neben die Avifauna gestellt, die bei Kinsky, wie bei Gibbon, eine zentrale Rolle spielt. Drossel, Hänfling (dieselbe Vogelart wie in Burns' Gedicht), Ginster und Gras prägen die Szene. In dieser Konkretheit ragt *April* aus den anderen Gedichten heraus, denn im Vogelgedicht *Emberiza calandra* zum Beispiel – hier nutzt Kinsky die Linné'sche Nomenklatur für die auch in Schottland aussterbende Grauammer – wird der Ginster nicht mehr explizit erwähnt, sondern es findet ein Ersetzungsprozess des Signifikanten über die Farbigkeit statt:

> im schutz dieses lauen
> gestöbers begann das nisten
> am boden im kriechgestrüpp
> das hatte schon sein gelb gelassen
> gegen winterfleckigen farn[63]

Man meint auch deshalb, neben dem charakteristischen Gelb, Ginster beschrieben zu sehen, weil im früheren Gedicht *Überfahrt* vom „kriechginster" die

---

61 Oswald Egger, *Val di Non* (Berlin: Suhrkamp, 2017), 36. Schiefern wieder ibid., 47, 71; Ginster ibid., 75.
62 Kinsky, *Schiefern*, 87.
63 Ibid., 92.

Rede ist, was einen deutlichen sprachlichen Konnex zum „kriechgestrüpp" herstellt.

Bezeichnend wegen der Spannung zwischen Konkretheit und Abstraktion bzw. Metaphorizität sind die nummerierten mit *Floral* betitelten Gedichte: „Klöppelzüngige fuchsien / warten noch auf wort aus spätem mund / [...] das heidekraut allein / steht noch im dämmer lichter da", heißt es in *Floral 1*.[64] *Floral 3* widmet sich der Distel (auch als Symbol für Schottland lesbar und daher nicht zufällig auf dem Cover von *A Night Out With Robert Burns*), die bildreich umschrieben („in verkommenem silber / das grau der hiesigkeit kränzelt") und mit Schriftbildlichkeit assoziiert wird („ein weißlicher spruch / vom abgewelkten violett") und damit deutlich über konkrete Naturbeschreibung hinausreicht.[65] Der Fokus auf das Farbige verstärkt sich in *Floral 4* über Schlüsselblume und Heidekraut: „hellgrün", „westwindblau", „braun".[66] Heraus sticht *Floral 2*, das primär ob der beschriebenen Farbe nahelegt, dass es um Ginster geht, eine Bemerkung Kinskys zu „gelben Sterne[n]" in *Störungen* suggeriert zugleich, dass das Gelbe auch Mannsblut umschreiben kann[67]:

Und dieses gelb
sternig fast und
zum gefährten gewünscht
dem rinnen am schuppigen felsschwund
steter klirrgesang im verlauf
neuer haldenbildung klitterndes wispern
die gelben mannsblüten fallen indessen lautlos
versteht sich und während die frucht
sich anbahnt die starren sträußlein aus
wiefarbenen tropfen ist es wohl blut
ältlich und dunkel starr schon [...].[68]

Ausdrücke wie „sternig fast", „klirrgesang", „gelbe[] mannsblüten" und „wiefarbene[] tropfen" geben keine definitive botanische Klarheit, die visuelle Beschreibung „wiefarben" etwa lässt sich lesen als eine Frage nach der Farbe selbst. Dem Vegetabilen wird durch die Worte „klirrgesang", „wispern" und, *ex negativo*, „lautlos" ferner ein auditives Moment angetragen, das zugleich unbestimmt bleibt, da es weder klar ist, was für einen Gesang man sich hier vorzustellen hat noch wer den Gesang überhaupt und wann wahrnehmen kann. Die

---

64 Ibid., 74. Konkretheit zeigt sich auch in präziser Lokalisierung („sechsundfünfzig grad nord fünf west"), die dem Abstrakten gegenübersteht („die fuchsie wird nacht").
65 Ibid., 83.
66 Ibid., 94.
67 Kinsky, *Störungen*, 66. Eine weitere Lesart findet sich hier: Humphreys, „alles / will die erinnerung sagen / wird schrift", 581–83.
68 Kinsky, *Schiefern*, 78.

Assoziation mit einem Stern legt nahe, dass ein menschliches (nicht *per se* mit Kinsky gleichzusetzendes), die Flora sinnlich wahrnehmendes Subjekt den Ginster vergleichend in seinen Wahrnehmungshorizont einordnet, aber der Wunsch nach einem pflanzlichen „gefährten" bleibt auch aufgrund des irritierenden Dativ-Anschlusses („dem rinnen") abstrakt. Es scheint sich hier eine eigene, am ‚fremden' Pflanzlichen angelehnte, eine verfremdete Sprache herauszustellen, die phytopoetisch verfährt, in Distanz zum gemeinen Beschreiben von Natur geht und, auch über das Auditive, den Sound poetischer Sprache akzentuiert.

Der Ginster, explizit oder implizit, wird in *Schiefern* als ästhetische Spur semantisiert, die sich zeigt und entzieht, die gesehen werden kann und soll, die auch gelesen werden kann, die sich aber zugleich aufgrund sprachlicher Verfremdungen dem lesenden Sehen partiell entzieht. Am Ginster als konkretem vegetabilen Element, nicht mehr so unauffällig wie bei Gibbon, wird deutlich, dass Kinsky mit einem assoziierenden, splitter- oder stückhaften phänomenologischen Beschreiben operiert, das, kongruent zum Schiefer, Schichten, Bestandteile eines spezifischen Geländes zu zeigen sucht. Ginster bricht sich realiter Bahn durch den menschenleeren, vormals industriell genutzten Raum und wird wieder Teil der zuvor kultivierten Insel-‚Natur'. Er ist dann wiederum in der literarischen Verarbeitung, in dem Versuch, qua poetischer Sprache als Eröffnung neuer Dimensionen schottische ‚Natur' zu sehen und zu schreiben, nicht nur romantisiertes oder vor allem unauffälliges raum-ästhetisches Inventar wie bei Burns und Gibbon, sondern dezidiert auch Teil einer poetologischen Reflexion von Natur und Schreiben.

Bibliografie

Becher, Christina. „Conference Report on ‚Vegetal Poetics: Narrating Plants in Culture and History'". *KULT_online* 61 (2020). Abgerufen am 14.09.2022. https://doi.org/10.22029/ko.2020.1015.

Bleutge, Nico. „Unterwegs in scherbigem Gelände". *Deutschlandfunk Kultur*, 27.03.2020. Abgerufen am 14.09.2022. https://www.deutschlandfunkkultur.de/esther-kinsky-schiefern-unterwegs-in-scherbigem-gelaende-100.html.

Borchardt, Rudolf. *Der leidenschaftliche Gärtner*. Berlin: Matthes & Seitz, 2020.

Borgards, Roland. „Tiere und Literatur". In *Tiere. Kulturwissenschaftliches Handbuch*, herausgegeben von Roland Borgards, 225–44. Stuttgart: Metzler, 2016.

Burns, Robert. „Afton Water". In *A Night Out With Robert Burns*, herausgegeben von Andrew O'Hagan, 21–22. Edinburgh: Canongate, 2018.

–. *Gedichte: Mit des Dichters Leben und erläuternden Bemerkungen*. Übersetzt von Wilhelm Gerhard. Leipzig: Barth, 1840. https://mdz-nbn-resolving.de/details:bsb10745294.

—. *Lieder und Balladen 1*. Übersetzt von Karl Bartsch. Hildburghausen: Verlag des Bibliographischen Instituts, 1865. https://mdz-nbn-resolving.de/details:bsb10745297.

—. „To a Mountain Daisy". *Poetry Foundation*. Abgerufen am 14.09.2022. https://www.poetryfoundation.org/poems/43817/to-a-mountain-daisy.

—. „Ye banks and braes o' bonnie Doon". Abgerufen am 14.09.2022. https://www.lieder.net/lieder/get_text.html?TextId=23194&RF=1.

Burnside, John. „Schottlands schöne Lügen". *Neue Zürcher Zeitung*, 17.02.2012. Abgerufen am 14.09.2022. https://www.nzz.ch/schottlands_schoene_luegen-ld.719180.

—. „Settlements". *London Review of Books*. Abgerufen am 26.09.2022, https://www.lrb.co.uk/the-paper/v20/n08/john-burnside/settlements.

DUDEN. „schiefern". Abgerufen am 14.09.2022. https://www.duden.de/rechtschreibung/schiefern_absplittern_werfen_huepfen.

DWDS. „Schiefer, der". Abgerufen am 14.09.2022. https://www.dwds.de/wb/Schiefer.

Egger, Oswald. *Val di Non*. Berlin: Suhrkamp, 2017.

Fabre, Jean-Henri. *Respiration des plantes*. Paris: Éditions Payot & Rivages, 2022.

Flood, Alison. „Lewis Grassic Gibbon's Sunset Song voted Scotland's favourite novel". *The Guardian*, 18.10.2016. Abgerufen am 14.09.2022. https://www.theguardian.com/books/booksblog/2016/oct/18/lewis-grassic-gibbons-sunset-song-voted-scotlands-favourite-novel-crofting.

Gerstner, Jan. „Schreiben im gestörten Gelände. Die prekäre Position der Natur bei Esther Kinsky". In *Welche Natur? Und welche Literatur? Traditionen, Wandlungen und Perspektiven des Nature Writing*, herausgegeben von Tanja van Hoorn und Ludwig Fischer, 181–96. Berlin: Metzler, 2023.

Gibbon, Lewis Grassic. *Lied vom Abendrot*. Übersetzt von Esther Kinsky. 2. Auflage. Berlin: Guggolz, 2021.

Hardy, Thomas. *Clyms Heimkehr*. Übersetzt von Dietlinde Giloi. Ditzingen: Reclam, 2021.

Humphreys, Franziska. „alles / will die erinnerung sagen / wird schrift. Sehen, Erinnern und Benennen in Esther Kinskys ‚Schiefern'". *MLN* 137, Nr. 3 (2022): 566–85.

Jacobs, Joela. „Phytopoetics: Upending the Passive Paradigm with Vegetal Violence and Eroticism". *Catalyst: Feminism, Theory, Technoscience* 5, Nr. 2 (2019): 1–18. https://catalystjournal.org/index.php/catalyst/article/view/30027/25711.

Jacobs, Joela und Isabel Kranz. „Einleitung. Das literarische Leben der Pflanzen: Poetiken des Botanischen". *Literatur für Leser* (2017): 85–89.

Jablonski, Nils. *Idylle. Eine medienästhetische Untersuchung des materialen Topos in Literatur, Film und Fernsehen*. Stuttgart: Metzler, 2019.

Kinsky, Esther. *FlussLand Tagliamento*. Berlin: Friedenauer Presse, 2023.

—. „Gestörtes Gelände". In *Naturalismen. Kunst, Wissenschaft und Ästhetik*, herausgegeben von Robert Felfe und Maurice Saß, 1–8. Berlin: De Gruyter, 2019.

—. *Naturschutzgebiet*. Berlin: Matthes & Seitz, 2013.

—. *Schiefern*. Berlin: Suhrkamp, 2020.

—. *Störungen*. Wien: Residenz Verlag, 2023.

Lemke, Cordula. „Robert Burns. Autor ohne Werk?". *Autor und Werk. Wechselwirkungen und Perspektiven*, Sonderausgabe # 3 von *Textpraxis. Digitales Journal für Philologie* (2018). http://dx.doi.org/10.17879/77159506879.

Macfarlane, Robert. *Alte Wege*. Übersetzt von Andreas Jandl und Frank Sievers. 2. Auflage. Berlin: Matthes & Seitz, 2018.

Middelhoff, Frederike. „Animal Studies und Plant Studies: Eine Verhältnisbestimmung". In *Literaturen und Kulturen des Vegetabilen. Plant Studies – Kulturwissenschaftliche Pflanzenforschung*, herausgegeben von Urte Stobbe, Anke Kramer und Berbeli Wanning, 71–95. Berlin: Peter Lang, 2022.

Nitzke, Solvejg. „Pflanzenwelten. Natur, Kunst, Kontamination". *Dritte Natur* 5 (2022): 240–59.

O'Hagan, Andrew. „Introduction". In *A Night Out With Robert Burns*, herausgegeben von Andrew O'Hagan, xi–xxviii. Edinburgh: Canongate, 2018.

Probst, Simon. „Esther Kinskys Gelände-Texte: Ein ‚nicht-modernes' Genre der vielen möglichen Ökologien". In *Deutschsprachiges Nature Writing von Goethe bis zur Gegenwart. Kontroversen, Positionen, Perspektiven*, herausgegeben von Gabriele Dürbeck und Christine Kanz, 281–98. Berlin: Metzler, 2021.

Sackett, Hannah. „,Nothing is true but change': archaeology, time and landscape in the writing of Lewis Grassic Gibbon". *Scottish Archaeological Journal* 27, Nr. 1 (2005): 13–29.

Schoene, Berthold. „Cosmopolitan Scots". *Scottish Studies Review* 9, Nr. 2 (2008): 71–92.

Schussler, Elisabeth E. und James J. Wandersee. „Toward a Theory of Plant Blindness". *Plant Science Bulletin* 47, Nr. 2 (2001): 2–9.

Stobbe, Urte. „Plant Studies: Pflanzen kulturwissenschaftlich erforschen – Grundlagen, Tendenzen, Perspektiven". *Kulturwissenschaftliche Zeitschrift* 4 (2019): 91–106. https://doi.org/10.2478/kwg-2019-0009.

Stobbe, Urte, Anke Kramer und Berbeli Wanning. „Einleitung: Plant Studies – Kulturwissenschaftliche Pflanzenforschung". In *Literaturen und Kulturen des Vegetabilen. Plant Studies – Kulturwissenschaftliche Pflanzenforschung*, herausgegeben von Urte Stobbe, Anke Kramer und Berbeli Wanning, 11–31. Berlin: Peter Lang, 2022.

Sturgeon, Nicola. „Read Nicola Sturgeon's new introduction to ‚Sunset Song'". *Canon Gate*. Abgerufen am 14.09.2022. https://canongate.co.uk/news/read-nicola-sturgeons-new-introduction-to-sunset-song/.

The Linnean Society of London. „Ulex europaeus". Abgerufen am 14.09.2022. https://linnean-online.org/38540/#?s=0&cv=0.

Woodland Trust. „Common gorse". Abgerufen am 14.09.2022. https://www.woodlandtrust.org.uk/trees-woods-and-wildlife/plants/wild-flowers/gorse/.

Abbildungen

Abb. 1: Kinraddie in *Sunset Song* (1932), National Library of Scotland. License: CC BY 4.0, https://digital.nls.uk/205212429.

Abb. 2: Esther Kinsky: *Schiefern* (2020), erste Doppelseite des zweiten Teils, 46–47.

Philipp Schlüter (Technische Universität Braunschweig)

Die Japanische Schwarzkiefer als ästhetische Epiphanie in Marion Poschmanns *Die Kieferninseln* (2017)

Abstract
In her novel *Die Kieferninseln* (2017), German contemporary author Marion Poschmann takes up the early Romantic writing of Novalis's *Heinrich von Ofterdingen* (1802). Since Matsuo Bashō's travelogue *Oku No Hosomichi* (1702), the Japanese black pine has been regarded as a sublime tree species, which in its specific aesthetic is associated with moonlight and symbolizes the way into one's own inwardness in an outward turning away from society. In the novel, this alien-cultural plantiness advances to an overwhelming sensory experience, which, by means of the German main character Gilbert Silvester, designs the contemplative botanical perception as a countermovement to the conflict-laden subject driven by the Über-Ich. In this sense, the perception-steeped tree contemplation in its romantic aesthetic appearance (Japanese black pine in the moonlight) can be described with reference to Karl Heinz Bohrer as a suddenly occurring dream epiphany of classical modern character.
Keywords: Epiphany, plant aesthetics, Black pine, Early Romanticism, Marion Poschmann

Der weite Begriff des *Nature Writing*, der in der anglophonen Literatur eine weiter zurückreichende Begriffstradition aufweist, ist auch ab den 2000er-Jahren für die deutsche Literatur zu einem Kategorisierungsbegriff für Texte avanciert, die von eskapistisch-romantisch bis gesellschaftlich-kritisch das Verhältnis von Mensch und Natur ausloten.[1] Während die Naturwissenschaften „die Pflanzen auf der untersten Stufe des Lebendigen"[2] positionierten und eine naturwissenschaftliche, „nahe Ferne"[3] zu eben jenen Erscheinungsformen des Botanischen kultivierten, hat die Literatur Pflanzen mittels textueller Repräsentation immer wieder in neue

---

[1] Vgl. Gabriele Dürbeck und Christine Kanz, „Gibt es ein deutschsprachiges Nature Writing? Gebrochene Traditionen und transnationale Bezüge", in *Deutschsprachiges Nature Writing von Goethe bis zur Gegenwart. Kontroversen – Positionen – Perspektiven*, hg. v. Gabriele Dürbeck und Christine Kanz (Stuttgart: J. B. Metzler, 2020), 1–2.
[2] Benjamin Bühler, „Botanik", in *Handbuch Literatur und Wissen. Ein interdisziplinäres Handbuch*, hg. v. Roland Borgards, Harald Neumeyer, Nicolas Pethes und Yvonne Wübben (Stuttgart: J. B. Metzler, 2013), 64.
[3] Ibid.

Wahrnehmungszusammenhänge gerückt. Beim *Nature Writing* seien ethische Dimensionen des Verhältnisses zwischen Natur und Mensch eng mit Fragen der literarischen Ästhetik verknüpft, die auf der Ebene der sprachlichen Repräsentation eine affektive Anerkennung der Natur intensivieren könne.[4]

Die Lyrikerin und Prosaistin Marion Poschmann gehört zu den herausragenden literarischen Stimmen deutschsprachigen *Nature Writings*. In ihrem jüngst erschienenen Essayband *Laubwerk* (2021) charakterisiert die Autorin das Genre des *Nature Writing* wie folgt: „genaue Beobachtung mit Sorgfalt und Konzentration im Ausdruck […]. Nature Writing geht mit einer Verfeinerung der Wahrnehmung einher."[5] Das Prinzip der Wahrnehmungsintensivierung mittels genauer Anschauung einerseits und dessen Übertragung in den poetischen Ausdruck andererseits findet sich in Poschmanns 2017 erschienenem Roman *Die Kieferninseln* markant umgesetzt. Der Roman folgt dabei einer Doppellogik: Nicht nur die Autorin produziert feine, sprachästhetische Pflanzen- bzw. Baumbilder, auch die Hauptfigur dichtet innerfiktional auf den Spuren Matsuo Bashōs eigene Haiku, die sich an den kulturell herausragenden Naturräumen der japanischen Literatur orientieren (*Utamakura*).[6]

Eine zentrale Rolle spielt in *Die Kieferninseln* die Ästhetik der Japanischen Schwarzkiefer, mittels derer eine Art Reinigung und existentielle Neuausrichtung des Hauptprotagonisten erreicht wird. Die Konfrontation mit dieser Baumart beschließt den Endpunkt von dessen japanischer Reise mit einer traumhaften, epiphanischen Erfahrung. Es bietet sich an, mit Karl Heinz Bohrers Begriff der ästhetischen Epiphanie und den daran gekoppelten Merkmalen zu operieren,[7] da Bohrer den Moment epiphanischer Plötzlichkeit bereits in der Frühromantik angelegt und eng mit dem Naturschönen verbunden sieht. Darüber hinaus lassen sich Bohrers Ausführungen zu einer sich plötzlich einstellenden ästhetischen Wahrnehmungsveränderung in der Literatur – in *Die Kieferninseln* wird der spezifische ästhetische Schein durch das Licht des Mondes erzeugt – für den vorliegenden Text nutzbar machen. Bohrer führt zentral an: „Die Betonung des Bildhaften jeder Wahrnehmung, die optische Oberflächenrealität der Dinge […] bedeutet Mystifikation der Wirklichkeit. Die Irrealität, die hier entsteht, ist keine psychische Projektion, sondern ein Ereignis im transempirischen Bereich".[8]

---

4 Vgl. Dürbeck und Kanz, „Gibt es ein deutschsprachiges Nature Writing?", 20.
5 Marion Poschmann, *Laubwerk* (Berlin: Verbrecher Verlag, 2021), 49–50.
6 Zu der *Utamakura*-Tradition siehe Edward Kamens, *Utamakura, Allusion, and Intertextuality in Traditional Japanese Poetry* (New Haven, CT: Yale University Press 1997).
7 Karl Heinz Bohrer, *Plötzlichkeit. Zum Augenblick ästhetischen Scheins* (Frankfurt a. M.: Suhrkamp, 1981). Meiner Kollegin Dr. Franziska Solana Higuera sei an dieser Stelle herzlich gedankt.
8 Ibid., 65.

Poschmanns Poetik und *Nature Writing*

Bereits in ihrer 2016 erschienenen Gedichtsammlung *Geliehene Landschaften. Lehrgedichte und Elegien* umkreist Marion Poschmann lyrisch den für den Roman zentralen Ort Matsushima in der Bucht von Sendai und lässt ein lyrisches Ich zur Sprache kommen, das als oder wie Matsuo Bashō den Pilgerweg an die Schwarzkiefernküste nachvollzieht. Dem darin enthaltenen Gedichtzyklus *Matsushima. Park des verlorenen Mondscheins* stellt Marion Poschmann ein Zitat aus dem 1702 veröffentlichten Reisetagebuchs *Oku no Hosomichi* (*Auf schmalen Pfaden ins Hinterland*) des berühmten Haiku-Dichters Bashō voran.[9] Im Zentrum des Zitats steht die besondere, anthropomorphe Ästhetik dieser Baumart sowie der spezifische ökobotanische Standort. Marion Poschmann ruft für ihren Gedichtzyklus das Echo Bashōs auf und macht die Schwarzkiefer mehr als dreihundert Jahre später erneut zum ästhetischen Träger mystisch-botanischer Provenienz. Dabei trägt das vierte Gedicht aus dem Zyklus den gleichen Titel wie der ein Jahr später erschienene Roman: *Die Kieferninseln*. Das zweite Gedicht *Land des dunklen Körpers* zeigt sich als eine gattungsübergreifende Blaupause für die Hauptfigur des Romans: Gilbert Silvester. Zudem entspricht der vernehmbare epische Ton des Gedichts dem narrativen Grundgerüst des Romans: „Ich bin der Mönch X. auf der Reise nach Matsushima – / [...]. / Unter der Mönchsmaske reise ich, Pilger und / Wanderpoet auf den Pfaden der alten Meister / der Dichtkunst. [...] / [...] / Suche nicht, heißt es, nach Spuren der Alten, / suche das, was die Alten suchten."[10] Gilbert Silvester avanciert im Romantext zum „Mönch X" und orientiert sich in der Erzählgegenwart von *Die Kieferninseln* an Bashōs Reisetagebuch.

Analog zu jenem Gedichtzyklus in *Geliehene Landschaften* findet sich am Beginn von *Die Kieferninseln* ein wesentlich kürzeres Bashō-Zitat: „Willst du etwas über Kiefern wissen – geh zu den Kiefern."[11] Ein pragmatischer Ratschlag, der zur direkten sinnlichen Konfrontation mit dem botanischen Objekt rät. Der zu beschreitende Pilgerweg verweist auf Topoi der fernöstlichen Mystik. Die wahrnehmungsschulende Annäherung dient als Einübung in eine neue Form des Sehens und sodann als Vorbereitung auf den designierten Ort der ersehnten metaphysischen Eingebung: „[D]ie Kiefer gilt als Ort der göttlichen Manifestation" (KI, 145).

Die literarästhetische Sensibilisierungsbewegung dem Pflanzlichen gegenüber bildet den Nukleus des Textes und verweist auf eine gewisse Affinität zur Ro-

---

9 Marion Poschmann, *Geliehene Landschaften. Lehrgedichte und Elegien* (Frankfurt a. M.: Suhrkamp, 2016), 67–77.
10 Ibid., 70–71.
11 Marion Poschmann, *Die Kieferninseln* (Berlin: Suhrkamp, 2018), 6. Zitationen aus diesem Text werden im Folgenden mit der Sigle KI und Seitenangabe in Klammern vermerkt.

mantik, die bei Poschmann gelegentlich ganz deutlich zum Ausdruck kommt. Ihren Essayband *Laubwerk* schließt sie bezeichnenderweise mit Novalis' Diktum: „Die Welt muß romantisirt werden".[12] Gabriele Dürbeck und Christine Kanz stellen fest, dass sich „in den Texten des Nature Writing [...] in der Regel eine Unterscheidung von ‚ästhetischen und utilitaristischen Werten'"[13] eruieren lasse. Auch wenn sich in *Die Kieferninseln* bevorzugt ästhetische Anschauungswerte verhandelt finden, so ließe sich aber auch über das frühromantische Verweissystem des Textes ein Anschluss an das von Poschmann aufgegriffene Novalis-Zitat im Essayband *Laubwerk* herstellen, wodurch der Roman ebenso eine utilitaristische Lesart mit Blick auf Mensch und Pflanze anbietet. Jener „ursprünglich[e] Sinn",[14] den Novalis mit der Romantisierung der Welt zurückgewonnen sieht, fällt dann auch bei Poschmann mit der die Entfremdung aufkündigenden Annäherung an die Natur und einem erneuerten Umweltbewusstsein zusammen.[15]

Im Zentrum von *Die Kieferninseln* steht eine Naturbetrachtung, die neue Sinn- und Wahrnehmungshorizonte eröffnet. In ihrem Essayband *Mondbetrachtung in mondloser Nacht. Über Dichtung* zieht die Autorin sinnliche Erfahrung und Erkenntnis der Rationalität sowie eindeutiger Moralisierung vor. Dabei vergleicht sie ihre Poetologie mit dem Floralen: „Ich kann es [mein Schreiben, P. S.] vielleicht vergleichen mit etwas Pflanzenhaftem. Mit der Subversion und Überwucherungskraft von Pflanzen".[16] Das Pflanzliche hat umsturzartige Qualitäten. Im Habitus des Pflanzlichen sieht die Autorin eine produktive Verweigerung von „Sinn, [...] Moral, [...] Fazit [...] zugunsten von überbordender Wahrnehmung, Sinnlichkeit."[17] Das Botanische vermöge jenes „Übermaß an Rationalität"[18] zu zähmen, durch das der Mensch eine elementare Wahrnehmungsdifferenz zwischen die Natur und sich gebracht habe.

Warum nun genau die Japanische Schwarzkiefer als literarbotanischer Bezugspunkt? Gilbert Silvester stellt sich diese Frage innerhalb des Romans selbst: „[W]arum sollte eine ganz gewöhnliche Kiefer, beispielsweise in einem Bran-

---

12 Novalis, *Das philosophische Werk I*, hg. v. Richard Samuel in Zusammenarbeit mit Hans-Joachim Mähl und Gerhard Schulz, in *Schriften. Die Werke Friedrich von Hardenbergs*, hg. v. Paul Kluckhohn und Richard Samuel, Bd. 2 (Stuttgart: Kohlhammer, 1981³), 545.
13 Vgl. Dürbeck und Kanz, „Gibt es ein deutschsprachiges Nature Writing?", 24.
14 Novalis, *Das philosophische Werk I*, 545.
15 Poschmann interpretiert das Novalis-Zitat „als Forderung der Vernunft, die Fragilität und Einzigartigkeit lebender Wesen wahrzunehmen und ihnen mit Freundlichkeit und Respekt zu begegnen" (Poschmann, *Laubwerk*, 45).
16 Marion Poschmann, *Mondbetrachtung in mondloser Nacht. Über Dichtung* (Berlin: Suhrkamp, 2016), 25.
17 Ibid.
18 Ibid.

denburger Forst, dazu nicht ebenso gut in der Lage sein?" (KI, 122–23). Die Antwort gibt Marion Poschmann in einem Interview:

> Unsere Kiefern sind tatsächlich auch nicht so schön. Die Kiefern im brandenburgischen Forst sind Nutzholz, die Krone ist kaum ausgebildet, der Stamm zieht ganz gerade nach oben. Eine Kiefer, die wild wächst, ist knorrig, verzweigt, hat eine völlig andere Form. Ist sehr individuell. Tatsächlich etwas, das man sehr lange ansehen kann.[19]

Literarische Texte mit botanischem Fokus vermitteln Einsicht in ethnobotanische Stellenwerte unterschiedlicher Pflanzen: „Bäume sind nicht nur ein Faktor in der Naturgeschichte, sondern sie erzeugen auch einen kulturellen Hallraum".[20] Mit Gilbert Silvester tasten sich die Leser_innen in den „kulturellen Hallraum" der Japanischen Schwarzkiefer vor, die seit Matsuo Bashō als symbolischer Träger einer „geistigen Reinigungstour" (KI, 48) gilt. Die über die Gedanken der Hauptfigur vermittelte feine Ästhetik der Schwarzkiefer hebt diese Baumart immer wieder auf die Ebene eines Pflanzenobjekts, in dem eine außerhalb der Sprache befindliche, mystische Erkenntnis verborgen liegt, die über das rationale und vernunftgesteuerte Denken hinausgeht.

Marion Poschmanns Natur- und Pflanzenbilder agieren als – wie Karl Heinz Bohrer es mit Blick auf Joyce und Proust ausdrückt – „Partikel der ästhetischen Wahrnehmung".[21] Saskia Wendel führt unter Bezug auf Kant an, dass das Erhabene keine im betrachteten Objekt eingeschlossene Entität sei, sondern sich immer erst als Eindruck im betrachtenden Subjekt manifestiere.[22] Die emotional erfühlte Erhabenheit sowie sakrale Aura der Kiefern schlägt sich in Gilberts Gedanken oftmals anthropomorphisierend nieder: „[I]hre Nadelbüschel öffneten sich [...] zu glänzenden Strahlenkränzen, ein hypnotisches Auseinanderstreben, mit dem ein Tänzer seine Faust öffnete, die Finger entspannt" (KI, 101).

Die Autorin stellt ihre fiktive Hauptfigur in eine Traditionslinie mit den Reisebeschreibungen eines Saigyō (12. Jh.) sowie Bashō (17. Jh.). Diese strebten durch ihre Abkehr vom Hofe und dem antizivilisatorischen Aufbruch in die Offenheit der Natur eine geistige und somit auch dichterische Erneuerung an. Am Beginn dieser Neuausrichtungen steht die symbolische Ästhetik zweier

---

19 Christian Eger, „‚Geh zu den Kiefern' – Klopstock-Preisträgerin Marion Poschmann im Interview", *Mitteldeutsche Zeitung*, 30.08.2018, abgerufen am 23.12.2022, www.mz-web.de/kultur/-geh-zu-den-kiefern-klopstock-preistraegerin-marion-poschmann-im-interview-31187638.
20 Sandra Poppe und Katja Schaffer, „Gespräch mit Marion Poschmann", in Marion Poschmann, *Laubwerk* (Berlin: Verbrecher Verlag, 2021), 52.
21 Bohrer, *Plötzlichkeit*, 201.
22 Vgl. Saskia Wendel, „Ästhetik des Erhabenen – Ästhetische Theologie? Zur Bedeutung des Nicht-Darstellbaren bei Jean-François Lyotard", in *Das Ende der alten Gewißheiten. Theologische Auseinandersetzungen mit der Postmoderne*, hg.v. Walter Lesch und Georg Schwind (Mainz: Grünwald, 1993), 53.

Pflanzen im spezifisch Belichtungsfilter des Mondes. Saigyō strebte nach „Erkenntnis, Erlösung und Erleuchtung. Er sehnte sich nach dem Mond, nach Mondschein auf Kirschblüten" (KI, 35); Bashō hat ebenfalls „ein Bild vor Augen. Wie Saigyō, Jahrhunderte vor ihm, sehnt er sich nach dem Mond. Er sehnt sich nach dem Mond über Matsushima" (KI, 36). In dieser Linie avanciert der Mond auch für Gilbert mit Bohrers Worten zum spezifischen „ästhetische[n] Schein", der auf die Kiefern fällt und das epiphanische Erlebnis begünstigt. Mit dem Motiv des Mondes über Matsushima ist bereits zu Beginn von Gilberts Reise eine Öffnung der Wahrnehmung ins Übersinnlich-Traumhafte evoziert.[23] Der nächtliche Himmelskörper dient hier als ein Symbol, dessen Licht bei aller Unbestimmtheit und Unschärfe dennoch eindeutige Vorstellungen aufruft.[24]

Novalis' *Heinrich von Ofterdingen* – Intertextualität und frühromantische Poetologie

Während Gilbert, irrational motiviert, fluchtartig Deutschland in Richtung Japan verlässt, erscheint die Pilgerreise von Tokio nach Matsushima eher als eine von der kontemplativen Baumschau verlangsamte Bewegung im Raum, die er selbst als antizivilisatorisches „Projekt der Abwendung" (KI, 64; vgl. KI, 122) bezeichnet. Die Zuwendung zur (Baum-)Natur in einem vollständig fremdkulturellen Wahrnehmungshorizont schließt in diesem Fall ganz deutlich das Hinter-Sich-Lassen des tradierten Bewusstseins westlich-rationaler Prägung mit ein. Im übertragenen Sinne versucht Gilbert „[s]terben [zu] lernen" und somit „eine Bewegung zu vollziehen, der die Ausdehnung des Geistes folgt" (KI, 81). Die meditative Autopsie der Schwarzkiefer ist somit von Anfang an als Symbol einer Bewusstseinserneuerung ausgewiesen.

Analog zu Novalis' *Heinrich von Ofterdingen* (1802) steht in *Die Kieferninseln* am Anfang der Handlung ein existentiell bedeutsamer Traum, der einen Übergang vom Gewohnten zum Außeralltäglichen markiert und die Schwarzkiefer in einen literarbotanischen Zusammenhang mit jener für die deutsche Romantik bedeutendsten Chiffre (Blaue Blume) stellt, die nicht nur für die Dichtung und das Sehnen steht, sondern auch symbolisch für den Tod.[25] Über das Traummotiv als Handlungsinitiator hinaus bettet die Autorin das von Heinrichs Vater wiedergegebene Sprichwort zum Wesen des Traums in das frühromantische Verweissystem des Textes ein: „Der Traum hatte sich im Laufe des Tages nicht

---

23 Poschmann, *Mondbetrachtung in mondloser Nacht*, 140–41.
24 Vgl. Detlef Kremer und Andreas B. Kilcher, *Romantik* (Stuttgart: Springer, 2015⁴), 105.
25 Vgl. Günter Butzer und Joachim Jacob, Hg., *Metzler Lexikon literarische Symbole* (Berlin: Springer, 2012²), 53.

verflüchtigt und war nicht einmal ausreichend verblaßt, um die alberne Redensart ‚Träume sind Schäume' auf ihn anwenden zu können" (KI, 7). Während bei Novalis der „Schimmer des Mondes" – der dann auch in Matsushima entscheidend sein wird – Heinrichs unruhige Wachheit begleitet und der nachfolgende Traum Heinrichs den Charakter einer sehnsuchtsvollen Verheißung trägt, zeigt sich Gilberts Traum jedoch als extrem verkürzt wiedergegeben und offenbart zudem den Charakter eines Schocks: „Er hatte geträumt, dass seine Frau ihn betrog. Gilbert Silvester erwachte und war außer sich" (KI, 7). Gilberts Traum zieht ihn nicht zu einer Liebe hin, sondern bedeutet eine Abwendung von und einen Bruch mit der Frau, mit der er bis dahin sein Leben geteilt hat. Diese trägt einen nahezu identischen Namen wie Heinrichs Liebe: aus „Mathilde" wird bei Poschmann „Mathilda". Weiterhin sei die Referenz der Hauptfigur Gilbert zum Arzt Sylvester aufgezeigt, dem der junge Heinrich am Ende von Novalis' Roman-Fragment begegnet. Dieser fristet ein eremitisches Dasein und erzählt Heinrich von der überwältigenden Wirkung des Botanischen: „‚Auf mich', sagte Silvester, ‚hat freilich die lebendige Natur, die regsame Überkleidung der Gegend, immer am meisten gewirkt. Ich bin nicht müde geworden, besonders die verschiedene Pflanzennatur auf das sorgfältigste zu betrachten.'"[26] Weiterhin bezeichnet Novalis' Sylvester Pflanzen als einen „grüne[n], geheimnißvolle[n] Teppich der Liebe"[27] und spricht dadurch auch dem Botanischen in Poschmanns Text eine heilende sowie das Dasein intensivierende Dimension zu.[28] Vielleicht lässt sich in der vom Arzt Sylvester angeführten Allegorie von Pflanzenkosmos und Liebe ein Verweis auf den Ausgang von *Die Kieferninseln* erkennen: Es ist die übersinnliche Erfahrung der Welt der Bäume und Pflanzen – Gilbert setzt sich kurz vor der Epiphanie am Boden auf die Kiefernnadeln –, die nach dem schmerzhaften Zurücklassen Mathildas in Deutschland eine Annäherung in Liebe wieder möglich zu machen scheint. Die auf Novalis' zurückgehende Romantisierung der Welt, auf die Marion Poschmann in *Laubwerk* abzielt, fußt auf einer konsolidierten Entfremdung zwischen menschlichem Subjekt und sinnlicher Umwelt. Im Zentrum steht das Wiederfinden eines „ursprünglichen Sinn[s]",[29] der die harmonische Wiedervereinigung von Welt und Ich sowie Vernunft und Gefühl

---

26 Novalis, *Das dichterische Werk*, hg. v. Richard Samuel und Paul Kluckhohn unter Mitarbeit von Heinz Ritter und Gerhard Schulz, in *Schriften. Die Werke Friedrich von Hardenbergs*, hg. v. Paul Kluckhohn und Richard Samuel, Bd. 1 (Stuttgart: Kohlhammer, 1977³), 328–29.
27 Ibid., 329.
28 Zudem erinnert die folgende Konstellation von Kiefern und Abendstern im *Heinrich von Ofterdingen* deutlich an das Schwarzkiefern-Panorama im Mondlicht, das Gilbert erlebt: „Wunderlich rührte der Abendwind die Wipfel der Kiefern, die jenseits den Ruinen standen. Ihr dumpfes Brausen tönte herüber. Heinrich verbarg sein Gesicht in Tränen an dem Halse des guten Sylvester, und wie er sich wieder erhob, trat eben der Abendstern in voller Glorie über den Wald herüber." (Novalis, *Das dichterische Werk*, 328)
29 Novalis, *Das philosophische Werk I*, 545.

anstrebt. Das für die Romantik zentrale Symbol der blauen Blume verkörpert die Liebe als weltumspannendes Daseinsprinzip und versinnbildlicht die Bewegung in die Ferne als Wanderschaft in eine neue, mystisch konnotierte Bewusstseinsharmonie. Die blaue Blume versinnbildlicht letztlich „[d]as Unaussprechliche, de[n] Kern der mystischen Erkenntnis, der sich dem Zugriff durch die Vernunft entzieht."[30] Auch Gilbert kommen im Rahmen der meditativen Baumbetrachtung die Worte abhanden, eine unaussprechliche Sinnlichkeit bemächtigt sich seiner: „[J]e näher er versuchte hinzusehen, desto mehr entzog sich der Baum, verschwand er im Versuch, für ihn eine Sprache zu finden" (KI, 63). In ihrer Wiener Poetikvorlesung *Figuren des Unaussprechlichen* (2019) erörtert Poschmann die Nähe von poetischem und religiösem Sprechen und setzt die dichterische Schriftrede als Erkenntnismedium der Wirklichkeit mit dem Sprechen über das Göttliche gleich.[31] Den Wesensgrund der Schwarzkiefer erkennen zu wollen scheitert genauso, wie dem Göttlichen in der Sprache vollumfänglich habhaft werden zu wollen. In diesem Sinne ist es nur konsequent, dass Gilbert die Baumart im Text „als Ort der göttlichen Manifestation" (KI, 145) bezeichnet, die den benennenden Verstand brüchig werden zu lassen scheint.

Neben der für die frühromantische progressive Universalpoesie grundlegenden Durchdringung von dichterischer Rede und philosophischem Bewusstsein,[32] sei auch auf die frühromantische Struktur des Textes im Sinne einer Gattungsmischung hingewiesen. Im Text finden sich Briefe, die Gilbert an Mathilda nach Deutschland schreibt, sowie eine Vielzahl japanischer Haiku, die dieser in der Nachfolge Bashōs auf dem Weg nach Matsushima verfasst. In diesem Sinne könnte auch der erwähnte Gedichtzyklus *Matsushima. Park des verlorenen Mondscheins* aus *Geliehene Landschaften* als universalpoetische Verknüpfung zwischen Epik und Lyrik gesehen werden. In Sinne des Fragmentarischen wäre auch die Aussparung der Versöhnung zwischen Gilbert und Mathilda zu deuten, die der Text nicht mehr erzählt, aber potenziell in Aussicht stellt. Abschließend sei auch auf die Traumsequenzen Gilberts innerhalb des Textes verwiesen,[33] die über den Traum als Vehikel für das Unbewusste weiterhin den (früh)romantischen Konnex betonen.[34] Diese Strukturanalogien können hier lediglich angedeutet bleiben.

---

30 Alexander Kupfer, *Die künstlichen Paradiese. Rausch und Realität seit der Romantik. Ein Handbuch* (Stuttgart: J. B. Metzler, 2006), 395.
31 Vgl. Silke Horstkotte, „Religiöse Argumente: Schreiben als Schöpfung, Totenerweckung, Darstellung des Unsagbaren und Suchbewegung", in *Handbuch Poetikvorlesungen. Geschichte – Praktiken – Poetiken*, hg. v. Julia Schöll, Gundela Hachmann und Johanna Bohley (Berlin: De Gruyter, 2022), 389.
32 Vgl. Kremer und Kilcher, *Romantik*, 97.
33 Vgl. die Träume und traumartigen Sequenzen: KI 18–19, 37, 51, 79, 109–10, 122, 141–43, 160–61.
34 Vgl. Kremer und Kilcher, *Romantik*, 83.

Die Japanische Schwarzkiefer als ästhetische Epiphanie

Die genuine Flora Japans wird unmittelbar nach Gilberts Ankunft in einen befreienden, auch magischen Wahrnehmungszusammenhang gestellt, in dem über das Figurenbewusstsein sowohl die positive Wirkung des Pflanzlichen sowie ein selbstversunkenes Schauen anklingt: „In Japan verschaffte ihm die Pflanzenwelt eine eigenartige Erleichterung. Immer war man umgeben von unproblematischem Azaleen-Grün, positivem Moosgrün, einfachem Bambusgrün – und dem geheimnisvollen, dunklen Grün der Kiefern." (KI, 62) Nicht ausschließlich die Schwarzkiefer verdient den ehrfurchtsvollen Blick: Die Suchbewegung nach sinnlicher Erkenntnis über verschiedene Formationen des Pflanzlichen durchzieht die Handlungs- wie Erinnerungsstruktur des Textes (der Aokigahara-Wald, die Kirschblüte, die Laubfärbung auf dem nordamerikanischen Kontinent sowie die römische Pinie). Mit Blick auf die binären menschlichen Welterfassungskategorien von Wahrnehmen und Denken verweist Immanuel Kant auf deren grundlegende Gegensätzlichkeit. Er folgert, dass dem Menschen durch die „Sinnlichkeit [...] Gegenstände gegeben" sind, wohingegen durch den Verstand Objekte lediglich „gedacht werden"[35] könnten. Kant schlussfolgert: „Der Verstand vermag nichts anzuschauen, und die Sinne nichts zu denken."[36] Um es mit den Worten Marion Poschmanns zu sagen: „Ästhetisches Empfinden entsteht da, wo der Verstand an seine Grenzen stößt"[37] bzw. das auf rationale Erkenntnis ausgerichtete Denken für die absolute Gegenwart des sinnlichen Wahrnehmens zurückgestellt wird. In einem intradiegetischen Brief an Mathilda legt Gilbert den Zusammenhang zwischen optischem und das Sinnliche überschreitendem Sehen offen: „Die entscheidende Frage aber lautet, führt diese Route [zu den Kieferninseln in Matsushima, P. S.] auch auf eine innere Weise zum Phänomen der Japanischen Schwarzkiefer, so daß man am Ende imstande ist, eine Kiefer zu *sehen?*" (KI, 153). Die Kursivierung des Verbes zeigt die Doppelstruktur von äußerem Sehen und innerem Erkennen an.

Das Pflanzliche begegnet im Roman als ein göttliches Mittlerobjekt, als eine optisch wahrnehmbare ‚Brücke' aus der Selbstentfremdung hin zur Selbstachtsamkeit und zur sinnesgeschärften Selbsterkenntnis. Gilbert erreicht Matsushima ohne seinen Begleiter Yosa, den er vorher am Bahnhof in Sendai verloren hat. Wie ehemals Bashō[38] muss auch Gilbert den letzten Abschnitt seiner Reise allein fortsetzen. Konsequent ist das insofern, als sich ein vollumfängliches

---

35 Immanuel Kant, „Kritik der reinen Vernunft", in Immanuel Kant, *Werke in sechs Bänden*, hg. v. Wilhelm Weischedel, Bd. 2 (Darmstadt: Wissenschaftliche Buchgesellschaft, 2005⁶), 66.
36 Ibid., 98.
37 Poschmann, *Mondbetrachtung in mondloser Nacht*, 171.
38 Bei dem historisch verbürgten Sora handelte es sich um Bashōs Reisegefährten, der sicherlich als Vorbild für die Figur des Yosa in *Die Kieferninseln* gelten darf.

sinnliches Betrachten nur in der ungestörten Einsamkeit vollziehen kann. Am Strand sieht Gilbert sodann „[d]ünne schwarze Algen" im Wasser, die ihn an „Mathildas Haar" (KI, 157) erinnern. Durch diesen Vergleich wird Gilberts Krise, die ganz zentral den Konflikt mit seiner Frau einschließt, mit dem designierten Ziel seiner Reise verknüpft und dadurch in ein hoffnungsgeleitetes Spannungsverhältnis gesetzt. Zudem sind es auch hier Formationen des Botanischen, die symbolisch Gilberts Existenz beschreiben.

Neben der körperlichen Annäherung an den Stamm der Schwarzkiefer (vgl. KI, 158) greift Gilbert in Matsushima abermals auf die lyrische Kurzform der japanischen Dichtung zurück und verfasst gleich mehrere Haiku zur botanischen Ausnahmeerscheinung dieses Ortes. Dass Gilbert vier Haiku niederschreibt, zeigt seine Sinnesfokussierung deutlich an; im letzten Haiku deutet sich der Einbruch der Nacht und die Erwartung der mondscheinbeschienenen Schwarzkiefern an: „Im letzten Licht noch / wellenumspülte Inseln, / rauschende Kiefern" (KI, 159). Poschmann bezeichnet die ambigue Erscheinung des Mondes in der Dichtung „als Symbol des Bewusstseins", das „eng [...] mit dem Traum"[39] verknüpft sei. Der Mond repräsentiert das aktive Wahrnehmen des eigenen mentalen Zustandes; er steht für eine reflektierende Bewusstwerdung, die für Gilbert, der in der Exposition des Romans als „naive[s], ahnungslose[s] Ich" (KI, 7) eingeführt wird, von existenzieller Bedeutung ist.[40] Ähnlich wie Prousts, Joyces und Musils Helden – paradigmatische Figuren des modernen Romans – ist Gilbert kein „auf Zwecke oder Normen bezogene[s] Handlungs-Wesen, sondern Medi[um] des augenblicklichen Bewusstseinszustandes".[41] Für Bohrer ist das Epiphanie-Motiv ein Hauptkennzeichen des modernen Romans,[42] das Poschmann aus der fremdkulturell tradierten Optik einer Pflanzenart im Mondlicht intradiegetisch neu entstehen lässt. Dass das Motiv des Mondes zu Lebzeiten Bashōs als zentrales Symbol der herbstlichen Jahreszeit galt und mit der Todesahnung assoziiert gewesen sei,[43] korrespondiert rekursiv mit Gilberts Ambition, sein altes Bewusstsein ‚absterben' und sodann erneuern zu lassen.

---

39 Poschmann, *Mondbetrachtung in mondloser Nacht*, 141.
40 Gilbert zeigt sich als die Literatur gewordene Realisierung jener deckungsgleichen poetologischen Prämissen, die Poschmann mit Blick auf den modernen Roman formuliert. In diesem „wird das Individuum zum geworfenen, zum zersplitterten Subjekt, zum Spielball unübersichtlicher Kräfte. Es wird von unbewußten Trieben gelenkt oder von einem strengen Über-Ich reglementiert." (Poschmann, *Mondbetrachtung in mondloser Nacht*, 162).
41 Bohrer, *Plötzlichkeit*, 187.
42 Vgl. ibid., 63.
43 Dietrich Krusche, Hg., *Haiku. Japanische Gedichte*, ausgew., übers. und mit einem Essay hg. von Dietrich Krusche (München: Deutscher Taschenbuch Verlag, 1995³), 119. In diesem Sinne der wiederholte Verweis darauf, dass Gilbert metaphorisch davon spricht, geistig „[s]terben [zu] lernen" (KI, 81) sowie auf die jahreszeitliche Äquivalenz des Mondes als Herbst- und somit Todessymbol mit der fiktionsinternen Jahreszeit, zu der Gilbert in Matsushima eintrifft: „Der Hochsommer ging in den Herbst über" (KI, 122).

Die räumliche und zeitliche Absonderung des Subjekts bildet eine wesentliche Bedingung für den mystischen Moment,[44] der über „die optische Oberflächenrealität der Dinge"[45] – in diesem Fall über die Schwarzkiefern – kanalisiert wird. Gilbert sucht den sinnlichen Kontakt, indem er sich an den Stamm anlehnt: Bereits hier wird eine Wahrnehmungsveränderung als Bewusstseinsstrom sprachlich angezeigt: „Er drückte den Rücken an die warme Borke, schloß die Augen, horchte auf den Wind, der durch die Zweige fuhr. Harzgeruch. Knackende Zapfen. Raschelnde Nadeln. Knarrende Äste" (KI, 159).

In einer Art mystischer Versenkungsbewegung (griech. *myein* – die Augen schließen[46]) schließt Gilbert die Augen, sodass sich in einem traumähnlichen Zustand zwischen Wachheit und Schlaf die Epiphanie vollzieht:

> Aus dem unnahbaren Wasser des Dunkels, halb Schlaf, halb Traum, tauchten erneut die bewachsenen Felsen, rundlich wie schwarze Quallen, spröde wie trockene Algenbüschel, Inseln, schwärzere Silhouetten im Schwarz, Blasen der Finsternis, die Kontur gewannen, Körper erhielten, während hinter ihnen das Dunkel verblich, harte Scherenschnitte über dem grundlosen Schrecken, dem anlaßlosen, rasanten Schäumen. Dies. Dies ist. Es. Endlich. Schwarze Blasen, die auftreiben. Platzen. (KI, 160)

Die literarische Epiphanie vollzieht sich plötzlich über die „reine Selbstpräsenz des Jetzt",[47] die in dieser Textpassage mittels des Erleichterung suggerierenden Bewusstseinsstroms angezeigt wird. Für die zunehmende Fragmentarisierung und Auflösung des Subjekts, die die Moderne in Gang gesetzt habe, sei nach Ansicht der Autorin auch die Reglementierung durch ein kulturell strenges Über-Ich verantwortlich.[48] Diesem regulierenden, entfremdeten Denken sucht Gilbert mit einer botanisch-epiphanischen Entgrenzungsbewegung zu begegnen, die es ihm erlaubt, „zu jenem gestrengen Über-Ich auf Distanz zu gehen" (KI, 48). Die den Bewusstseinsstrom anzeigenden Wortsetzung „Dies. Dies ist. Es. Endlich." markiert eine nach innen gerichtete Exklamation der Erlösung. Die durch die entsprechende Punktsetzung herbeigeführte Separation des unpersönlichen Subjekts „Es" steuert den rezeptionsästhetischen Blick deutlich in Richtung der Psychoanalyse Sigmund Freuds. Freud nennt das „Es" in seinen Vorlesungen „ein Chaos, einen Kessel voll brodelnder Erregungen".[49] Dieses Bild findet sich markant in Gilberts Epiphanie-Szene aufgegriffen. Die über Jahrhunderte kulturell tradierte Ästhetik der Schwarzkiefer hat das Potential, das kulturelle Über-

---

44 Vgl. Bohrer, *Plötzlichkeit*, 196.
45 Ibid.
46 Vgl. Kupfer, *Die künstlichen Paradiese*, 390.
47 Bohrer, *Plötzlichkeit*, 190.
48 Vgl. Poschmann, *Mondbetrachtung in mondloser Nacht*, 162.
49 Sigmund Freud, „Neue Folge der Vorlesungen zur Einführung in die Psychoanalyse", in Sigmund Freud, *Gesammelte Werke*, hg.v. Anna Freud, Edward Bibring und Ernst Kris, Bd. 15 (London: Imago Publishing, 1949), 80.

Ich zu zähmen und das Es, zumindest momenthaft, zu befreien. Der Halbschlaf Gilberts endet mit der Traumerscheinung Yosas, der mit „Kiefernnadeln im Bart, schwarze[n] Nadelbärtchen" (KI, 160) die Floralisierung des Anthropologischen andeutet, was in der Handlungslogik des Romans nur konsequent erscheint. Die durch die mondbeleuchtete Ästhetik der Schwarzkiefer hervorgerufene Epiphanie ist durch ein Gebannt-Sein der Figur beschrieben. An Gilbert ziehen „Blasen der Finsternis" sowie „harte Scherenschnitte über dem grundlosen Schrecken" vorbei. Das *Metzler Handbuch Literatur und Religion* führt mit Rückbezug auf James Joyce – auf den sich auch Bohrer in seiner Monografie bezieht – sechs Charakteristika der Epiphanie an: Erstens deren vergleichsweise kurze Dauer; zweitens eine sich abrupt einstellende, nicht erzwingbare Plötzlichkeit; drittens der Kontakt zwischen erlebendem Subjekt und einem objektiv eher unbedeutenden Gegenstand oder Moment; viertens eine überladene, überschussreiche Sinneserfahrung, die im außersprachlichen Bereich angedeutet bleibt; fünftens das Aufbrechen bisheriger Denkmechanismen, die eine andere Form der Welterfahrung und des Erlebens der Welt möglich machen; sechstens die Darbietung der Epiphanie mittels einer literarisch deutlich geformten Rede.[50]

In Anlehnung an James Joyce hat Theodore Ziolkowski den Epiphanie-Moment in der modernen Literatur konkretisiert: Dieser gründe erstens in der Wesensoberfläche oder Seele der Erscheinungen, zweitens im augenblicklichen Moment des Anschauens sowie drittens im spezifischen (ästhetischen) Glanz, in dem sich die Dinge zeigten.[51] Mit diesen Merkmalskategorien lässt sich Gilberts Erfahrung weiterhin unzweifelhaft als Epiphanie klassifizieren; auch wenn man die Spontanität und Plötzlichkeit seines epiphanischen Augenblicks anzweifelt, da Gilbert die erlösende Wirkung auf die spezifische Pflanzenästhetik des Orts lange vorher projiziert und durch seine Reisebewegung in gewissem Sinne ‚vorausplant', bleibt die Szene doch vor dem Hintergrund der angeführten Charakteristika ein eindrückliches Beispiel der literarischen Epiphanie der (Post)Moderne.

Die Epiphanie zeichnet ein transformierendes Moment bisheriger Denkmechanismen aus – darauf nimmt der fünfte Aspekt des Metzler-Handbuchs *Literatur und Religion* Bezug. Parallel zu James Joyces autobiografischem Roman *Stephen Hero*, in dem der junge Protagonist seine Epiphanie in einer Gartenidylle erlebt, vollzieht sich auch Gilberts transzendentes Erlebnis im Raum des Pflanzlichen. Jene Situation Gilberts – „Schwarze Blasen, die auftreiben. Platzen" (KI, 160) – korrespondiert mit dem Befund, den Karl Heinz Bohrer für Joyces

---

50 Vgl. Manfred Engel, „Jahrhundertwende", in *Handbuch Literatur und Religion*, hg. v. Daniel Weidner (Stuttgart: J. B. Metzler, 2016), 177–78.
51 Vgl. Bohrer, *Plötzlichkeit*, 64.

Stephen Hero festhält: Auch Gilbert wird eine Erfahrung zuteil, durch die „Schwachheit, Angst und Unsicherheit"[52] von ihm ablassen. Die Epiphanie ermöglicht ein Gefühl des inneren Glücks[53] und implementiert so ein Hoffnungsmoment im erlebenden Subjekt.

Am Endpunkt dieser pflanzenästhetisch grundierten, existentiellen Neuausrichtung steht in Analogie zu Novalis' Blauer Blume Gilberts Mathilda. Der Konflikt gegenüber seiner Partnerin deutet sich als überwunden an: „Er würde sie anrufen, sagte er sich. Mathilda, Liebste, würde er sagen. Wir treffen uns in Tokyo, nahm er sich vor zu sagen, es ist alles ganz einfach, komm zu mir nach Japan" (KI, 165). In der Hauptfigur hat sich ein tiefer Bewusstseinswandel vollzogen; Matsushima bildet diesbezüglich lediglich den Initiationspunkt eines vom Pflanzlichen ausgehenden Heilungsprozesses, der mit der baldig bevorstehenden Laubfärbung im Norden Japans weiter fortgesetzt wird: Mit „Die Laubfärbung beginnt" (KI, 165) schließt der Roman. Das im Raum existierende Pflanzliche bleibt für Gilbert nun weiterhin ein geistiger Raum. Die analytisch-apriorische Existenz lässt er hinter sich zurück und wählt die sinnliche Wahrheit der Pflanzenwahrnehmung, die im Roman *Die Kieferninseln* paradigmatisch eine existentielle Bewusstseinserneuerung und geistig-seelische Heilung herbeizuführen vermag.

Bibliografie

Bohrer, Karl Heinz. *Plötzlichkeit. Zum Augenblick ästhetischen Scheins.* Frankfurt a. M.: Suhrkamp, 1981.
Bühler, Benjamin. „Botanik". In *Handbuch Literatur und Wissen. Ein interdisziplinäres Handbuch*, herausgegeben von Roland Borgards, Harald Neumeyer, Nicolas Pethes und Yvonne Wübben, 64–69. Stuttgart: J. B. Metzler, 2013.
Butzer, Günter und Joachim Jacob, Hg. *Metzler Lexikon literarische Symbole.* Berlin: Springer, 2012².
Dürbeck, Gabriele und Christine Kanz. „Gibt es ein deutschsprachiges Nature Writing? Gebrochene Traditionen und transnationale Bezüge". In *Deutschsprachiges Nature Writing von Goethe bis zur Gegenwart. Kontroversen – Positionen – Perspektiven*, herausgegeben von Gabriele Dürbeck und Christine Kanz, 1–37. Stuttgart: J. B. Metzler, 2020.
Eger, Christian. „,Geh zu den Kiefern' – Klopstock-Preisträgerin Marion Poschmann im Interview". *Mitteldeutsche Zeitung*, 30.08.2018. Abgerufen am 23.12.2022. www.mz-web.de/kultur/-geh-zu-den-kiefern-klopstock-preistraegerin-marion-poschmann-im-interview-31187638.

---

52 Ibid., 198.
53 Vgl. ibid., 216.

Engel, Manfred. „Jahrhundertwende". In *Handbuch Literatur und Religion*, herausgegeben von Daniel Weidner, 175–80. Stuttgart: J. B. Metzler, 2016.

Freud, Sigmund. „Neue Folge der Vorlesungen zur Einführung in die Psychoanalyse". In Sigmund Freud, *Gesammelte Werke*, herausgegeben von Anna Freud, Edward Bibring und Ernst Kris, Bd. 15. London: Imago Publishing, 1949.

Horstkotte, Silke. „Religiöse Argumente: Schreiben als Schöpfung, Totenerweckung, Darstellung des Unsagbaren und Suchbewegung". In *Handbuch Poetikvorlesungen. Geschichte – Praktiken – Poetiken*, herausgegeben von Julia Schöll, Gundela Hachmann und Johanna Bohley, 381–92. Berlin: De Gruyter, 2022.

Kamens, Edward. *Utamakura, Allusion, and Intertextuality in Traditional Japanese Poetry*. New Haven, CT: Yale University Press 1997.

Kant, Immanuel. „Kritik der reinen Vernunft". In Immanuel Kant, *Werke in sechs Bänden*, herausgegeben von Wilhelm Weischedel, Bd. 2. Darmstadt: Wissenschaftliche Buchgesellschaft, 2005[6].

Kremer, Detlef und Andreas B. Kilcher. *Romantik*. Stuttgart: Springer, 2015[4].

Krusche, Dietrich, Hg. *Haiku. Japanische Gedichte*. Ausgewählt und übersetzt und mit einem Essay herausgegeben von Dietrich Krusche. München: Deutscher Taschenbuch Verlag, 1995[3].

Kupfer, Alexander. *Die künstlichen Paradiese. Rausch und Realität seit der Romantik. Ein Handbuch*. Stuttgart: J. B. Metzler, 2006.

Novalis. *Das dichterische Werk*. Herausgegeben von Richard Samuel und Paul Kluckhohn unter Mitarbeit von Heinz Ritter und Gerhard Schulz. In *Schriften. Die Werke Friedrich von Hardenbergs*, herausgegeben von Paul Kluckhohn und Richard Samuel, Bd. 1. Stuttgart: Kohlhammer, 1977[3].

–. *Das philosophische Werk I*. Herausgegeben von Richard Samuel in Zusammenarbeit mit Hans-Joachim Mähl und Gerhard Schulz. In *Schriften. Die Werke Friedrich von Hardenbergs*, herausgegeben von Paul Kluckhohn und Richard Samuel, Bd. 2. Stuttgart: Kohlhammer, 1981[3].

Poppe, Sandra und Katja Schaffer. „Gespräch mit Marion Poschmann". In Marion Poschmann, *Laubwerk*, 47–58. Berlin: Verbrecher Verlag, 2021.

Poschmann, Marion. *Die Kieferninseln*. Berlin: Suhrkamp, 2018.

–. *Geliehene Landschaften. Lehrgedichte und Elegien*. Frankfurt a. M.: Suhrkamp, 2016.

–. *Laubwerk*. Berlin: Verbrecher Verlag, 2021.

–. *Mondbetrachtung in mondloser Nacht. Über Dichtung*. Berlin: Suhrkamp, 2016.

Wendel, Saskia. „Ästhetik des Erhabenen – Ästhetische Theologie? Zur Bedeutung des Nicht-Darstellbaren bei Jean-François Lyotard". In *Das Ende der alten Gewißheiten. Theologische Auseinandersetzungen mit der Postmoderne*, herausgegeben von Walter Lesch und Georg Schwind, 48–72. Mainz: Grünwald, 1993.

Literary and Real-Life Gardens

Joanna Godlewicz-Adamiec (Universität Warschau)

Rose, Lilie und Katzenminze. Die Verschränkung vom botanischen Wissen und literarischen Topoi bei Hildegard von Bingen im Vergleich mit dem *Hortulus* von Walahfrid Strabo

Abstract
When analysing pictorial garden space in the Middle Ages, the question arises to what extent and for how long nature around Mary is a symbolic representation of an iconographic motif, a pure *hortus conclusus*, and when it becomes only a scene, a natural environment, i.e. not idealised but gradually acquiring autonomy, the status of an independent landscape and a garden in its own right. Literature, religion, and botany remained closely related in the Middle Ages. The prime example of such interconnectedness seems to be the work of the German Benedictine nun Hildegard von Bingen (1098-1179). She was the author of naturalistic and visionary writings. The aim of this article is to analyse the interweaving of botanical knowledge and literary topoi in the work of the Rhenish seer and to place her work in the broader context of the literary and botanical tradition.
Keywords: Middle Ages, Plant Books, Mystical Writings, Realistic Studies, Symbolic Meaning

Das der Hand eines oberrheinischen Meisters zugeschriebene und um 1410 datierte sogenannte *Frankfurter Paradiesgärtlein*, das einen hinten und links abgeschlossenen Garten (*hortus conclusus*), Maria, das Jesuskind, Heilige und Engel darstellt, beweist die essentiellen Verbindungen zwischen Kunst, Religion und Botanik im Mittelalter. Eine auffällige gesteigerte Detailverliebtheit macht einzelne Vögel und Pflanzen des Gartens klar identifizierbar.[1] Die Darstellungen von Pflanzen sind naturgetreu und lassen sich als Akelei, Gänseblümchen, Lilien, Pfingstrosen, Rosen, Schwertlilien, Veilchen und Walderdbeeren bestimmen. Eher unentschieden bleibt, ob die so naturgetreue pflanzliche Ausstattung mariologisch (die Pflanzen sind doch Marienpflanzen) begründet ist,[2] nach dem

---
1 Henry Keazor, „'Manu et voce'. Ikonographische Notizen zum ‚Frankfurter Paradiesgärtlein'", in *Opere e giorni: studi su mille anni d'arte europea dedicati a Max Seidel*, hg. v. Klaus Bergdolt und Giorgio Bonsanti (Venezia: Marcilio, 2001), 231.
2 Blumen als Mariensymbole erscheinen im Bildtyp der *Madonna im Rosenhag*. Zum Beispiel im kleinformatigen Bild *Madonna im Rosenhag* von Stefan Lochner (um 1450) bedecken Maiglöckchen, Veilchen, Gänseblümchen und Erdbeeren die Rasenbank.

Vorbild höfischer Liebesgärten entstand oder dabei eher eine realistische mit den Studien der Natur verbundene Darstellung angestrebt wurde.[3]

Wenn wir den bildlichen Gartenraum analysieren, stellt sich die Frage, inwieweit und wie lange die Natur um Maria herum eine symbolische Darstellung eines ikonografischen Motivs, ein reiner *Hortus conclusus*, ist und wann sie nur noch eine Szenerie, eine natürliche Umgebung bildet, d. h. nicht idealisiert wird, sondern nach und nach Autonomie erlangt, den Status einer eigenständigen Landschaft und eines eigenständigen Gartens gewinnt.[4] Ähnliche Forschungsfragen können anlässlich der Beziehung zwischen Literatur, Religion und Botanik gestellt werden. Die Verweltlichung der biblischen Stoffe ist zum Beispiel in der anonym überlieferten *Althochdeutschen Genesis* (um 1060), genannt auch *Wiener-Millstätter-Genesis*, zu beobachten. Bei der Schilderung des paradiesischen Gartens macht der Autor einen Exkurs in die Botanik und verwandelt den Garten in einen mittelalterlichen Kräutergarten, in dem Zimt, Zitwer, Galant, Pfeffer, Balsam, Weirauch, Thymian, Myrrhe, Krokus, Ringelblumen, Dill, Quendel, Fenchel, Lavendel, Päonie, Salbei und Raute wachsen.[5] Das Paradebeispiel für eine solche Verflochtenheit scheint das Werk der deutschen Mystikerin Hildegard von Bingen (1098–1179) zu sein. Im Bereich des Naturwissens wurde das Mittelalter vor allem von den Thesen der Denker des 13. Jahrhunderts geprägt – Thomas von Aquin[6] und Albertus Magnus.[7] Als erstes Kompendium der Naturgeschichte in mittelhochdeutscher Sprache gilt das um 1350 entstandene *Buch der Natur* (*Das Buch von den natürlichen Dingen*) des Konrad von

---

3 Zum Paradiesgärtlein siehe: Lottlisa Behling, *Die Pflanze in der mittelalterlichen Tafelmalerei* (Weimar: H. Böhlaus Nachfolger, 1957), 20–31; Keazor, „‚Manu et voce'", 231–40, dort auch die weiterführende Literatur.
4 Małgorzata Żak, „Ogrody Maryi – kompozycje miejsca i roślinne wypełnienia. Zarys ikonografii motywu Madonny na tle ogrodu", *Roczniki Humanistyczne* 54, Nr. 4 (2006): 99–146.
5 *Die Wiener Genesis* nach Max Wehrli, in *Geschichte der deutschen Literatur. Von den Anfängen bis zum Ende des 16. Jahrhunderts* (Stuttgart: Reclam, 1997), 138–39.
6 Thomas von Aquin konnte in seiner *Summa theologica* die Ordnung der Natur als einen Beweis für die Existenz Gottes verwenden. Mehr dazu: Jan A. Aertsen, „Natur, Mensch und der Kreislauf der Dinge bei Thomas von Aquin", in: *Mensch und Natur im Mittelalter*, Halbbd. 1, hg. v. Albert Zimmermann und Andreas Speer (Berlin: De Gruyter, 1991), 43–160; Ludger Oeing-Hanhoff, „Mensch und Natur bei Thomas von Aquin", *Zeitschrift für katholische Theologie* 101, Nr. 3/4 (1979): 300–15; Ryszard Zan, „Gott ist die Umwelt des Menschen. Über die Gotteserkenntnis nach Thomas von Aquin", *Rocznik Tomistyczny* 5 (2016): 165–72.
7 Bei dem deutschen Gelehrten und Bischof, Dominikaner Albertus Magnus entstand die Vorstellung einer kontinuierlichen, linearen Kette des Seienden, in der alle Existenzstufen als Teil des göttlichen Plans erschaffen waren. Vgl. Peter J. Bowler, *Viewegs Geschichte der Umweltwissenschaft. Ein Bild der Naturgeschichte unserer Erde* (Wiesbaden: Teubner Verlag, 1997), 40–42. Albertus Magnus, der Verfasser des ersten mehr theoretisch und philosophisch ausgerichteten wissenschaftlichen Werkes zur Pflanzenkunde seit Theophrastos, ordnet das pflanzliche Leben in den Gesamtkontext der Naturphilosophie ein. Vgl. Eduard Isphording, *Kräuter und Blumen: Botanische Bücher im Germanischen Nationalmuseum Nürnberg* (Nürnberg: Verlag des Germanischen Nationalmuseums, 2018), S. 32.

Megenberg.⁸ Auch wenn die größten Naturwissenschaftler des Mittelalters wie Albertus Magnus oder Nikolaus Cusanus meist Männer mit teilweise hohen Position in der katholischen Kirche waren,⁹ auf Anzeichen beginnender Naturforschung stößt man schon im 12. Jahrhundert im Werk der deutschen Benediktiner-Nonne Hildegard von Bingen.¹⁰ Sie war die Verfasserin sowohl von natur- und heilkundlichen Werken als auch von geistlichen Liedern sowie visionären Schriften. Das Ziel des Beitrags bildet die Analyse der Verschränkung vom botanischen Wissen und literarischen Topoi im Werk der rheinischen Seherin.

Die kosmische Weite von Hildegards Visionsperspektiven präsentiert sich in eindrucksvollen Bildern in *Scivias*, im *Liber vitae meritorum* und im *Liber divinorum operum*. Wenn die Seele nach der Mystikerin es erreiche, dass der Leib mit ihr zusammenstimme, erhebe sie sich in die Höhe des Himmels wie der Vogel in die Luft. Von kosmischer Weite sind auch die Vergleiche der Seele mit Gegenständen der Natur: Wind, Sonne, Tau und Bäume stellen bei ihr bildlich die Kräfte dar, mit denen sich die Seele auf den Körper und über ihn auf den gesamten Kosmos bezieht.¹¹ Das Thema der Pflanzen scheint Hildegard besonders zu interessieren, was sowohl die visionären als auch die naturwissenschaftlichen Schriften beweisen. In *Physica* und *Causae et curae* werden insgesamt 230 Getreide und Kräuter, etwa 70 Bäume und Sträucher dargestellt.¹² Selbst in *Physica* zählt sie etwa 275 kultivierte und wildwachsende einheimische Pflanzenarten sowie 26 ausländische Heilpflanzen auf, darunter werden wilde und kultivierte Obstbäume sowie Getreidearten und Gräser genannt.¹³ Das erste Buch *De herbis* oder *De plantis* und das dritte Buch *De arboribus* handeln von Kräutern, Früchten und Bäumen sowie ihrer medizinischen Verwendbarkeit.

Aus den Lebzeiten Hildegards stammen bedeutende Schriften, die dem Thema der Pflanzen gewidmet waren. Um 1150 entstand in Salerno das *Circa instans*.¹⁴ Aus der ersten Hälfte des 12. Jahrhunderts stammt das *Prüller Kräu-*

---

8 Isphording, *Kräuter und Blumen*, 34.
9 Peter Dinzelbacher, „Mystische Phänomene zwischen theologischer und medizinischer Deutung in Spätmittelalter und Frühneuzeit", in *Mystik und Natur. Zur Geschichte ihres Verhältnisses vom Altertum bis zur Gegenwart*, hg. v. Peter Dinzelbacher (Berlin: De Gruyter, 2009), 63.
10 Karl Mägdefrau, *Geschichte der Botanik. Leben und Leistung großer Forscher* (Berlin: Springer Spektrum, 1992), 15.
11 Hans-Joachim Werner, „Homo cum creatura. Der kosmische Moralismus in den Visionen der Hildegard von Bingen", in *Mensch und Natur im Mittelalter*, Halbbd. 1, hg. v. Albert Zimmermann und Andreas Speer (Berlin: De Gruyter, 1991), 67.
12 Petra Hirscher, *Leczymy się i gotujemy ze św. Hildegardą. Receptury i recepty ze średniowiecznego klasztoru* (Warszawa: PAX, 2014), 25.
13 Isphording, *Kräuter und Blumen*, 32.
14 Vgl. dazu: Konrad Goehl, *Das ‚Circa Instans'. Die erste große Drogenkunde des Abendlandes* (Baden-Baden: Deutscher Wissenschafts-Verlag, 2015).

terbuch, das als erstes deutschsprachiges Kräuterbuch gilt,[15] das überraschenderweise – neben Notkers *Psalter*, Willirams Kommentar zum *Hohen Lied*, der *Kaiserchronik* und dem *Rolandslied* – zu den wenigen Bestsellern der deutschsprachigen Literatur des 12. Jahrhunderts gehört.[16] Hildegard von Bingen kannte wahrscheinlich die Tradition, in deren Rahmen die Naturwissenschaft und die Dichtung eng verbunden waren, auch wenn sie sich nicht breit und direkt von bestimmten Werken inspirieren ließ. Ortrun Riha stellte fest, dass bisher keine überzeugenden Vorlagen gefunden wurden und die Übereinstimmungen mit den sonstigen im 12. Jahrhundert verfügbaren Texten lediglich punktuell seien. Schon Hermann Fischer nannte als eine besondere Eigentümlichkeit der Schriften Hildegards, dass ihre Quellen kaum nachweisbar sind.[17] Offensichtlich hat Hildegard weder Isidor oder den spätantiken Dioskurides, noch die im 12. Jahrhundert vorliegenden Kräuterbücher (den *Macer floridus* des Odo von Meung aus dem 11. Jahrhundert, *Circa instans*, um 1150) noch Marbods von Rennes Lehrgedicht über die Edelsteine hingezogen.[18] Nach Eduard Isphording kannte und nutzte sie jedoch – wie übrigens auch Konrad von Megenberg – den Text der Versdichtung, die unter dem Namen *Macer* erschien und die nach den lateinischen Pflanzennamen alphabetisch geordnet ist.[19] Die Lehrdichtung wurde im zweiten Drittel des 11. Jahrhunderts von dem Kleriker Odo von Meung an der Loire in Hexametern verfasst, wobei der deutsche *Macer*, das umfangreiche Kräuterbuch, erst im zweiten Viertel des 13. Jahrhunderts entstehen dürfte.[20] Der Umfang und die Zahl der im *Macer* besprochenen Pflanzen differiert von Handschrift zu Handschrift zwischen 77 und 88 Heilpflanzen. Botanische Pflanzenbeschreibungen werden aber nicht gegeben. Unter den zahlreichen Quellen Odos finden sich vor allem Dioskurides, Plinius und Galen, aber auch frühmittelalterliche Autoren wie Walahfrid Strabo.[21]

---

15 Bernhard Schnell, „Das ‚Prüller Kräuterbuch'. Zum ersten Herbar in deutscher Sprache", *Zeitschrift für deutsches Altertum und deutsche Literatur* 120, Nr. 2 (1991): 184–202.
16 Bernhard Schnell, „Das ‚Prüller Kräuterbuch'. Zu Überlieferung und Rezeption des ältesten deutschen Kräuterbuchs", in *Mittelhochdeutsch. Beiträge zur Überlieferung, Sprache und Literatur. Festschrift für Kurt Gärtner zum 75. Geburtstag*, hg. v. Ralf Plate und Martin Schubert in Zusammenarbeit mit Michael Embach, Martin Przybilski und Michael Traut (Berlin: De Gruyter, 2011), 282.
17 Hermann Fischer, *Die heilige Hildegard von Bingen, die erste deutsche Naturforscherin und Ärztin*, (München: Verlag der Münchner Drucke, 1927), 415.
18 Ortrun Riha, „Einführung", in Hildegard von Bingen, *Heilsame Schöpfung – Die natürliche Wirkkraft der Dinge. Physica* (Rüdesheim: Beuroner Kunstverlag, 2020), 8–9.
19 Isphording, *Kräuter und Blumen*, 29.
20 *Der deutsche ‚Macer' (Vulgatfassung). Mit einem Abdruck des lateinischen Macer Floridus ‚De viribus herbarum'*, kritisch hg. v. Bernhard Schnell in Zusammenarbeit mit William Crossgrove, (Tübingen: Max Niemeyer Verlag, 2003).
21 Isphording, *Kräuter und Blumen*, 29.

Liber de cultura hortorum (*Buch über den Gartenbau*, wörtlich *Buch über die Pflege der Gärten*), bekannt als *Hortulus*, des Reichenauer Mönchs und Abtes Walahfrid Strabo ist ein frühes botanisches Werk in Form eines Lehrgedichts in Hexametern. Das Werk aus dem 9. Jahrhundert, das als „die erfolgreichste Lehrdichtung der Karolingerzeit"[22] betrachtet wird, enthält eine literarische Darstellung eines Klostergartens und ist die erste Kunde vom Gartenbau in Deutschland.[23] Im Allgemeinen beschreibt Walahfrid Strabo die Gewächse nicht, hebt jedoch charakteristische Eigentümlichkeiten hervor, so dass eine Identifizierung möglich ist.[24] Jede der Pflanzen wird mit wechselndem Schwerpunkt nach Form, Farbe, Duft, Ertrag, Geschmack beschrieben. Dann werden sie in ihrem therapeutischen Wert skizziert. Magisches und Abergläubisches kommt nicht vor.[25] Über die Katzenminze beispielsweise schreibt er: „Mit den Blättern gleicht sie der Nessel, und hoch an der Spitze / Spendet weithin die Blüte die angenehmsten Gerüche" (V. 377–378).[26]

Wenn der *Hortulus* aber unter der Fragestellung der Hofdichtung oder der Klosterdichtung gelesen wird, scheinen viele Stellen doch mehr in das Hofmilieu zu passen.[27] Bei der Darstellung des Odermennigs stellt Walahfrid fest:

> Hat ein feindliches Schwert uns einmal am Körper verwundet
> Rät man uns wohl, zu seinem Beistand Zuflucht zu nehmen,
> Aufzulegen der offenen Stelle zerstoßene Keime,
> Um durch dieses Verfahren Gesundheit wieder zu finden (V. 364–367).[28]

Für die rein religiöse Frau, Hildegard von Bingen, musste alles Denken über die Grenzen der sichtbaren Natur hinausführen.[29] Für sie gilt die Natur als Erscheinung und Ausdruck des Göttlichen. Geheimnisse Gottes sind in allen Lebewesen verborgen.[30] Das schließt aber die Beobachtung der Naturumgebung nicht aus. Die praktische Kenntnis und die Beobachtung der Natur wird dadurch bewiesen, dass etliche Pflanzen aus ihrer näheren Umgebung ohne lateinische Namen bleiben und sie zwar aufgezählt werden, allerdings ohne botanische

---

22 Walter Berschin, „Der Hortulus als Kunstwerk", in Walahfrid Strabo, *De cultura hortorum (Hortulus). Das Gedicht vom Gartenbau* (Heidelberg: Mattes Verlag, 2010), 10.
23 Ibid.
24 Isphording, *Kräuter und Blumen*, 29.
25 Berschin, „Der Hortulus als Kunstwerk", 14.
26 Walahfrid Strabo, *De cultura hortorum (Hortulus). Das Gedicht vom Gartenbau* (Heidelberg: Mattes Verlag, 2010), 89.
27 Walter Berschin, „Zu Entstehungszeit und -ort", in Walahfrid Strabo, *De cultura hortorum (Hortulus). Das Gedicht vom Gartenbau* (Heidelberg: Mattes Verlag, 2010), 20.
28 Walahfrid Strabo, *De cultura hortorum (Hortulus)*, 87.
29 Ildefons Herwegen, „Zum Geleit", in Hildegard von Bingen, *Wisse die Wege. Scivias*, nach dem Originaltext des illuminierten *Rupertsberger Kodex*, übers. v. Maura Böckeler (Salzburg: Otto Müller Verlag, 1954), 13.
30 Hirscher, *Leczymy się i gotujemy ze św. Hildegardą*, 25.

Beschreibungen. Das schreibt sich in die Tendenz ein, dass im 12. Jahrhundert die Natur bewusster als vorher wahrgenommen wurde und man stärker eigene Beobachtungen nutzte. Erkannt wurden die verschiedenen Wachstumsstadien der Pflanzen, die Zeiten der Knospung, der Blüte, des Fruchttragens und des Laubfalls. Die Betrachtung der Natur bedeutete aber auch stets Anschauung der Schöpfung Gottes.[31] Bei Hildegard entstehen Pflanzen, Tiere, Menschen und Teile des Kosmos aus denselben vier Elementen: „Mandragora, also die Alraune, [...] breitete sich von der Erde aus, aus der Adam geschaffen wurde, und ähnelt [deshalb] dem Menschen ein wenig, aber die ist doch eine Pflanze" (I, 56).[32] Hildegard schätzt Tiere und Pflanzen aber nicht nur als solche, sondern auch als Teil der Schöpfung.[33] Diese große Persönlichkeit des Mittelalters hatte jedenfalls für alles, für Baum und Strauch, für Blume und Frucht, ein Auge, ein Ohr und ein Wort. Jede äußere Erscheinung war nicht nur ein Gegenstand der Beobachtung, eine Bereicherung des Wissens, sondern wurde zum Sinnbild. Hildegard lebte noch in einer symbolischen Weltanschauung und sah in allen Naturgeschöpfen die Verwirklichung göttlicher Gedanken und daher die engsten Beziehungen zwischen Menschen und Geschöpfen, vor allem der Pflanzenwelt.[34]

Wenn auch Hildegards Quellen kaum nachweisbar sind, lässt sich nicht bestreiten, dass die Verbindung von literarischen und naturwissenschaftlichen Impulsen eine lange Tradition hatte, die der gebildeten Benediktinerin mehr oder weniger bekannt sein könnte. So knüpft Walahfrid Strabo in seinem Werk sowohl an die literarische als auch die naturwissenschaftliche Tradition. In *Hortulus* werden nicht nur Fenchel (XI), Sellerie (XX) oder Rettich (XXV) beschrieben, sondern auch Pflanzen, die eine lange symbolische Tradition im Bereich der Literatur und Religion haben, wie Rose (*Rosa gallica*) und Schwertlilie (*Iris germanica*). Die Darstellung der Schwertlilie im *Hortulus* weist mehr literarische als botanische Züge auf:

> Du bescherst mir den Schmuck deiner purpurfarbenen Blüte
> Früh im Sommer anstelle des dunkellieblichen Veilchens.
> Oder du gleichst Hyazinth, der am Altar Apollos als Blume
> Wiedererstand, aus dem Tod des bartlosen Jünglings geboren
> Und an der Blüte Stirn seines Namens Zeichen verewigt (V. 219–223).[35]

---

31 Isphording, *Kräuter und Blumen*, 31–32.
32 Hildegard von Bingen, *Heilsame Schöpfung – Die natürliche Wirkkraft der Dinge. Physica* (Rüdesheim: Beuroner Kunstverlag, 2020), 62. In ihrer *Physica* widmete Hildegard von Bingen der Alraune ein ganzes Kapitel (I.56).
33 Bowler, *Viewegs Geschichte der Umweltwissenschaft*, 8–9.
34 Herwegen, „Zum Geleit", 11.
35 Walahfrid Strabo, *De cultura hortorum (Hortulus)*, 67.

Die Geschichte, dass in den drei Blättern der Hyazinthe die Buchstaben IA zu lesen sind, wurde von Ovid in *Metamorphosen*[36] und von Plinius in *Naturalis historia*[37] erzählt.[38] In Hildegards *Causae et curae* werden dagegen – auch wenn die Lilie als Symbol der Reinheit, Unschuld und Jungfräulichkeit Mariens seit dem Mittelalter gilt – medizinische Eigentümlichkeiten der Lilien hervorgehoben, die bei Hautkrankheiten benutzt werden können:

> Später nehme er Liliensaft und bestreiche damit die Haut um den Kreis, den er mit der Schnecke gemacht hat, da dieser Saft den Schmerz vertreibt und Gesundheit bringt. Dann nehme er ein Blatt von der Mariendistel und lege es auf diese Blase, bereite aus reinem Semmelmehl ein Küchlein, lege es auf dieses Blatt und verbinde die ganze Schwellung oben mit einem Tuch, damit sie weich wird und von selbst aufbricht (426).

Eine besondere Wirkung der Lilie (*lilium*) nicht nur für den Körper, sondern auch für die Gemüt beschreibt Hildegard in ihrer Schrift *Physica*:

> Die Lilie ist mehr kalt als warm. […] Und wer Ausschläge hat, soll oft Ziegenmilch trinken, und die Ausschläge werden von ihm vollkommen verschwinden. Und dann nehme er Stängel und Blätter von Lilien und zerreibe sie, drücke ihren Saft heraus und verrühre diesen Saft mit Fett; und wo am Körper er Beschwerden durch Ausschläge hat, soll er sich einreiben. […] Auch erfreut der Duft des ersten Aufbrechens, das heißt den Blüte[nknospe] der Lilien und auch der Duft ihrer Blüten das Herz des Menschen und bringt ihm richtige Gedanken wegen seiner nützlichen Wirkkraft. (I.23)[39]

Die Art und Weise, wie bestimmte Pflanzen dargestellt werden, kann damit verbunden sein, dass Hildegards Schrift *Physica* wohl als praxisorientiertes medizinisches Nachschlagewerk gedacht ist und so richtet sie sich weniger an den geistlich orientierten „Summen" als an den Konventionen der säkulären Gattung ‚Kräuterbuch' aus. Aus diesem Grund ist der Abschnitt über die Kräuter am umfangreichsten und befindet sich am Anfang.[40]

Hildegard ist aber nicht nur die Repräsentantin der mittelalterlichen Naturheilkunde. In ihren Werken kommt auch der Symbolgehalt stark zum Ausdruck, was schon bei Strabo sich beobachten lässt. Im *Hortulus* stehen die Symbolpflanzen am Ende des Werkes. Das Bild des Gartens wird in das Bild der strei-

---

36 Thematischen Kern von diesem Gedicht bildet das in Mythen häufig anzutreffende Verwandlungsmotiv. Ein Mensch oder ein niederer Gott wird dabei in eine Pflanze, ein Tier oder ein Sternbild verwandelt. Mehr dazu vgl. Michael von Albrecht, *Ovids Metamorphosen. Texte, Themen, Illustrationen* (Heidelberg: Universitätsverlag Carl Winter, 2014).
37 Die *Naturalis historia* ist eine systematische Enzyklopädie, die Themen behandelt, die heutzutage vor allem den Naturwissenschaften zugeordnet werden könnten. Vgl. Arno Borst, *Das Buch der Naturgeschichte. Plinius und seine Leser im Zeitalter des Pergaments* (Heidelberg: Winter, 1994).
38 Walahfrid Strabo, *De cultura hortorum (Hortulus)*, 67.
39 Hildegard von Bingen, *Heilsame Schöpfung – Die natürliche Wirkkraft der Dinge. Physica*, 41.
40 Riha, „Einführung", 8.

tenden Kirche umgestaltet. Während am Anfang die Salbei als ein politisches Gleichnis der karolingischen Herrscherfamilie, als ein Bild des Reiches fungiert, stehen am Ende Rosen und Lilien für Märtyrer und Bekenner, also für ein Bild der Kirche,[41] auch wenn die Darstellung der Rose mit den charakteristischen Eigentümlichkeiten der Pflanze anfängt:

> Weil Germanien tyrischen Purpurs entbehrt, und das weite
> Gallien nicht der leuchtenden Purpurschnecke sich rühmet,
> Schenkt zum Ersatz die Rose alljährlich üppig goldgelben
> Flor ihrer purpurnen Blüte, die allen Schmuck der Gewächse
> Alsbald an Kraft und Duft, wie man sagt, so weit überstrahlte,
> Daß man mit Recht als die Blume der Blumen sie hält und erkläret. (V. 396–401)[42]

Eine ähnliche Bedeutung der Rose, die für Auserwählte steht, lässt sich in Hildegards *Scivias* beobachten. Eine Stimme erklärt, dass die Rose mit Maria in Verbindung steht: „Und wundersam erwuchs die lichte Blume / Aus dieser Jungfrau reinem Schoß" (III, 13).[43] Rosen bedeuten auch die Auserwählten der Kirche:

> Blühende Rosen, selig seid ihr
> In eures Blutes schwellendem Strom,
> In den wonnigsten Freuden,
> Die duften und quellen
> Aus der Erlösung […]. (III, 13)[44]

Im Lied der „rheinischen Sybille" wendet sich die Stimme auch direkt zu heiligen Jungfrauen auf eine Art und Weise, die Bilder aus dem Bereich der Pflanzenwelt hervorruft: „Da sproßtet ihr als der lieblichste Garten / Von aller Schönheit duftend" (III, 13).[45]

In ihrer Vorstellungswelt spielten Rosen und Lilien gewiss eine besondere Rolle.[46] Rose[47] fasziniert und inspiriert die Menschen und sie ist für die westliche

---

41 Bitschin, „Zu Entstehungszeit und -ort", 19–20.
42 Walahfrid Strabo, *De cultura hortorum (Hortulus)*, 91.
43 Hildegard von Bingen, *Wisse die Wege. Scivias*, nach dem Originaltext des illuminierten *Rupertsberger Kodex*, übers. v. Maura Böckeler (Otto Müller Verlag: Salzburg, 1954), 341.
44 Ibid., 344.
45 Ibid., 345.
46 Die Pflanzensymbolik von Lilie und Rose im Wappen erläutert Helmut Birkhan. Die wesentlichen Aspekte der frühen Pflanzenkunde analysiert er u. a. anhand von den Werken Hildegards von Bingen, Konrads von Megenberg und anderer wichtiger Repräsentanten der mittelalterlichen Naturheilkunde. Vgl. Helmut Birkhan, *Pflanzen im Mittelalter: eine Kulturgeschichte* (Wien: Böhlau, 2012).
47 Zur Symbolik der Rose im Mittelalter vgl. u. a. Joanna Godlewicz-Adamiec, „Opisać barwę, namalować cierpienie. Symbolika czerwonej róży w dziełach Henryka Suzo", in *Literatura a malarstwo*, hg. v. Joanna Godlewicz-Adamiec, Piotr Kociumbas, Tomasz Szybisty (Kraków: Imedius, 2017), 65–86.

Kultur das, was ein Lotus für den Orient,[48] auch wenn erst Ende des 18. Jahrhunderts die Rose ein Objekt von intensiven Experimenten wird, wodurch neue Sorten gezüchtet wurden. Bis 1800 gab es weniger als 100 Sorten[49] und im Mittelalter wurden Rosen zunächst in Klostergärten als Heilpflanze gezogen. Trotzdem gewannen sie eine besondere Bedeutung sowohl im weltlichen als auch im religiösen Bereich. In der weltlichen Literatur wurde die Schönheit der Rosen von Troubadouren beschrieben, Dante verglich sie mit himmlischer Liebe, und das Werk *Roman de la Rose* findet im Rosengarten statt. Der Rosenroman war wichtig für den Aufbau des mittelalterlichen Topos der Rose.[50]

Die symbolische Bedeutung kommt erst mit den roten Gartenrosen. Blumen gelten als Übermittler von Gefühlen, mit Blumen werden Frauen verglichen. In den Augen der betrachtenden Männer eignete sich nichts besser als Metapher ihrer Wunschvorstellung vom weiblichen Geschlecht als Blumen, Blüten, die festliche Zier, die die Natur zur Fortpflanzung inszeniert sowie ihre Standortgebundenheit, wobei die Passivität des Weiblichen hervorgehoben wurde. Die Rose als Symbol ist mit Schönheit, Liebe, Liebesfreude, aber auch Jungfräulichkeit sowie Blut verknüpft. Hildegard von Bingen bezeichnete die monatliche Blutung der Frau als Vorgang des Blühens – „floriditas". In Dichtung und Volkslied ist die Rose ein Bild der Geliebten. Rosen brechen, Blumen pflücken sind verhüllende Umschreibungen für Defloration und Geschlechtsverkehr.[51]

Rosen finden sich oft in der christlichen Kunst und Literatur. In der Bibel wird die Rose metaphorisch verwendet, sie symbolisiert dort Schönheit, Pracht und Wachstum. Zwar kommt sie in der Bibel nicht häufig vor, erfüllt aber im Text eine besondere Rolle, indem sie dem Dargestellten eine poetische Note verleiht. Auch wenn die Rose von Jericho, die in der Bibel belegt ist, mit einer Rose im bota-

---

48 Alicja Nowakowska, „Róża w języku i kulturze", in *Świat roślin w języku i kulturze*, hg. v. Anna Dąbrowska, Irena Kamińska-Szmaj (Wrocław: Wydawnictwo Uniwersytetu Wrocławskiego: 2001), 17.
49 Sabine Kübler, „Rosenfreunde – im dornigen Dickicht von Natur, Dilettantismus und Geschlecht", in *Männlich. Weiblich. Zur Bedeutung der Kategorie Geschlecht in der Kultur*, hg. v. Christel Köhle-Hezinger, Martin Scharfe und Rolf Wilhelm Brednisch (Münster: Waxmann, 1999), 512.
50 Seine Handschriften hatten ein eigenes illustratives System. Die Popularität wird durch über 200 Manuskripte belegt. Zwei von ihnen befinden sich in Polen: ein reich verziertes Manuskript (obwohl von relativ geringem künstlerischem Wert) aus der Fürsten-Czartoryski-Bibliothek in Krakau (Sign. rps. 2920) sowie eine illuminierte Handschrift aus der Nationalbibliothek in Warschau (Sign. rps. III 3760), die auf dem ersten Blatt eine zweiteilige Komposition enthält: Auf der linken Seite befindet sich eine schlafende Gestalt, auf der rechten eine Szene aus ihrer Traum, während ein Rosenbusch auf goldenem Hintergrund den Geliebten symbolisiert. Vgl. Maria Jarosławiecka-Gąsiorowska, *Trzy francuskie rękopisy iluminowane w zbiorach Czartoryskich w Krakowie* (Kraków: Muzeum Narodowe w Krakowie, 1953), 3–11; Halina Tchórzewska-Kabała, Hg., *Nad złoto droższe. Skarby Biblioteki Narodowej* (Warszawa: Biblioteka Narodowa, 2000), 58–59.
51 Kübler, „Rosenfreunde", 517.

nischen Sinne nichts zu tun hat, erscheint die Königin der Blumen im Hohelied, wo eine „Rose im Tal" genannt wird und die Geliebte als eine „Rose unter den Dornen" bezeichnet wird, während der Geliebte für einen Apfelbaum unter den Bäumen des Waldes erklärt wird (Hld 2,1–3). Hervorzuheben ist dabei, dass im Hohelied die meisten poetischen Vergleiche u. a. aus der Tier- und Pflanzenwelt stammen. Es wird etwa der Garten Eden besungen, ein Garten der Fantasie (Hld 4,12–5,1), der ein verschlossener Ort mit edlen und exotischen Pflanzen ist. Genannt werden Granatbäume mit köstlichen Früchten, Hennasträucher samt Nardenkräutern. In einem Vers (Hld 4,14) werden acht Pflanzenarten – Narde, Safran, Gewürzohr und Zimt, samt allen Weihrauchhölzern, Myrrhe und Aloe samt besten Balsamsträuchern – aufgezählt. Durch Naturvergleiche und erotische Andeutungen werden alle Sinne angesprochen. Dabei wechseln die Szenen und den Schauplatz für das Gespräch der Liebenden bilden sowohl der Königspalast, die Stadt, als auch der Weinberg, der Garten und das Weideland. Rose wird neben anderen Pflanzenarten nicht nur in der Bibel genannt, sie ist auch in verschiedenen Bereichen in die christliche Symbolik eingeschrieben, um nur die Rosettenfester in mittelalterlichen Kathedralen – meist als mehr oder weniger stilisierte Blüte nicht unbedingt Rosen angerichtet – und den Rosenkranz,[52] das im Mittelalter entstandene Phänomen, zu nennen. Die rote Rose wird zum Zeichen des Martyriums, und ihre Dornen verweisen auf die Dornenkrone. Die Rose ist zugleich ein Attribut der Venus und lässt sich in der dornigen Schönheit erkennen. Im *Carmen Buranum* wird der Gedanke formuliert, dass der Dorn sticht und die Blüte Wohlgefallen erregt.[53] Diese doppeldeutige Auffassung der Rose lässt sich auch bei Hildegard in ihrem mystischen Werk *Scivias* beobachten: „Wenn der Haß mich zu schwärzen versucht, so schaue ich auf die Barmherzigkeit und das Leiden des Gottessohnes, und um Seinetwillen zügele ich mein Fleisch und empfange durch solch gläubiges Gedanken den Duft der Rosen, die aus Dornen sprießen. Und so erkenne ich meinen Erlöser" (I, 4).[54]

In Hildegards naturkundlicher Schrift *Physica* werden Rose und Lilie nebeneinander dargestellt. Die Darstellungsart der Universalgelehrten beweist, dass Hildegard der Kräuterbuch-Tradition folgt, die auf der Qualitätenlehre beruht.[55] Es kommt in ihren Beschreibungen der Blumen zum Ausdruck: „Die

---

52 Vgl. u. a. Urs-Beat Frei und Fredy Bühler, *Der Rosenkranz. Andacht – Geschichte – Kunst*, hg. v. Urs-Beat Frei und Fredy Bühler (Benteli: Bern, 2003).
53 Beate Czapla, „Die Entstehung von Kuß und roter Rose: die Transformation eines Mythos durch Johannes Secundus und andere", in *Johannes Secundus und die römische Liebeslyrik*, hg. v. Eckart Schäfer (Tübingen: Narr, 2004), 225.
54 Hildegard von Bingen, *Wisse die Wege. Scivias*, 126.
55 Riha, „Einführung", 10. Mehr dazu: Willem Frans Daems, „Die Rose ist kalt im ersten Grade, trocken im zweiten", in *Beiträge zu einer Erweiterung der Heilkunst nach geisteswissenschaftlichen Erkenntnissen* 25, Nr. 6 (1972): 204–11. Die Humorallehre war eine in der Antike ausgebildete Krankheitslehre von den Körpersäften. Auch wenn sich die Humorallehre in

Rose ist kalt; und genau diese Kälte hat ein nützliches Maß an sich" (I, 22)[56] und „Die Lilie ist mehr kalt als warm" (I, 23).[57]

Diese Platzierung der Lilie und Rose nebeneinander in einer naturwissenschaftlichen Schrift könnte mit der symbolischen Nähe der beiden in einem Bezug stehen, da in der religiösen Bilderwelt des Mittelalters Rosen und Lilien eng verbunden waren. Das würde auch dem Prinzip der Homogenität im Werk der mittelalterlichen Dichterin und Naturforscherin entsprechen. Rosen und Lilien erscheinen zusammen als Marienblumen in Hildegards mystischem Werk *Scivias:* „Und ich hörte, wie eine Stimme vom Himmel sprach: ‚Dies ist die Blüte des himmlischen Sion. Mutter wird sie sein und doch eine Rosenblüte und eine Lilie der Täler. O Blüte, du wirst dem mächtigsten König vermählt, und wenn du erstarkt bist, wenn deine Zeit gekommen ist, wirst du dem erlauchtesten Kinde Mutter sein'" (II, 5).[58] Rosen und Lilien sind Symbole der Auserwähltheit, verbunden mit dem Bild von einem Baum mit Zweigen und Krone: „Anfangs wuchs dieses Volk in der Wüste und Verborgenen in Einzelgliedern heran, später wurde es zum Baume, der seine Zweige ausbreitete und allmählich seine Krone entfaltete. Gesegnet und geheiligt habe Ich dieses Volk. Anmutige Rosen und Lilien, die ohne menschliches Zutun auf dem Acker sprossen, sind seine Scharen von mir […]" (II, 5).[59]

Das gesamte Werk Hildegards bildet zwar eine homogene Einheit, es lassen sich jedoch einige Unterschiede zwischen der Darstellungsart von Pflanzen in ihren visionären und naturkundlichen Schriften beobachten. Während es in *Physica* keine Beschreibung der äußeren Erscheinung der Geschöpfe gibt, ist die Welt in Hildegards visionären Schriften, wo Rosen, Saphirsteine, Silber oder Lilien symbolische Bedeutung haben, farbenreich. Im zweiten Buch von *Scivias* nennt sie

---

einer systematisierten Form erst bei Galen vollkommen entfaltet, ist sie schon in vielen hippokratischen Schriften charakteristisch. Vgl. Anne Liewert, *Die meteorologische Medizin des Corpus Hippocraticum* (Berlin: De Gruyter, 2015), 45. Hippokrates erweiterte und systematisierte mehr als 500 Jahre nach Galen das Schema um die Qualitäten „warm-kalt" und „trocken-feucht". Vgl. dazu u. a. Karl-Heinz Leven, „Antike Wurzeln. Auf den Schultern von Hippokrates und Galen", in *Medizin im Mittelalter. Zwischen Erfahrungswissen, Magie und Religion* 19, Nr. 2 (2019): 12–15. Hildegard von Bingen beruft sich auf die Lehre von den Körpersäften, die von vier sogenannten Primärqualitäten: warm vs. kalt, trocken vs. feucht spricht. Mit diesem System beschreibt Hildegard die Verwendung und Zuordnung von bestimmten Pflanzen und Gewürzen als Heilmittel. Zur Humorallehre vgl. u. a. Thomas Bein, „Lebensalter und Säfte. Aspekte der antik-mittelalterlichen Humoralpathologie und ihre Reflexe in Dichtung und Kunst", in *Les âges de la vie au moyen âge. Actes du colloque du Département d'Etudes Médiévales de l'Université de Paris-Sorbonne et de l'Université Friedrich-Wilhelm de Bonn (Provins, 16–17 mars 1990)*, hg. v. Henri Dubois und Michael Zink (Paris: Presses de l'Université de Paris-Sorbonne, 1992), 85–105.
56 Hildegard von Bingen, *Heilsame Schöpfung – Die natürliche Wirkkraft der Dinge. Physica*, 40.
57 Ibid., 41.
58 Hildegard von Bingen, *Wisse die Wege. Scivias*, 175.
59 Ibid., 182.

beispielsweise "eine blendendweiße Blüte, die an der Flamme haftete wie der Tau am Grashalm hängt" (II, 1).[60] Eine symbolische Bedeutung der Blumen kommt auch im dritten Buch derselben Schrift, wo die "Liebe zum Himmlischen" eine Blume trägt. Das dargestellte Bild schließt die Farbenbezeichnungen ein: "Eine Lilie und andere Blüten prangen in ihrer Rechten, denn im guten Werke besitzt sie schon den lilienweißen Lohn des unvergänglichen Lebens und die Klarheit des ewigen Lichtes. Andere Blümlein der Heiligkeit, die ihre Genossinnen sind, gesellen sich zu ihr" (III, 3).[61] In einem Bild vom Kreuz mit dem Bild Christi werden zwar die Farben der Rosen und Lilien nicht direkt genannt: "Es ragte über einen kleinen Baum hinaus, der zwischen zwei Rosen- und Lilienblüten stand" (III, 6),[62] doch erscheinen die Farben Rot und Weiß in der weiteren Beschreibung der Vision, was entsprechende farbige Bilder evoziert: "Der Alte Bund entsandte sein weißes Licht wider ihn und der Neue seinen roten Glanz [...]" (III, 6).[63]

Interessanterweise verblassen diese Farben, wenn Hildegard vom theologischen Bereich in das Gebiet der Naturkunde übergeht,[64] was unterschiedliche Gründe haben kann – von der Überzeugung, dass das Aussehen von Pflanzen den Rezipienten des Werkes bekannt sein soll, bis zum Willen, dass die Werke Illustrationen enthalten werden. Jedenfalls war damals das Visuelle für die naturwissenschaftlichen Schriften grundlegend. Viele von Naturbüchern waren illustriert, da die Geschichte der Botanik in hohem Maße auch die Geschichte der botanischen Illustration ist. In der Regel stellen die Pflanzenbücher eine Einheit aus Text und grafischem Bild dar. So kommt im Pflanzenbuch zur Begegnung von Wissenschaft und Kunst.[65] Hildegard konzentriert sich in ihren naturkundlichen Werken mehr auf die Art und Weise, wie Pflanzen im Bereich der medizinischen Heilung benutzt werden können. Das könnte auch der Grund sein, dass ihre Wirkung wichtiger ist als ihr Aussehen.

Das heilkundliche Ziel der Naturwerke trägt dazu bei, dass Kräuter zu den Bereichen gehören, denen die Verfasserin viel Interesse widmet. Für Hildegards Welt scheinen aber auch Bäume sehr grundlegend zu sein. Im dritten Buch der *Physica* werden Bäume und Sträucher dargestellt und dort finden sich Ansätze der Allegorese. Bestimmten Bäumen werden Tugenden und Laster, aber auch Gefühle zugeschrieben:[66] "Der Haselstrauch ist mehr kalt als warm und taugt

---

60 Ibid., 147.
61 Ibid., 232.
62 Ibid., 253.
63 Ibid., 263.
64 Mehr dazu: Laurence Moulinier, "Naturkunde und Mystik bei Hildegard von Bingen: Der Blick und die Vision", in *Mystik und Natur. Zur Geschichte ihres Verhältnisses vom Altertum bis zur Gegenwart*, hg. v. Peter Dinzelbacher (Berlin: De Gruyter, 2009), 39–60.
65 Isphording, *Kräuter und Blumen*, 11.
66 Riha, "Einführung", 10.

nicht viel zur Arznei und bedeutet die Zügellosigkeit" (3, 9),[67] „Lorbeer ist mehr warm als kalt und hat etwas Trockenes und bedeutet die Standhaftigkeit" (3, 15),[68] „Der Ölbaum ist mehr warm als kalt und bedeutet das Mitleid" (3, 16),[69] „Der Zitronenbaum, an dem die Zitronen wachsen, ist mehr warm als kalt und bedeutet die Keuschheit" (3, 18).[70]

In den mystischen Schriften erscheint die Baumgestalt als Ursymbol des Menschen. In *Scivias* vergleicht Hildegard das Verhältnis von Seele und Körper mit Prozessen, die in einem Baum verlaufen:

> Die Seele ist also für den Körper, was der Saft für den Baum ist, und ihre Kräfte entfalten sie wie der Baum seine Gestalt. Die Erkenntnis gleicht dem Grün der Zweige und Blätter, der Wille den Blüten, das Gemüt ist wie zuerst hervorbrechende, die Vernunft wie die voll ausgereifte Frucht. Der Sinn endlich gleicht der Ausdehnung des Baumes in die Höhe und Breite (I, 4).[71]

Wie bei anderen Pflanzen wird in der visionären Schrift Farbe genannt – in diesem Fall das Grün der Zweige und Blätter. Obwohl ein Bild mit der religiösen Aussage evoziert wird, beweisen diese Worte der Mystikerin ihre gute Kenntnis der Prozesse, die in der Natur verlaufen. Die Visionsschrift *Scivias* veranschaulicht eine gute Beobachtung der Natur und der Veränderungen der Pflanzen während der Jahreszeiten: „Wie aber der Saft des Baumes sich beim Herannahen des Winters in den Blättern und Zweigen zusammenzieht und der Baum, wenn er alt wird, sich zu neigen beginnt, so treten auch die Kräfte der Seele im Greisenalter, wenn das Mark und die Adern sich schon zur Schwachheit neigen, zurück, und der Geist wird gleichsam des menschlichen Wissens überdrüssig" (I, 4).[72] Die in einem visionären Werk beschriebenen Prozesse zeichnen sich durch eine Genauigkeit aus, die botanische Beobachtungen charakterisiert:

> Die Seele durchfließt den Leib wie der Saft den Baum. Der Saft bewirkt, daß der Baum grünt, blüht und Früchte trägt. Und wie kommt die Frucht des Baumes zur Reife? Durch den angemessenen Wechsel der Witterung. Die Sonne spendet Wärme, der Regen Feuchtigkeit, und so reift sie sich unter dem Einfluß des Wetters aus. Was soll das? Die Sonne gleich erleuchtet die barmherzige Gnade Gottes den Menschen, dem Regen gleich betaut ihn der Hauch des Heiligen Geistes, und das rechte Maß zeigt in ihm wie ein entsprechender Wechsel der Witterung die Vollkommenheit guter Früchte (I, 4).[73]

---

67 Hildegard von Bingen, *Heilsame Schöpfung – Die natürliche Wirkkraft der Dinge. Physica*, 201.
68 Ibid., 206.
69 Ibid., 209.
70 Ibid., 212.
71 Hildegard von Bingen, *Wisse die Wege. Scivias*, 133.
72 Ibid., 130.
73 Ibid., 132–33.

Ein gleich eindrucksvolles Bild mit einem botanischen Hintergrund ist in der mystischen Schrift *De operatione Dei* enthalten, wo die menschliche Seele mit Säften eines Baumes verglichen wird: „So ist auch die Seele im Menschen wie der Saft in einem Baume. Wie durch den Saft alle Früchte des Baumes gedeihen, so werden durch die Seele alle Werke des Menschen verwirklicht".[74] Wie in *Scivias* kommt auch in dieser Schrift die Kenntnis der in der Natur verlaufenden Prozesse zum Ausdruck.

Zusammenfassen lässt sich sagen, dass bei Hildegard von Bingen die Verschränkung vom botanischen Wissen und literarischen Topoi im ganzen Werk zum Ausdruck kommt. Hildegard versucht die Pflanzenwelt als Naturforscherin zu verstehen. Die Rezipienten von ihren Schriften können aber auch ihre Faszination an der Pflanzenwelt spüren, die Menschen mit allen Sinnen bewundern können. Diese Bewunderung ist zum Beispiel im Bild des himmlischen Gartens sichtbar, das eine schöne literarische Beschreibung bildet: „Das Paradies aber ist der Garten der Wonne. Es blüht im Sprossen der Blumen und Gräser und in der Süße der Wohlgerüchte, erfüllt von den zartesten Düften. Es ist begabt mit der Freude seliger Wesen und gibt der trockenen Erde den kraftvollsten Saft, gleich wie die Seele den Körper mit Kräften durchhaucht" (I, 2).[75] Die Dichterin und Naturforscherin des Mittelalters schreibt sich in die Tradition der engen Verbindung des Wissens und der Kunst, der Botanik und der Literatur ein, zu der unter anderem solche Werke wie *Hortulus* von Walahfrid Strabo gehören. Während für Strabo jede der Pflanzen mit wechselndem Schwerpunkt nach Form, Farbe, Duft, Ertrag, Geschmack beschrieben wird und dann in ihrem therapeutischen Wert skizziert wird, führte für Hildegard von Bingen alles Denken über die Grenzen der sichtbaren Natur hinaus, was aber die Beobachtung der Naturumgebung nicht ausschließt. Sie verbindet das botanische Wissen und literarische Topoi im ganzen Werk auf eine souveräne Weise.

Bibliografie

Aertsen, Jan A. „Natur, Mensch und der Kreislauf der Dinge bei Thomas von Aquin". In *Mensch und Natur im Mittelalter*, Halbbd. 1, herausgegeben von Albert Zimmermann und Andreas Speer, 143–60. Berlin: De Gruyter, 1991.
Albrecht von, Michael. *Ovids Metamorphosen. Texte, Themen, Illustrationen*. Heidelberg: Universitätsverlag Carl Winter, 2014.
Behling, Lottlisa. *Die Pflanze in der mittelalterlichen Tafelmalerei*. Weimar: H. Böhlaus Nachfolger, 1957.

---

74 Hildegard von Bingen, *Welt und Mensch. Das Buch „De operatione Dei"*, aus dem *Genter Kodex* übers. v. Heinrich Schipperges (Otto Müller Verlag: Salzburg, 1965), 154.
75 Hildegard von Bingen, *Wisse die Wege. Scivias*, 105.

Bein, Thomas. „Lebensalter und Säfte. Aspekte der antik-mittelalterlichen Humoralpathologie und ihre Reflexe in Dichtung und Kunst". In *Les âges de la vie au moyen âge. Actes du colloque du Département d'Etudes Médiévales de l'Université de Paris-Sorbonne et de l'Université Friedrich-Wilhelm de Bonn (Provins, 16-17 mars 990)*, herausgegeben von Henri Dubois und Michael Zink, 85-105. Paris: Presses de l'Université de Paris-Sorbonne, 1992.

Berschin, Walter. „Der Hortulus als Kunstwerk". In Walahfrid Strabo, *De cultura hortorum (Hortulus). Das Gedicht vom Gartenbau*, 10-15. Heidelberg: Mattes Verlag, 2010.

–. „Zu Entstehungszeit und -ort". In Walahfrid Strabo, *De cultura hortorum (Hortulus). Das Gedicht vom Gartenbau*, 19-21. Heidelberg: Mattes Verlag, 2010.

Birkhan, Helmut. *Pflanzen im Mittelalter: eine Kulturgeschichte*. Wien: Böhlau, 2012.

Borst, Arno. *Das Buch der Naturgeschichte. Plinius und seine Leser im Zeitalter des Pergaments*. Heidelberg: Winter, 1994.

Bowler, Peter J. *Viewegs Geschichte der Umweltwissenschaft. Ein Bild der Naturgeschichte unserer Erde*. Wiesbaden: Teubner Verlag, 1997.

Czapla, Beate. „Die Entstehung von Kuß und roter Rose: die Transformation eines Mythos durch Johannes Secundus und andere". In *Johannes Secundus und die römische Liebeslyrik*, herausgegeben von Eckart Schäfer, 225-38. Tübingen: Narr, 2004.

Daems, Willem Frans. „Die Rose ist kalt im ersten Grade, trocken im zweiten". In *Beiträge zu einer Erweiterung der Heilkunst nach geisteswissenschaftlichen Erkenntnissen* 25, Nr. 6 (1972): 204-11.

Der deutsche ‚Macer' (Vulgatfassung). Mit einem Abdruck des lateinischen Macer Floridus ‚De viribus herbarum'. Kritisch herausgegeben von Bernhard Schnell in Zusammenarbeit mit William Crossgrove. Tübingen: Max Niemeyer Verlag, 2003.

Die Wiener Genesis nach Max Wehrli. In *Geschichte der deutschen Literatur. Von den Anfängen bis zum Ende des 16. Jahrhunderts*. Reclam: Stuttgart, 1997.

Dinzelbacher, Peter. „Mystische Phänomene zwischen theologischer und medizinischer Deutung in Spätmittelalter und Frühneuzeit". In *Mystik und Natur. Zur Geschichte ihres Verhältnisses vom Altertum bis zur Gegenwart*, herausgegeben von Peter Dinzelbacher, 61-86. Berlin: De Gruyter, 2009.

Fischer, Hermann. *Die heilige Hildegard von Bingen, die erste deutsche Naturforscherin und Ärztin*. München: Verlag der Münchner Drucke, 1927.

Frei, Urs-Beat und Fredy Bühler, Hg. *Der Rosenkranz. Andacht – Geschichte – Kunst*. Bern: Benteli, 2003.

Godlewicz-Adamiec, Joanna. „Opisać barwę, namalować cierpienie. Symbolika czerwonej róży w dziełach Henryka Suzo". In *Literatura a malarstwo*, herausgegeben von Joanna Godlewicz-Adamiec, Piotr Kociumbas, Tomasz Szybisty, 65-86. Kraków: Imedius, 2017.

Goehl, Konrad. *Das „Circa Instans". Die erste große Drogenkunde des Abendlandes*. Baden-Baden: Deutscher Wissenschafts-Verlag, 2015.

Herwegen, Ildefons. „Zum Geleit". In Hildegard von Bingen, *Wisse die Wege. Scivias*, nach dem Originaltext des illuminierten *Rupertsberger Kodex*, übersetzt von Maura Böckeler, 11-14. Salzburg: Otto Müller Verlag, 1954.

Hildegard von Bingen. *Heilsame Schöpfung – Die natürliche Wirkkraft der Dinge. Physica*. Rüdesheim: Beuroner Kunstverlag, 2020.

–. *Welt und Mensch. Das Buch „De operatione Dei"*. Aus dem *Genter Kodex* übersetzt von Heinrich Schipperges. Salzburg: Otto Müller Verlag, 1965.

–. *Wisse die Wege. Scivias.* Nach dem Originaltext des illuminierten *Rupertsberger Kodex*, übersetzt von Maura Böckeler. Salzburg: Otto Müller Verlag, 1954.

Hirscher, Petra. *Leczymy się i gotujemy ze św. Hildegardą. Receptury i recepty ze średniowiecznego klasztoru.* Warszawa: PAX, 2014.

Isphording, Eduard. *Kräuter und Blumen: Botanische Bücher im Germanischen Nationalmuseum Nürnberg.* Nürnberg: Verlag des Germanischen Nationalmuseums, 2018.

Jarosławiecka-Gąsiorowska, Maria. *Trzy francuskie rękopisy iluminowane w zbiorach Czartoryskich w Krakowie.* Kraków: Muzeum Narodowe w Krakowie, 1953.

Keazor, Henry. „,Manu et voce'. Ikonographische Notizen zum Frankfurter ,Paradiesgärtlein'". In *Opere e giorni: studi su mille anni d'arte europea dedicati a Max Seidel*, herausgegeben von Klaus Bergdolt und Giorgio Bonsanti, 231–40. Venezia: Marcilio, 2001.

Kübler, Sabine. „Rosenfreunde – im dornigen Dickicht von Natur, Dilettantismus und Geschlecht". In *Männlich. Weiblich. Zur Bedeutung der Kategorie Geschlecht in der Kultur*, herausgegeben von Christel Köhle-Hezinger, Martin Scharfe und Rolf Wilhelm Brednisch, 510–26. Münster: Waxmann, 1999.

Leven, Karl-Heinz. „Antike Wurzeln. Auf den Schultern von Hippokrates und Galen". In *Medizin im Mittelalter. Zwischen Erfahrungswissen, Magie und Religion* 19, Nr. 2 (2019): 12–15.

Liewert, Anne. *Die meteorologische Medizin des Corpus Hippocraticum.* Berlin: De Gruyter, 2015.

Mägdefrau, Karl. *Geschichte der Botanik. Leben und Leistung großer Forscher.* Berlin: Springer Spektrum, 1992.

Moulinier Laurence. „Naturkunde und Mystik bei Hildegard von Bingen: Der Blick und die Vision". In *Mystik und Natur. Zur Geschichte ihres Verhältnisses vom Altertum bis zur Gegenwart*, herausgegeben von Peter Dinzelbacher, 39–60. Berlin: De Gruyter, 2009.

Nowakowska, Alicja. „Róża w języku i kulturze". In *Świat roślin w języku i kulturze*, herausgegeben von Anna Dąbrowska, Irena Kamińska-Szmaj, 17–25. Wrocław: Wydawnictwo Uniwersytetu Wrocławskiego, 2001.

Oeing-Hanhoff, Ludger. „Mensch und Natur bei Thomas von Aquin". *Zeitschrift für katholische Theologie* 101, Nr. 3/4 (1979): 300–15.

Riha, Ortrun. „Einführung". In *Hildegard von Bingen, Heilsame Schöpfung – Die natürliche Wirkkraft der Dinge. Physica*, 5–18. Rüdesheim: Beuroner Kunstverlag, 2020.

Schnell, Bernhard. „Das ,Prüller Kräuterbuch'. Zu Überlieferung und Rezeption des ältesten deutschen Kräuterbuchs". In *Mittelhochdeutsch. Beiträge zur Überlieferung, Sprache und Literatur. Festschrift für Kurt Gärtner zum 75. Geburtstag*, herausgegeben von Ralf Plate und Martin Schubert in Zusammenarbeit mit Michael Embach, Martin Przybilski und Michael Traut, 282–94. Berlin: De Gruyter, 2011.

–. „Das ,Prüller Kräuterbuch'. Zum ersten Herbar in deutscher Sprache". *Zeitschrift für deutsches Altertum und deutsche Literatur* 120, Nr. 2 (1991): 184–202.

Tchórzewska-Kabała, Halina, Hg. *Nad złoto droższe. Skarby Biblioteki Narodowej.* Warszawa: Biblioteka Narodowa, 2000.

Walahfrid Strabo, *De cultura hortorum (Hortulus). Das Gedicht vom Gartenbau.* Heidelberg: Mattes Verlag, 2010.

Werner, Hans-Joachim. "Homo cum creatura. Der kosmische Moralismus in den Visionen der Hildegard von Bingen". In *Mensch und Natur im Mittelalter*, Halbbd. 1, herausgegeben von Albert Zimmermann und Andreas Speer, 67–88. Berlin: De Gruyter, 1991.

Zan, Ryszard. "Gott ist die Umwelt des Menschen. Über die Gotteserkenntnis nach Thomas von Aquin". *Rocznik Tomistyczny* 5 (2016): 165–72.

Żak, Małgorzata. "Ogrody Maryi – kompozycje miejsca i roślinne wypełnienia. Zarys ikonografii motywu Madonny na tle ogrodu". *Roczniki Humanistyczne* 54, Nr. 4 (2006): 99–146.

Magdalena Koźluk (University of Lodz)

"The gardens of the small world" from the Philosophical Discourse of Jourdain Guibelet

Abstract
This chapter analyzes Jourdain Guibelet's second speech, titled *On the Comparison of Man with the World*. In this medical and philosophical treatise, the thirteen pages of its sixteenth chapter seem particularly interesting in the context of research on analogies, metaphors, and comparisons between humans and plants in the sixteenth and seventeenth centuries in France. First, the chapter recalls the philosophical foundations adopted and the principle of the three souls. Secondly, it reports many examples of analogies between man and plants which, in Guibelet's text, appear to be the real driving force behind his writing. Reduced to a smaller scale, the macrocosm is metamorphosed in Guibelet's treatise into a *humani corporis fabrica*, i.e. a celestial and divine garden in which the doctor takes care of every detail and accounts for appearances through etymology, botany, and anatomy.
Keywords: Jourdain Guibelet, garden, plants, analogies, the universe (macrocosm), the human body (microcosm)

In 1579, wanting to demonstrate that the brain has more nobility than the hand, doctor Laurent Joubert wrote to Marguerite de Navarre in the preface to his *Treatise on Laughter:* "I said for the brain that it deserved the first place, as it is at the highest: still more, from what it gives to the rest of the body movement and health/feeling/emotion: from which we differ from plants, and then, an emotion / reasoning, which makes us far ahead of the beasts."[1] We find in this short sentence two important ideas from Greek thought that have crossed the medical literature until modern times.[2] First of all a principle of spatial hierarchy applied

---

1 Laurent Joubert, *Le traité du ris contenant son essance, ses causes, et son mervelheus effais, curieusement rechercés, raisonnés et observés* (Paris: Nicolas Chesneau, 1579), f° a r°-f° a 2 v°: "Je disois pour le cerveau qu'il meritoit le premier lieu, comme il est au plus haut: ancor plus, de ce qu'il donne au reste du corps mouvement et santimant : dequoy nous diferons des plantes, et puis, un santimant / rationel, qui nous fait devancer les baites [bêtes] de bien loin." All translations of Guibelet's work in English by the author of the article.
2 Ancient medicine consisted of two branches: theoretical and practical. The aim of the theoretical branch was to research the causes of health and those of illness. The practical branch was divided into three arts. The first, the pharmaceutical art, dealt with the therapy of the body

to the human body, which grants more dignity to the highest parts, then a disposition to compare man to the rest of the animal world and, even more, to the vegetable kingdom; which makes Joubert appear as an heir and supporter of Aristotelianism.[3] Thus, occupying the upper part of the body, the brain prevails over the hand lying lower in anatomical position. Having its place in the head, this organ brings man closer to the heavens, the human to the divine.

This reflection comparing man to plants, which constitutes the subject of this chapter, is part of a more holistic philosophical system, omnipresent in old medical discourse. Indeed, as the physician Nicolas de la Framboisière (1577–1640) mentions in the preface to his treatise on the *Principality of Man*, philosophers "have noticed so many perfections in its manufacture, and so many marvels in its effects, that they were unable to find in everyone, with whom to compare him worthily, if not the World itself. So they called it a little world."[4] The correspondence between the universe (macrocosm) and the human body (microcosm) is a cardinal theory for 16th century medicine as for all fields of knowledge. It applies to the anatomical structure and therefore appears very often in the writings of doctors, in prose[5] or verse.[6] Physicians indeed introduce

---

by means of *pharmaca*, medicines of all kinds derived from plants, stones and other substances of plant and animal origin (resins, venoms, urine, etc). Cf. Jackie Pigeaud, "Les Mains des Dieux. Quelques réflexions sur les problèmes du médicament dans l'Antiquité," *Littérature, Médecine, Société*, n° 4 (1982): 53–74; John Scarborough, "Theoretical Assumptions in Hippocratic Pharmacology," in *Formes de pensée dans la collection hippocratique. Actes du IVᵉ Colloque International Hippocratique, Lausanne, Septembre 1981*, eds. Frédéric Laserre and Philippe Maudry (Genève: Droz, 1983) 307–25; Alain Touwaide, "Stratégies thérapeutiques: les médicaments," in *Histoire de la pensée médicale en Occident*, t. 1, *Antiquité et Moyen Âge*, ed. Mirko Drazen Grmek (Paris: Éditions du Seuil, 1995) 227–37; Guy Ducourthial, *Flore magique et astrologique de l'Antiquité* (Paris: Belin, 2003).

3 Ideas that the medicine of the time owes to Aristotle (Aristotle, "'On Youth' and 'Old Age. On Life and Death,'" in *Parva Naturalia*, trans. W. S. Hett, Loeb Classical Library 288 (Cambridge, MA: Harvard University Press, 1957), 468a). The Stagirite makes a division of organisms (plants, animals, humans) by distinguishing in each of them two main parts, the front and the back: the one where the food enters, is called the top and the one that rejects the residue the bottom. Aristotle notes that this organization is different in plants and animals while favoring man to whom, in addition to his vertical posture, belongs the privilege of having his upper part in the same direction as the top of the whole world. Plants, on the other hand, which are immobile and which draw their food from the ground, necessarily always have this part at the bottom. It is that the roots are the analog of the mouth in animals (Ibid., 103). See traces of this opinion in other medical texts of the same period: Jacques Guillemeau, *La Chirurgie Françoise* (Paris: Nicolas Gilles, 1594), f° a ij r°, or Pierre Jacquelot, *L'Art de vivre longuement sous le nom de Médée*, édition critique par Magdalena Koźluk (Paris: Éditions Classiques Garnier, 2021), 195.

4 Nicolas Abraham de la Framboisière, *Toutes les œuvres* (Paris: Charles Chastellain, 1613), f° A 7 v°: "Les philosophes ont remarqué tant de perfections en sa fabrique, et tant de merveilles en ses effects, qu'ils n'ont peu trouver en tout le monde, à qui dignement le comparer, sinon le Monde mesme. De façon qu'ils l'ont nommé petit monde."

5 Amboise Paré, *Deux livres de chirurgie* (Paris: André Wechel, 1573), f° a 3 r°–f° a 3 v°.

into their writings all sorts of analogies between the stars and the organs of the body (for example Jupiter was associated with the brain, Mercury with the tongue or even Saturn with the spleen). They also take advantage of the topos of the micro and macrocosm for all purposes, criticism (lack of knowledge of the rules in surgery), the justification of their own books and even the flattery of men in power.[7]

In this text, I would like to focus on the second speech of Jourdain Guibelet, entitled "De la comparaison de l'homme avec le monde" ("On the comparison of man with the world").[8] "This genuine sum, profuse and encyclopaedic, lists indeed" as Domnique Brancher notes, "all the tropes bequeathed by the medical, philosophical and poetic tradition to weave the resemblances between the two worlds and reveal their natural twinness."[9] This medical and philosophical treatise, composed of about twenty chapters in which the author has tried to prove that "Man is a shortened world, and that the great World has nothing that is not represented in this epitome"[10] and, in particular, the thirteen pages of its sixteenth chapter seem particularly interesting within the framework of my research on the considerable corpus of analogies, metaphors and comparisons between man and plants (trees, flowers, herbs, fruits) which dot the treatises on medicine. "Thus involved in the network of correspondences and sympathy,"[11] the man becomes, under the doctor's pen, the object of a vast analogical thought, enriched by the originality of the author's style.

---

6 Roche Le Baillif, *Premier Traicté de l'homme* (Paris: pour Abel l'Angelier, 1583), f° B 2 v°-f° B 3 r° or André du Laurens, *Toutes les œuvres* (Rouen: Raphael du Petit Val, 1621), f° a 6 r° ("Les stances").
7 Magdalena Koźluk, *L'Esculape et son art à la Renaissance. Le discours préfaciel dans les ouvrages français de médecine 1528-1628* (Paris: Éditions Classiques Garnier, 2012), 66–75.
8 Jourdain Guibelet, "De la comparaison de l'homme avec le monde," in Jourdain Guibelet, *Trois discours philosophiques* (Évreux: Antoine Le Marié, 1603), f°1 r°-f° 110 v°.
9 Dominique Brancher, *Équivoques de la pudeur. Fabrique d'une passion à la Renaissance* (Genève: Droz, 2015), 446: "Cette véritable somme, profuse et encyclopédique, répertorie en effet tous les tropes légués par la tradition médicale, philosophique et poétique pour tisser les ressemblances entre les deux mondes et dévoiler leur gémellité naturelle."
10 Guibelet, "De la comparaison," f° a 2 v°: "L'Homme est un monde racourcy, et que le grand Monde n'a rien qui ne soit representé dans cet epitome."
11 Sébastien Jahan, *Les Renaissances du corps en Occident (1450-1650)* (Paris: Belin, 2004), 14: "Impliqué ainsi dans le réseau de correspondances et de sympathie."

"Man is a divine and celestial plant"[12]: The Philosophical Foundations

Very little is known about Jourdain Guibelet. The length of his life is estimated approximately according to the publications of his books (1603-1631). All that is known of him is that he was a doctor and a Norman. He was born in the 16th century, in the French town of Évreux, located in the south-east of Normandy. It was there that he probably wrote all of his works. In the history of medicine, he has made himself known until now for his reflections on melancholy, printed in his booklet entitled *Trois discours philosophiques* (*Three Philosophical Discourses*)[13] dedicated to Baron Jacques du Pont-Saint-Pierre (1556-1618), bishop of Évreux. In 1631, Jourdain Guibelet composed yet another work, *L'Examen des esprits* (*The Examination of Spirits*, Paris: Joly, 1631) in which he debated general questions aimed at the philosophy of the soul and its relationship to the body. Finally, we know that he bore the title of doctor of the king, as evidenced by the inscription on the title page.

In Chapter XVI, entitled "That the nature of plants is in man: whether we consider them in general, or according to species. Examples of several plants, fruits, seeds and other parts,"[14] Jourdain Guibelet exhorts the reader from the beginning to enter "into the gardens of the little World, to regain our spirits, and to receive this satisfaction of seeing in such a small orchard all kinds of medicinal plants, with as much variety as on earth itself."[15]

"All the nature of plants is contained in man,"[16] and to prove it the doctor builds his speech around analogies between the human body and the plants by resorting to the philosophical thought of Aristotle, Basil the Great, of Plato and Philo the Jew. The first connection between man and plant concerns the soul in general (the cause and the principle of life) and has its origins, as we have said, in the philosophy of Aristotle. He considered three distinct souls, nutritive or vegetative, sensitive and intellective or reasonable. Each soul was defined by its

---

12 Saint Basile le Grand, "Homélie 9," in Saint Basile le Grand, *Homélies, Discours et Lettres*, traduits par M. L'abbé Auger (Lyon, chez François Guyot, 1827), 508-26.
13 The volume in question consists of three treatises: "De la comparaison de l'homme avec le monde" ("On the comparison of man with the world"), f° 1 r°-f° 110 v°; "Du principe de la génération de l'homme" ("On the principle of the generation of man"), f°111 r°-f° 218 v°; "De l'humeur mélancolique" ("From a melancholy mood"), f° 219 r°-f° 286 r°.
14 Guibelet, "De la comparaison," f° k3 r°: "Que la nature des plantes est en l'homme : soit que nous les considerions en general, ou selon les especes. Exemples de plusieurs plantes, fruicts, graines et autres parties."
15 Ibid.: "dans les jardins du petit Monde, pour reprendre noz esprits, et recevoir ce contentement de voir en un si petit verger toutes sortes de simples, avec autant de varieté qu'en la terre mesme."
16 Ibid.: "Toute la nature des plantes est contenuë dans l'homme."

own functions. Thus the nutritive or vegetative soul (proper to plants) was responsible for the elementary actions of life, such as birth, nutrition, growth and reproduction. The sensitive soul (specific to animals and men) was the source of sensitive perception and movement, while the intellective soul was the origin of all intellectual operation. It goes without saying that in this well-structured hierarchy, the intellectual soul was at the top and was the privilege of the human being. "Man at the beginning of his being lives like plants" explains Guibelet,

> because the rational soul (although it is infused at the moment that the conformation of the parts of the body is completed) cannot then, for want of instruments skilful to the fact of feeling and reason, still show that the functions of the vegetative soul, which are nourishment and growth. Then afterwards, however, as the Organs are loosened, (the faculties of the reasonable and sensitive soul are manifested), and enter into exercise without diminishing anything of what is vegetative, which always remains in its entirety; by means of which we are always partakers of the nature of plants.[17]

The vegetative soul with its functions ("nourishment" and "growth") accompanies man from birth, who therefore differs in no way from plants. Guibelet points out that with time and in the natural order of things, two other souls (sensitive and intellective) gain in power and thus testify to the correct direction of the development of the human being. If, on the other hand, warns the doctor, the man "being of the age of prudence and judgment," upsets this natural order, and "if it happens that by a reversed order he returns to his first broken ones, exchanging this way of living according to reason, like the way of living of plants, having no recommendation but the pleasure of gluttony, he is then truly a plant, and in a way much worse than the first."[18]

---

17 Ibid., f° k3 r°–k3 v°. Cf. Amboise Paré, "Livre de la génération de l'homme," in Amboise Paré, *Les Œuvres* (Paris: Gabriel Buon, 1599), 739: "L'homme au commencement de son estre vit à la façon des plantes par ce que l'âme raisonnable (quoy qu'elle soit infuse à l'instant que la conformation des parties du corps est achevée) ne peut alors, faute d'instruments habiles au faict du sentiment et de la raison, monstrer encore que les fonctions de l'âme vegetante, qui sont la nourriture et l'accroissement. Puis apres toutefois, à mesure que les Organes se délient, (les facultez de l'âme raisonnable et sensitive se manifestent), et entrent en exercice sans rien diminuer de ce que est de la vegetante, qui demeure toujours en son entier ; au moyen dequoy nous sommes tousjours participans de la nature des plantes."

18 Guibelet, "De la comparaison," f° k3 v°: "estant en âge de prudence et de jugement bouleverse cet ordre naturel et s'il advient que par un ordre renversé il retourne à ses premières brisées, faisant eschange de ceste manière de vivre selon la raison, à la façon de vivre des plantes, n'ayant à recommandation, que le plaisir de la gourmandise, il est alors vrayement plante, et d'une façon beaucoup pire que la première." This passage is enriched by a number of ethical examples borrowed from Pliny: "Such have been Archestratus among the Greeks, between the Romans Apicius, *altissimus gruges* (says Pliny) deep abyss of all lives, and of one our century infinity of bellies, who not only find their collar too short, but also their life too brief, and the world too small for their insatiable appetites." ["Tels ont esté Archestratus entre les Grecs, entre les Romains Apicius, *altissimus gruges* (dit Pline) profond abisme de tous vivres, et d'une nostre siecle une infinité de ventres, qui ne trouvent pas seulement leur col trop court,

Man and plants are therefore alike primarily in the functions of the soul. Secondly, they share another property, that of verticality, but if the principle of elevation could be applied without distinction, it is Man who derives the most dignity from it. Its verticality is indeed ideal because its main part (the head) is close to the sky while the main part of the plant (its roots) is in the ground. This perspective is, of course, a reminiscence of the reading of Plato and his *Timaeus*, but it allows the doctor to justify in his discourse the ontological status of the human being and, above all, to praise the perfection of divine creation. "Man considered even in his perfection," we read in the chapter, "is a divine and celestial plant, τὸν οὐράνιον ὁ ἄνθρωπος," according to Saint Basil[19] and it is moreover, underlines the doctor, "an instruction of Nature" itself which "gives not only to plants; but to brute beasts, the head bent towards the earth, to show that their origin is of the earth, and that there one must be their last retreat.[20] In such an inverted perspective, "only Man who is a child of Heaven [and] who receives his nourishment from Heaven"[21] has this grace of being able to "contemplate the Heaven, his face erect and elevated towards this fifth element."[22] Third, men and plants share the principle of generation. "The World, according to Jewish Philo,"[23] reminds the doctor, "is a plant which produces all kinds of fruit, and which has all things as branches, or dependencies"[24] while man, continues Jourdain Guibelet, "is a plant which not only produces all kinds of fruit, but also for whose use and nourishment all plants are produced by nature."[25] The human being is thus entirely favored by the great demiurge.

---

    mais aussi leur vie trop briefve, et le monde trop petit pour leurs insatiables appetits."] Note that this pejorative comment by Guibelet on the lack of sobriety must be understood in the context of the rules of hygiene often discussed in the health regimes of the time. The authors condemned gluttony and all excess of food, emphasizing moderation and the happy medium; see for example Nicolas Abraham de la Framboisière, *Le Gouvernement necessaire à chacun pour vivre longuement en santé avec le gouvernement requis en l'usage des eaux Minerales* (Paris: Charles Chastellain, 1608), 17; Joseph du Chesne, *Pourtraict de la santé* (Paris: Claude Morel, 1606), 108, or Jacquelot, *L'Art de vivre longuement*, 166.

19 Guibelet, "De la comparaison," f° k 4 r°: "L'Homme considéré mesme en sa perfection," or "l'homme est une plante divine et celeste, τὸν οὐράνιον ὁ ἄνθρωπος."
20 Ibid.: "une instruction de la Nature elle-même qui donne non seulement aux plantes ; mais aux bestes brutes, la teste enclinée vers la terre, pour monstrer que leur origine est de la terre, et que là on doit estre leur derniere retraicte."
21 Ibid.: "l'Homme seul qui est enfant du Ciel [et] qui reçoit sa nourriture du Ciel."
22 Ibid.: "contempler le Ciel, la face droicte et eslevée vers ce cinquième élement."
23 I refer here to Philo of Alexandria (Philon d'Alexandrie, *De Opificio Mundi*, trans. Roger Arnaldez (Paris: Éditions du Cerf, 1961), 165–69).
24 Guibelet, "De la comparaison," f° k 4 r°–f° k 4 v°: "Le Monde, selon Philon Juif est une plante qui produit de toute sortes de fruicts, et qui a toutes choses comme branches, ou dépendances."
25 Ibid.: "est une plante qui ne produit pas seulement toutes especes de fruicts, mais aussi pour l'usage et nourriture duquel, toutes plantes sont produicts par la nature."

A World of Analogies: Tree Man and Humanized Nature

After the introductory presentation of these philosophical foundations and "to confirm [...] that the parts and properties of plants are in use in the small World,"[26] Guibelet engages in a copious enumeration of examples which almost become the driving force of his writing. And since procreation and growth are the first functions of the vegetative soul, it is the womb that inaugurates the list of analogies between man and the plant.[27] "The child is nourished in the womb of the mother," writes the doctor,

> like the plant in the ground and that there is no difference between them, for this regard. The plant comes from seed thrown into the ground. The child is formed and begotten from seed in the womb compared to the element of the earth. The plant is attached to the earth by its root, from which it still draws its food. The child is inserted into the womb, by means of the veins and arteries that cross the placenta and the umbilical vein that brings him nourishment. In the plant all the roots end in the same trunk. All the veins of the child except the principle of the mother, unite and end in the liver [...] the roots of the arteries in the heart, the roots of the nerves in the marrow of the spine, divide then afterwards into several branches down to the last branches.[28]

---

26 Guibelet, "De la comparaison," f° k 6 r°: "pour confirmer [...] que les parties et proprietez des plantes sont en usage dans le petit Monde."
27 Cf. Adrianus Spigelius, *De Formato foetu* (Patauii: apud Io Bap. De Martinis et Liuium Pasquatus, 1626), 44. Let me recall the existence of the different names attributed to the womb: "Les Grecs luy [à la matrice] ont donné divers noms, que je tais, pour dire qu'Hippocrate l'appelle, le lieu où se fait la conception, quelquesfois, geniture, et quelquesfois vaisseau. Les Anciens l'ont nommée *mère et derniere* : *mere et matrice*, parce qu'elle est mere des enfans qui naissent d'elle, ou en elle, ou bien parce qu'elle fait meres celles qui l'ont : et derniere, non point qu'elle soit engendrée la derniere (car elle est formée au mesme temps, que toutes les autres parties) mais parce qu'en situation elle est la derniere des visceres. Il y en a qui l'appellent *phusis*, du verbe *phuesthai*, parce qu'estant bien cultivée, et recevant par certains intervalles de temps la semence, elle produit tousjours quelque chose de soy. Les Latins la nomment *uterus*, Pline *utriculus*, parce que l'enfant est contenu dans icelle comme dans une oïre et peau. Les autres *uulua* : comme qui diroit *uolua*, c'est-à-dire enveloppoir, ou *ualua*, qui signifie une *portelette*. Lucilius l'appelle *bulga*, c'est-à-dire, *boursette*, ou *bougette*. Aristote la nomme tantost *lieu*, tantost, *membre servile*. [...] Cette partie est très-noble, et comme un brasier caché sous la cendre chaude, dont sont tirez les thersors cachez de nature. Platon l'appelle [la matrice] *animal plein de concupiscence*, parce qu'en rassasiant son appetit, elle engendre un animal. Pytagore dit que *c'est un animal distingué de par soy-mesme*. Et Arethée, que c'est un *viscere quasi animé, et comme quelque animal dans l'animal*" (André du Laurens, "Des parties genitales," in André du Laurens, *Toutes les œuvres* (Rouen: Raphael du Petit Val, 1621), f° 221 v°). On the other hand, on the animality of the matrix, see Véronique Dassen, "Métamorphoses de l'utérus, d'Hippocrate à Amboise Paré," *Gesnerus* 59, (2002): 167–87.
28 Guibelet, "De la comparaison," f° k 4 v°-f° k 5r°: "L'enfant est nourry dans la matrice de la mere comme la plante dans la terre et qu'il n'y a aucune difference entre-eux, pour ce regard. La plante provient de semence jettée en terre. L'enfant est formé et engendré de semence en la matrice comparée cy devant à l'élément de la terre. La plante est attachée à la terre par sa

The similarities between human and plant seeds are numerous,[29] those between roots and veins and arteries are perhaps nevertheless more striking, and the clarity with which Guibelet describes them must be directly related to the medical iconography of the 16th and 17th centuries. This indeed reflects a growing interest in the womb and its mysteries, particularly through anatomical engraving, which "testifies to the new attention given to the specificity of the female body, which has become a privileged object of male anatomical curiosity."[30] This link manifests in the lively ekphrasis that it offers of the course of the vena cava (*vena cava inferior* and *superior*) and the functions it performs. He operates a descriptive "movement," in our view very graphic, fast and precise like a charcoal sketch, to bring out the tree structure, the central motif of his speech. "If we would diligently investigate the origin and progress of the vena cava," explains the doctor,

> we will judge that it deserves the name of tree, as well as the Oak or the Cypress. It has its roots in the liver, at the exit of which it is divided into two arms, one carried towards the kidneys along the spine, to populate the lower parts with several branches; the other towards the heart and the testa, branching into many large and small branches, for the nourishment of the upper parts. But among other things, passing through the diaphragm, it throws on this membrane as on a canvas or parchment, two shoots or small shrubs, so well represented on one side and on the other, that an excellent painter could not better imitate the nature that she has in this imitated herself: And is a thing worthy of admiration, that this is a cave besides representing to us the nature of the plants, acts as a waterer, and like a furrow and channel full of blood, moistens and nourishes the parts of the body, muscles, membranes, tendons, ligaments, and others which are the parts of the garden."[31]

---

racine, d'où encore elle tire sa nourriture. L'enfant est inseré à la matrice, par le moyen des venes et arteres qui traversent l'arrrière / faiz, et de la vene ombilicale qui luy porter la nourriture. En la plante toutes les racines aboutissent en un mesme tronc. Toutes les veines de l'enfant hors le principe de la mère, s'unissent et se terminent au foye [...] les racines des arteres au cœur, les racines des nerfs à la moële de l'espine, divisez puis après en plusieurs rameaux jusques aux dernieres branches."

29 On the homophony in the language which favors the meeting of human sexuality and that of the plant, see Dominique Brancher, *Quand l'esprit vient aux plantes. Botanique sensible et subversion libertine (XVIe-XVIIe siècles)* (Genève: Droz, 2015), 218-26.

30 Dominique Brancher, "Jeux de la médiation dans les *Erreurs Populaires* de Laurent Joubert," in *Vulgariser la médecine. Du style médical en France et en Italie*, eds. Andrea Carlino and Michel Jeanneret (Genève: Droz, 2009), 215: "témoigne de l'attention nouvelle donnée à la spécificité du corps féminin, devenu un objet privilégié de la curiosité anatomique masculine."

31 Guibelet, "De la comparaison," f° k 5r°-k 5v°: "Si nous voulions diligemment examiner l'origine et le progrez de la vene cave, nous jugerons qu'elle mérite le nom d'arbre, aussi bien que le Chesne ou le Cyprès. Elle a ses racines dans le foye, à la sortie duquel elle est divisée en deux bras, l'un porté vers les reins le long de l'espine, pour peupler de plusieurs rameaux les parties inferieures ; l'autre vers le cœur et la teste, ramifié en plusieurs branches grandes et petites, pour la nourriture des parties superieures. Mais entre autres, passant par le diahragme, elle jette sur ceste membrane comme sur une toile ou parchemin, deux rejettons ou

The womb, the vena cava, the arborescence therefore, "there would be no need to exaggerate further this matter, which is quite fertile in itself"[32] but, nevertheless continues the doctor, "to remove all scruple, we shall still declare that all separate parts are specified in the small World."[33] Guibelet thus continues his demonstration by moving his topic towards the lexical universe, where terms specific to human anatomy slide unaltered towards plant morphology and vice versa. The result is a kind of vegetal-human onomasticon made possible, as Dominique Brancher remarks, thanks to "this perfectly specular structure, where each world is both compared and comparing,"[34] which moreover "makes it impossible to give pre-eminence to one or the other."[35] The *anatomia plantarum* differs in no way from the *anatomia hominorum*, and thus we find "the roots of the nerves, veins, hair, teeth and tongue,"[36] "the trunk of the artery and vena cava,"[37] "the skin is like the bark"[38] while "the semen is like the seed."[39] The doctor further recalls that "we say the eyes of the buds, *oculus germinum*"[40] and that "the middle of the apple is called by the Latins *umilicus* the navel; as in the trunk of trees, the part which is in the middle is called *cor* or *matrix*, the heart or the womb."[41] The apple is, it seems, his favorite fruit, for the author returns to it in a larger fragment:

> The apples, of which we recognize several varieties, are brought back to the gardens of the small world by various parts of the body. Cheeks are called by the Greeks μῆλα *apples*, because they are raised in roundness, and often with some trace of vermilion, like an apple. Aristophanes so calls the breasts for the resemblance which is between the fruit and this [body] part; to which Pindar seems to have had regard, when he calls the breast, ὀμόφακα *verdelette*, as if he were speaking of an apple which had not yet reached

---

petits arbrisseaux, si bien figurez d'une / part et d'autre, qu'un paintre excellent ne sçauroit mieux imiter la nature qu'elle s'est en cela imitée elle mesme : Et est chose digne d'admiration, que ceste vene cave outre qu'elle nous represente la nature des plante, faict office d'arrouser, et comme une rigole et canal plein de sang, humecte et nourrit les parties du corps, muscles, membranes, tendons, ligaments, et autres qui sont les ayres les parteres du jardins."

32 Ibid., f° k 5v°: "il ne seroit pas besoin d'exagerer davantage ceste matrière assez feconde d'elle mesme."
33 Ibid.: "pour lever tout scrupule, nous declarerons encor que toutes des parties séparément sont specifiés dans le petit Monde."
34 Brancher, *Équivoques de la pudeur*, 446: "cette structure parfaitement spéculaire, où chaque monde est à la fois comparé et comparant."
35 Ibid.: "rend impossible de donner la prééminence à l'un ou l'autre."
36 Guibelet, "De la comparaison," f° k 5v°: "les racines des nerfs, des venes, des cheveux, des dents et de la langue."
37 Ibid.: "le tronc de l'artere et de la vene cave."
38 Ibid., f° k 6 r°: "la peau est comme l'écorce."
39 Ibid.: "la semence est semblable à la graine."
40 Ibid., f° k 6 v°: "nous disons les yeux des bourgeons, *oculus germinum*."
41 Ibid.: "le milieu de la pomme est appellé par les Latins *umilicus* le nombril ; comme au tronc des arbres la partie qui est au milieu est nommée *cor ou matrix*, le cœur ou la matrice."

maturity. For such are the breasts of young girls, when they begin to grow, at which time, says Aristotle, they need a healer, as / one gives attention to apples, for fear of thieves. The old Poet Accius also compares to this fruit, the spirits of men, *quod in pomis est*, he says, *itidem esse aiunt in ingeniis*, the Doctors thus name a disease which affects the eye. But we never would have done it if we wanted to explain everything exactly. At the end of the breast is a vermilion cherry, which to be more beautiful than the fruit itself, would put nature to shame were it not that it is also in its own way.[42]

In this original and erudite onomasticon, Guibelet returns, as if to a source, to the figures describing the female and male genitalia. Quoting the ancient authorities (Plutarch, Pliny, Aristophanes), the doctor specifies that "the testicles are so similar to olives, that a species of olive bears the name of testicle *oliua*."[43] On the other hand, continues the doctor "the secret part of the woman" is often nicknamed nettle, "for the reason that it burns young men like the nettle the hands of those who touch it"[44] while "the hair which grows in same part"[45] is called "soft and pleasant grass."[46] "The orifices of the veins of the womb are similar to the grass called *Cymbalaria:* bowls, because of this resemblance they have the same name among the Greeks [kotulhdwn, *cotyledon*],"[47] concludes the doctor.

In addition to anatomical and onomastic correspondences, this world of analogies also affects the field of diseases and other indispositions. "Some trees," informs Guibelet, "like those that bear grapes are sick from an abundance of fat

---

42 Ibid., f° k7 v°-k8 r°: "Les pommes desquelles nous recognoissons plusieurs differences, sont rapportées dans les jardins du petit Monde par diverses parties du corps. Les jouës sont dittes par les Grecs mȳla *pommes*, par ce qu'elles sont eslevées en rondeur, et souvent avec quelque traict de vermillon à la façon d'une pomme. Aristophane appelle ainsi les mamelles pour la ressemblance qui est entre le fruict et ceste partie ; à laquelle il semble que Pindare ayt eu égard, quand il appelle la mamelle, ŏmofaka *verdelette*, comme s'il parloit d'une pomme non encor parvenue à sa maturité. Car telles sont les mamelles des jeunes filles, lorsqu'elles commencent à pousser, auquel temps, dit Aristote, elles ont besoin d'une soigneuse, comme / l'on donne ordre aux pommes, de peur des larrons. Le vieil Poëte Accius compare encore à ce fruict, les esprits des hommes, *quod in pomis est*, dit-il, *itidem esse aiunt in ingeniis*, les Medecins nomment ainsi une maladie qui survient à l'œil. Mais nous n'aurions jamais faict si nous voulions expliquer le tout exactement. Au bout de la mamelle se void une cerise vermeille, qui pour estre plus belle que le fruict mesme, feroit honte à la nature n'estoit qu'elle est aussi de sa façon." On the apple, its etymology and its symbolism, I refer to Piero Camporesi, *L'officine des sens. Une anthropologie baroque*, trans. Myriem Bouzaher (Paris: Hachette, 1989), 187–214.
43 Guibelet, "De la comparaison," f° k 7 r°: "les testicules ressemblent tellement aux olives, qu'une espece d'olive porte le nom de testicule *oliua*."
44 Ibid.: "la partie secrète de la femme est souvent surnommée ortie à raison qu'elle brusle les jeunes hommes comme l'ortie les mains de ceux qui la touchent."
45 Ibid.: "le poil qui croist en mesme partie."
46 Ibid.: "herbe douce et agréable."
47 Ibid.: "Les orifices des venes de la matrice sont semblables à l'herbe nommée *Cymbalaria* : écuelles, à raison de ceste ressemblance elles ont un mesme nom entre les Grecs [kotulhdwn, *cotyledon*]."

and food. They are subject to worms, plague, scabies, and very often nerve pains afflict them like men, *ut homini neruorum cruciatus, sic arbori.*⁴⁸ "The flowers of women," finally, "relate entirely to the flowers of plants, considering that they precede the fruit in them as in plants: being the child an exquisite fruit which surpasses in beauty all the others."⁴⁹

In this system of representation of Creation, as one can, there is total osmosis between the two worlds, from the first spark of life to the withering away one might say, except that no analogy concerning old age or death appears in this chapter. However, the material and the lexical field seem fertile in this respect and it is a question worth raising before concluding.⁵⁰

Conclusions

As previously argued, analogies and resemblances form the mechanics of Guibelet's discourse. He mixes, regardless of their actual veracity, similarities of function and similarities of form within sometimes forced comparisons, just as he grants the same semantic value to any kind of figurative or even symbolic expression, whether he finds his source in an obvious and traditional resemblance or in the poetic spirit of Aristophanes or Pindar. The uterus like a fertile field, the vagina like nettle, the pubic hair like soft grass, the breasts like an orchard to be fenced, the arboreal vena cava bringing blood, that red sap carrying life, the skin like the bark, kidneys like beans, but, Guibelet defends himself at the turn of an example, "if someone says that all these things are only allegories, or metaphorical resemblances, and that there is nothing in the Man who can really be called a plant: I answer with Chrysippus and Galen [...] that there is no difference between them, at this level."⁵¹ It is that Guibelet fires all wood to serve the rationality of the link between macrocosm and microcosm. The resemblances described are much more in the spirit of Guibelet as in that of his ancient predecessors, strict equivalences, which derive from the same fundamental

---

48 Ibid.: "Quelques arbres comme ceux qui portent raisine sont malades d'abondance de gresse, et de nourriture. Elles sont sujectes aux vers, à la peste, à la galle, et bien souvent les douleurs de nerfs les affligent comme les hommes, *ut homini neruorum cruciatus, sic arbori.*"
49 Ibid.: "Les fleurs des femmes enfin rapportent entièrement aux fleurs des plantes, consideré qu'elles precedent le fruict en elles comme aux plantes : estant l'enfant un fruict exquis qui surpasse en beauté tous les autres."
50 He quickly quotes Solomon comparing the body of the old man to an almond tree (ibid.) but old age and death are passed over in silence as a natural process.
51 Ibid.: "si quelqu'un dit que toutes ces choses ne sont qu'allégories, ou ressemblances métaphoriques, et qu'il n'y a rien dans l'Homme qui puisse estre appelé vrayement plante : Je réponds avec Chrysippus et Galien [...] qu'il n'y a aucune différence entre-eux, pour ce regard."

principle, from a "natural twinness,"[52] to use once again this apt expression of Dominique Brancher, and for the time that concerns us, with a unity of Man and the World as "temples and cities of God."[53]

In Guibelet's approach, a prominent place is given to observation in the defense of this theory of everything. His long comparative developments astonish by their details and reveal an authentic intellectual curiosity, an admiration for the things of nature. No causality is obviously addressed in what remains a defense and an illustration. Reduced to a smaller scale, the macrocosm is metamorphosed in Guibelet's treatise into a *humani corporis fabrica*, in a celestial and divine garden in which the doctor takes care of every detail and explains it through etymology, botany and history and anatomy. He still conscientiously adorns his garden, where "the plant and the human are part of a system of correlated vital presences, communicate and recognize each other by a thousand signs, through multiple channels, one emblematic mirror of the other,"[54] sentences of ancient authorities (*flores*) to give it the aroma of the tradition of long past centuries.

Finally, Humanity is itself a *viridarium* to be cultivated, "and just so, says Plutarch, that good gardeners make pricks, near young plants, to keep them straight: also wise teachers plant good precepts and warnings around the young people, so that their morals rise up to virtue."[55] It is this teaching that we find expressed in the quatrain that accompanies the following engraving. The Tree of Wisdom is represented there, which at first glance is taken for a simple allegory, but which should be considered as a more ontological figure than it seems, charged with a scientific representation of nature itself of Man and his place in the world, and of which the lesson of Guibelet gives evidence:

Tree of wisdom

Look and see, that the tree of wisdom
(From which befits man to be instructed)
Takes its root in the heart, and so much rises,
That through the mouth he brings out the fruit.[56]

---

52 Brancher, *Équivoques de la pudeur*, 446: "gémellité naturelle."
53 Guibelet, "De la comparaison," f° e 2 v°: "temples et citez de Dieu."
54 Camporesi, *L'officine des sens*, 207: "le végétal et l'humain s'inscrivent dans un système de présences vitales corrélées, communiquent et se reconnaissent par mille signes, à travers de multiples canaux, l'un miroir emblématique de l'autre."
55 Guibelet, "De la comparaison," f° k7 r°: "et tout ainsi, dit Plutarque, que les bons jardiniers fichent des paux, aupres des jeunes plantes, pour les tenir droictes : aussi les sages maistres plantent de bons preceptes et advertisements à l'entour des jeunes gents, afin que leurs meurs se dressent à la vertu."
56 Guillaume de la Perrière, *La Morosophie* (Lyon: Macé Bonhomme, 1533), 97: "Cur cordis medio radix? Cur tramite caeco / Truncus in alta ruens fructibus ora replet?/ An quia (quodcunque est) cor nostrum concipit omne, / Illius et mentem lingua diserta refert / Re-

Bibliography

Aristote. "'On Youth' and 'Old Age. On Life and Death.'" In *Parva Naturalia*, translated by W. S. Hett, Loeb Classical Library 288, 412–429. Cambridge, MA: Harvard University Press, 1957.

Brancher, Dominique. *Équivoques de la pudeur. Fabrique d'une passion à la Renaissance.* Genève: Droz, 2015.

–. "Jeux de la médiation dans les *Erreurs Populaires* de Laurent Joubert." In *Vulgariser la médecine. Du style médical en France et en Italie*, edited by Andrea Carlino and Michel Jeanneret. 213–42. Genève: Droz, 2009.

–. *Quand l'esprit vient aux plantes. Botanique sensible et subversion libertine (XVIe-XVIIe siècles).* Genève: Droz, 2015.

Camporesi, Piero. *L'officine des sens. Une anthropologie baroque.* Translated by Myriem Bouzaher. Paris: Hachette, 1989.

Dassen, Véronique. "Métamorphoses de l'utérus, d'Hippocrate à Amboise Paré." *Gesnerus* 59 (2002): 167–87.

De la Framboisière, Nicolas Abraham. *Le Gouvernement necessaire à chacun pour vivre longuement en santé avec le gouvernement requis en l'usage des eaux Minerales.* Paris: Charles Chastellain, 1608.

–. *Toutes les œuvres.* Paris: Charles Chastellain, 1613.

Du Chesne, Joseph. *Pourtraict de la santé.* Paris: Claude Morel, 1606.

Ducourthial, Guy. *Flore magique et astrologique de l'Antiquité.* Paris: Belin, 2003.

Du Laurens, André. "Des parties genitales". In André du Laurens, *Toutes les œuvres*, f° 211–30. Rouen: Raphael du Petit Val, 1621.

–. *Toutes les œuvres.* Rouen: Raphael du Petit Val, 1621.

Guibelet, Jourdain. "De la comparaison de l'homme avec le monde." In Jourdain Guibelet, *Trois discours philosophiques*, f°1 r°-f° 110 v°. Évreux: Antoine Le Marié, 1603.

Guillemeau, Jacques. *La Chirurgie françoise.* Paris: Nicolas Gilles, 1594.

Jacquelot, Pierre. *L'Art de vivre longuement sous le nom de Médée.* Édition critique par Magdalena Koźluk. Paris: Éditions Classiques Garnier, 2021.

Jahan, Sébastien. *Les Renaissances du corps en Occident (1450–1650).* Paris: Belin, 2004.

Joubert, Laurent. *Le traité du ris contenant son essance, ses causes, et son mervelheus effais, curieusement rechercés, raisonnés et observés.* Paris: Nicolas Chesneau, 1579.

Koźluk, Magdalena. *L'Esculape et son art à la Renaissance. Le discours préfaciel dans les ouvrages français de médecine 1528–1628.* Paris: Éditions Classiques Garnier, 2012.

La Perrière, Guillaume de. *La Morosophie.* Lyon: Macé Bonhomme, 1533.

Le Baillif, Roche. *Premier Traicté de l'homme.* Paris: pour Abel l'Angelier, 1583.

Paré, Amboise. *Deux livres de chirurgie.* Paris: André Wechel, 1573.

–. *Livre de la génération de l'homme.* 729–801. In Amboise Paré, *Les Œuvres.* Paris: Gabriel Buon, 1599.

Philon d'Alexandrie. *De Opificio Mundi.* Translated by Roger Arnaldez. Paris: Éditions du Cerf, 1961.

---

garde et voy, que l'arbre de sagesse / (Duquel convient que l'homme soit instruit)Prent sa racine au coeur, et tant se dresse, / Que par la bouche il fait sortir le fruit."

Pigeaud, Jackie. "Les Mains des Dieux. Quelques réflexions sur les problèmes du médicament dans l'Antiquité," *Littérature, Médecine, Société*, n° 4 (1982): 53-74.

Saint Basile le Grand. "Homélie 9." In Saint Basile le Grand, *Homélies, Discours et Lettres*. Traduits par M. L'abbé Auger, 508-26. Lyon: chez François Guyot, 1827.

Scarborough, John. "Theoretical Assumptions in Hippocratic Pharmacology." In *Formes de pensée dans la collection hippocratique. Actes du IVe Colloque International Hippocratique, Lausanne, Septembre 1981*, edited by Frédéric Laserre and Philippe Maudry. 307-25. Genève: Droz, 1983.

Spigelius, Adrianus. *De Formato foetu*. Patauii: apud Io Bap. De Martinis et Liuium Pasquatus, 1626.

Touwaide, Alain. "Stratégies thérapeutiques: les médicaments." In *Histoire de la pensée médicale en Occident*, t. 1, *Antiquité et Moyen Âge*, edited by Mirko Drazen Grmek. 227-37. Paris: Éditions du Seuil, 1995.

Clémence Laburthe-Tolra (Université d'Angers, Centre
Interdisciplinaire de Recherche sur les Patrimoines en Lettres
et Langues)

Vita Sackville-West's Real-Life and Literary Gardens

Abstract
Vita Sackville-West is often associated with Virginia Woolf and the Bloomsbury Group. This has resulted in eclipsing Sackville-West's passion for horticulture and gardens, even though Sackville-West was deeply involved in the design of Sissinghurst, which is now one of the most celebrated gardens in England. Lesser known are her literary gardens: be they central or peripheral in her work, they are constantly mused upon by Sackville-West. This paper seeks to analyse how Sackville-West goes back and forth between her real-life gardens and her literary gardens, exploring how the latter were marked by her modernist approach to garden design. This reflection is based on Sackville-West's garden plans, poems and novels, as well as on horticultural columns she published for *The Observer* from 1946 to 1961 – these sources are explored alongside contemporary botanical treatises so as to evaluate how the latter influenced Sackville-West's gardening habits and writings.
Keywords: Vita Sackville-West, garden, horticulture, landscape, poetry

Introduction

Vita Sackville-West is often associated with Virginia Woolf and the Bloomsbury Group, through studies that put to the fore the two women's passionate affair. This has resulted in eclipsing Sackville-West's passion for horticulture and gardens, even though Sackville-West was deeply involved in the design of Sissinghurst, which is now one of the most celebrated gardens in England. Lesser known are her literary gardens. Thus, I intend to retrace Sackville-West's journey towards gardening and writing the garden. Drawing on her attachment to Knole and its garden, I mean to investigate Sackville-West's experimentations in Long Barn and Sissinghurst, where she embraces gardening. Her beginnings as a gardener are meticulously reported in her diaries and in letters, written before she established herself as a renowned gardener and published horticultural columns for *The Observer* from 1946 to 1961. Yet, her gardening interests also find their way into her literary work, as she muses on how one is to describe flowers and plants without indulging in cloying sentimentalism.¹ Sackville-West's diaries and correspondences will thus be read alongside her novels, poems, horticultural columns and botanical essays, for they reveal her threefold sensibility towards the garden, encompassing personal, literary and scientific matters. Studies on Sackville-West's inclination towards gardens chiefly dwell on her gardening technique or her horticultural interests, both analysed at great length by Jane Brown, Anne Scott-James and Tim Richardson through the prism of garden history. Yet, Sackville-West's novels and poems provide an invaluable source for comprehending the gardener's passion, for they inscribe gardens along the pages. Although research has partly analysed Sackville-West's literary take on countryside and plants, the scale of the garden within her work has been neglected. Therefore, I seek to explore Sackville-West's to and fros between her various gardens, examining how Sackville-West evolved from amateur to acknowledged gardener-cum-horticulturalist, and how such ascent led her to plot the garden and to design spaces, be they on the ground or on the page.

A Lifelong Passion for Gardens: From Amateur to Celebrated Horticulturist and Gardener

Experiencing the hardship of not inheriting the property of her childhood when her father passes away in 1928, and thus drifting away from Knole, Sackville-West begins to locate the garden as a site of memory. Knole is a country house situated in west Kent, to the south-east of Sevenoaks. Built in the fifteenth century as an archbishop's house, it was then remodelled in the sixteenth century to become a Royal Tudor residence. With the seventeenth century came a period of great change – not only was the mansion altered as a Jacobean country house, but it also became the seat of the Sackville family. As such, for Sackville-West the garden at Knole becomes associated with family, history and lineage as evidenced in a letter addressed to her husband Harold Nicolson, in which she claims that "there is some sort of umbilical cord that ties me to Knole."² However, this corporeal, maternal sense of belonging is not necessarily rooted in the garden or in the act of gardening. Although she was granted a plot as a child, Sackville-West hardly gardened.³ Rather, she seemed to be more attached to the mansion itself,

---

1 Vita Sackville-West, *Some Flowers* (London: Pavilion in association with the National Trust, 1993), 12–13.
2 Paul Salzman, *Reading Early Modern Women's Writing* (Oxford: Oxford University Press, 2006), 106.
3 Jane Brown, *Vita's Other World. A Gardening Biography of V. Sackville-West* (Harmondsworth: Penguin, 1987), 35–36: "As a child Vita had her own garden 'because of the tradition that every child must automatically love and cherish a garden of its own,' but she was honest

as recalled by her lover Violet Trefusis, "Vita belonged to Knole, to the courtyards, gables, galleries; to the prancing sculptured leopards, to the traditions, rites and splendours. It was a considerable burden for one so young."[4] The garden is not so much tended on site as explored later on by Sackville-West in her novel *The Edwardians* (1930), in which Chevron is strikingly reminiscent of Knole and its design.

If the garden is first apprehended by Sackville-West as a metaphorical site of memory, it is later on invested as a site of innovation and craftsmanship, as Sackville-West and Harold Nicolson acquire Long Barn[5] and Sissinghurst Castle. Bought in 1915, Long Barn is where Sackville-West takes up gardening, as revealed by her diaries in which she lists the types of roses she plans on using: she begins by planting "'flowers that English poets sing', such as roses, daffodils, iris, wallflowers, love-in-a-mist, borage, lavender, stocks, columbine, poppies and hollyhocks."[6] She expands at great length on roses that she considers to plant for her rose hedges – "Albéric Barbier," "W. A. Richardson" and "Gloire de Dijon" to name but a few.[7] With Long Barn, her planting style becomes greatly inspired by Gertrude Jekyll, as noted by Jane Brown: "these roses, listed by Vita in her earliest gardening notebook, are exactly those that Miss Jekyll was using over and over again in her planting schemes at this time."[8]

Acquired in 1930 by Sackville-West and Harold Nicolson, Sissinghurst Castle is first and foremost linked back to Knole, as evidenced in the letter sent by Nicolson to Sackville-West, "That it is the most wise of us to buy Sissinghurst. Through its veins pulses the blood of the Sackville dynasty."[9] The property is personified, and references to anatomy ("veins," "blood") underline once again the corporeal dimension Sackville-West attributes to her gardens. The "umbilical cord" tying Sackville-West to Knole is therefore restored in Sissighurst, as Sissinghurst is gradually envisioned by the couple as a site to uproot Knole. As Sackville-West wanders around the ruins of Sissinghurst in 1930, she cannot help but think of the Tudor walls at Knole. In an attempt to recreate these walls,

---

enough to admit later that it bored her – 'weeds grow too fast and flowers too slowly.' She let it get untidy and the gardeners would descend and tidy it up, so she felt it wasn't really her garden at all."
4 Trefusis Violet, in ibid., 16.
5 Ibid., 74.
6 Ibid., 64.
7 Yves Tissier and Bernard Wauthier, *Sissinghurst. Une demeure-jardin: la demeure: ses principaux thème de référence et son langage spatial* (Paris: Ministère de l'équipement, du logement, des transports et de la mer / Bureau de la recherche architecturale (BRA); Clermont-Ferrand: Ecole nationale supérieure d'architecture de Clermont-Ferrand, 1990), 18.
8 Brown, *Vita's Other World*, 67.
9 Harold Nicolson, quoted in Anne Scott-James, *Sissinghurst. The Making of a Garden* (London: Michael Joseph, 1975), 35.

Sackville-West and Nicolson chose to adopt a modern approach in designing the garden by planting hedges to create garden rooms. The aim was to design rooms that would each have their own *ambiance*, in a similar fashion to Lawrence Johnston's Hidcote Manor Garden, which was visited by the couple in 1941. Moreover, these garden rooms are enhanced by colour themes, seasonal plots, and a complex system of axes which is described by Sackville-West in an article on Sissinghurst:

> We [Vita Sackville-West and Harold Nicolson] agreed entirely on what was to be the main principle of the garden: a combination of long axial walks, running north and south, east and west, usually with terminal points such as a statue or an archway or a pair of small geometrical gardens opening off them, rather as the rooms of an enormous house would open off the arterial corridors.[10]

As well as designing the garden with her husband, Sackville-West also surrounds herself with renowned Arts & Crafts architects such as Edwin Lutyens and Albert Reginald Powys. In doing so, she embraces the posture of the amateur. Not only does her amateurism appear in the architectural or botanical projects she becomes involved in, but it also reverberates in her inclination towards plants, when designing flower beds, planting seeds, or going plant-hunting as evoked in, for instance, *Country Notes* (1939). Recalling the practice of "plant-hunting," she argues:

> I refer to the far milder and more modest ambition of discovering the rarer species of our native orchises for oneself in their own habitat. The perseverance is great, and the reward may be small. One may have to creep, stooping, one's face lashed by brambles, one's hat torn from one's head, one's back breaking, through acres of hoary dogwood and Way-faring tree in search of the Military orchis which one never finds.[11]

As such, does not Sackville-West's sensuous botanical experience read as a fertile ground for contemplating plants, gardens and landscapes through poetry? *The Land* (1926) is a case in point for that matter, as Sackville-West ponders over seasonal changes and reflects on mutability and botany. While she muses on plant growth and blossoms with a scientific tone in her diaries, *The Land* is a rewriting of Virgil's *Georgics* as well as a eulogy of Kentish landscape:

> Hear first of the country that shall claim my theme,
> The Weald of Kent, once forest, and to-day
> Meadow and orchard, garden of fruit and hops,
> A green, wet country on a bed of clay[12]

---

10 Vita Sackville-West, "The Garden at Sissinghurst Castle," *Royal Horticultural Society Journal* (November 1953): 403.
11 Vita Sackville-West, *Country Notes* (London: Michael Joseph, 1939).
12 Vita Sackville-West, *The Land* (Melbourne; London; Toronto: Heinemann, 1955), 11.

Tinged with lyricism, Sackville-West's lines encompass the spatial and temporal realities of The Weald. Enjambments and enumerations of landscape components condense the history of Kentish landscape over four lines, with juxtapositions and monosyllabic terms which serve to hasten the rhythm of the lines and recall the course of landscape history. The rhyme "to-day" / "clay" reads as a final link between time and space, turning the landscape into a physical reality with references to its aspect ("bed of clay") and its materiality ("wet"). This tangible dimension is furthermore expanded upon with a reflection on the shepherd's earthly labour:

> So he plots
> To get the better of his lands again;
> Compels, coerces, sets in trim, allots
> Renews the old campaign.
> His mind is but the map of his estate,
> No broader than his acres, fenced and bound
> Within the little England of his ground,
> Squared neat between the hedgerows of his brain,
> With here Lord's Meadow tilted on a hill,
> And Scallops' Coppice ending in a gate,
> And here the Eden passing by a mill,
> And here the barn with thatch,
> And here a patch of gorse, and there a patch
> Of iris on the fringes of a pond,
> And here Brook Orchard branded safe with grease[13]

Not only does Sackville-West shed light on the shepherd's relation to earth and to landscape, she also conjures up his existence in order to address the poet's labour. The polysemy of the verb "plot" sets the tone, pointing to agricultural practice and to poetical elaboration. Both to be read in a literal and in a figurative sense, "plot" is then reinforced by a series of verbs of action ("Compels, coerces, sets in trim, allots") which may also apply to the poet's craft. In fact, these lines epitomise the constant back-and-forth Sackville-West finds herself in, as she goes from poetry to science, and from science to poetry. Susan Bazargan therefore argues that, "in her act of writing the culture of the laborers of the land, Sackville-West is in fact shaping a literary terrain of her own."[14] This is best encapsulated by her shift from poetry to horticultural columns, as Sackville-West published weekly chronicles for *The Observer* from 1946 to 1961. Expanding on "Some Flowers" or listing up well-established nurserymen, Sackville-West gave gardening advice which targeted gardeners ranging from amateurs to experi-

---

13 Ibid., 22.
14 Susan Bazargan, "The Uses of the Land: Vita Sackville-West's Pastoral Writings and Virginia Woolf's 'Orlando'", *Woolf Studies Annual* 5 (1999): 33.

enced horticulturalists. By catering to all needs, she popularised gardening columns, and advised her readers on, for example, how to prune roses[15] or how to make one-colour gardens.[16] These pieces of advice were largely inspired by her own gardening experiments at Sissinghurst, as evidenced by her January 22, 1950 column on one-colour gardens:

> It is amusing to make one-colour gardens. […] For my own part, I am trying to make a grey, green and white garden. This is an experiment which I ardently hope may be successful, though I doubt it. […] My grey, green, and white garden will have the advantage of a high yew behind it, a wall along one side, a strip of box edging along another side, and a path of old brick along the fourth side. […] I visualize the white trumpets of dozens of Regale lilies, grown three years ago from seed, coming up through the grey of southernwood and Artemisia and cotton-lavender, with grey-and-white edging plants such as *Dianthus Mrs. Sinkins* and the silvery mats of *Stachys Lanata*, more familiar and so much nicer under its English names of Rabbit's Ears or Saviour's Flannel. There will be white pansies, and white peonies, and white irises with their grey leaves... at least, I hope there will be all these things.[17]

Plotting the Garden

As previously noted, Sackville-West's lines on the shepherd's plot in *The Land* are both informative and metaphorical, as the shepherd's gesture epitomises the poet's writing process. If, indeed, the poet "plots," "compels, coerces, sets in trims" and "allots," how does Sackville-West plot the garden in her works? Losing Knole in 1928 indubitably prompts her to move from landscape to garden as she publishes *The Edwardians* in 1930 and *The Garden* in 1946. However, the lost garden first appears in Virginia Woolf's *Orlando* (1928), which reads as an homage to Knole and to Sackville-West. Indeed, Knole is to be deciphered in between the lines, as sensed by Sackville-West, quoted by her son Nigel Nicolson, "Vita wrote to Harold: 'I am in the middle of reading *Orlando*, in such a turmoil of excitement and confusion that I scarcely know where (or who) I am!' The book, for her, was not simply a brilliant masque or pageant. It was a memorial mass."[18] This "memorial mass" is best encapsulated by the "Oak Tree" to which Orlando is constantly drawn in the novel. Indeed, the oak tree was highly evocative for Sackville-West, for it is constitutive of the Wealden landscape – "the area is noted for its oak-trees, so that the Weald Clay, like the Kimmeridge, received from

---

15 Vita Sackville-West, *In Your Garden* 1951 (London: Frances Lincoln, 2004), 48.
16 Ibid., 20.
17 Ibid., 20–21.
18 Nigel Nicolson, *Portrait of a Marriage* (London: Phoenix, 1992), 190.

William Smith the name of Oak-tree Clay."[19] Not only does Virginia Woolf hint at the Kentish landscape by figuring a central component of Sackville-West's landscape, the writer also maps Knole in between the lines of the landscape described. From his vantage point, Orlando surveys the whole of Kentish land, spotting mansions that are reminiscent of Knole with its chimneys and turrets:

> He had walked very quickly uphill through ferns and hawthorn bushes, startling deer and wild birds, very high, so high indeed that nineteen English counties could be seen beneath; and [...] castles among the meadows; and here a watch tower; and there a fortress; and again some vast mansion like that of Orlando's father, to a place crowned by a single oak tree. It was massed like a town in the valley circled by walls. [...] For a moment Orlando stood counting, gazing, recognizing. That was his father's house; that his uncle's. His aunt owned those three great turrets among the trees there. The heath was theirs and the forest; the pheasant and the deer, the fox, the badger, and the butterfly.[20]

Departing from this vantage point, the narrator shows the reader into the mansion and its garden:

> Courts and buildings, grey, red, plum colour, lay orderly and symmetrical; the courts were some of them oblong and some square; in this was a fountain; in that a statue; the buildings were some of them low, some pointed; here was a chapel, there a belfry; spaces of the greenest grass lay in between and clumps of cedar trees and beds of bright flowers; all were clasped – yet so well set out was it that it seemed that every part had room to spread itself fittingly – by the roll of a massive wall; while smoke from innumerable chimneys curled perpetually into the air.[21]

Both mansion and garden are gone over through the use of deictics and juxtapositions which serve to spatialize each part of the property. Said to be "clasped," the property and its room-like design are mirrored by deictics, anaphoras in "in" and semi-colons which separate each element of the garden. Interestingly enough, Knole was renowned for its many rooms. As Frank Baldanza notes, "Miss Sackville-West repeats a legend that since Knole has 7 courts (one for each day of the week), it has 52 staircases (for the weeks in the year), and 365 rooms (for the days in the year); as we might expect, Orlando's manor has 52 staircases and 365 bedrooms."[22] Deciphering her beloved property when reading *Orlando* in 1928, Sackville-West publishes *The Edwardians* in 1930, in an attempt to revive Knole through descriptions of Chevron. The novel opens up with an overview of Chevron, as Sebastian surveys the property and the landscape:

---

19 William Fream, *Soils and Their Properties* (London: George Bell & Sons, 1890), 134.
20 Virginia Woolf, *Orlando* (London: Penguin, 1993), 14.
21 Ibid., 72–73.
22 Frank Baldanza, "Orlando and the Sackvilles," *PMLA / Publications of the Modern Language Association of America* 70, no. 1 (March 1955): 276.

> Acres of red-brown roof surrounded him, heraldic beasts carved in stone sitting at each corner of the gables. Across the great courtyard the flag floated red and blue and languid from a tower. Down in the garden, on a lawn of brilliant green, he could see the sprinkled figures of his mother's guests, some sitting under the trees, some strolling about [...]. Round the garden spread the park; a herd of deer stood flicking with their short tails in the shade of the beeches. [...] Immediately below him – very far below, it seemed – lay a small inner court, paved, with an immense bay-tree growing against the grey wall.[23]

As Magdalena Bleinert contends, "this, in fact, is not Chevron but Knole: England's largest country house located in the civil parish of Sevenoaks in Kent and dating back to the fifteenth century."[24] Indeed, Knole and its architecture surge as mediaeval and Jacobean architectural features punctuate the text. A further architectural hint at Knole is the mention of a "grey wall," which is highly evocative of Kentish ragstone, of which the country house was first built. The elusive description of the garden and its surrounding landscape is also reminiscent of Knole with its ornamental garden enclosed within high Kentish ragstone walls and entered from the deer park.

Thus, writing the garden becomes an act of recuperation on the writer's part, as Sackville-West rebuilds Knole by means of writing. Be it in *Orlando* or in *The Edwardians*, gardens cannot be reduced to mere *topoi* – instead of being mere settings for the plot to unfold, they surge as renewed sites of history and agency. This is best evidenced in *The Garden*, as Sackville-West writes:

> And so the traveller
> Down the long avenue of memory
> Sees in perfection that was never theirs
> Gardens he knew, and takes his steps of thought
> Down paths that, half-imagined and half-real,
> Are wholly lovely with a loveliness
> Suffering neither fault, neglect, nor flaw;
> By visible hands not tended, but by angels
> Or by St. Phocas, gentlest patron saint
> Of gardeners...
>
> [...]
>
> Luxury of escape! In thought he wanders
> Down paths now more than paths, down paths once seen.[25]

---

23 Vita Sackville-West, *The Edwardians* (Leipzig: Bernhard Tauchnitz, 1931), 9.
24 Magdalena Bleinert, "'A Less Uneasy Time': Vita Sackville-West's Portrayal of Knole in 'The Edwardians,'" in *The Art of Literature, Art in Literature*, eds. Magdalena Bleinert, Izabela Curyłło-Klag and Bożena Kucała (Krakow: Jagiellonian University Press, 2014), 62.
25 Sackville-West, *The Garden*, 30.

Consequently, poetry serves here as an "escape" to experience time past. Although plotting the garden seems to be imbued with nostalgia, Sackville-West does not gloss over the garden to find solace. Rather, poetry is elaborated upon so as to regain access to the lost garden. As argued by Gaston Bachelard, "space calls for action, and before action, the imagination is at work."[26]

However, Sackville-West does not solely write the inaccessible garden – "Sissinghurst" stands as a celebration of the beloved garden she designs and cultivates with Harold Nicolson.

> Sink down through centuries to another clime,
> And buried find the castle and the rose.
> Buried in time and sleep,
> So drowsy, overgrown,
> That here the moss is green upon the stone,
> And lichen stains the keep.[27]

Grounded in spatial and temporal spheres, the eponymous garden reads as a "chronotope," as defined by Mikhail Bakhtin.[28] Since the literary garden fuses time and space, a sense of permanence arises when reading the poem. This sense of permanence is reinforced by the garden tour on which the reader is taken:

> Here, tall and damask as a summer flower,
> Rise the brick gable and the spring tower;
> Invading Nature crawls
> With ivied fingers over rosy walls,
> Searching the crevices,
> Clasping the mullion, riveting the crack,
> Biding the fabric crumbling to attack,
> And questing feelers of the wandering fronds
> Grope for interstices,
> Holding this myth together under-seas,
> Anachronistic vagabonds![29]

The deictics "here" reads as a catalyser for it stimulates the persona to go over recognisable garden features in Sissinghurst. Sissinghurst admirers will have identified Sackville-West's tower, or the castle walls covered in creepers. As such, the first two lines under study plant the castle into the ground, setting the scene for the garden. Yet, the garden is not described at great length. Rather, it is eclipsed by "nature" which stands as an offshoot from the tended garden. Here,

---

26 Gaston Bachelard, *The Poetics of Space*, trans. Maria Jolas (Boston: Beacon Press, 1994), 12.
27 Vita Sackville-West, "Sissinghurst," in Vita Sackville-West, *Collected Poems. Volume One* (London: The Hogarth Press, 1933), 111.
28 See Mikhaïl Mikhaïlovitch Bakhtin, *The Dialogic Imagination*, ed. Michael Holquist, trans. Caryl Emerson and Michael Holquist (Austin: University of Texas Press, 1981).
29 Sackville-West, "Sissinghurst," 111.

nature is not so much sketched and personified ("crawls," "searching for") as anthropomorphised ("ivied fingers"). The uncanniness of Nature let loose alters the idyllic view set in the first two lines with the triple rhyme between "summer," "flower" and "tower." Consequently, the garden from which these "ivied fingers" erupt is obliquely approached, and gradually appears ominous: verbs of action hint at invasion,[30] which is all the more asserted through sounds by rhyming patterns, harsh monosyllabic terms and consonances. The overwhelming effect produced by a play on movements and sounds is furthermore stressed by the use of enjambments which introduce a fast pace within the poem, as if the garden were overcome by some uncanny forces. This results in giving an impression of monumentality, that is to say that the garden's concrete materiality is made even more manifest as it seems to tower over the reader. As such, the garden is both turned literally and figuratively into a monument within the text, as the persona goes on to claim:

> This husbandry, this castle, and this I
> Moving within the deeps,
> Shall be content within our timeless spell,
> Assembled fragments of an age gone by,
> While still the sower sows, the reaper reaps,
> Beneath the snowy mountains of the sky,
> And meadows dimple to the village bell. So plods the stallion up my evening lane
> And fills me with a mindless deep repose,
> Wherein I find in chain
> The castle, and the pasture, and the rose.[31]

Given that it resists the passing of time ("timeless spell," "assembled fragments," "age," "still," "repose," "chain"), Sissinghurst takes up a monument-like dimension, as the essence of a monument is to revive the past in present time, as argued by Françoise Choay who ponders the etymology of the term "monument." Deriving from *monumentum* and *monere* (to remind, to bring to one's recollection), a monument strikes up memories and overwhelms the senses.[32] Sissinghurst's monument-like attribute is all the more asserted by consonances in /s/ sounds which lengthen each line and conjure up a sense of immutability.

---

30 Judith W. Page and Elise L. Smith analyse this ominousness through the prism of permanence and restoration: "But rather than decry the vegetation overtaking the castle, the speaker sees the rampant vines "Clasping," "riveting," "Biding," and "Holding this myth together" – the strong trochaic rhythm placing emphasis on the power of nature to keep the ruin together for ages. The "rosy walls" of the pinkish brick are awaiting their restoration, as if their ruin has a purpose and plan in harmony with nature's reclamation." See Judith W. Page and Elise L. Smith, *Women, Literature, and the Arts of the Countryside in Early Twentieth-Century England* (Cambridge: Cambridge University Press, 2021), 203.
31 Sackville-West, "Sissinghurst," 113.
32 Françoise Choay, *L'Allégorie du patrimoine* (Paris: Éditions du Seuil, 2007), 14.

Ultimately, this impression of monument and immutability is conjured up through the display of harmony rendered by the use of ternary rhythm ("This husbandry, this castle, and this I") and the picturesque quality planted by the mention of both "stallion" and "meadows." As such, Sackville-West carves out the monumentality of the garden within the text. In doing so, she anchors Sissinghurst in the confines of time, space, and poem instead of mourning time past, as is often the case when monuments are evoked in elegiac poetry.[33]

From Gardener to Writer: Designing Spaces

If Sackville-West interlaces garden and literary considerations, is designing a manifest, common gesture for the gardener and the writer in her botanical and poetic works? Dedicated to her friend Katherine Drummond, *The Garden* opens up with a vision of the garden as a Romantic *topos*:

> How well I know what I mean to do
> When the sweet moist days of Autumn come:
> Clear my garden of wicked weeds
> And write a poem to give to you[34]

Being a site of contemplation as well as a site of inspiration, the garden triggers poetic imagination – the metaphor of the garden to unweed offers a meaningful parallel with the poem which is to be given to the addressee. Although the persona evokes some gardening plans ("clear my garden of wicked weeds"), the garden appears to be metaphorical, and the persona establishes itself as a poet rather than a gardener:

> So take the little I have to give,
> Here in a poem to fill your leisure
> Where every word is lived and true,
> The weeds in my garden remain as green,
> And I cannot tell if I bring you pleasure,
> But the little patch I have cleared for you,
> That one small patch of my soul is clean.[35]

Yet, envisioning the garden turns out to be an act shared by both gardener and poet as they picture the garden. With an emphasis on seasonality, the persona reflects on winter and on how "the gardener sees what he will never see":

---

33 See Marc Porée and Christine Savinel, *Monument et Modernité dans l'art et la littérature britanniques et américains* (Paris: Presses Sorbonne Nouvelle, 2015).
34 Sackville-West, *The Garden*, 8.
35 Ibid., 10.

> He dreams an orchard neatly pruned and spurred,
> Where Cox' Orange jewels with the red
> Of Worcester Permain, and the grass beneath
> Blows with narcissus and the motley crocus,
> Rich as Crivelli, fresh as Angelo
> Poliziano, or our English Chaucer
> Or Joachim du Bellay, turn by turn.
> He dreams again, extravagant, excessive,
> Of planted acres most unorthodox
> Where Scarlet Oaks would flush our English fields
> With passionate colour as the Autumn came,
> *Quercus coccinea*, that torch of flame
> Blown sideways as by some Atlantic squall
> Between its native north America
> And this our moderate island.[36]

Such imaginative moments are fuelled by the materiality of paper, uniting once again gardener and poet as the gardener skims through seed catalogues:

> The catalogues misled us, as a poem
> Misleads us, or the promises of love;
> We heard their music, and as chords they go.[37]

Similarly, the poet's work is considered as seeds:

> Think and imagine: this might be your truth;
> Follow my steps, oh gardener, down these woods.
> Luxuriate in this my startling jungle.
> I dream, this winter eve. A millionaire
> Could plant these forests of a poet's dream.
> A poet's dream costs nothing; yet is real.[38]

Nevertheless, gardener and poet are strictly opposed by the persona by way of a diptych which rests on a dichotomy:

> The gardener sits in lamplight, soberer
> Than I who mix such lyrical and wild
> Impossibilities with what a sober man
> Considers sense. Yet I, poor poet, I
> Am likewise a poor practised gardener
> Knowing the Yes and better still the No.
> Sense must prevail, nor waste extravagant
> Such drunken verse on such December dreams.[39]

---

36 Ibid., 26–27.
37 Ibid., 33.
38 Ibid., 29.
39 Ibid.

On the one hand, the gardener is defined by a practical approach and a sensuous knowledge of the garden. This is visible throughout the poem, as the persona expands on the gardener's labour: "I drained this sodden bed and saved from damp"; "if you well prepare / Your trenching"; "November sees your digging, rough and brown / For frost, that natural harrow."[40] On the other hand, the poet is characterised by excess, as evidenced by the metaphor of intoxication ("soberer / Than I," "drunken verse"). And yet, this gap between gardener and poet is bridged later on in the poem:

> – Then, gardener, though you be an agèd man
> And soon to lie where lie the twisted roots,
> Seize on your last advantage while you can;
> Sing your last lyric with the sappy shoots.[41]

Thus, lyricism emerges as a middle ground for designing the garden, the persona suggesting such lyricism should be rooted in the garden. Ultimately, a poetic gardener is called for:

> But you, oh gardener, poet that you be
> Though unaware, now use your seeds like words[42]

Conversely, the persona goes as far as impersonating the gardener's stance, by weaving in botany and literature and elaborating narratives and tales around flowers and plants within the poem. Yet, the persona also adopts a botanist-like stance:

> Let dull instruction here remind
> That mignonette is tricky, and demands
> Firm soil, and lime, to follow your commands,
> Else failure comes, and shows a barren space,
> Where you had looked for small but scented spires[43]

Not only are such lines highly reminiscent of Sackville-West's horticultural columns, but they are also punctuated by pieces of advice which incorporate contemporary garden trends. The following passage is notably evocative of Gertrude Jekyll's *Roses for English Gardens* and her view on rose pruning:

> And then in safety shall he prune
> The rose with slicing knife above the bud
> Slanting and clean; and soon
> See the small vigour of the canted shoots
> Strike outwards in their search for light and air,

---

40 Ibid., 35–37.
41 Ibid., 53.
42 Ibid., 54.
43 Ibid., 56.

> Lifted above the dung about their roots,
> Lifted above the mud.⁴⁴

The isotopy of brutality ("safety," "slicing knife," "slanting," "strike") reinforced by alliterations and consonances in "s" sounds echoes Gertrude Jekyll's inclination towards pruning. Indeed, the latter argues that, "it is difficult to understand at first, but nevertheless perfectly true, that the more severely a Rose plant is pruned the stronger will be the shoots which result from that apparently murderous treatment."⁴⁵ Stressing that roses require different pruning treatments depending on their varieties, the gardener shall nevertheless be "armed with a pruning knife, which should be of medium size and kept always with a keen edge, an easy pair of gardening gloves, a hone on which to sharpen the knife, and a kneeling pad."⁴⁶ Botanical intertextuality is blatant here, and is revealing of the enduring influence of Gertrude Jekyll on Sackville-West. Not only are Long Barn and Sissinghurst shaped by Gertrude Jekyll's design patterns, with their rose hedges, their colour schemes and their flowerbeds, but Sackville-West's texts also become media for Gertrude Jekyll's theories. Ultimately, the poet impersonates the gardener, becoming a poet-cum-gardener:

> Yet still my little garden craft I ply,
> Mulch, hoe, and water when the ground is dry;
> Cut seeding heads; tie the wanted, shoot
> Weed paths that with one summer shower of rain
> For all my labour are as green again.⁴⁷

Concluding "so let invention riot,"⁴⁸ Sackville-West eventually voices her own garden philosophy in her poem, echoing her article⁴⁹ on axes in Sissinghurst:

> And set the axis of your garden plan
> In generous vistas reaching to a bourn
> Far off, yet visible, a certain term
> Definite as ambition, and as firm,
> Stopped by statue or a little urn
> Cut to contain the ashes of a stern
> Roman (the ruin of his villa lies
> Buried beneath the barley, near our coast.)⁵⁰

---

44 Ibid., 57.
45 Gertrude Jekyll, *Roses for English Gardens* (London: Country Life; George Newnes, 1902), 100.
46 Ibid., 101.
47 Sackville-West, *The Garden*, 89.
48 Ibid., 111.
49 Sackville-West, "The Garden at Sissinghurst Castle."
50 Sackville-West, *The Garden*, 112.

By addressing her own garden design within her poem, Sackville-West plays with referentiality. Do her literary gardens read as mere descriptions of her real-life gardens, in a mimetic effort to "copy" the garden? Spurning lengthy, realistic descriptions of her own gardens, Sackville-West evokes gardens in fragments. As previously noted, "Sissinghurst" is outlined with references to "moss," "tower," and "flowers." In a similar fashion, "The Garden" is saturated by plant names and mentions of colours – this profusion does not enable the reader to picture the garden, but rather, it leads the reader to collect impressions of each garden. As Christiane Lahaie argues, "evocation often comes to rescue description, if only to copy this mental activity which consists in remembering the contours of space."[51]

Conclusion

In this respect, instead of describing her garden in "Sissinghurst" or in "The Garden" to imprint real gardens onto the page, Sackville-West conveys the garden in poetry in the same fashion as she designs her garden at Sissinghurst with garden rooms. While each room has its own *ambiance* and atmosphere in Sissinghurst, each poem is divided into sections with different tonalities. This is best evidenced with *The Land* and *The Garden* which are both divided in four sections which follow seasons, in the same manner that Sackville-West had to design seasonal gardens. This room-like design also reverberates in her collection of horticultural columns, as Sackville-West compiles them in the *In Your Garden* collections in monthly and seasonally sections to design gardens by crafting colourful, floral impressions.

Reading Sackville-West's text is a phenomenological experience in which the reader is guided through a world of gardens which evolve over the course of the seasons. Although the garden does not stand out on the page, from a visual point of view – as Jean-Pierre Richard argues, some connections between a page and a landscape can be established within a narrative, with a landscape becoming palpable within a text as typography and sounds may recreate its texture for instance[52] – Sackville-West's garden surges in between the lines through the list of plants, enumerations of colours, or references to the five senses. Therefore, this designed garden is to be deciphered by the reader, the latter having to engage physically with this site, just like the gardener:

[...]–so the true
Born gardener toils with love that is not toil

---

51 Christiane Lahaie, "Entre géographie et literature: la question du lieu et de la mimèsis," *Cahiers de géographie du Québec* 52, no. 147 (décembre 2008): 446. My translation.
52 Jean-Pierre Richard, *Pages paysages* (Paris: Éditions du Seuil, 1984).

> In detailed time of minutes, hours, and days,
> Months, years, a life of doing each thing well;
> The Life-line in his hand not rubbed away
> As you might think, by constant scrape and rasp,
> But deepened rather, as the line of Fate,
> By earth imbedded in his wrinkled palm;
> A golden ring worn thin upon his finger,
> A signet ring, no ring of human marriage,
> On that brown hand, dry as a crust of bread,
> A ring that in its circle belts him close
> To earthly seasons, and in its slow thinning
> Wears out its life with his.[53]

The inscription of both landscape and garden onto the gardener's body epitomises the corporeal relationship which takes place between body and landscape as argued by Maurice Merleau-Ponty:

> Visible and mobile, my body is a thing among things; it is caught in the fabric of the world, and its cohesion is that of a thing. But because it moves itself and sees, it holds things in a circle around itself. Things are an annex or prolongation of itself; they are incrusted into its flesh, they are part of its full definition; the world is made of the same stuff as the body.[54]

Therefore, what results in Sackville-West's work is a constant back and forth between real-life gardens and textual ones, as epitomised by the first stanza of her "Sonnet":

> This little space which scented box encloses
> Is blue with lupins and is sweet with thyme
> My garden is all overblown with roses,
> My spirit all is overblown with rhyme,
> As like a drunken honeybee I waver
> From house to garden and again to house,
> And undetermined which delight to favour,
> On verse and rose alternately carouse.[55]

---

53 Sackville-West, *The Garden*, 119.
54 Maurice Merleau-Ponty, *The Primacy of Perception: And Other Essays on Phenomenological Psychology, the Philosophy of Art, History, and Politics*, trans. James M. Edie (Evanston: Northwestern University Press, 1964), 163.
55 Vita Sackville-West, "Sonnet," in *Orchard and Vineyard* (London: John Lane, 1921), 55.

Bibliography

Bachelard, Gaston. *The Poetics of Space*. Translated by Maria Jolas. Boston: Beacon Press, 1994.

Bakhtin, Mikhaïl Mikhaïlovitch. *The Dialogic Imagination. Four essays*. Edited by Michael Holquist, translated by Caryl Emerson and Michael Holquist. Austin: University of Texas Press, 1981.

Baldanza, Frank. "Orlando and the Sackvilles." *PMLA / Publications of the Modern Language Association of America* 70, no. 1 (March 1955): 274–79. https://doi.org/10.2307/459849.

Bazargan, Susan. "The Uses of the Land: Vita Sackville-West's Pastoral Writings and Virginia Woolf's 'Orlando.'" *Woolf Studies Annual* 5 (1999): 25–55. http://www.jstor.org/stable/24906414.

Bleinert, Magdalena. "'A Less Uneasy Time': Vita Sackville-West's Portrayal of Knole in 'The Edwardians.'" In *The Art of Literature, Art in Literature*, edited by Magdalena Bleinert, Izabela Curyłło-Klag and Bożena Kucała, 55–64. Krakow: Jagiellonian University Press, 2014.

Brown, Jane. *Vita's Other World. A Gardening Biography of V. Sackville-West*. Harmondsworth: Penguin, 1987.

Choay, Françoise. *L'Allégorie du patrimoine*. Paris: Éditions du Seuil, 2007.

Dennison, Matthew. *Behind the Mask: the Life of Vita Sackville-West*. New York: St. Martin's Press, 2015.

Fream, William. *Soils and Their Properties*. London: George Bell & Sons, 1890.

Lahaie, Christiane. "Entre géographie et littérature: la question du lieu et de la mimèsis." *Cahiers de géographie du Québec* 52, no. 147 (décembre 2008): 439–51. https://doi.org/10.7202/029870ar.

Merleau-Ponty, Maurice. *The Primacy of Perception: And Other Essays on Phenomenological Psychology, the Philosophy of Art, History, and Politics*. Translated by James M. Edie. Evanston: Northwestern University Press, 1964.

Nevins, Deborah. "The Garden at Sissinghurst Castle, Kent." *The Magazine Antiques* 125, no. 6 (June 1984): 1332–39.

Nicolson, Nigel. *Portrait of a Marriage*. London: Phoenix, 1992.

Page, Judith W., and Elise L. Smith. *Women, Literature, and the Arts of the Countryside in Early Twentieth-Century England*. Cambridge: Cambridge University Press, 2021.

Porée, Marc, and Christine Savinel. *Monument et Modernité dans l'art et la littérature britanniques et américains*. Paris: Presses Sorbonne Nouvelle, 2015.

Richard, Jean-Pierre. *Pages paysages*. Paris: Éditions du Seuil, 1984.

Richardson, Tim. *English Gardens in the Twentieth Century from the Archives of Country Life*. London: Aurum Press, 2009.

Sackville-West, Vita. *Country Notes*. London: Michael Joseph, 1939.

–. *In Your Garden* 1951. London: Frances Lincoln, 2004.

–. *Orchard and Vineyard* 1892. London: John Lane, 1921.

–. "Sissinghurst." In Vita Sackville-West, *Collected Poems. Volume One*, 111–14. London: The Hogarth Press, 1933.

–. *Some Flowers* 1937. London: Pavilion in association with the National Trust, 1993.

–. "Sonnet." In Vita Sackville-West, *Orchard and Vineyard*, 55. London: John Lane, 1921.
–. *The Edwardians*. Leipzig: Bernhard Tauchnitz, 1931.
–. *The Garden*. London: M. Joseph, 1946.
–. "The Garden at Sissinghurst Castle." *Royal Horticultural Society Journal* (November 1953): 400–408.
–. *The Land* 1926. Melbourne: Heinemann, 1955.
Salzman, Paul. *Reading Early Modern Women's Writing*. Oxford: Oxford University Press, 2006.
Scott-James, Anne. *Sissinghurst. The Making of a Garden*. London: Michael Joseph, 1975.
Tissier, Yves, and Bernard Wauthier-Wurmser. *Sissinghurst, une demeure-jardin. La demeure: ses principaux thème de référence et son langage spatial*. Paris: Ministère de l'équipement, du logement, des transports et de la mer / Bureau de la recherche architecturale (BRA); Clermont-Ferrand: Ecole nationale supérieure d'architecture de Clermont-Ferrand, 1990.
Woolf, Virginia, *Orlando*. London: Penguin, 1993.

Roxana-Andreea Ghiță (Universität Craiova)

„... die letzte Vollendung der Idee des Gartens": Überlegungen zum Gartentopos im Roman *Im Norden ein Berg, im Süden ein See, im Westen Wege, im Osten ein Fluss* (2003) von László Krasznahorkai

Abstract
In the novel *A Mountain to the North, a Lake to the South, Paths to the West, a River to the East* (2003), Hungarian writer László Krasznahorkai puts a mythical journey at the heart of his meditative contemplation of nature, art, and religion. The grandson of Prince Genji, the protagonist of the classical work *The Tale of Genji*, written by Murasaki Shikibu around the year 1000, embarks on a centuries-long search for the most beautiful garden of the world. The article examines the genesis and form of the Japanese temple garden, which functions in the novel as the epitome of absolute beauty. It also discusses the botanical and cultural characteristics of hinoki cypress and moss as the main plants in the garden. Furthermore, it also analyzes the narrative, aesthetic, and ecological functions of the garden motif.
Keywords: László Krasznahorkai, Japanese Garden, beauty, aesthetics, garden motif

Ins Zentrum seines 2003 veröffentlichten, weniger bekannten Kleinromans *Im Norden ein Berg, im Süden ein See, im Westen Wege, im Osten ein Fluss*[1] stellt László Krasznahorkai, der von vielen für den größten Gegenwartsautor ungarischer Literatur gehalten wird,[2] die Reise des Enkels des Prinzen Genji nach Kyoto. Dort wähnt sich der unwahrscheinliche Protagonist, nach einer jahrhundertelangen Suche, auf der Spur des schönsten Gartens der Welt. Durch den intertextuellen Verweis auf Murasaki Shikibus *Genji Monogatari*,[3] das um das Jahr 1000 verfasste und als einer der ältesten Romane der Welt geltende Meisterwerk der klassischen japanischen Literatur, wird von vornherein darauf aufmerksam gemacht, dass das Thema der Schönheit für das Anliegen des Textes zentral ist.

---

1 László Krasznahorkai, *Im Norden ein Berg, im Süden ein See, im Westen Wege, im Osten ein Fluss*, übers. v. Christina Viragh (Frankfurt a. M.: Fischer Verlag, 2007).
2 2015 wurde László Krasznahorkai mit dem Man Booker International Prize ausgezeichnet.
3 Murasaki Shikibu, *Die Geschichte vom Prinzen Genji. Altjapanischer Liebesroman aus dem 11. Jahrhundert*, vollständige Ausgabe aus dem Original übers. v. Oscar Benl, 2 Bde. (Zürich: Manesse, 1966).

Tatsächlich wird der Prinz Genji, der „Leuchtende", von Murasaki Shikibu zur Idealfigur der goldenen, durch den Ästhetizismus der höfischen Kultur geprägten Heian-Zeit stilisiert. Der in allen schönen Künsten (inklusive Liebeskunst) versierte Prinz wird als Inbegriff der Schönheit und Eleganz dargestellt, und sein (offenbar außerhalb der geschichtlichen Zeit lebender) Enkel[4] scheint diese Eigenschaften wohl geerbt zu haben. Allerdings zieht diese exzeptionelle Begabung des Enkels, wie bei einem Thomas Mann'schen Helden, eine kränkliche Auffassung und insbesondere eine „sogenannte Überempfindlichkeit",[5] „eine außerordentliche Erregbarkeit des Organismus"[6] nach sich, die nicht nur seinen Status als Erwählter bestätigen, sondern auch sein Scheitern vorausdeuten.

Die vorliegende Untersuchung verfolgt das Ziel, sowohl eine Wesensbestimmung des Gartens zu erarbeiten als auch eine Analyse des Gartenmotivs im Hinblick auf seine narrativen, ästhetischen und poetologischen Funktionen zu liefern.

Die *quest*[7] nach dem verborgenen Garten

In einem fiktiven, „*Hundert schöne Gärten* betitelte[n], berühmte[n] illustrierte[n] Werk",[8] das der Erzähler in bester Borges-Manier kommentiert, stößt der Enkel auf die Präsentation „des sogenannten verborgenen Gartens" (des hundertsten), der seine Einbildungskraft fesselt:

[E]in ganz kleiner Garten, hatte die ursprüngliche Beschreibung gelautet, in einem belanglosen, von niemandem aufgesuchten, vernachlässigten Teil eines großen Klosters, aber doch *da*, hatte der Autor nachdrücklich geschrieben, und wer ihn finde, so hatte er entzückt formuliert, und ihn erblicke, der werde seine, des Autors der *Hundert*

---

4 László Krasznahorkai: „Prinz Genji, die Hauptfigur, ist eigentlich ein gespenstisches Etwas, ein tausendjähriger Junge. Er ist ein Symbol der Heian-Zeit, einer Periode, in der das höfische Alltagsleben so hochkultiviert war, wie eigentlich sonst nie in der Geschichte der Weltkultur"; László Krasznahorkai, „Der Raum der Natur, der Raum der Kultur", Interview von Eve-Marie Kallen, *Eurozine*, 23. 06. 2006, abgerufen am 30. 12. 2022, https://www.eurozine.com/der-raum-der-natur-der-raum-der-kultur/. Die Heian-Zeit dauerte von 784 bis 1185 n. Chr. und gilt als Höhepunkt der klassischen japanischen Kultur.
5 Krasznahorkai, *Im Norden ein Berg*, 118.
6 Ibid.
7 Der englische Begriff „quest" bezeichnet in bestimmten literarischen Genres wie dem postmodernen Roman oder dem Fantasy-Roman, in Anlehnung an die mittelalterliche Queste der Artusepik, eine mythologische Heldenreise, bei der die „physische und moralische Stärke" des Protagonisten in verschiedenen Abenteuern „auf die Probe gestellt" wird; Dieter Schulz, *Suche und Abenteuer. Die „Quest" in der englischen und amerikanischen Erzählkunst der Romantik* (Heidelberg: Winter, 1981), 8.
8 Krasznahorkai, *Im Norden ein Berg*, 88.

schönen Gärten, begeisterte Beschreibung nicht für übertrieben halten, denn er werde erfahren, dass dieser Garten die letzte Vollendung der Idee des Gartens darstelle, da man ihn am besten charakterisiere, wenn man sage, dass sein Schöpfer „die Einfachheit erreicht" hat, ein Garten, hatte mit spürbarer Leidenschaft der Autor geschrieben, der mit unendlich komplexen Kräften das unendlich Einfache ausdrücke, ja, er habe „einen nicht weiter zu vereinfachenden" Zauber, der aber mit unerhörter Kraft die ganze innere Schönheit der Natur ausstrahle.[9]

Wie bei anderen mythischen Reisen (z. B. dem Gilgamesch- oder Parzival-Epos) wird der Text nach dem zentralen Erzählprinzip der *quest* organisiert: Eine mit außergewöhnlichen Eigenschaften ausgestattete Hauptfigur begibt sich auf die Suche nach einem ersehnten, ebenso außergewöhnlichen sowie schwer zu erwerbenden, bzw. zu lokalisierenden Objekt. In diesem Fall wird ein Garten zum Gral, während als Lohn, so wird angedeutet, die ekstatische Erfahrung des Schönen fungiert. Da es sich um einen buddhistischen Tempelgarten handelt, ist naheliegend zu vermuten, dass dieses Moment der Erfüllung sich mit einer religiösen Offenbarung bzw. einem spirituellen Erwachen überdecken würde. Im Text artikuliert sich Krasznahorkais Auseinandersetzung mit Grundbegriffen der japanischen Ästhetik wie *mono no aware* (Wehmut der Dinge) und *wabi-sabi* (Schlichtheit und Vergänglichkeit), die in allen Beschreibungen und im narrativen Aufbau zum Tragen kommen,[10] sowie mit philosophischen Gedanken des Zen-Buddhismus, darunter dem direkten, sich mit ungeteilter Aufmerksamkeit vollziehenden Erleben des Hier und Jetzt.[11] Allerdings bleibt die Erlösung, wie bereits angesprochen und wie im Falle eines für seine zynisch-dystopischen Visionen bekannten Autors durchaus zu erwarten ist, aus.

Nicht zufällig spielt sich die Handlung in der Gegenwart ab. Das Wenige, was aus dieser Gegenwart erblickt werden kann, weist auf eine entmythisierte Welt hin. Die automatisierten Züge versinnbildlichen die Technisierung der Gesellschaft, die Getränkeautomaten mit deren ständig blinkenden Linsen, die immerfort „drücken Sie und trinken Sie"[12] sagen, signalisieren den materiellen Überfluss, aus dem es für das Individuum kein Entkommen gibt. Das Bild der fürstlichen Eskorte, die sinnlos durch die Straßen wandert, lässt auf ein totales Abhandenkommen von Sinn, Ziel, Halt und letztendlich Identität schließen, das als paradigmatisch für den Zustand der modernen Gesellschaft gilt. Sogar die

---

9 Ibid., 91.
10 Vgl. Diana Vonnak, „East Meets East: Krasznahorkai's Intellectual Affair with Japan", *Hungarian Literature Online*, 25.04.2014, abgerufen am 30.12.2022, https://hlo.hu/news/east_meets_east_krasznahorkai_s_intellectual_affair_with_japan.html.
11 Eine wichtige Rolle spielt dabei das Konzept *ichi-go ichi-e* (ungefähr übersetzt „einmal, eine Begegnung"), das die Vergänglichkeit aller Erscheinungen sowie die Bereitschaft, jeden Augenblick des Lebens zu genießen, unterstreicht.
12 Krasznahorkai, *Im Norden ein Berg*, 17.

vermeintlichen Eliten, denen die Rolle der Bewahrer geistlicher und kultureller Werte zukommt, scheinen den Zugang zum Sakral-Geheimnisvollen längst vergessen zu haben: „[N]iemand ging dorthin, kein Mönch und schon gar kein Abt, es kam keinem auch nur in den Sinn, dort hineinzugehen, dort drin gab es, wie man wusste, überhaupt nichts zu suchen".[13]

Vor diesem Hintergrund besiegelt das Scheitern des Enkels des Prinzen Genji, der als einziger Eingeweihter von dem Garten weiß und ihn zu finden versucht, den Verfall einer Welt, die, im Vergleich zur erhabenen, sinnstiftenden Tradition, aus den Fugen geraten ist. Der Enkel wird, nach langem, vergeblichem Umherlaufen auf dem Gelände eines berühmten, allerdings heruntergekommenen Kyoto-Tempels (vermutlich Eikan-dō Zenrin-ji),[14] von einem Schwindel- und Ohnmachtsanfall betroffen und muss sich verzweifelt fragen, ob seine „seit Jahrhunderten viel zu viele Kräfte beanspruchende[], [...] besessene[] Suche"[15] nicht sinnlos sei.

Doch an diesem Punkt tritt ein unerwarteter Perspektivenwechsel auf. Die auf die Erlebnisse des Enkels fokussierende Darstellung wird unterbrochen und der Leser erfährt, dass der ersehnte Garten dennoch da liegt, obgleich doppelt „verborgen, [...] außerhalb des Systems der Haupt- und Nebenwege des Klosters"[16] und von einem anderen, banalen Garten quasi verdeckt. Im auktorialen Gestus werden daraufhin das Aussehen und die Entstehung des Gartens ausführlich geschildert. Nach einer Serie von Superlativen – „der schlichteste Garten der Welt, eine unnachahmliche, unerreichbare, atemraubende Schöpfung"[17] – wird am Ende eines sich über mehrere Seiten erstreckenden, die Spannung des Lesers geschickt erhöhenden Satzes die Beschreibung des Gartens zum ersten Mal eingeführt:

> [D]ieser Garten, versteckt im Schutz der Bäumchen und Sträucher, war im Grunde nichts anderes als ein lückenlos bodendeckender, einheitlicher, mindestens eine Handbreit dicker, ins Silbrige spielender, massiver, sich aber unendlich weich anfühlender Moosteppich, aus dem acht ungefähr gleich alte, ungefähr fünfzigjährige Hinokizypressen wuchsen, mit hocherhobenen Kronen.[18]

Es wird mit einem Überraschungseffekt gerechnet, denn nach der sich wiederholenden, elliptischen Zusammenfassung, „ein Moosteppich mit acht Hinokizypressen", wird eine Aufzählung von Bestandteilen geboten, die in der gängigen

---

13 Ibid., 122.
14 Diese Vermutung basiert auf der Beschreibung einer ungewöhnlichen Buddha-Statue, die nicht geradeaus, sondern über die Schulter schaut. Dies entspricht der unter dem Namen Mikaeri Amida bekannten Statue des Buddha Amithaba im Eikan-dō Tempel in Kyoto.
15 Krasznahorkai, *Im Norden ein Berg*, 92.
16 Ibid., 122.
17 Ibid., 124.
18 Ibid., 124–25.

Vorstellung als konstitutive Merkmale des japanischen Gartens fungieren und hier ausdrücklich als bloße „Sehenswürdigkeit" oder gar „Zirkus" abgelehnt werden, wie z. B. typische Pflanzen, Steine „von phantastischer Form",[19] Wasserfälle, Brunnen, Schildkröten aus Holz usw.

In diesem Zusammenhang stellt sich die Frage, wie Krasznahorkais Wahl auf ontologisch-ästhetischem Niveau zu deuten ist. In seinem 2017 veröffentlichten Buch *Spaces in Translation. Japanese Gardens and the West* argumentiert der Japanologe Christian Tagsold, dass die metonymisch für die japanische Kultur stehenden japanischen Gärten ein überdeterminiertes semantisches Feld oder – im Sinne Roland Barthes' – einen Mythos bilden, eine Projektionsfläche für die unterschiedlichsten, im historisch-kulturellen Austausch zwischen Ost (Orient) und West (Okzident) entwickelten und im Spannungsfeld von Kolonialismus und Nationalismus verhandelten Selbst- und Fremddarstellungen: „[…] there is no essential ‚Japanese garden,' only many versions and interpretations of the idea of a Japanese garden".[20] Infolgedessen schlägt Tagsold vor, den japanischen Garten als eine besondere Art von „Nicht-Ort" (non-lieu, non-place) im Sinne Marc Augés anzusehen, d. h. einen Ort, der viel mehr als Bild/Vorstellung existiert und als solcher die Wirklichkeit stets übertrifft. Tagsold benutzt Krasznahorkais Beispiel um darzulegen, wie der imaginierte japanische Garten als „cultural container" aus einer essentialistischen Perspektive betrachtet werden kann:

> In the interview, Krasznahorkai adheres to some stereotypes of Japanese gardens, such as Zen, being their major cultural influence since the Heian period and Japan being more traditionbound than Europe. […] Although Krasznahorkai is subtle in his approach to time, he still sees Japan, at least in the Kallen interview, as a holistic expression of a cultural essence.[21]

Das Misslingen der Suche des Enkels nach dem Garten ist für Tagsold symptomatisch für den volatilen Charakter des japanischen Gartens, der, wie der Prinz Genji selbst, gleich einem Gespenst zwischen Westen und Osten, Vergangenheit und Gegenwart wandere.[22] Dabei ist allerdings zu beachten, dass Krasznahorkai das traditionelle Motiv der Orientreise, wie etwa bei Hermann Hesses *Die Morgendlandfahrt* (1932) oder, vor Kurzem, bei Marion Poschmanns *Die Kieferin-*

---

19 Ibid., 125–26.
20 Christian Tagsold, *Spaces in Translation: Japanese Gardens and the West* (Philadelphia: University of Pennsylvania Press, 2017), 125. Tagsold bezieht sich hier auf das schon erwähnte Interview von Eve-Marie Kallen (Krasznahorkai, „Der Raum der Natur").
21 Ibid., 161–62.
22 Ibid., 174.

seln (2017), hier nicht aufgreift und somit keine kulturelle Differenz[23] thematisiert. Durch die Wahl des Enkels des Prinzen Genji zur Hauptgestalt wird die Handlung ins Mythische projiziert und Kernaspekte wie die Suche nach dem Absoluten, die Sehnsucht nach der Schönheit, das Scheitern usw. werden als allgemein-menschliche Erfahrungen aufgefasst.

Vor diesem Hintergrund ist naheliegend, die unterschiedlichen Aspekte herauszuarbeiten, die ins Konstrukt des verborgenen Gartens einfließen: Krasznahorkais eigenes Verständnis von der japanischen Kultur und Tradition, die Anziehungskraft, die die fernöstliche Spiritualität auf ihn ausübt sowie poetologische Dimensionen wie sein Begriff vom Schönen und seine Auffassung der Literatur.

Entstehung und Wesen des verborgenen Gartens

Eine weitere, überraschende Wendung nimmt der Text durch das Miteinbeziehen naturgeschichtlicher Komponenten. Krasznahorkai widmet den erheblichen Teil seiner Beschreibung der naturwissenschaftlichen Erkundung des einzigartigen Biotops, den der verborgene Garten darstellt. Dabei wird auf die biogeochemischen Prozesse nicht nur im Detail sondern auch unter Einsatz präziser Fachterminologie eingegangen. Sowohl das Organische als auch das Anorganische, Klima- und Bodenfaktoren werden gleichermaßen berücksichtigt. In einem ersten Schritt wird das aktuelle Erscheinungsbild des Gartens als Ergebnis „ungeheurer, da unermesslicher und unsichtbarer, aber nicht unendlicher Arbeit von Jahrmillionen"[24] dargestellt, die von „den schrecklichen, monumentalen Vorgängen in der Erdkruste, als diese [...] mit ihrer größtenteils einheitlichen magmatischen Struktur entstanden ist" bis zur Hervorbringung des „paar Quadratmeter Bodens ganz oben auf der Sedimentschicht" reicht, wo sich unter Mitwirkung von „Wasser, Wind, Hitze und Eiseskälte und natürlich von Millionen von Bakterien [...] gerade unter diesem Garten" ein fruchtbarer Humus herausgebildet hat.

Daraufhin wird das Wachsen der acht Hinokizypressen bis auf den Anfangspunkt in der chinesischen Provinz Shandong zurückverfolgt. Geschildert werden das Aufplatzen der Pollensäcke in einem Hinoki-Wald, die Reise von ungefähr hundert Millionen Pollenkörnern in der Luft bis auf die japanische Hauptinsel Honshu, ihr Hinunterlassen auf den abgelegenen Klosterhof, in

---

23 Die interkulturelle Perspektive ist zentral für seine anderen Werke wie z. B. *Der Gefangene von Urga* (1992, 2015 Fischer Verlag), *Destruction and Sorrow beneath the Heavens* (2004, 2016 Seagull Books) usw.
24 Krasznahorkai, *Im Norden ein Berg*, 127–29.

dem acht Samen die erforderlichen Keimungsbedingungen gefunden haben, schließlich der Befruchtungsprozess der Eizellen und das jahrzehntelange Heranreifen der Sämlinge zu imposanten Bäumen.

Anschließend wird, nach dem gleichen Prinzip, die „unglaublich lange und merkwürdige Geschichte" der Entstehung des Moorteppichs innerhalb dieses „unüberblickbar komplexe(n) Systems der Zufälle" erzählt, wobei die Perspektive zwischen der botanisch in kleinste Teile zerlegten und analysierten Welt mikroskopischer Strukturen und Prozessen (ungefähr 15 Mikron große Sporen, Vorkeimgewebe, Stämmchen, wurzelähnliche Organe, männliche und weibliche Geschlechtszellen, Sporophyten usw.) und dem poetisch betrachteten Gesamtbild der „einzigen, mächtigen, zusammenhängenden, silbrig schimmernden, dicken und unvergänglichen Moosdecke" wechselt.

Im Folgenden soll auf die kulturellen und symbolischen Merkmale der beiden Pflanzarten eingegangen werden, die Krasznahorkai für den verborgenen Garten ausgewählt hat.

Die Hinokizypresse

Die Hinokizypresse (*Chamaecyparis obtusa*), auch Hinoki-Scheinzypresse genannt, ist ein immergrüner, eine Höhe von bis zu 40 Metern erreichender Nadelbaum aus der Familie der Zypressengewächse (*Cupressaceae*), dessen Name ‚Baum der Sonne oder des Lichtes' bedeutet[25] und Reinheit symbolisiert.[26] Er gehört zu den Bäumen, die oft in japanischen Gärten zu finden sind.[27]

Von alters her gehört die Hinokizypresse zu den fünf heiligen Bäumen aus dem Kiso-Wald, deren Holz geschützt war und nur zum Bauen von reichen Residenzen und insbesondere von Heiligenfiguren und Statuen, Schreinen und Tempeln verwendet wurde.[28] Eine besondere Verehrung kommt dem Zypressenholz als Baumaterial zu, das beim Ritual der zyklischen Schreinverlegung (*Shikinen Sengū*) des Großschreins von Ise (*Ise Jingū*), des bedeutendsten Shintō-Schreins Japans, eingesetzt wird. Bei diesem Fest werden „alle zwanzig Jahre sämtliche Gebäude der insgesamt 125 Schreine abgerissen und in identischer

---

[25] Es gibt allerdings auch andere etymologische Vorschläge, vgl. Die Angaben im *Etymologischen Wörterbuch* (語源由来辞典), https://gogen-yurai.jp/hinoki/.
[26] Vgl. Mechtild Mertz, „Wood Species used in Traditional Japanese Architecture", in *Archiv Weltmuseum Wien* (Wien: Archiv Weltmuseum Wien, 2015), 146.
[27] David Young und Michiko Young, *The Art of the Japanese Garden: History / Culture / Design* (Rutland, VT: Tuttle Publishing, 2019), 42.
[28] Vgl. Mertz, „Wood Species", 84–85.

Weise neu errichtet",[29] wobei mehr als 10.000 m³ Holz (14.000 Baumstämme) gebraucht werden, von denen heutzutage ein Fünftel aus dem *Ise Jingū*-Wald, der Rest aus anderen Regionen Japans befördert wird.[30]

Die außerordentliche Bedeutung der Hinokizypressen in der japanischen Kultur dürfte folglich ausreichend Gründe für die auktoriale Entscheidung liefern. Allerdings spielt in diesem Zusammenhang m. E. auch der autobiografische Bezug eine wichtige Rolle. Krasznahorkai hat mehrere Reisen nach Ostasien (China und Japan) unternommen, deren Erfahrungen sich in einer Anzahl von Werken niederschlagen. In seinem Erzählband *Seiobo auf Erden* (2008),[31] wo ebenfalls die Epiphanie des Schönen als höchste Stufe der Erkenntnis sowie die Suche nach künstlerischer Vollkommenheit thematisiert werden, wird der japanischen Kultur der Stoff für sechs Erzählungen, von denen drei Hinokizypressen ausdrücklich erwähnen, entnommen: In *Konservierung eines Buddhas* und *Er steht im Morgengrauen auf* werden aus Hinoki-Holz eine Buddha-Statue restauriert, bzw. eine Nō-Maske verfertigt, in *Der Neubau des Ise-Schreins* wird der Anfang der Vorbereitungen auf die 71. Schreinverlegung aus der Perspektive eines Europäers geschildert.[32]

Die Vorwegnahme des Motivs der Bearbeitung des Hinoki-Holzes im Roman *Im Norden...* zeugt von der Faszination, die diese alte japanische Tradition auf den Schriftsteller ausübt. Tatsächlich wird, während der Enkel durch die Korridore des verwahrlosten Tempels herumirrt, von den Stationen des Jahrzehnte dauernden Tempelbauvorgangs berichtet, bei dem der „Protagonist [...] eine Pflanze, ein Baum, ein einfaches Material, das dem Ganzen als Grundlage diente",[33] und zwar die Hinokizypresse, war. Dabei gingen der Meister persönlich und ältere Zimmerleute „nach uralten, unerschütterlichen Prinzipien"[34] vor, indem sie das Auffinden, Auswählen, Fällen, Präparieren, Transportieren und schließlich das Bearbeiten des Hinoki-Holzes und das Errichten der Gebäude bewerkstelligten. Dem Shintō-Glauben entsprechend, würde in jeder Hinokizypresse eine Seele stecken, deren Leben durch das Fällen nicht beendet, sondern in die heilige Schönheit des Schreins transmutiert würde. Der Miya-Daiku, der Tempelzimmerer, der in *Seiobo* als das „eigentliche Werkzeug in der Hand der

---

29 Andrea Metze, „Die 61. Zyklische Schreinverlegung im Großschrein von Ise", *NOAG*, Nr. 163–164 (1998): 23–47, https://www.oag.uni-hamburg.de/noag/noag-163-164-1998/noag163-164-2.pdf.

30 Vgl. Aike P. Rots, *Shinto, Nature and Ideology in Contemporary Japan: Making Sacred Forests* (London: Bloomsbury Academic, 2017), 188.

31 László Krasznahorkai, *Seiobo auf Erden. Erzählungen*, übers. v. Heike Flemming (Frankfurt a. M.: Fischer Verlag, 2012), E-Book.

32 Im bereits zitierten *Eurozine*-Interview (Krasznahorkai, „Der Raum der Natur") äußert sich Krasznahorkai zu den biographischen Umständen, auf denen diese Erzählung basiert.

33 Krasznahorkai, *Im Norden ein Berg*, 57.

34 Ibid., 49.

immerwährenden göttlichen Schöpfung"[35] bezeichnet wird, lebt in einem engen und harmonischen Verhältnis mit den Hinoki-Zypressen,[36] eine Beziehung, die im Sinne von Donna Haraways *Companion Species Manifesto* eine „story of cohabitation, co-evolution, and embodied cross-species sociality"[37] veranschaulicht.

Das Moos

Im japanischen Garten treten Moose (*Bryophyta*), die im japanischen Klima besonders gut wachsen, häufig als Gestaltungselement auf. Oft bilden sie dicke Polster auf Steinen und Felsen, wobei der Kontrast des weich-samtigen Grüns zum Grau-Weiß der Steingärten sehr geschätzt wird. Allerdings wird Moos in westlichen Untersuchungen zum japanischen Garten im Vergleich zu anderen Elementen wie Stein oder Wasser eher vernachlässigt oder bloß als bescheidener ‚Begleiter' von Stein und Felsen berücksichtigt.[38]

Flechten und Moos, so Allen S. Weiss, tragen dazu bei, das *Sabi* des Steins – d. h. die Spuren des Zeitvergehens als Ausdruck der Impermanenz aller Erscheinungen – hervorzubringen und somit dessen Schönheit zu erhöhen.[39] Steht ein flächengroßer Moosteppich im Vordergrund, so spricht man von einem Moosgarten (*koke no niwa*), der neben dem Teichgarten (*chisen-shoyū-teien*) und dem Steingarten (*karesansui*) manchmal als eigenständiger Typ angesehen wird.

Der berühmteste Moosgarten der Welt liegt auf den Anlagen des aus diesem Grunde den Beinamen *Kokedera* (Moos-Tempel) tragenden Saihō-ji, eines bekannten buddhistischen Tempels in Kyōto. Die von über 120 Sorten Moos bedeckte Fläche gehört zum unteren Teil des Saihoji-Gartens, der 1339 vom berühmten Zen-Meister und Gartengestalter Musō Soseki umgebaut wurde. Während der untere, ursprünglich als „Garten des Reinen Landes" (Jôdo-Garten oder auch Paradiesgarten im Sinne des Amitabha-Buddhismus) konzipierte

---

35 Krasznahorkai, *Seiobo auf Erden*, Kap. 987: „Der Neubau des Ise-Schreins".
36 Krasznahorkai, *Im Norden ein Berg*, 58: „so lebte der Miya-Daiku im wahren Sinn des Wortes mit den Bäumen zusammen, kannte sie einzeln wie eine riesige Familie".
37 Donna J. Haraway, *The Companion Species Manifesto: Dogs, People, and Significant Otherness* (Chicago: Prickly Paradigm Press, 2003), 4.
38 Vgl. Natasha Hoare, „A Multi-Species Ethnography of Nature and Time: Human's Long-Standing Relationship with Moss in the Japanese Temple Garden", *Global Horizons* 2, Nr. 1 (2019): 26–43, https://globalhorizonsjournal.wordpress.com/portfolio/a-multi-species-ethnography-of-nature-and-time-humans-long-standing-relationship-with-moss-in-the-japanese-temple-garden/.
39 Allen S. Weiss, *Zen Landscapes: Perspectives on Japanese Gardens and Ceramics* (London: Reaktion Books, 2013), 17.

Teichgarten in eine prototypische Variante des Wandelgartens umgestaltet wurde, schuf er im oberen Teil den ersten sogenannten „Trocken(Stein)Garten" (*karensansui*) Japans, eine Stilrichtung, die heutzutage überall in der Welt als „Zen-Garten" bekannt ist. Im Gegensatz zu diesem Steingarten, der größtenteils in seiner ursprünglichen Form aufbewahrt wurde, zeigen sich die mit weißem Kiesel bedeckten Inseln um den Goldenen Teich (*ōgonchi*) heutzutage völlig verwandelt. Nachdem Ende des 17. Jahrhunderts die Finanzen knapp geworden waren und der Tempel in Vernachlässigung geraten war, begann sich dort um 1800, im Schatten der groß gewordenen Bäume und von hoher Feuchtigkeit und wiederholten Überschwemmungen begünstigt, Moos anzusiedeln.[40]

Die eigenartige Geschichte dieses Gartens sowie das Bild des verkommenen Tempels lassen die Vermutung anstellen, dass hier Krasznahorkai die Inspiration für seinen verborgenen Garten gefunden hat.

Zwischen Ästhetik und Ökologie

Der Vergleich zwischen dem Saihō-ji-Garten und dem fiktionalen Garten zeigt, wie Krasznahorkais onto-ästhetische Reduktion auf das Wesentliche operiert, und kann somit m. E. einen Schlüssel zum Verständnis seiner Poetik liefern.

Das auffallendste Element stellt dabei die ausschlaggebende Rolle des Zufalls beim Entstehen der beiden Gartenlandschaften dar. In der japanischen Gartentradition ist das subtile Gleichgewicht zwischen natürlichen und menschengemachten Komponenten von größter Bedeutung – also gerade das, was der Garten- und Architekturhistoriker Günter Nitschke das Ineinanderflechten von natürlichem Zufall und künstlicher, von Menschen geschaffener Vollkommenheit nennt.[41] Imaginiert man das Spektrum japanischer Gartenkunst unter diesem Gesichtspunkt, so würden der Ryōan-ji-Steingarten, der weltweit als höchste Form des sogenannten Zen-Gartens gilt, und der Moosgarten des Saihō-ji Tempels die zwei Pole der Skala darstellen. Während der Trockengarten einem verschlüsselten Sinngehalt auf höchst abstrakter Weise Ausdruck verleiht,[42] kann der Saihō-ji-Moosgarten für ein extremes Beispiel des natürlichen Zufalls ge-

---

40 François Berthier, *Reading Zen in the Rocks: The Japanese Dry Landscape Garden*, translated and with a philosophical essay by Graham Parkes (Chicago: University of Chicago Press, 2000), 25; ebenfalls Tomoko Kamishima, „Koke-dera (Saiho-ji) Temple", *Japan Travel*, 08.06. 2014, abgerufen am 30.12.2022, https://en.japantravel.com/kyoto/koke-dera-saiho-ji-temple /13383.
41 Günter Nitschke, *Japanese Gardens: Right Angle and Natural Form* (Köln: Taschen, 2007), 12.
42 Für eine Diskussion der unterschiedlichen Interpretationsansätze bezüglich des Trockengartens vgl. Mathias Obert, *Tanzende Bäume, Sprechende Steine: Zur Phänomenologie Japanischer Gärten* (Freiburg im Breisgau: Karl Alber, 2020), 24–27.

halten werden, bei dem die ursprüngliche künstlerische Absicht durch die ihren Lebensraum zurückerobernde Natur abgeschafft wurde.

Der verborgene Garten verkörpert die noch weiter radikalisierte Form dieser Idee. Nicht nur die räumliche Verkleinerung (der Moosteppich misst acht mal sechzehn Schritte, es gibt nur acht Hinoki-Bäume), sondern auch die Ausklammerung wichtiger konstitutiver Elemente wie Teich, Brücken und Felsen bewirkt im Roman die „nicht mehr weiter zu verdichtende Konzentration" traditioneller, vom Zen-Buddhismus geprägter ästhetischer Merkmale wie Natürlichkeit (*shizen*) und Schlichtheit (*kanso*).[43]

Der definitorische Unterschied besteht allerdings in der gänzlichen Ausblendung des menschlichen Subjekts im Roman. Aller Verwilderung zum Trotz bleibt der Saihō-ji-Moosgarten ein Gebilde an der Schnittstelle von Künstlichem und Natürlichem, wo sogar auf oberflächlicher Ebene symbolische Sinngehalte durch Anordnungen von Steinen, die buddhistische Inhalte veranschaulichen, oder religiöse Artefakte wie *shimenawa* (Seil aus Reisstroh) usw. zum Ausdruck gebracht werden.[44] Außerdem ist gerade der Moosteppich intensiv pflegebedürftig: „To keep the moss in the best condition, priests and gardeners sweep and clean away the leaves from the moss every day. If they neglect the cleaning, the moss will die".[45] Darüber hinaus bewirkt eine eigentümliche Schnitt-Technik, dass Sträucher die Form von Moss-Kissen annehmen.[46]

Die Schilderung des verborgenen Gartens im Roman ist im Gegenteil darum bemüht, die Illusion einer perfekten, vom Menschen nicht berührten oder, und sei es noch so wenig, gelenkten Natur zu schaffen. Wie Peter Nemes argumentiert, ist Krasznahorkai hier darauf bedacht, die Beziehung Mensch-Natur aus der anthropozentrisch geprägten Tradition des westlichen Denkens zu lösen.[47] Diese antisubjektivistische Tendenz erweist sich allerdings als besonders virulent, geht Krasznahorkai doch bis zur Behauptung der Tatsache, dass der Raum der Natur

> wirklich alles [ist], was es gibt. Außer diesem Raum gibt es nichts. Genauer gesagt, was außer der Natur existiert, ist nichts. Dieses Nichts ist für uns, die Menschheit, natürlich sehr wichtig, denn unsere ganze Kultur, unsere Gedanken, Künste, alles, was wir für das

---

43 Vgl. Daisetz T. Suzuki, *Zen and Japanese Culture* (Princeton: Princeton University Press, 1973), 23.
44 Nitschke, *Japanese Gardens*, 68–73. Vgl. auch „Saiho-Ji Temple (Koke-Dera)", abgerufen am 30.12.2022, http://www.kofuku.top/saihoji/engsaihojitop.html.
45 Kamishima, „Koke-dera".
46 Vgl. Janice M. Glime, „Gardening: Japanese Moss Gardens", in Janice M. Glime, *Bryophyte Ecology*, vol. 5, chapt. 7-2, ebook 2017, http://digitalcommons.mtu.edu/bryophyte-ecology/.
47 Peter Nemes, „The Japanese Garden in a Hungarian Novel: László Krasznahorkai's ‚Hill to the North, Lake to the South, Roads to the West, River to the East'", *Interdisciplinary Studies in Literature and Environment* 17.2 (Spring 2010): 397.

Wesentliche halten, existiert in einem Raum ohne Raum, also in einem nicht existierenden Raum.[48]

Es handelt sich dabei um den Versuch, die Natur als solche zu beschreiben, das, was bei Heidegger unter dem Begriff „Erde" der „Welt" als „Einheit jener Bahnen und Bezüge", durch die das „Menschenwesen die Gestalt seines Geschickes" gewinnt,[49] entgegengesetzt wird. Selbstverständlich kann ein solches Unterfangen nur zum Scheitern verurteilt sein, denn, wie Carl Friedrich Kress unterstreicht, „beide Regionen durchdringen sich, so nämlich, dass Sinnbezüge stets nur durch Formen gegeben sind und Materielles stets unter einem Schleier von Bedeutung erscheint".[50]

Damit hängt auch das begrifflich nicht Fixierbare der ästhetischen Naturerfahrung zusammen, denn Krasznahorkai greift auf die frühromantische, von Adorno ebenfalls aktualisierte Vorstellung einer unverständlichen Sprache der Natur[51] zurück: Die Hinokizypressen werden als „Gesandte" präsentiert, „die aus großer Entfernung einen erhebenden Satz mitbrachten, eine Botschaft in ihren verzweigten Wurzeln [...] in ihrer Geschichte und ihrer Existenz, die nie jemand verstehen wird, da dieses Verstehen ganz offensichtlich nicht Menschensache ist".[52] Wie bei Adorno wird das Naturschöne durch seinen rätselhaften Charakter und seine wesentliche Unbestimmtheit charakterisiert.[53] Die Erfahrung des Schönen teilt wesentliche Aspekte mit dem mystischen Erlebnis: die starke Benommenheit des Subjekts und das Gefühl des Unaussprechlichen, ja das Überschreiten der Sprache hin zum Schweigen.[54] Die „Zauberkraft" des Gartens hebt das „Bedürfnis" des potentiellen Betrachters, etwas zu sagen, auf: „[W]er stehenblieb und das betrachtete, möchte tatsächlich kein Wort mehr sagen, er stand nur und schwieg".[55]

---

48 Ibid.
49 Vgl. Martin Heidegger, „Der Ursprung des Kunstwerkes", in Martin Heidegger, *Gesamtausgabe*, Bd. 5: *Holzwege*, hg. v. Friedrich-Wilhelm von Herrmann (Frankfurt a. M.: Vittorio Klostermann, 1950), 27–28.
50 Carl Friedrich Kress, *Heideggers Umweltethos: Die Philosophie als Ontologie der Kontingenz und die Natur als das Nichts sowie ein möglicher Beitrag des Denkens in Japan* (Zürich: buch & netz, 2013), 103–4.
51 Adorno spricht vom „Enigmatischen" der Natursprache; vgl. Theodor W. Adorno, „Ästhetische Theorie", in Theodor W. Adorno, *Gesammelte Schriften*, hg. v. Rolf Tiedemann unter Mitwirkung von Gretel Adorno, Susan Buck-Morss und Klaus Schultz, Bd. 7 (Frankfurt a. M.: Suhrkamp, 2003), 114.
52 Krasznahorkai, *Im Norden ein Berg*, 139.
53 Das „der Allgemeinbegrifflichkeit sich Entziehende"; vgl. Adorno, „Ästhetische Theorie", 110.
54 Zum Thema mystische Erfahrung und Ästhetik, vgl. Cornelia Temesvári und Roberto Sanchiño, Hg., „*Wovon man nicht sprechen kann...": Ästhetik und Mystik im 20. Jahrhundert. Philosophie – Literatur – Visuelle Medien* (Bielefeld: transcript Verlag, 2010).
55 Krasznahorkai, *Im Norden ein Berg*, 126.

Interessanterweise vermag der naturwissenschaftliche Zugang zur Natur, entgegen den tradierten Vorstellungen der Moderne, diesen Zauber keineswegs zu zerstören, sondern umgekehrt: Er vertieft das Bewusstsein für das Wundersame des Lebens. Die naturwissenschaftlichen Betrachtungen können, so der auktoriale Erzähler, zu einer einzigen Schlussfolgerung führen: Angesichts der zahllosen „Angriffe des mörderischen Zufalls",[56] die mit einer erstaunlichen Fülle von Details im Konjunktiv geschildert werden und eine infinitesimale Wahrscheinlichkeit für das Gelingen der Gartenentstehung ergeben, wäre es „angebrachter [...], davon zu sprechen, dass all das [...] viel eher die Geschichte eines sinn- und geistverwirrenden, ganz und gar unverständlichen Wunders ist".[57] Die Einsichten in die Gesetze der Natur – und hier scheint Krasznahorkai mit Heidegger übereinzustimmen – bleiben jedoch außerhalb der Sphäre, in der das Wahre sich ereignet[58] und die Epiphanie des Schönen sich vollzieht.

Die Zuordnung der höchsten Form der Schönheit zum Naturbereich[59] ruft allerdings Irritation hervor. Es drängt sich die Frage auf, warum Krasznahorkai doch einen Garten, und keine Naturlandschaft, wie es z. B. der Fall von Poschmanns *Die Kieferinseln* ist, ins Zentrum seines Romans gestellt hat. In den folgenden Schlussbetrachtungen möchte ich einen Ansatz zur Deutung dieser Frage skizzieren, der Grundgedanken des späten Heidegger, wie „das Geviert" und „Gelassenheit" aufgreift. Heideggers Projekt, den Selbst- und Weltbezug des Menschen neu zu denken, erweist sich m. E. in diesem Zusammenhang als besonders fruchtbar, weil es auf zweifacher Weise eine Brücke zwischen dem abendländischen und ostasiatischen Denken schlägt: Einerseits weist seine eigene Philosophie eine harmonische Verwandtschaft mit dem Taoismus und Zen-Buddhismus auf, andererseits wurde sie von vielen bedeutenden japanischen Philosophen wie Keiji Nishitani, Tetsurō Watsuji, Kōichi Tsujimura usw. intensiv rezipiert.

Wenn im Roman jede Idee vom menschlichen Eingriff in die Natur zugunsten eines absoluten Primats der letzteren abgelehnt und dem Menschen sowohl der Status des Kunstproduzenten (da sein Beitrag zur Schaffung des Gartens so gut wie nicht vorhanden ist) als auch der des Kunstrezipienten (da der Enkel den Garten nie findet) entzogen wird, so lässt sich dies als radikale Kritik an der Vormacht des Natur beherrschenden Subjekts verstehen. Tatsächlich behauptet der Autor, er „wollte seit langer Zeit ein Buch schreiben, in dem absolut keine

---

56 Ibid., 136.
57 Ibid., 135–36.
58 Vgl. Martin Heidegger, „Die Frage nach der Technik", in Martin Heidegger, *Gesamtausgabe*, Bd. 7: *Vorträge und Aufsätze. 1936–53*, hg. v. Friedrich-Wilhelm von Herrmann (Frankfurt a. M.: Vittorio Klostermann, 1954), 9: „Darum ist das bloß Richtige noch nicht das Wahre".
59 Vgl. Nemes, „The Japanese Garden", 397.

Menschen vorkommen".⁶⁰ Krasznahorkai entwirft das utopische Bild einer unberührten Natur, das der verfallenen Gegenwart entgegengesetzt wird, eine Rückprojektion des Idealzustandes in paradiesische, *vormenschliche* Urzeiten. In einem Interview von Mauro Javier Cárdenas kommt er noch einmal auf diese Nostalgie zu sprechen:

> [...] if you find a place where you can see only the nature without human beings, this is actually the paradise, but in the next moment the human being walks into this picture and we are immediately and suddenly in the first chapter of the Old Testament. And we've lost it.⁶¹

Zweifelsohne spielt Krasznahorkai im Roman mit diesem romantischen Topos der Sehnsucht, dem das Moment des Unvollziehbaren innewohnt, ganz bewusst. Darauf weisen nicht nur das spurlose Verschwinden des Enkels am Ende des Romans, vermutlich des Einzigen, in dem dieses verklärte Erinnerungsbild noch präsent war, sondern auch die Tatsache, dass die Kapitelnummerierung mit der Ziffer 2 beginnt, hin: Der Ursprung entzieht sich dem menschlichen Zugriff.

Genauso gut könnte es sich indessen auch von einer Zukunftsvision handeln, die auf eine *nachmenschliche* Zeit befreiter Natur anspielt. Am Ende des 2016 veröffentlichten Romans *Baron Wenckheims Rückkehr* (2019, Fischer Verlag) liefert Krasznahorkai den (paradoxen) Versuch, eine (post)apokalyptische Welt in der Abwesenheit jeglicher menschlicher Wahrnehmungsinstanz in Worte zu fassen.

Allerdings eröffnet gerade die Tatsache, dass beharrlich auf das Gartenhafte der Landschaft bestanden wird, den Weg für eine optimistischere Interpretation, in der die Möglichkeit einer anderen Form des In-der-Welt-Seins, einer neuen Beziehung zwischen Mensch und Natur angedeutet wird. Eine potentielle Antwort auf die Frage „Warum ist der verborgene Garten doch als Garten aufzufassen, auch wenn seine Entstehung und Entwicklung ganz außerhalb der menschlichen Sphäre stattfinden?" liegt in seinem Wesen als Tempelgarten, d.h. in seiner kulturellen und religiösen Einrahmung. Durch sein bloßes Dastehen auf der Tempelanlage nimmt der Garten an der Welt teil, die, so wie Heidegger in seiner Analyse des griechischen Tempels vorführt, durch das Tempelwerk „aufgestellt", „den Dingen erst ihr Gesicht und den Menschen erst die Aussicht auf sich selbst"⁶² gibt.

Die Konzeption des „Gevierts", die für Heideggers umweltphilosophische Bemühungen der späten Jahre von großer Bedeutung ist, erlaubt es, den Men-

---

60 Krasznahorkai, „Der Raum der Natur".
61 László Krasznahorkai, „Conversations with László Krasznahorkai", Interview von Mauro Javier Cárdenas, *Music & Literature*, 12.02.2013, abgerufen am 30.12.2022, https://www.musicandliterature.org/features/2013/12/11/a-conversation-with-lszl-krasznahorkai.
62 Heidegger, „Der Ursprung des Kunstwerkes", 29.

schen als Teil eines Gesamtzusammenhangs zu sehen, der aus vier sich wechselseitig bestimmenden Dimensionen besteht: Erde, Himmel, die Göttlichen und die Sterblichen.[63] Durch dieses neue Selbstverständnis, das mit einer ethisch geprägten Haltung gegenüber der Natur einhergeht, könnte der „Vernutzung" und Verwüstung des Planeten entgegengewirkt werden, die das alleine auf die „Sicherung der Herrschaft des Menschen"[64] ausgerichtete moderne technische Denken verursacht. Der Titel des Romans deutet genau auf einen solchen Zugang zum Wirklichen an. Es handelt sich dabei um Anweisungen für den Tempelbau, die in der aus China entlehnten Lehre der Geomantik festgelegt wurden. In dieser auf der Einheit zwischen Mikro- und Makrokosmos beruhenden Weltanschauung und Praxis muss die Gestaltung des menschlichen Lebensraums im Einklang mit der Umwelt stehen und die göttliche Ordnung widerspiegeln.[65] In der modernen Welt dagegen, in der sogar gelehrte Geistliche wie Mönche und Tempeläbte die Existenz des Gartens verkennen, ist ein sinnhaftes In-der-Welt-Sein nicht mehr möglich.

Natürlich ist es einfach, solche Vorstellungen als Flucht ins Mythische und verklärte Romantisierung abzutun. Man kann jedoch auch den entgegengesetzten Weg einschlagen und zusammen mit Krasznahorkai und Heidegger Perspektiven mitdenken, die gerade in diesen Zeiten extremer planetarischer Not einen hilfreichen Bezugspunkt bieten. Krasznahorkais Schilderung des Tempelgartens weist einen möglichen Weg aus der „Seinsvergessenheit", der „Selbstentfremdung, mit der das Dasein geschlagen ist",[66] und die ausdrucksvoll am Beispiel der Eskorte des Enkels als *homo consumens* veranschaulicht wird. Die Verabschiedung des Menschen im Roman kann in dieser Lesart als eine Einladung zum Rückzug aus der Rolle der zentralen Autorität in eine sich an der Heidegger'schen Idee der „Gelassenheit" orientierende Haltung verstanden werden, die auch „die Offenheit für das Geheimnis"[67] impliziert. Bei der näheren Bestimmung dieser anderen Form des Weltbezugs kommt Heidegger mittels

---

63 Martin Heidegger, „Das Ding", in Martin Heidegger, *Gesamtausgabe*, Bd. 7: *Vorträge und Aufsätze. 1936–53*, hg. v. Friedrich-Wilhelm von Herrmann (Frankfurt a. M.: Vittorio Klostermann, 1954), 180–81.
64 Martin Heidegger, „Überwindung der Metaphysik", in Martin Heidegger, *Gesamtausgabe*, Bd. 7: *Vorträge und Aufsätze. 1936–53*, hg. v. Friedrich-Wilhelm von Herrmann (Frankfurt a. M.: Vittorio Klostermann, 1954), 96.
65 Vgl. hierzu Norris Brock Johnson, „Geomancy, Sacred Geometry, and the Idea of a Garden: Tenryu-ji Temple, Kyoto, Japan", *Journal of Garden History* 9, Nr. 1 (January 1989): 1–19, DOI: 10.1080/01445170.1989.10410724.
66 Martin Heidegger, *„Ontologie. Hermeneutik der Faktizität: Frühe Freiburger Vorlesung Sommersemester 1923"*, in Martin Heidegger, *Gesamtausgabe*, Bd. 63, hg. v. Käte Bröcker-Oltmanns (Frankfurt a. M.: Vittorio Klostermann, 2018), 15.
67 Martin Heidegger, „Gelassenheit", in Martin Heidegger, *Gesamtausgabe*, Bd. 16: *Reden und andere Zeugnisse eines Lebensweges (1910–1976)*, hg. v. Hermann Heidegger (Frankfurt a. M.: Vittorio Klostermann, 2000), 528.

eines Zitats aus Johann Peter Hebel[68] auf das Wesen der Pflanzen zu sprechen, die, zur Sphäre des Erdhaften gehörend, dem Himmel entgegenwachsen und somit den Bereich zwischen Erde und Himmel auf eine Weise bewohnen, die die Menschen daran erinnert, wie sie selber sich in diesem Zwischen aufzuhalten haben: „Die Eiche selber sprach, dass in solchem Wachstum allein gegründet wird, was dauert und fruchtet: dass wachsen heißt: der Weite des Himmels sich öffnen und zugleich in das Dunkel der Erde wurzeln".[69]

Es ist kein Zufall, dass Krasznahorkais Garten nur aus Pflanzen besteht – und dies im Gegensatz zur etablierten Tradition abendländischer Fachliteratur zur japanischen Gartenkunst, die von einer Faszination für die Rätselhaftigkeit der Steine bzw. Steinsetzungen und Felsblöcke bei gleichzeitiger Vernachlässigung der Gewächse geprägt ist. Anders als Steine leisten die Pflanzen jedoch nicht nur die Vermittlung zwischen der Erde- und Himmel-Regionen des Gevierts, sondern sie stellen auch durch die ihnen eigene Form der Zeitlichkeit die Urwüchsigkeit der Natur in den Vordergrund: die Natürlichkeit der Physis als „Auf- und Zurückgehen alles Wesenden in sein An- und Abwesen".[70]

Dementsprechend lässt der Tempelgarten als sakraler Ort das Seiende in der Unverborgenheit erscheinen, unter der Bedingung, dass der Mensch zurücktritt und die Aufgabe des Hüters („Hirt des Seins") übernimmt: „Eines ist es, die Erde nur zu nutzen, ein anderes, den Segen der Erde zu empfangen und im Gesetz dieser Empfängnis heimisch zu werden, um das Geheimnis des Seins zu hüten und über die Unverletzlichkeit des Möglichen zu wachen".[71]

Dieses Sichzeigen der Natur kann jedoch – und dies ist eine grundlegende Gemeinsamkeit, die Krasznahorkai mit Heidegger teilt – nur im Medium des dichterischen Sprechens erfolgen: Durch das dichterische Sagen, in dem „Seiendes als Seiendes sich erschließt",[72] vermögen die Sterblichen erst, „auf der Erde unter dem Himmel vor dem Göttlichen"[73] zu wohnen. Zwar ist die Geschichte des Enkels eine des Scheiterns, doch bleibt der Garten, trotz seiner Unauffindbarkeit, nicht abwesend. Im Gegenteil: Er wird im sprachlichen Kunstwerk, in einem

---

68 Ibid., 521: „Wir sind Pflanzen, die – wir mögen's uns gerne gestehen oder nicht – mit den Wurzeln aus der Erde steigen müssen, um im Äther blühen und Früchte tragen zu können".
69 Martin Heidegger, *Der Feldweg* (Frankfurt a. M.: Vittorio Klostermann, 1989), 15.
70 Martin Heidegger, „Hebel – Der Hausfreund", in Martin Heidegger, *Gesamtausgabe*, Bd. 13: *Aus der Erfahrung des Denkens (1910–1976)*, hg. v. Hermann Heidegger (Frankfurt a. M.: Vittorio Klostermann, 2002), 145. Für einen Vergleich zwischen der Zeitlichkeit der Pflanzen und der Steine, vgl. Mathias Obert, *Tanzende Bäume, Sprechende Steine: Zur Phänomenologie Japanischer Gärten* (Freiburg im Breisgau: Karl Alber, 2020), 125–27.
71 Heidegger, „Überwindung der Metaphysik", 97.
72 Heidegger, „Der Ursprung des Kunstwerkes", 62.
73 Martin Heidegger, „Sprache und Heimat", in Martin Heidegger, *Gesamtausgabe*, Bd. 13: *Aus der Erfahrung des Denkens (1910–1976)*, hg. v. Hermann Heidegger, (Frankfurt a. M.: Vittorio Klostermann, 2002), 180.

paradoxal besetzten Gestus, zur Darstellung gebracht. Erst als dichterisches – und somit offen-mehrdeutiges – Gebilde kann der Tempelgarten zu jenem „Garten der Wildnis", so der schöne Ausdruck Heideggers, werden, in dem „Wachstum und Pflege aus einer unbegreiflichen Innigkeit zueinander gestimmt sind".[74]

Bibliografie

Adorno, Theodor W. „Ästhetische Theorie". In Theodor W. Adorno, Gesammelte Schriften, herausgegeben von Rolf Tiedemann unter Mitwirkung von Gretel Adorno, Susan Buck-Morss und Klaus Schultz, Bd. 7. Frankfurt a. M.: Suhrkamp, 2003.

Berthier, François. Reading Zen in the Rocks: The Japanese Dry Landscape Garden. Translated and with a philosophical essay by Graham Parkes. Chicago: University of Chicago Press, 2000.

Etymologisches Wörterbuch der Japanischen Sprache (語源由来辞典). Abgerufen am 30.12.2022. https://gogen-yurai.jp/hinoki/.

Glime, Janice M. „Gardening: Japanese Moss Gardens". In Janice M. Glime, Bryophyte Ecology, vol. 5, chapt. 7-2. Ebook 2017. http://digitalcommons.mtu.edu/bryophyte-ecology/.

Haraway, Donna J. The Companion Species Manifesto: Dogs, People, and Significant Otherness. Chicago: Prickly Paradigm Press, 2003.

Heidegger, Martin. „Das Ding". In Martin Heidegger, Gesamtausgabe, Bd. 7: Vorträge und Aufsätze. 1936-53, herausgegeben von Friedrich-Wilhelm von Herrmann, 165-88. Frankfurt a. M.: Vittorio Klostermann, 1954.

–. Der Feldweg. Frankfurt a. M.: Vittorio Klostermann, 1989.

–. „Der Ursprung des Kunstwerkes". In Martin Heidegger, Gesamtausgabe, Bd. 5: Holzwege, herausgegeben von Friedrich-Wilhelm von Herrmann, 1-74. Frankfurt a. M.: Vittorio Klostermann, 1950.

–. „Die Frage nach der Technik". In Martin Heidegger, Gesamtausgabe, Bd. 7: Vorträge und Aufsätze. 1936-53, herausgegeben von Friedrich-Wilhelm von Herrmann, 5-36. Frankfurt a. M.: Vittorio Klostermann, 1954.

–. „Gelassenheit". In Martin Heidegger, Gesamtausgabe, Bd. 16: Reden und andere Zeugnisse eines Lebensweges (1910-1976), herausgegeben von Hermann Heidegger, 517-29. Frankfurt a. M.: Vittorio Klostermann, 2000.

–. „Hebel – Der Hausfreund". In Martin Heidegger, Gesamtausgabe, Bd. 13: Aus der Erfahrung des Denkens (1910-1976), herausgegeben von Hermann Heidegger, 133-50. Frankfurt a. M.: Vittorio Klostermann, 2002.

–. „Ontologie. Hermeneutik der Faktizität: Frühe Freiburger Vorlesung Sommersemester 1923". In Martin Heidegger, Gesamtausgabe, Gesamtausgabe, Bd. 63, herausgegeben von Käte Bröcker-Oltmanns. Frankfurt a. M.: Vittorio Klostermann, 2018.

---

74 Martin Heidegger, „Zur Seinsfrage", in Martin Heidegger, Gesamtausgabe, Bd. 9: Wegmarken (1919-1961), hg. v. Friedrich-Wilhelm von Herrmann (Frankfurt a. M.: Vittorio Klostermann, 2004), 423-24.

–. „Sprache und Heimat". In Martin Heidegger, *Gesamtausgabe*, Bd. 13: *Aus der Erfahrung des Denkens (1910–1976)*, herausgegeben von Hermann Heidegger, 155–80. Frankfurt a. M.: Vittorio Klostermann, 2002.

–. „Überwindung der Metaphysik". In Martin Heidegger, *Gesamtausgabe*, Bd. 7: *Vorträge und Aufsätze. 1936–53*, herausgegeben von Friedrich-Wilhelm von Herrmann, 67–98. Frankfurt a. M.: Vittorio Klostermann, 1954.

–. „Zur Seinsfrage". In Martin Heidegger, *Gesamtausgabe*, Bd. 9: *Wegmarken (1919–1961)*, herausgegeben von Friedrich-Wilhelm von Herrmann, 385–426. Frankfurt a. M.: Vittorio Klostermann, 2004.

Hoare, Natasha. „A Multi-Species Ethnography of Nature and Time: Human's Long-Standing Relationship with Moss in the Japanese Temple Garden". *Global Horizons* 2, Nr. 1 (2019): 26–43. https://globalhorizonsjournal.wordpress.com/portfolio/a-multi-species-ethnography-of-nature-and-time-humans-long-standing-relationship-with-moss-in-the-japanese-temple-garden/.

Johnson, Norris Brock. „Geomancy, Sacred Geometry, and the Idea of a Garden: Tenryu-ji Temple, Kyoto, Japan". *Journal of Garden History* 9, Nr. 1 (January 1989): 1–19. DOI: 10.1080/01445170.1989.10410724.

Kamishima, Tomoko. „Koke-dera (Saiho-ji) Temple". *Japan Travel*, 08.06.2014. Abgerufen am 30.12.2022. https://en.japantravel.com/kyoto/koke-dera-saiho-ji-temple/13383.

Krasznahorkai, László. *A Mountain to the North, a Lake to the South, Paths to the West, a River to the East*. Translated by Ottilie Mulzet. Cambridge: New Directions Publishing, 2022.

–. „Conversations with László Krasznahorkai". Interview von Mauro Javier Cárdenas. *Music & Literature*, 12.02.2013. Abgerufen am 30.12.2022. https://www.musicandliterature.org/features/2013/12/11/a-conversation-with-lszl-krasznahorkai.

–. „Der Raum der Natur, der Raum der Kultur". Interview von Eve-Marie Kallen, *Eurozine*, 23.06.2006. Abgerufen am 30.12.2022. https://www.eurozine.com/der-raum-der-natur-der-raum-der-kultur/.

–. *Im Norden ein Berg, im Süden ein See, im Westen Wege, im Osten ein Fluss*. Übersetzt von Christina Viragh. Frankfurt a. M.: Fischer Verlag, 2007.

–. Seiobo auf Erden. Erzählungen. Übersetzt von Heike Flemming. Frankfurt a. M.: Fischer Verlag, 2012, E-Book.

Kress, Carl Friedrich. *Heideggers Umweltethos: Die Philosophie als Ontologie der Kontingenz und die Natur als das Nichts sowie ein möglicher Beitrag des Denkens in Japan*. Zürich: buch & netz, 2013.

Mertz, Mechtild. „Wood Species used in Traditional Japanese Architecture". In *Archiv Weltmuseum Wien*, 188–95. Wien: Archiv Weltmuseum Wien, 2015.

Metze, Andrea. „Die 61. zyklische Schreinverlegung im Großschrein von Ise". *NOAG*, Nr. 163–164 (1998): 23–47. https://www.oag.uni-hamburg.de/noag/noag-163-164-1998/noag163-164-2.pdf.

Nemes, Peter. „The Japanese Garden in a Hungarian Novel: László Krasznahorkai's ‚Hill to the North, Lake to the South, Roads to the West, River to the East'". *Interdisciplinary Studies in Literature and Environment* 17.2 (Spring 2010): 389–99.

Nitschke, Günter. *Japanese Gardens: Right Angle and Natural Form*. Köln: Taschen, 2007.

Obert, Mathias. *Tanzende Bäume, Sprechende Steine: Zur Phänomenologie Japanischer Gärten*. Freiburg im Breisgau: Karl Alber, 2020.

Rots, Aike P. *Shinto, Nature and Ideology in Contemporary Japan: Making Sacred Forests*. London: Bloomsbury Academic, 2017.

„Saiho-Ji Temple (Koke-Dera)". Abgerufen am 30.12.2022. http://www.kofuku.top/saihoji/engsaihojitop.html.

Schulz, Dieter. *Suche und Abenteuer. Die „Quest" in der englischen und amerikanischen Erzählkunst der Romantik*. Heidelberg: Winter, 1981.

Shikibu, Murasaki. *Die Geschichte vom Prinzen Genji. Altjapanischer Liebesroman aus dem 11. Jahrhundert*. Vollständige Ausgabe aus dem Original übersetzt von Oscar Benl. 2 Bde. Zürich: Manesse, 1966.

Suzuki, Daisetz T. *Zen and Japanese Culture*. Princeton: Princeton University Press, 1959 (1973).

Tagsold, Christian. *Spaces in Translation: Japanese Gardens and the West*. Philadelphia: University of Pennsylvania Press, 2017.

Temesvári, Cornelia und Roberto Sanchiño, Hg. *„Wovon man nicht sprechen kann...": Ästhetik und Mystik im 20. Jahrhundert. Philosophie – Literatur – Visuelle Medien*. Bielefeld: transcript Verlag, 2010.

Vonnak, Diana. „East Meets East: Krasznahorkai's Intellectual Affair with Japan". *Hungarian Literature Online*, 25.04.2014. Abgerufen am 30.12.2022. https://hlo.hu/news/east_meets_east_krasznahorkai_s_intellectual_affair_with_japan.html.

Weiss, Allen S. *Zen Landscapes: Perspectives on Japanese Gardens and Ceramics*. London: Reaktion Books, 2013.

Young, David und Michiko Young. *The Art of the Japanese Garden: History / Culture / Design*. Rutland, VT: Tuttle Publishing, 2019.

On Plant Symbolism in Art and Literature

Joanna Rybowska † (University of Lodz)

The Symbolism of Vine in the Culture of Ancient Greeks

Abstract
In many cultures, both the vine and the wine were considered symbols of eternal life. The aim of the present text is to answer the question of whether the ancient Greeks also attributed a similar meaning to them. The first part of the article presents the sources that illustrate how the motif of the ancient epiphany of the god identified with the vine was processed by poets and mythographers of various epochs. The second part of the article presents sources indicating that the Greeks considered vines and wine as gifts from the god Bacchus to people. The third part of the work discusses the festivals of the god Dionysus as the lord of the vine and wine. The fourth part is a summary and explanation of the symbolism of the vine in ancient Greek culture.
Keywords: *ámpelos*, *kissós*, Protrygaia, Anthesteria, Oschoforia, Rural Dionysia

Introduction

In the beliefs of the ancient Greeks, it was firmly rooted that the vine, like ivy, was a plant dedicated to the god Dionysus. The surviving literary testimonies seem to indicate that in the Early Iron Age or even earlier, the Greeks worshiped Bacchus both in the form of vine (ἡ ἄμπελος; Lat. *Vitis vinifera L.*) and ivy (ὁ κισσός, att. κιττός; Lat. *Hedera helix L.*). Next to the fig tree, these were the most famous phytomorphic epiphanies of this deity. Along with the development of Greek beliefs, and the process of anthropomorphization of gods, these plants played a significant role in the cult of that god; they were also his inseparable attributes.

It cannot be ruled out that identifying both the ivy and the vine with one god could result from the essential similarity of these plants – both are fruiting vines but of a different nature. Although the ancients did not classify these plants as vines, when describing them, they emphasized that none of them could climb up without support.[1] Apart from this fundamental similarity, these plants were

---

1 Vitis – Cicero, "On Old Age," in Cicero, *De senectute, De Amicitia, De Divinatione*, with an English translation by William A. Falconer (Cambridge, MA: Harvard University Press;

completely different from each other. The vine was regarded as a noble tree[2] at the same time as a phenomenon that mediates or combines the features of a shrub and a tree,[3] and ivy as a shrub.[4] Vines are sun-loving plants, while ivy boasts lush greenery in the shade and coolness. Ivy blooms in autumn (September–October),[5] when the grape harvest ends and bears fruit in spring. The fruit of the vine was considered to be hot, while ivy was regarded as a naturally cool plant,[6] fond of the cold.[7] For the vine to bear fruit, people had to devote a lot of effort and work to it. Growing wine required knowledge related not only to its cultivation but also to the processing of its fruits.[8] Meanwhile, ivy was a common, wild, evergreen plant that bore fruit without any effort on the part of man. Moreover, as Athenaeus described it, "[the ivy] grew everywhere, and was pleasant to look upon."[9] Walter F. Otto considered the listed properties of both

---

London: William Heinemann, 1964), 52: "vitis quidem quae natura caduca est et, nisi fulta est, fertur ad terram, eadem, ut se erigat, claviculis suis quasi manibus quidquid est nacta complecitur ..." Cf. Theophrastus, *De causis plantarum*, ed. and trans. Benedict Einarson and George K. K. Link (London: William Heinemann; Cambridge, MA: Harvard University Press, 1976), II,18,2.

2 Cf. Pliny, *Natural History*, vol. 4 (books XII–XVI), trans. Harris Rackham (London: William Heinemann; Cambridge, MA: Harvard University Press, 1960), XIV,9. Cf. as well as Theophrastus, *De causis plantarum*, I,9,1.

3 Cf. Lucius Junius Moderatus Columella, *On Agriculture*, with a recension of the text and an English translation by Edward S. Forster and Edward H. Heffer, 3 vols. (Cambridge, MA: Harvard University Press; London: William Heinemann, 1954–1960), III,1,2: "Nam ex surculo vel arbor procedit, ut olea, vel frutex, ut palma campestris, vel tertium quiddam, quod nec arborem nec fruticem proprie dixerimus, ut est vitis."

4 Cf. Theophrastus, *Enquiry into Plants and Minor Works on Odours and Weather Signs*, with an English translation by Sir Arthur F. Hort (London: William Heinemann; New York: G.P. Putman's Sons, 1916), I,3,2; I,9,4.

5 The flowering of ivy in autumn enabled bees to obtain pollen and nectar from this plant, which they processed into ivy honey.

6 Plutarchus, "Symposiacs," in *Plutarch's Morals*, translated from the Greek by several hands, corrected and revised by William W. Goodwin (Boston: Little, Brown, 1874), III,5,2. Contra: from Menestor's lost books on botany quoted in: Theophrastus, *De causis plantarum*, I,21,6; cf. ibid., II,7,3.

7 Cf. Theophrastus, *Enquiry into Plants*, II,3,3.

8 Cf. ibid., passim. From preserved Latin treatises cf. Marcus Porcius Cato, "On Agriculture," in Marcus Portius Cato, *On Agriculture* / Marcus Terentius Varro, *On Agriculture*, with an English translation by William D. Hooper, revised by Harrison B. Ash (London: William Heinemann, Cambridge, MA: Harvard University Press, 1936), passim; Columella, *On Agriculture*, III–V; Marcus Terentius Varro, "On Agriculture," in Marcus Portius Cato, *On Agriculture* / Marcus Terentius Varro, *On Agriculture*, with an English translation by William Davis Hooper, revised by Harrison Boyd Ash (London: William Heinemann, Cambridge, MA: Harvard University Press, 1936), I,7–8; I,18; I,22; I,25–26; I,31; I,34; I,36; I,41; I,54; I,58; I,61; I,65; Pliny, *Natural History*, vol. 5 (books XVII–XIX), trans. Harris Rackham (London: William Heinemann; Cambridge, MA: Harvard University Press, 1961), XVII.

9 Cf. Athenaeus, *The Deipnosophists*, with an English translation by Charles B. Gulick, 7 vols. (London: William Heinemann; New York: G. P. Putnam's Sons, 1927–1941), XV,17.

plants to be a complementary relationship,[10] a manifestation of the penetration of the divine spirit in the vast realm of natural phenomena.[11] There is much truth in this last statement, but it does not explain the symbolic meaning of both plants and their connection with the cult of the god Dionysus. Meanwhile, these plants, maturing and blooming in different periods, revealed the power of Bacchus in different ways and most likely corresponded to his various roles in the beliefs of the ancient Greeks. In previously published work devoted to Ivy Dionysus,[12] I presented testimonies that may indicate that Ivy, an evergreen plant, was most probably understood as a symbol of eternal life, and Dionysus-Bacchus, the lord of ivy, to his followers – bacchants and mystics, initiated into the mysteries, offered hope for life after death. In this article, I will focus on presenting the role and meaning of the vine in the culture of the ancient Hellenes and on its symbolic meaning, which this plant gained thanks to the perception of Dionysian power in it.

The Immortal and Mortal Ampelos

Clement of Alexandria, in his *Exhortation to the Greeks*, states that the Athenians used to worship Demeter in the form of an ear of rye, and the Thebans worshiped Dionysus in the form of a vine.[13] In many parts of Greece, Ampelos was worshiped in the form of a mask[14] or a statue made of a vine tree. From the preserved inscription, we learn that in Lebadea Bakchos was worshiped as a "good keeper of grapes" (Διόνυσος Εὐστάφυλος).[15] The close connection between the god, already imagined in an anthropomorphic form, and the plant with which he was originally identified, is visible in the Greek way of thinking about the god as the inventor of the vine[16] and the divine guardian of its growth.

---

10 Cf. Walter F. Otto, *Dionysus: Myth and Cult*, trans. and introd. Robert B. Palmer (Bloomington: Indiana University Press, 1965), 165: "Thus these two plants sacred to Dionysus face each other in an expressive counterplay."
11 Ibid., 152: "As the genuine god, he must pervade a great realm of natural phenomena with his spirit. He must be actively manifest in them in a thousand ways, and not just a part or a section of the word, but, instead, one of the eternal forms of its totality."
12 Joanna Rybowska, "Διόνισος κισσός." *Collectanea Philogica* 9 (2008): 20–34.
13 Clement of Alexandria, *Exhortation to the Greeks*, with an English translation by George W. Butterworth (London: William Heinemann; Cambridge: Harvard University Press, 1919), 26: καὶ Διόνυσον τὴν ἄμπελον.
14 Cf. Athenaeus, *The Deipnosophists*, 78c.
15 Lewis R. Farnell, *The Cults of the Greek States*, vol. 5 (Oxford: Clarendon Press, 1909), 288.
16 Apollodorus, *The Library*, with an English translation by Sir James George Frazer, 2 vols. (Cambridge: Harvard University Press; London: William Heinemann, 1921), III,5: εὑρετὴς ἀμπέλου γενόμενος.

The unbounded imagination of poets connected the beloved plant of Dionysus with the bridegroom of the god, bearing the same name as the vine. Ovid, in his work entitled *Fasti*,[17] was the first to present the story of the god's love for a young man called Ampelos. In the story of the Roman poet, the god's favorite was the son of a satyr and a nymph. God presented him with a vine, which hung laden with grapes from the branches of a young elm. The young man climbed a tree to collect the fruit. While picking fruit, he fell off it and killed himself. Dionysus turned it into a constellation called the Vine. At the end of antiquity, in the 5th century AD, Ampelos returned to history in his work *Dionysiaca*,[18] Nonnos of Panopolis in Egypt. The story of Ampelos is told in this epic written in Greek in books X to XII (10.138–12.397). In the version presented by Nonnos, Dionysus as an adolescent fell in love with a boy of wonderful beauty, Ampelos. He spent every free moment with him, organizing runs, wrestling, swimming competitions. Once a young man, desiring to please the god, against his warnings, mounted a huge, handsome bull. The ride on the animal ended tragically. Dionysus prepared the body of his beloved for burial and lamented loudly over his corpse. The god's despair after the departure of his beloved was so great that he wanted to become an ordinary mortal to be able to stay with his friend in Hades. The power of Dionysus' love for the young man made the inexorable Atropos transform the young man into a vine. The story told by Nonnos shows that the vine was born from the suffering of the god Dionysus.

The Vine as Gift from God

In the belief of the ancient Greeks, not only the discovery of the vine by Dionysus was of great importance, but also the fact that he was a vine-grower (ὁ ἀμπελοφύτωρ)[19] who planted the first vine and then passed on to mortals his knowledge about its cultivation and ways of obtaining wine.[20] Giving the vine to people was

---

17 Ovid, *Publii Ovidii Nasonis Fastorum Libri Sex: The Fasti of Ovid*, edited with a translation and commentary by Sir James G. Frazer, 5 vols. (London: Macmillan, 1929), III,409–10.
18 More on the myth of Ampelus in Nonnos, cf. Nicole Kröll, *Die Jugend des Dionysos. Die Ampelos-Episode in den Dionysiaka des Nonnos von Panopolis* (Berlin: De Gruyter, 2016), passim.
19 *Anthologia Palatina / The Greek Anthology*, with an English translation by William R. Paton, 5 vols. (London: William Heinemann; New York: G. P. Putnam's Sons, 1927–1928), VI,44: ἀμπελοφύτορι Βάκχῳ.
20 Iulius Hyginus, *Hygini Astronomica*, ex codicibus a se primum collatis, recensuit Bernhardus Bunte (Lipsiae: in aedibus T. O. Weigeli, 1875), II,4: "existimatur Liber pater uinum et uitem et uuam tradidisse, ut ostenderet hominibus, quomodo sereretur, et quid ex eo nasceretur; et cum esset natum, quomodo id uti oportere." Cf. also *Diodorus of Sicily in Twelve Volumes*, with an English translation by Charles H. Oldfather et al. (London: William Heinemann;

considered in Greek culture as a great act on behalf of humankind. God was also to instruct mortals about the disastrous effects of drinking wine excessively and consuming it unmixed with water.[21] In the multithreaded story of Ikarios, his daughter Erigone and their faithful dog preserved in both Greek and Roman literature, there are many elements related to the beliefs of the ancient Greeks.[22] This parable reflects, above all, how the people of Attica perceived the relationship of Bacchus with the vine and wine:

> Ikarios, of Athenian descent, had an only daughter, Erigone. She raised a dog, Orion, from a puppy. Ikarios, having once welcomed the god Dionysus, received wine and a vine from him. Instructed by the god on the properties of both [gifts], he roamed the earth spreading the joy of Dionysus, accompanied on his way by a dog. Once they were outside the city, Ikarios gave wine to the cattle herders. When everyone got drunk with wine, some of them fell into eternal sleep, and some of them managed to survive. Since they thought that the drink given [by the Athenian] was a deadly poison, they beat Ikarios to death. The next day, when they were completely sober, they started blaming each other, eventually fleeing the scene. The dog, returning to Erigone, howled and told her what had happened. The girl, having learned the truth, hanged herself. And when a plague broke out in Athens [the Athenians consulted the oracle], and they received the answer that they should worship Erigone and Ikarios annually. The father carried into the stars was called Boötes, Erigone became Virgo, the dog retained his own name and is called Orion.[23]

Cambridge, MA: Harvard University Press, 1967), III,63,1: "Those mythographes, however who represent the god as having a human form ascribe to him, with one accord, the discovery and cultivation of the vine and all operations of the making of wine (τῶν δὲ μυθογράφων οἱ σωματοειδῆ τὸν θεὸν παρεισάγοντες τὴν μὲν εὕρεσιν τῆς ἀμπέλου καὶ φυτείαν καὶ πᾶσαν τὴν περὶ τὸν οἶνον πραγματείαν συμφώνως αὐτῷ προσάπτουσι, περὶ δὲ τοῦ πλείους γεγονέναι Διονύσους ἀμφισβητοῦσιν)."

21 *Die Fragmente der griechischen Historiker*, ed. Felix Jacoby et al. (Berlin: Weidmann; Leiden: Brill, 1923–1958), sub verbo "Philochorus" (328 F 5b); below, in reference to Jacoby's collection, I will use the customary abbreviation "FGrHist"; cf. Athenaeus, *The Deipnosophists*, I,38c.
22 Some researchers consider this parable only as an aetiological myth and catasterism.
23 Eratosthenes, "Erigone," in *Collectanea Alexandrina: Reliquiae minores poetarum Graecorum aetatis Ptolemaicae 323–146 A.C., epicorum, elegiacorum, lyricorum, ethicorum*, edidit Johannes U. Powell (Oxonii: E Typographeo Clarendoniano, 1925), fragm. 22 (own transl.). About this story cf. Friedrich Solmsen, "Eratosthenes' Erigone: A Reconstruction," *Transactions and Proceedings of the American Philological Association* 78 (1947): 252–75; Reinhold Merklebach, "Die Erigone des Eratosthenes," in *Miscellanea di studi alessandrini in memoria di Augusto Rostagni* (Torino: Bottega d'Erasmo, 1963), 469–526; Peter M. Fraser, *Ptolemaic Alexandria. Text, notes and indexes*, vol. 2 (Oxford: Clarendon Press, 1972), 903, note 202; Adrian S. Hollis, "A New Fragment of Eratosthenes' Erigone?" *Zeitschrift für Papyrologie und Epigraphik* 89 (1991): 27–29; Philippe Borgeaud, "Dionysos, the Wine and Ikarios: Hospitality and Danger," in *A Different God? Dionysos and Ancient Polytheism*, ed. Renate Schlesier (Berlin: De Gruyter, 2011), 161–72.

In the belief of many Hellenes, the god Dionysus not only taught people how to grow the vine but also watched over its growth in the vineyards and its abundant harvest; he also prayed for fertile crops. This is probably where the nickname of the god comes from, describing him as the rightful "owner of all vineyards" (πολυστάφυλος)[24] and the one "who owns beautiful vineyards" (εὐάμπελος).[25] A bunch of grapes – βότρυς, was considered sacred.[26] Dionysus was also supposed to teach people how to press grapes; hence, according to Diodorus Siculus, the epithet of Dionysus as the god of the press/vat– Ληναῖος.[27] For farmers, the area of the vineyard was a specific type of god's *temenos*.[28] All the important stages of growing this plant, harvesting its fruits and processing them had their ritual setting, during which Dionysus, the giver of vines and wine, was worshiped.

The Feast of Dionysus as the Lord of the Vine and Wine

During the festival called Protrygaia (Προτρύγαια), farmers solemnly celebrated the ripening of the vine before its actual harvest.[29] According to Roland Kany,[30] the focal point of this feast dedicated to Dionysus[31] was the painting of grapes in a

---

24 *The Homeric Hymns*, ed. Thomas W. Allen, William R. Halliday and Edward R. Sikes (Oxford: Clarendon Press, 1936), XXVI,11.
25 *Anthologia Palatina*, XI,524,6: [Διόνυσον] εὐάμπελον.
26 Euriypides, *Tragicorum Graecorum Fragmenta*, recensuit Augustus Nauck (Lipsiae: in aedibus B. G. Teubneri, 1892, supplementum continens nova fragmenta Euripidea et adespota scriptores veteres reperta adiecit Bruno Snell, Hildesheim: Georg Olms, 1964), 765; Quintus Flaccus Horatius, *Quinti Horati Flacci Opera Omnia*, vol. 1: Carmina et Epodon librum continens, imprimendum curavit, variorum interpretum translationes vernaculas elegit, praefatione, vita poetae, arte metrica, annotationibus instruxit Octavius Jurewicz (Wrocław: Ossolineum, 1986), carmen I,18,1; Ennius [Quintus], *Ennianae poesis reliquiae*, iteratis curis recensuit Iohannes Vahlen (Leipzig: Sumptibus et formis B. G. Teubneri, 1854), fragm. 13,107.
27 Cf. *Diodorus of Sicily in Twelve Volumes*, III,63,4.
28 Thanks to Virgil, we know that the Italian people hung on pine branches in vineyards the so-called *oscilla* – bark masks with images of Bacchus. These idols were moved by the gusts of wind and directed the god's face towards all parts of his "holy area under the open sky," to which he would bring his "blessing" of a successful harvest. Cf. Virgil. "Georgics," in Virgil, *Eclogues, Georgics, Aeneid I–VI*, trans. Henry R. Fairclough (Cambridge, MA: Harvard University Press; London: William Heinemann, 1960), II,385–93.
29 On this feast, see: Hesychius, *Hesychii Alexandrini Lexicon*, vols. 1–2 recensuit et emendavit Kurt Latte, vol. 3 editionem post Kurt Latte continuans recensuit et emendavit Peter A. Hansen (vols. 1–2: Hauniae: Ejnar Munksgaard Editore, 1953–1966; vol. 3: Berlin: De Gruyter, 2009), sub verbo προτρύγαια; Pollux, *Pollucis Onomasticon*, e codicibus ab ipso collatis denuo edidit et adnotavit Ericus Bethe, 2 vols. (Lipsiae: In aedibus B. G. Teubneri, 1900–1931), I,24; Aelianus, *Claudii Aeliani de natura animalium libri XVII*, ex recognitione Rudolphi Hercheri (Leipzig: In aedibus B. G. Teubneri, 1864), III,41; Suda, *Suidae Lexicon*, ed. Ada Adler, 5 vols. (München: K. G. Saur 2001, editio stereotypa editionis primae, 1928–1935), sub verbo προτρυγαῖος.

dark color. The researcher admits that it is difficult to determine whether this was done with the help of previously prepared "imitations of grapes," or whether this activity was symbolic. The darkening of the grapes was supposed to be a sign of the presence of a god.

Olivier de Cazanove is convinced[32] that in ancient Italy, during the *Vinalia rustica* period a similar rite took place to the Greek ritual of Protrygaia. It was a private festival celebrated by farmers in their vineyards. They offered Jupiter, the god of vines and wine,[33] symbolic grapes in the form of a painted model of a bunch of grapes (*uva picta consecratur*).

According to Roman writers,[34] during *Vinalia rustica*, which took place on August 19th, there were also official celebrations related to the harvesting of grapes in the vineyards of Lazio. The grape harvest (*vindemia*) took place under the auspices of priests. In Rome, it was the priest of Jupiter (*flamen Dialis*). The grape harvest could only begin when the first priest of Jupiter touched the bunches of grapes. In addition, he was not allowed to touch the ivy and move along the road that led among the vines stretched high in the trees. The duties of the *flamen Dialis* also included making an animal sacrifice to Jupiter.

In ancient Greece, where the grape harvest was not of a state nature, with the dos and don'ts in force in all the *poleis* of Hellas, we do not hear about regulations similar to those in Italy. Thanks to Homer, however, we know that the grape harvest was accompanied by the song of *linos*. The pressing of grapes, in which the god himself lived, was most likely considered a sacral activity by the ancient Greeks: there are records of songs in honor of the god accompanying this occasion and music extracted – in this case – from aulos. Among the surviving fragments of Anacreon we find a song that gives us some idea of how the god was worshiped at the time of wine-pressing:

> Men and maidens shoulder-high
> Bring the vine's swart progeny,
> Cast it in the press, and then
> (Not the maidens but the men)
> Tread the grape and free the wine,

---

30 Roland Kany, "Dionysos Protrygaios," *Jahrbuch für Antike und Christentum* 31 (1988): 5–23.
31 The epithet προτρύγαιοι – "watching over the grape harvest" was given by the Greeks to both Poseidon and Dionysus. M. P. Nilsson was convinced that the Protrygaia festival was originally dedicated to both masters of vegetation. Cf. Martin P. Nilsson, *Griechische Feste von religiöser Bedeutung mit Ausschluss der attischen* (Leipzig: Teubner, 1906), 267.
32 Oliver de Cazanove, "Rituels Romains dans les Vignobles," in *In Vino Veritas*, eds. Oswyn Murray and Manuela Tecusan (London: British School at Rome, 1995), passim.
33 Oliver de Cazanove, "Jupiter: Liber et le vin latin," *Revue de l'histoire des religions* 205, no. 3 (1988): passim.
34 Cf. Varro, *On the Latin Language*, with an English translation by Roland G. Kent, 2 vols. (Cambridge, MA: Harvard University Press; London: Heinemann, 1967), VI,16.

> To the Vintage-Lord divine
> Shouting songs of jubilee
> When foaming into butt they see
> The jolly must, which elders taking
> Trip it with old limbs a-quaking,
> Trip it with gray locks a-shaking;
> And if youth, when wines's caress
> Doth his inmost heart possess,
> Hath reluctant lass waylaid
> Where she hes' neath leafy shade,
> Her soft limbs sunt in a day-sleep
> Which Love suborns (lest she shoud keep
> Wedlock waiting) to betray her,
> He without or plea or prayer
> His unwilling fair embraces,
> For when cups do flush young faces
> Bacchus plays with leg o' er traces.[35]

In one of his epigrams, the poet Mactius asks the god Dionysus to help the people pressing the grapes in their hard work and to become one of those pressing them:

> Enter the vat thyself, my lord, and tread leaping swiftly; lead the labour of the night. Make naked thy proud feet, and give strength to the dance thy servant, girt up above thy active knees, and guide, Oblessed one, the sweet voiced wine into the empty casks. So shalt thou receive cakes and a shaggy goat (λασίη χιμάρῳ).[36]

Yet another testimony illustrating how deeply rooted the custom of invoking Dionysus while pressing the grape was, is introduced by the Council of Constantinople (Trullianum) in 680, the ban on invoking the name of Dionysus while trampling grapes in the vineyards. Instead, the Council recommended that each measure of grapes brought be greeted with the shout: "Kyrie eleison."[37]

The gifts of Dionysus, the "Lord of fruit," were eaten both raw and processed; his power was both in the grape and during its fermentation, which he watched over as a *daimon* with the epithet *Bryaktes* – "he who swells with holy ripe fruit."[38] How the fruits of the vine swelled in the fermentation process, enclosed in *pithos*,

---

35 Anacreon, "A Vintage-Song," in *Elegy and Iambus: Being the Remains of All the Greek Elegiac and Iambic Poets from Callinus to Crates Excepting the Coliiambics Writers: With the Anacreontea*, vol. 2, ed. and trans. John M. Edmonds (Cambridge, MA: Harvard University Press; London: William Heinemann, 1954), 99 (fragm. 59ᵃ).
36 *Anthologia Palatina*, IX,403.
37 I owe this information to the work of Karl Kerényi, *Dionysos: Archetypal Image of Indestructible Life*, trans. Ralph Manheim (Princeton: Princeton University Press, 1976), 67.
38 Cf. *The Orphic Hymns*, translation, introduction, and notes by Apostolos N. Athanassakis and Benjamin M. Wolkow (Baltimore: Johns Hopkins University Press, 2013), LIII, 8 and 10: "ἀλλά, μάκαρ, χλοόκαρπε, κερασφόρε, κάρπιμε Βάκχε, / [...] εὐιέροις καρποῖσι τελεσσιγόνοισι βρυάζων."

were checked during the greatest Dionysian festival, Anthesteria.[39] This festival lasted three days in the spring, from the 11th to the 13th of Anthesterion (corresponding to the turn of February and March). The individual days of this festival were named: Pitchoigia (Πιθοίγια; "Opening of the jars"), Choes (Χόες; "Wine Jugs"), Chytroi (Χύτροι; "Pots"). It had all the characteristics of a Dionysian festival associated with new wine but also revealed a connection with the underworld. On the first day of Anthesteria (in Pitchoigia), the Athenians opened the clay barrels (*pithoi*) in which they stored the wine from the autumn harvest. It was the day when the new wine was tasted for the first time (τὸ γλεῦκος),[40] in front of the temple of Dionysus Limnaios. Before tasting it, it was necessary to make a liquid offering to the god, thanks to whom the grapes "turned into wine":

> At the temple of Bacchus, which is in the Marshes (ἐν λίμναις), the Athenians bring wine, and mix it out of the cask for the god, and then drink of it themselves; on which account Bacchus is also called λιμναῖος, because the wine was first drunk at that festival mixed with water. On which account the fountains were called Nymphs and the Nurses of Bacchus, because the water being mingled with the wine increases the quantity of the wine. Accordingly, men being delighted with this mixture, celebrated Bacchus in their songs, dancing and invoking him under the names of Euanthes, and Dithyrambus, and Baccheutes, and Bromius.[41]

As described, among others by Athenaeus, the festival began late, and the people who arrived in front of the temple waited there until it was opened. The celebrations related to Pithoigia also had their secret part, which was supervised by priestesses, archon basileus and basilinna. According to Dionysius of Halicarnassus[42] γεραραί were the women from Athens, priestesses, in the number corresponding to the number of altars that the king designated as places for the service of the god. According to Hesychios,[43] γεραραί are 14 priestesses offering sacrifices to Dionysus in the temple of ἐν Λίμναις. Probably only they, along with basilinna and the king, had the right to enter the temple. They most likely mixed wine with water on the fourteen altars prepared there. Perhaps they also prepared

---

39 Although the etymology of the name "Anthesteria" is not certain, it is important for us that the ancients associated the name of the celebration with both the rebirth of nature, symbolized by the first flowers, and the "opening" of the everyday, earthly world to the underworld and its inhabitants. Usually the word is understood as "Festival of Flowers."
40 The word τὸ γλεῦκος had three basic meanings for the Greeks: 1) fresh grape juice; 2) fermenting juice enclosed in a pithos, amphora or leather bag; 3) a new, young wine that has been opened for the first time.
41 Athenaeus, *The Deipnosophists*, XI,465 = Phanodemus (FGrHist, 325 F 12(14)), trans. Gulick.
42 Dionysius Halicarnassensis, in *Etymologicum Magnum, seu verius Lexicon saepissime vocabulorum origines indagnas, ex pluribus lexicis scholiastis et grammaticis anonymi cuiusdam opera concinnatum*, ad codd. mss. recensuit et notis variorum instruxit Thomas Gaisford (Oxonii: E Typographeo Academico, 1848), sub verbo γεραραί.
43 Hesychius, *Hesychii Alexandrini Lexicon*, sub verbo γεραραί.

the wife of the archon basileus for *hieros gamos*. Many ancient sources emphasize that Pithoigia was a joint, contributory feast, in which all the inhabitants of Athens, including slaves, participated.[44]

In the Greek perception, all three days of Anthesteria could appear ominous and sinister. However, it was the second day, namely Choes, that they considered to be particularly "dangerous." And on this day, mainly the god Dionysus and his divine drink were worshiped; it was also the time when the souls of the dead ancestors began to come to the Athenian *polis*. For this reason, the Athenians smeared the doors of their houses with pitch. We also know that they chewed buckthorn leaves (probably that way they protected themselves and their homes against ghosts that would soon be "walking around the *polis*"). The use of this particular plant and particular mineral seems to indicate their apotropaic functions. In Choes, all the temples of the gods were closed except for the "temple of Dionysus in the Swamp." During the festival of Choes, there was a rite that probably consisted of four elements: the agon, the rite of passage for boys, the *hieros gamos*, and the sacrifice of a goat to the god Dionysus. At Choes, wine that had already been "sanctified," was drunk before the god was drunk again. Probably in the late afternoon, after the celebrations at the "temple in the swamp" had been slept off, the people of Athens would meet at "strange symposiums" held in front of their houses and in a building called the *Thesmotheteion*. During this part of the feast, each participant would bring not only his own pitcher of consecrated wine but also food in baskets. During Choes, not only were people drinking, but they were also eating their fill. They feasted and drank on *stibades* in a seated position. We already mentioned that on the second day of Anthesteria, there was an agon, which consisted of emptying a predetermined measure of wine as quickly as possible. At the same time, contrary to common customs, wine was not mixed in the craters on this occasion, and the competition itself had to be held in complete silence. Its participants in ivy wreaths, sitting on *stibades kittou*, waited for the signal from the (σάλπιγξ). After the trumpet was sounded, a competition was started in who would be the first to drink χοῦς, about three liters of wine. People were drinking directly from the pitcher. Aristophanes' *Acharnians*, as well as the scholia preserved from them, seem to confirm that the priest of Dionysus had the right to appoint people to participate in the competition in a particular place, namely in a building called τὸ θεσμοθετεῖον. The winner of the competition in θεσμοθετεῖον received as a reward – a wreath and a full wineskin. Those who celebrated Choes in front of their homes were rewarded

---

44 Cf. "Scholia ad Hesiodum," in *Poetae Minores Graeci*, praecipua lectionis varietate et indicibus locupletissimis instruxit Thomas Gaisford, vol. 2 (Lipsiae: In Bibliopolio Kuehniano, 1823), 366: Tzetzes, Proclus; Callimaco, *Inni, Epigrammi, Frammenti*, introduzione, traduzione e note di Giovan Battista D'Alessio, 2 vols. (Milano: Biblioteca Universale Rizzoli, 1996), fragm. 178.

with a cake. This drinking of Dionysus' wine during Choes had another surprising element, boys between three and four years of age were allowed to drink wine for the first time. They were called *choïkoi*: "those who are of the age to participate in Choes." The scenes depicted on miniature vessels called *choes* (sing. χοῦς; plur. Χόες), show naked boys adorned with wreaths of flowers and amulets protecting them from all evil. Children run around, play with various toys, also with animals – in many scenes with *choes* we can mainly observe dogs accompanying the boys. Sometimes children hold in their hands pastries or vessels from which they drank wine mixed with water. It is also assumed that on the occasion of participating in the second day of Anthesteria, the boys received as souvenir toys, animals and vessels from which they drank wine. Girls are very rarely depicted on monuments, most likely they were not participants in this ritual. Children who died before their first Choes had miniature χοῦς placed in their graves. One surviving epitaph relates grief for the child's death to a sad reflection on his absence during Anthestria: "He was of the age of Choic things, but the daimon overtook the Choes." The preserved monuments led the researchers to hypothesize that the presence of children at the feast of Dionysus could have been a typical *rite de passage*, during which they were admitted to the community, clan or phratry. Robert Garland speculates that this kind of religious confirmation could mean official acceptance into a religious community.[45] Greta Ham, based on the analysis of the scenes preserved on the *choes* and the inscriptions that we can refer to them, also assumes that it was a rite of passage but that it symbolized the child leaving the chamber intended only for women (*gynaikeion*) and entrusting him to the care of a pedagogue.[46] Most researchers interpreting the participation of boys in Choes read it as a rite of passage, and it was probably also understood in this way by the Athenians themselves.

The third day – Chytroi – closed the Anthesteria and was devoted primarily to the dead as is most often assumed. On this day, as the Greeks themselves believed, the souls of the dead returned to Hades. However, it was also the day when the Athenians worshiped the god Dionysus in his temple in the Limnai Marshes. The surviving scholia for various comedies of Aristophanes gives us information that on that day, the Athenians cooked a dish called *panspermia*. Describing the myth associated with the creation of this dish, Theopomp claims that people used all the grains they could find to prepare it, and after throwing them into the pot (*chytry*), they cooked them.[47] Moreover, this author maintains that the festival took its name from the vessel in which *panspermia* was cooked. The term

---

45 Robert Garland, *The Greek Way of Death* (London: Duckworth, 1985), 82.
46 Greta L. Ham, "The Choes and Anthesteria Reconsideret: Male Maturation Rites and the Peloponnesian Wars," in *Rites of Passage in Ancient Greece: Literature, Religion, Society*, ed. Mark W. Padilla (Lewisburg: Bucknell Press, 1999), 207.
47 Theopompus (HGrHist, 115, F 347).

chytrinoi/chytroi was also used by the Greeks to refer to cavities – fissures in the ground filled with hot water. Such "pots" were also found in the Limnai Marshes.[48] We presume that *panspermia* was cooked there as a grain dish offered to the dead to appease them, "to protect and multiply the harvest." However, the expedition to the Limnai Marshes did not end the "festival of pots." The sacrifice was followed, as in many other cultures known to us, by the expulsion of the spirits of the ancestors. The Greeks did this by means of a fixed formula – an incantation uttered in iambic trimeter: "Out of the doors! You kēres; it is no longer Anthesteria."[49]

At the turn of October and November, on the 7th day of the month of Pynaepsion, Ὀσχοφόρια (Oschoforia)[50] took place in Athens. This festival took its name from a branch with ripe and sweet grapes (ὄσχη), which was carried in the procession by "vine bearers" (ὄσχοι). The route of the solemn procession led from the temple of Dionysus to the *temenos* of Athena Skiras in Phaleron. The procession was mainly made up of boys and young men. The choir followed the young people singing songs related to the Oschophoria. We also know that the procession was closed by "women carrying consecrated bread" – *dipnophoroi*. Both the time of this festival, which fell on the time of harvesting fruit, especially grapes, and its name suggest that it was a harvest festival – a kind of thanksgiving sacrifice to Dionysus for the grape harvest and to the goddess for the harvest of cereals. Since the competitions of the ephebes who ran from ὄσχη were also part of this festival, some researchers are convinced that the Oschophoria were a kind of rite of passage for boys or ephebes.

At the turn of December and January (in the month of Poseidon), the Rural Dionysia took place. Plutarch gave us an account of the form of this feast: "Our country's feast of Bacchus was in old time celebrated in a more homely manner, though with great mirth and jollity. One carried in procession a vessel of wine and a branch of a vine, afterwards followed one leading a goat, another followed him bearing a basket of dried figs, and after all came a phallus."[51]

---

48 More about it in Joanna Rybowska, *Dionizos*. "*Agathos Daimon*," (Łódź: Wydawnictwo Uniwersytetu Łódzkiego; Kraków: Homini, 2014), 10–111.
49 Christopher A. Faraone, "Stopping Evil, Pain, Anger, and Blood: The Ancient Greek Tradition of Protective Iambic Incantations," *Greek, Roman and Byzantine Studies* 49 (2009): 232: "To the door, spirits! It is no longer the Anthesteria!"
50 More about *Oschoforia* cf. Oliver Pilz, "The Performative Aspect of Greek Ritual: The Case of the Athenian Oschophoria," in *Current Approaches to Religion in Ancient Greece: Papers Presented at a Symposium at the Swedish Institute at Athens, 17–19 April 2008*, eds. Matthew Haysom and Jenny Wallensten (Stockholm: Swedish Institute at Athens, 2011), 151–67; Irvine Rutherford, "The Race in the Athenian Oschoforia and an Oschophoricon by Pindar," *Zeitschrift für Papyrologie und Epigraphik* 72 (1988): 43–51.
51 Plutarchus, "Of the Love of Wealth," in *Plutarch's Morals*, translated from the Greek by several hands, corrected and revised by William W. Goodwin (Boston: Little, Brown, 1874), vol. 2, 527d (trans. Goodwin).

Plutarch does not mention a girl carrying a basket – kanephora, in which items needed to make a blood sacrifice were hidden. For this last information we can be grateful to Aristophanes.[52] In the *Acharnerians*, the comedian also mentions songs sung in honor of phallos – Bakch's companion (Φαλῆς, ἑταῖρε Βακχίου...).[53] Perhaps this is how the power of the god of vegetation in rural areas was originally manifested: a divine power that a force that among the ancient Greeks took the form of ripe fruits in, which were plant forms of Dionysus. Most likely, a "procession goat" was sacrificed to God, and one of the symbols of the god's publicly displayed fertility was the *phallos* carried in the procession.

The Symbolism of the Vine and Wine in Hellas

Vine and wine, and their inventor Dionysus, are synonyms that symbolized for the Greeks a time of peace, serenity and merry feasts, and during the war, they embodied dreams of the happiness of peace. This is how, among other things, this happiness was imagined by Aristophanes, who lived in a period particularly distant from the carefree peace and political stability. In both *Acharnians* and *Peace*, the comedian repeatedly evokes images of Dionysian feasts, god's festivals, vine cultivation, wine, in order to visualize what he considers to be the quintessence of a happy and war-free life. The images evoked by the comedy writer before the Athenian audience, presented as visions of peace, clearly refer to scenes related to Dionysus as the master, vintage and wine. In the *Acharnians*, peace was represented in the form of samples of wine poured into jugs: the longer it was kept, the older and tastier the wine was supposed to symbolize it.[54] The longed-for day of peace is when the vine growers will be able to replant the vines and fig trees, and then look after the Dionysian orchards and vines:

> First should I plant a long row of tender vine-plants; and then, beside them, fresh shoots of the fig; and thirdly a tendril of the hot-house vine – old as I am; and here and there over the whole farm, olive-trees, all round; so that and I should have oil in plenty on the festivals.[55]

Wine was considered by the Greeks as a medicine, thanks to which all worries are forgotten, giving people comfort, bringing them into a state of bliss; many epi-

---

52 Cf. Aristophanes, *The Acharnians of Aristophanes*, with introduction, English prose translation, critical notes and commentary by William J. M. Starkie (Amsterdam: A. M. Hakkert, 1968), 242.
53 Ibid., 263.
54 Ibid., 186–96.
55 Ibid., 995–99; cf. also Aristophanes, "Pax," in *Aristophanis Comoediae*, recognoverunt brevique adnotatione critica instruxerunt Frederic W. Hall, William M. Geldart, vol. 1 (Oxonii: E Typographeo Clarendoniano, 1906), 557–59, 611–13.

thets of Dionysus evidence this function of wine: "dispelling worries" – λυσι-
μέριμνος;[56] "soothing cares" – λαθικηδής;[57] "releasing from cares" – λυσίφρων;[58]
"releasing from suffering" – λυσιπήμων.[59] There was also a god "giver of oblivion" – λάθας δωροδότας Βρόμιος;[60] "giver of bliss" – ζηλοδοτήρ.[61] The sacred gift of
Dionysus in the form of wine protected "from the aridity of old age."[62] He also
allowed man to come to terms with the shortness of existence and the necessity of
death: "Rejoice, man, when you have Bacchus – oblivion of death!";[63] allowed him
to enjoy every passing moment. The awareness of the fragility and transience of
life and the irreversibility of its end directed the ancients towards the "greatly
cheerful"[64] god, who provided the "source of joy" hic et nunc; joy, which, according to many Hellenes, can only be experienced in the world –fōs. Dionysus,
the lord of ivy, was a god for the chosen ones, those who were initiated into his
mysteries. Bakchos, the lord of the vine and wine, was a god who accompanied
the Hellenes from childhood to old age, bringing them joy during common
holidays and oblivion in times of sadness and depression:

> When I drink wine my veins ever with rapture
> thrill,
> Glory and fire of song my breast joy-lightened
> fill.
> When I drink. wine care flies borne on the
> winds that sweep
> Over the desolate wastes of the roaring rest-
> less deep.
> When I drink wine I seem whirled in a flying
> dream,
> Tossed on a perfumed breeze, lulled by a
> murmuring stream.
> When I drink wine my brows I wreathe with
> chaplets of flowers,
> Praises of pleasure I sing, and calm of light
> laughing hours.

---

56 *Anthologia Palatina*, IX,524,12.
57 Ibid.
58 Cf. Anacreon, *The Anacreontea & Principial Remains of Anacreon of Teos, in English verse*, with an essay, notes, and additional poems by Judson France Davidson (London: J. M. Dent & sons; New York: E. P. Dutton, 1915), 94 (fragm. 27).
59 Cf. *The Orphic Hymns*, LIX,20.
60 Cf. *Anthologia Palatina*, XII,49.
61 Ibid., IX,524,7.
62 Cf. Plato, "Leges," in *Platonis Opera*, recognovit brevique adnotatione critica instruxit Joannes Burnet, vol. 5 (Oxonii: E Typographeo Clarendoniano, 1907), 666b–c.
63 Cf. *Anthologia Palatina*, IX,62.
64 Hesiod, *Theogony*, edited with Prolegomena and Commentary by Martin L. West (Oxford: Clarendon Press, 1966), 941.

When I drink wine, being bathed with odorous
spices, I hold
My fair to my heaving breast, and closely her
charms enfold.
When I drink wine from a bow] fulfilled to the
rosy brim
To Bacchanals' songs I list; in delight my
senses swim.
Let the blessings of life be mine ere it is too
late;
soon must I lie death-chilled, dreamless of
love or fate.[65]

Bibliography

Aelianus [Claudius]. *Claudii Aeliani de natura animalium libri XVII*. Ex recognitione Rudolphi Hercheri. Leipzig: In aedibus B. G. Teubneri, 1864.

Anacreon. "A Vintage-Song." In *Elegy and Iambus: Being the Remains of All the Greek Elegiac and Iambic Poets from Callinus to Crates, Excepting the Choliambic Writers: With the Anacreontea*, edited and translated by John M. Edmonds, 2 vols. Cambridge, MA: Harvard University Press; London: William Heinemann, 1954.

–. *The Anacreontea & Principial Remains of Anacreon of Teos, in English verse*. With an essay, notes, and additional poems by Judson France Davidson. London: J. M. Dent & Sons; New York: E. P. Dutton, 1915.

Anthologia Palatina / The Greek Anthology. With an English translation by William R. Paton, 5 vols. London: William Heinemann; New York: G. P. Putnam's Sons, 1927–1928.

Apollodorus, *The Library*. With an English translation by Sir James G. Frazer, 2 vols. London: William Heinemann; New York: G. P. Putnam's Sons 1921.

Aristophanes. "Pax." In *Aristophanis Comoediae*. Recognoverunt brevique adnotatione critica instruxerunt Frederic W. Hall, William M. Geldart, vol. 1, 227–79. Oxonii: E Typographeo Clarendoniano, 1906.

–. *The Acharnians of Aristophanes*. With introduction, English prose translation, critical notes and commentary by William J. M. Starkie. Amsterdam: A. M. Hakkert, 1968.

Athenaeus. *The Deipnosophists*. With an English translation by Charles B. Gulick, 7 vols. London: William Heinemann; New York: G. P. Putnam's Sons, 1927–1941.

Borgeaud, Philippe. "Dionysos, the Wine and Ikarios: Hospitality and Danger." In *A Different God? Dionysos and Ancient Polytheism*, edited by Renate Schlesier, 161–72. Berlin: De Gruyter, 2011.

Callimaco. *Inni, Epigrammi, Frammenti*. Introduzione, traduzione e note di Giovan Battista D'Alessio. 2 vols. Milano: Biblioteca Universale Rizzoli, 1996.

Cato, Marcus Porcius. "On Agriculture." In Marcus Portius Cato, *On Agriculture / Marcus Terentius Varro, On Agriculture*, with an English translation by William D. Hooper,

---

65 Anacreon, *The Anacreontea*, fragm. 39.

revised by Harrison B. Ash, 1-157. London: William Heinemann, Cambridge, MA: Harvard University Press, 1936.

Cazanove, Oliver de. "Jupiter: Liber et le vin latin." *Revue de l'histoire des religions* 205, no. 3 (1988): 245-65.

–. "Rituels Romains dans les Vignobles." In *In Vino Veritas*, edited by Oswyn Murray and Manuela Tecusan, 214-23. London: British School at Rome, 1995.

Cicero. "On Old Age." In Cicero, *De senectute, De Amicitia, De Divinatione*, with an English translation by William A. Falconer, 8-99. Cambridge, MA: Harvard University Press; London: William Heinemann, 1964.

Clement of Alexandria. *Exhortation to the Greeks*. With an English translation by George W. Butterworth. London: William Heinemann; Cambridge, MA: Harvard University Press, 1919.

Columella, Lucius Junius Moderatus. *On Agriculture*. With a recension of the text and an English translation by Edward S. Forster and Edward H. Heffer, 3 vols. Cambridge, MA: Harvard University Press; London: William Heinemann, 1954-1960.

Die Fragmente der griechischen Historiker. Edited by Felix Jacoby et al., 4 parts, 3 vols. Berlin: Weidmann; Leiden: Brill, 1923-1958.

Diodorus of Sicily in Twelve Volumes. With an English translation by Charles H. Oldfather et al. London: William Heinemann; Cambridge, MA: Harvard University Press, 1967.

Ennius [Quintus]. *Ennianae poesis reliquiae*. Iteratis curis recensuit Iohannes Vahlen. Leipzig: Sumptibus et formis B. G. Teubneri, 1854.

Eratosthenes. "Erigone." In *Collectanea Alexandrina: Reliquiae minores poetarum Graecorum aetatis Ptolemaicae 323-146 A.C., epicorum, elegiacorum, lyricorum, ethicorum*, edidit Johannes U. Powell, fragm. 22. Oxonii: E Typographeo Clarendoniano, 1925.

Etymologicum Magnum, seu verius Lexicon saepissime vocabulorum origines indagnas, ex pluribus lexicis scholiastis et grammaticis anonymi cuiusdam opera concinnatum. Ad codd. mss. recensuit et notis variorum instruxit Thomas Gaisford. Oxonii: E Typographeo Academico, 1848.

Euriypides. *Tragicorum Graecorum Fragmenta*. Recensuit Augustus Nauck. Lipsiae: in aedibus B. G. Teubneri, 1892. Supplementum continens nova fragmenta Euripidea et adespota scriptores veteres reperta adiecit Bruno Snell. Hildesheim: Georg Olms, 1964.

Faraone, Christopher A. "Stopping Evil, Pain, Anger, and Blood: The Ancient Greek Tradition of Protective Iambic Incantations." *Greek, Roman and Byzantine Studies* 49 (2009): 227-55.

Farnell, Lewis R. *The Cults of the Greek States*. Vol. 5. Oxford: Clarendon Press, 1909.

Fowler, Warde William. *The Religious Experience of the Roman People, from the Earliest Times to the Age of Augustus*. London: Macmillan, 1911.

Fraser, Peter M. *Ptolemaic Alexandria. Text, notes and indexes*. 3 vols. Oxford: Clarendon Press 1972.

Garland, Robert. *The Greek Way of Death*. London: Duckworth, 1985.

Ham, Greta L. "The Choes and Anthesteria Reconsideret: Male Maturation Rites and the Peloponnesian Wars." In *Rites of Passage in Ancient Greece: Literature, Religion, Society*, edited by Mark W. Padilla, 201-18. Lewisburg: Bucknell Press, 1999.

Hesiod. *Theogony*. Edited with Prolegomena and Commentary by Martin L. West. Oxford: Clarendon Press, 1966.

Hesychius. *Hesychii Alexandrini Lexicon*. Vols. 1-2 recensuit et emendavit Kurt Latte, vol. 3 editionem post Kurt Latte continuans recensuit et emendavit Peter A. Hansen. Hauniae: Ejnar Munksgaard Editore, 1953-1966 (vols. 1-2); Berlin: De Gruyter, 2009 (vol. 3).

Hollis, Adrian S. "A New Fragment of Eratosthenes' Erigone?" *Zeitschrift für Papyrologie und Epigraphik* 89 (1991): 27-29.

Horatius, Quintus Flaccus. *Quinti Horati Flacci Opera Omnia*. Vol. 1: Carmina et Epodon librum continens, imprimendum curavit, variorum interpretum translationes vernaculas elegit, praefatione, vita poetae, arte metrica, annotationibus instruxit Octavius Jurewicz. Wrocław: Ossolineum, 1986.

Hyginus, Iulius. *Hygini Astronomica*. Ex codicibus a se primum collatis, recensuit Bernhardus Bunte. Lipsiae: in aedibus T. O. Weigeli, 1875.

Kany, Roland. "Dionysos Protrygaios." *Jahrbuch für Antike und Christentum* 31 (1988): 5-23.

Kerényi, Karl. *Dionysos: Archetypal Image of Indestructible Life*. Translated by Ralph Manheim. Princeton: Princeton University Press, 1976.

Kröll, Nicole. *Die Jugend des Dionysos. Die Ampelos-Episode in den Dionysiaka des Nonnos von Panopolis*. Berlin: De Gruyter, 2016.

Merklebach, Reinhold. "Die Erigone des Eratosthenes." In *Miscellanea di studi alessandrini in memoria di Augusto Rostagni*, 469-526. Torino: Bottega d'Erasmo, 1963.

Nilsson, Martin P. *Griechische Feste von religiöser Bedeutung mit Ausschluss der attischen*. Leipzig: Teubner, 1906.

Otto, Walter F. *Dionysus: Myth and Cult*. Translated with an introduction by Robert B. Palmer. Bloomington: Indiana University Press, 1965.

Ovid. *Publii Ovidii Nasonis Fastorum Libri Sex: The Fasti of Ovid*. Edited with a translation and commentary by Sir James G. Frazer, 5 vols. London: Macmillan, 1929.

Pilz, Oliver. "The Performative Aspect of Greek Ritual: The Case of the Athenian Oschophoria." In *Current Approaches to Religion in Ancient Greece: Papers Presented at a Symposium at the Swedish Institute at Athens, 17-19 April 2008*, edited by Matthew Haysom and Jenny Wallensten, 151-67. Stockholm: Swedish Institute at Athens, 2011.

Plato. "Leges." In *Platonis Opera*, recognovit brevique adnotatione critica instruxit Joannes Burnet, vol. 5, 624-969. Oxonii: E Typographeo Clarendoniano, 1907.

Pliny. *Natural History*. Vol. 4 (books XXII-XVI) and vol. 5 (books XVII-XIX). Translated by Harris Rackham. London: William Heinemann; Cambridge, MA: Harvard University Press, 1960-61.

Plutarchus. "Of the Love of Wealth." In *Plutarch's Morals*, translated from the Greek by several hands, corrected and revised by William W. Goodwin, vol. 2, 294-305. Boston: Little, Brown, 1874.

—. "Symposiacs." In *Plutarch's Morals*, translated from the Greek by several hands, corrected and revised by William W. Goodwin, vol. 3, 197-460. Boston: Little, Brown, 1874.

Pollux [Iulius]. *Pollucis Onomasticon*. E codicibus ab ipso collatis denuo edidit et adnotavit Ericus Bethe, 2 vols. Lipsiae: In aedibus B. G. Teubneri, 1900-1931.

Rutherford, Irvine. "The Race in the Athenian Oschoforia and an Oschophoricon by Pindar." *Zeitschrift für Papyrologie und Epigraphik* 72 (1988): 43-51.

Rybowska, Joanna. *Dionizos. "Agathos Daimon."* Łódź: Wydawnictwo Uniwersytetu Łódzkiego; Kraków: Homini, 2014.

–. "Διόνισος κισσός." *Collectanea Philogica* 9 (2008): 20-34. Collectanea_Philologica-r2008-t11-s21-34.pdf

"Scholia ad Hesiodum." In *Poetae Minores Graeci*. Praecipua lectionis varietate et indicibus locupletissimis instruxit Thomas Gaisford, vol. 2. Lipsiae: In Bibliopolio Kuehniano, 1823.

Solmsen, Friedrich. "Eratosthenes' Erigone: A Reconstruction." *Transactions and Proceedings of the American Philological Association* 78 (1947): 252-75.

Suda [Suidas Lexicographus]. *Suidae Lexicon*. Edited by Ada Adler, 5 vols. München: K. G. Saur 2001 (editio stereotypa editionis primae, 1928-1935).

Taylor, Rabun. "Roman Oscilla: An Assessment." *RES: Anthropology and Aesthetics* 48 (2005): 83-105.

The Homeric Hymns. Edited by Thomas W. Allen, William R. Halliday and Edward R. Sikes. Oxford: Clarendon Press, 1936.

The Orphic Hymns. Translation, introduction, and notes by Apostolos N. Athanassakis and Benjamin M. Wolkow. Baltimore: Johns Hopkins University Press, 2013.

Theophrastus. *De causis plantarum*. Edited and translated by Benedict Einarson and George K. K. Link, 3 vols. London: William Heinemann; Cambridge, MA: Harvard University Press, 1976.

–. *Enquiry into Plants and Minor Works on Odours and Weather Signs*. With an English translation by Sir Arthur F. Hort, 2 vols. London: William Heinemann; New York: G. P. Putman's Sons, 1916.

Varro, Marcus Terentius. "On Agriculture." In Marcus Portius Cato, *On Agriculture* / Marcus Terentius Varro, *On Agriculture*, with an English translation by William Davis Hooper, revised by Harrison Boyd Ash, 159-529. London: William Heinemann, Cambridge, MA: Harvard University Press, 1936.

–. *On the Latin Language*. With an English translation by Roland G. Kent, 2 vols. Cambridge, MA: Harvard University Press; London: Heinemann, 1967.

Virgil. "Georgics." In Virgil, *Eclogues, Georgics, Aeneid I-VI*. Translated by Henry R. Fairclough, 80-237. Cambridge, MA: Harvard University Press; London: William Heinemann, 1960.

Piotr Kociumbas (Universität Warschau)

Lignum Sanctum oder Valerius Herbergers *Arbor Vitae* (1622) auf den Tod von Daniel Bucretius. Ein Beitrag zur pflanzenkundlichen Deutung des Lebensbaummotivs im frühneuzeitlichen Trauerschrifttum

Abstract
Arbor Vitae is the title of a funeral sermon written in German in 1622 by Valerius Herberger, a pastor working in Wschowa (German: Fraustadt) in Greater Poland, in memory of his deceased friend Daniel Bucretius, a physician from Breslau. The text, based on the biblical motif of the tree of life from Genesis 2:9, contains numerous allusions and references to other biblical passages and theological works on the subject, as well as a wealth of extra-biblical references to trees, such as those found in everyday life and in proverbs. The aim of this paper is to examine Herberger's treatment of the tree motif, understood *sensu largo*, in a funeral sermon and to demonstrate the preacher's erudite creativity in this area. It will be shown that Herberger's sermon combines the Christian tradition of interpreting the tree of life motif, which had been successfully cultivated in the Middle Ages, and – in the context of the homiletic reference to the everyday life of an early modern recipient – botany. This is done by using the double meaning of the name *Lignum Sanctum* (as a synonym for the Tree of Life and Guaiacum), which serves to rhetorically amplify the subject of the sermon.
Keywords: Herberger, Funeral Sermon, Arbor Vitae, Guaiacum, Bucretius

> Nu lieber Hertzbruder *Daniel,* [ruhe unter dem Baum]. Ruhe
> [...] [nicht unter dem Schutz einer ausladenden Buche], nicht
> vnter *Deborae* KlagEyche/ sondern vnter dem edlen Bawm
> des Lebens/ vnnd Schatten JESV Christi/ vnd erwache zur
> Himmlischen Frewden vnd bleib Ewig selig.[1]

---

1 „Nu lieber Hertzbruder *Daniel, Requiesce sub arbore, Gen. 18*[,4]. Ruhe [...] *non patulae sub tegmine fagi,* nicht vnter der *Deborae* KlagEyche/ sondern vnter dem edlen Bawm des Lebens/ vnnd Schatten JESV Christi/ vnd erwache zur Himlischen Frewden vnd bleib Ewig selig/ Amen." Valerius Herberger, ARBOR VITAE, *Der Bawm des Lebens. Beschawet durch* [...] *Predigern bey dem Kriplein Christi in Frawenstadt. Zu Ehren Dem Edlen/ Ehrnvesten/ Hochgelahrten Herrn DANIELI Rindtfleisch/ Bucretio, der Philosophiae vnd Artzney Doctori, Hochfürstlicher Durchläuchtigkeit Ertzhertzogs CAROLI zu Oesterreich/ Bischoffs zu Brixen vnd Breßlaw/ etc. bestaltem Leib=Medico/ vnd der Käyserl<.> vnd Königlichen Stadt Breßlaw gewesenen Physico Ordinario, Welcher seliglich vnter dieses Bawms Schatten eingeschlaffen Anno 1621. den 26. Junij* (Leipzig: Thomas Schürers Erben, 1622), 77–78, Exemplar der Staatsbibliothek zu Berlin – Preußischer Kulturbesitz, Sign. Av 8338.

Die Worte des Predigers, welche dem vorliegenden Beitrag als Motto vorangestellt sind, verstehen sich nicht als ein gewöhnlicher, dem Amt geschuldeter Abschiedsgruß an den Verstorbenen: Sie spiegeln vielmehr die herzliche und freundschaftliche Beziehung zwischen dem Verabschiedenden und dem Verabschiedeten wider. Der am 26. Juni 1621 erfolgte Tod des literarisch begabten und den Calvinisten nahestehenden Dr. med. Daniel Bucretius (eigtl. Rindtfleisch; 1562-1621), Breslauer Stadtphysikus und Leibmedikus des dortigen Bischofs und Erzherzogs Karl von Österreich,[2] veranlasste seinen ehemaligen Frankfurter Mitstudenten Valerius Herberger (1562-1627), den lutherischen Pastor der Kirche zum Kripplein Christi im großpolnischen Fraustadt (poln. Wschowa),[3] besser bekannt als Verfasser des noch heute gesungenen Kirchenliedes *Valet will ich dir geben, du arge, böse Welt* (EG 523),[4] zur Feder zu greifen. Die von ihm im Dezember 1621, also sechs Monate nach Bucretius' Tod verfasste und als *Arbor Vitae* betitelte Trauerpredigt wurde 1622 in Leipzig von Erben Thomas Schürers, bei dem Herberger die meisten seiner Werke veröffentlichte,[5] verlegt.[6] Die Tatsache, dass sich Bucretius um die Breslauer Gemeinschaft allen voran als hervorragender Stadtphysikus verdient gemacht hatte, wirkte sich zweifellos auf die Wahl des der Predigt zugrunde liegenden Motivs aus, und die Pflanzen (samt pflanzenheilkundlichen Mitteln), auf welchen zu jener Zeit die Medizin weitgehend fußte und welcher der Verstorbene wiederum sein ganzes Berufsleben gewidmet hatte, wurden für den Prediger zu einem Fundus an den im Rahmen der rhetorischen *Inventio* aufzufindenden Argumenten. Der vorliegende Beitrag zielt nun zum einen darauf ab, die Art und Weise, auf welche Herberger im Rahmen der genannten, in der Forschung bislang unbeachtet gebliebenen[7] Trauerpredigt das (Lebens-)Baummotiv verwendet und deutet, zu

---

2 Mehr zur Person Bucretius' bei Oskar Pusch, *Die Breslauer Rats- und Stadtgeschlechter in der Zeit von 1241 bis 1741*, Bd. 3 (Dortmund: Forschungsstelle Ostmitteleuropa, 1988), 394-95.
3 Mehr zu Herberger bei Thomas Illg und Johann Anselm Steiger, „Herberger, Valerius", in *Frühe Neuzeit in Deutschland 1520-1620. Literaturwissenschaftliches Verfasserlexikon*, hg. v. Wilhelm Kühlmann, Jan-Dirk Müller, Michael Schilling, Johann Anselm Steiger und Friedrich Vollhardt, Bd. 3 (Berlin: De Gruyter 2014), 266-78. Bucretius und Herberger studierten Theologie an der Universität Frankfurt a. d. Oder (Bucretius von 1578 bis vermutlich 1584, als er an der Universität Rostock immatrikuliert wurde; Herberger von 1581 bis 1582, als er sich zum Sommersemester in Leipzig immatrikulierte). Beide hatten also Gelegenheit, sich persönlich kennen zu lernen. Vgl. ibid., 267; Pusch, *Die Breslauer Rats- und Stadtgeschlechter*, 394, sowie Ernst Friedländer, Hg., *Ältere Universitätsmatrikeln. I. Universität Frankfurt a. d. O.*, Bd. 1: *1506-1648* (Leipzig: Hirzel, 1887), 266, 286.
4 Vgl. Karl Christian Thust, *Die Lieder des Evangelischen Gesangbuchs. Kommentar zu Entstehung, Text und Musik*, Bd. 2: *Biblische Gesänge und Glaube – Liebe – Hoffnung (EG 270-535)* (Kassel: Bärenreiter, 2015), 511-14.
5 Vgl. Illg und Steiger, „Herberger", 275-76.
6 Vgl. Herberger, *ARBOR VITAE*.
7 Ins 2016 verfasste Werkverzeichnis Herbergers ist diese Predigt nicht aufgenommen worden, vgl. Illg und Steiger, „Herberger", 275-76.

analysieren,[8] zu kontextualisieren und zu kategorisieren. Zum anderen soll hervorgehoben werden, dass die christianisierte Metapher des Lebensbaumes dem Prediger einen gelehrten Vorwand liefert, um Argumente auch in der ihn umgebenden Wirklichkeit der Pflanzenwelt zu suchen. Dabei wird sich zeigen, dass es sich bei Herbergers Predigt um eine Verschränkung der christlichen Deutungstradition des Lebensbaummotivs und - innerhalb der homiletischen *Praxis generalis* - der Pflanzenkunde handelt.

Die Frühe Neuzeit (im hier betrachteten Zeitraum bis in die Mitte des 17. Jahrhunderts) war eine Zeit lebhafter Pflanzenstudien. Zusammen mit den Renaissance-Strömungen, welche von Italien nach Deutschland gelangten, brachte die Wiederbelebung des schöpferischen und freien Geistes der klassischen Antike einerseits ein reges und vertieftes Interesse an den auch im Mittelalter bekannten botanischen Werken der altertümlichen Autoren mit sich (vor allem *Historia plantarum* des Theophrastos von Eresos, *De materia medica* des Pedanios Dioskurides und *Naturalis historiae libri XXXVII* des Caius Plinius Secundus).[9] Andererseits führte die Reformation, zu deren Zielen auch die Reform der Lehre und die Gewährleistung individueller geistiger Freiheit gehörten, unterstützt durch die Erfindung des Buchdrucks mit beweglichen Lettern und somit durch die Möglichkeit der raschen Vervielfältigung und Verbreitung neu geschaffener wissenschaftlicher Schriften, zur Veröffentlichung illustrierter Werke der auch protestantischen und deutschsprachigen Väter der modernen Pflanzenkunde. Zu nennen sind hier: Otto Brunfels (1488-1534) und sein *Contrafayt Kreuterbuch* (1532), Hieronymus Bock (1498-1554) und dessen *New Kreütterbuch von underscheidt, würckung, und namen der Kreutter, so in Teutschen landen wachsen* (1539), Leonhart Fuchs und seine *De historia stirpium commentarii* (1542) sowie Conrad Gessner (1516-1565) mit dessen *Catalogus plantarum latine, graece, germanice et gallice* (1543) und unvollendeter *Historia plantarum*, erst 1751-71 von Casimir Christoph Schmiedel als *Opera botanica*

---

8 Eine wertvolle und in methodologischer Hinsicht nach wie vor aktuelle Auseinandersetzung mit der sensu largo verstandenen literarischen Gattung Leichenpredigt finden wir bei Rudolf Lenz, Hg., *Erstes Marburger Personalschriftensymposion, Forschungsschwerpunkt Leichenpredigten* (Köln: Böhlau, 1975). Vgl. insbesondere ebenda vorhandene Beiträge: Rudolf Lenz' „Gedruckte Leichenpredigten (1550-1750)" (36-51); Winfried Zellers „Leichenpredigt und Erbauungsliteratur" (66-81); Rudolf Mohrs „Der Tote und das Bild des Todes in den Leichenpredigten" (82-121); Herbert Wolfs „Parentationen des 16. Jahrhunderts in germanistischer Sicht" (345-71) und Maria Fürstenwalds „Zur Theorie und Funktion der Barockabdankung" (372-89). Aus der neueren Literatur siehe etwa Sarah Lehmann, „Jrdische Pilgrimschafft und Himmlische Burgerschafft." Leid und Trost in frühneuzeitlichen Leichenpredigten* (Göttingen: Vandenhoek und Ruprecht unipress, 2019), 148, 202 (zum Motiv des Lebensbaums).

9 Vgl. Karl Mägdefrau, *Geschichte der Botanik. Leben und Leistung grosser Forscher* (Berlin: Springer, 2013), 7-23.

Conradi Gesneri herausgegeben.[10] Von den Anfängen der Pflanzensystematik können wir im Zusammenhang mit den Werken von Andrea Cesalpino (1519-1603) und seinen *De plantis libri XVI* (1583) sprechen, wo er die Pflanzenformen in umfangreichere Gruppen eingeteilt hat; von Kaspar Bauhin (1560-1624) und dessen zwei Arbeiten: *Prodromos theatri botanici* (1620) mit detaillierten Beschreibungen der einzelnen Pflanzenteile und *Pinax theatri botanici* (1623) mit der erstmaligen Unterscheidung von ‚genus' und ‚species'; sowie von Joachim Jungius (1587-1657) und dessen *Isagoge phytoscopica* (1678), in welcher er die – später von Carl von Linné (Linnaeus) aufgegriffenen – Grundlagen der Pflanzenmorphologie dargelegt hatte.[11] Da die Frühe Neuzeit auch das Zeitalter der großen geographischen Entdeckungen war, fanden bis dahin unbekannte Pflanzen, die auf Expeditionen in die Neue Welt entdeckt worden waren, ihren Weg in die neu erschienenen pflanzenkundlichen (und nicht nur)[12] Werke.

Herbergers *Arbor Vitae*

Bekannterweise gelangte das in der Homiletik des 17. Jahrhunderts von Herberger und seinen Amtsgenossen eingesetzte Motiv des Lebensbaums[13] oder der *Arbor Vitae* über das Judentum, wo es als hebräisches עֵץ הַחַיִּים (*'eṣ haḥajjîm*) vor

---

10 Vgl. ibid., 23-39.
11 Vgl. ibid., 43-49.
12 Zu Pflanzen aus der Neuen Welt in der englischen Literatur der Frühen Neuzeit siehe Edward McLean Test, *Sacred Seeds: New World Plants in Early Modern English Literature* (Lincoln: University of Nebraska Press, 2019).
13 Zu nennen sind etwa Paul Röber, *Artis Non-Moriendi Compendium. Bewerdte Artzney wider den Todt selbsten/ Oder Herrliche Christen Kunst der Vnsterblichkeit/ Durch welche/ als durch den Baum des Lebens/ der Todt verhütet/ vnd in vnsern gewin verwandelt wird. Bey Volckreicher Leichbegängnis/ Des Ehrenvesten vnnd Wolweisen HErren/ Sebastian Thams/ Seligen/ gewesenen Richters auff den Newen Marckt an Hall. Welcher den 28. Ian. An. 1618 Selig im HErren entschlaffen vnd folgenden 30. Ian. Christlich In sein Ruhebettlein gesetzt worden* (Halle: Peter Schmidt, 1618), Exemplar der Universitäts- und Landesbibliothek Sachsen-Anhalt Halle (Saale), Sign. Pon Zd 6645 (1/13) (7); Esaia Gosky, *Ehren=Trost und Lebens=Baum/ Auß den Davidischen Worten des 116 Psalms/ den 7. 8. und 9 Vers. in sich begreiffende/ Bey die in Diebahn newerbawte Adeliche Grufft/ Der weyland Hoch=Edlen gebohrnen Viel=Ehrenreichen und Hoch=Tugendsahmen Frawen Ursulae Catharinae Uchtritzin/ gebohrnen Hundin/ Des Hoch=Edlen gebohrnen Gestrengen Herrn Balthasar Seyfriedens von Uchtritz auff Dähmbe/ Grossendorff/ etc. etc. gewesenen Hertzgeliebten trewen Eheschatzes/ Den 5 Martii 1659/ in gegenwart Hochansehlicher Versamlung beygesetzt* (Oels: Johann Seyffert, 1659), Exemplar der Staatsbibliothek zu Berlin – Preußischer Kulturbesitz, Sign. Ee 705-650; Johann Krug, *Arbor Vitae, Das ist/ Der Edle hochtröstliche Lebens=Baum/ dienlich wider des TodesBitterkeit/ gezeiget Jn einer Christlichen Leich= und Trost=Predigt/ aus den Worten des HErrn JEsu/ Johann. 11. v. 21-26. Bey ansehlicher Leich=Bestattung Des Edlen/ WohlEhrenVesten/ GrosAchtbaren und Hochgelahrten Herrn Christoph Büntzels/ Beeder Rechten Doctoris, wohlverdienten Stadt=Syndici zu Coburgk/ und Landschafft=Ad-*

allem in den Anfangskapiteln des 1. Buches Mose (*Genesis*) zu finden ist, ins Christentum: Nachdem die ersten Menschen von der Frucht des Baumes der Erkenntnis des Guten und Bösen gegessen hatten, wurden sie aus dem Paradiesgarten vertrieben, um ihnen den Zugang zu dem die Unsterblichkeit sichernden Lebensbaum zu verwehren.[14] Im letzteren sah das Christentum in erster Linie eine Präfiguration des auf Holz gekreuzigten Christi, durch dessen Tod und Auferstehung Gott den Heilsplan verwirklichte: Dergestalt wurde die von den ersten Menschen begangene Sünde getilgt, was den Gläubigen die Hoffnung auf das ewige Leben und die Rückkehr ins Paradies sichert, wie im Neuen Testament zu lesen ist: „Wer vberwindet/ dem wil ich zu essen geben von dem Holtz des Lebens/ das im Paradis Gottes ist" (Apk 2,7).[15] So verwundert es nicht, dass die christliche, eschatologisch geprägte Interpretation dieser Metapher[16] für Pastor Herberger den Rahmen bildete, innerhalb dessen er im Zuge einer rhetorischen *Dispositio* seine schließlich fünf Druckbögen *in octavo* umfassende Trauerpredigt plante. Schauen wir uns die Komposition und argumentative Strategie des Ganzen an, insbesondere im Hinblick auf die Anwesenheit des weit verstandenen (Lebens-)Baummotivs.

---

vocatens dieses Orts/ Welcher am 12. Octobris, frühe gegen 6. und 7. Uhr/ des verwichenen 1665. Jahrs/ in Christo JEsu seinem Erlöser sanfft und selig eingeschlaffen/ und den 15. Ejusdem Mensis & Anni, Christ=ehrlich zur Erden bestattet worden: An seinem Begräbnis=Tage/ in der Kirchen zu S. Moritz/ vorgetragen (Coburg: Johann Konrad Mönch, 1665), Exemplar der Staatsbibliothek zu Berlin – Preußischer Kulturbesitz, Sign. Ee 700–1230M.

14 „Vnd Gott der HErr lies auffwachsen aus der Erden allerley Bäume/ lustig anzusehen/ vnd gut zu essen/ Vnd den Baum des Lebens mitten im Garten/ Vnd den Baum der Erkenntnis gutes und böses" (Gen 2,9). „VNd Gott der HErr sprach/ Sihe/ Adam ist worden als vnser einer/ vnd weis was gut vnd böse ist/ Nu aber/ das er nicht ausstrecke seine Hand/ vnd breche auch von dem Baum des Lebens/ vnd esse/ vnd lebe ewiglich" (Gen 3,22). „Vnd treib Adam aus/ vnd lagert für den Garten Eden den Cherubin/ mit einem blossen hawenden schwert/ zu bewaren den Weg zu dem Baum des Lebens" (Gen 3,24). Alle Bibelzitate, sofern nicht anders angegeben, stammen aus: *Biblia Das ist/ Die gantze heilige Schrifft/ Deudsch. D. Mart. Luth.* (Wittenberg: Lorenz Säuberlich, 1610), Exemplar der Universitäts- und Landesbibliothek Sachsen-Anhalt in Halle (Saale), Sign. Alv. Nl 364 2°.

15 Vgl. Joachim Schaper, Silvia Schroer und Nino Zchomelidse, „Lebensbaum", in *Religion in Geschichte und Gegenwart*, abgerufen am 08.11.2023, http://dx.doi.org/10.1163/2405-8262_rgg4_COM_12745.

16 Mit einer die eschatologische Prägung aufweisenden plastischen Umsetzung dieser Metapher haben wir es etwa im Falle einer gotischen, zu Beginn des 17. Jahrhunderts in der römisch-katholischen Nikolaikirche zu Thorn (von 1821 an in der bis 1945 evangelischen Kirche St. Jakobi daselbst) präsenten Skulptur zu tun, welche Ende des 14. Jahrhunderts entstanden ist. Vgl. Monika Jakubek-Raczkowska und Juliusz Raczkowski, „Traktat św. Bonawentury ,Lignum vitae' a toruński podominikański krucyfiks na Drzewie Życia", in *Literatura a rzeźba / Literatur und Skulptur*, hg.v. Joanna Godlewicz-Adamiec und Tomasz Szybisty (Kraków: Uniwersytet Pedagogiczny w Krakowie und Uniwersytet Warszawski, 2018), 341–68.

Exordium

Nach der dem Predigttext vorangestellten *Epistola dedicatoria*, die an Bucretius' Witwe und ihre beiden (nota bene von Herberger nach dem Brauch der Zeit als „Ehepfläntzlein" bezeichneten) Kinder gerichtet ist,[17] folgt das einführende *Exordium*, in dem die Problematik des Hauptwerks umrissen und einleitend im christlichen Sinne gedeutet wurde. Im Mittelpunkt der Aufmerksamkeit steht dementsprechend der lobenswerte „edle Bawm des Lebens/ [...] JESVS CHRJSTus/ vnter welches Schatten" – so Herberger – „mein lieber Hertzfreund *D. Daniel Bucretius* auch Trost vnd Ruhe für seine Seele funden/ vnter welchem er sich nach seines Hertzens wundsch abgekület/ vnd seliglich eingeschlaffen/ vnter welchem er auch wird frölich erwachen/ am lichten morgen des gewünschten Jüngsten Tages/ zu ewiger Gesundheit vnd Seligkeit".[18] Grundlegend für diese

---

17 Vgl. „Der Edlen Viel=Ehrentugentreichen Frawen EVAE, GEbornen Oderin des Weiland Edlen/ Ehrnvesten/ Hochgelarten Herrn *Danielis* Rindtfleisch/ *Bucretii* (von gelehrten genandt) der *Philosophiae* vnd Artzney *Doctoris*, Hochfürstlicher Durchleuchtigkeit Ertz-Hertzogs *CAROLI* zu Oesterreich Bischoffs zu Brixen vnd Breßlaw/ etc. bestalten Leib *Medici*, vnd der Käyserl[ichen] vnd Königlichen Stadt Breßlaw gewesen *Physici* Ordinarij/ jetzo seligen Hinterlassenen betrübten Witwen. Vnd Jhren zwey lieben Ehepfläntzlein." Herberger, *ARBOR VITAE*, 3–4.

18 „DAs walt der edle Bawm des Lebens/ mein lieber HErr vnd Seligmacher JESVS CHRJSTus/ vnter welches Schatten mein lieber Hertzfreund *D. Daniel Bucretius* auch Trost vnd Ruhe für seine Seele funden/ vnter welchem er sich nach seines Hertzens wundsch abgekület/ vnd seliglich eingeschlaffen/ vnter welchem er auch wird frölich erwachen/ am lichten morgen des gewünschten Jüngsten Tages/ zu ewiger Gesundheit vnd Seligkeit/ gelobet vnd geliebet sampt Gott dem Himlischen Vater vnd Heiligen Geist in Ewigkeit/ Amen." Herberger, *ARBOR VITAE*, 5–4. Auf eine freundschaftliche Beziehung zwischen Herberger und Bucretius deutet auch die *Epistola dedicatoria* an den Breslauer Arzt und seine Familie hin, welche der Fraustädter Pastor in dem hier analysierten Predigt erwähnt: „Derowegen ward ich auch von einem fürnehmen gelehrten auch jetzt seligen Herren gebeten/ daß ich das fünffte Theil/ meiner *Magnalium Dei*, jhm/ seiner Haußkrone/ vnd seinen Ehepfläntzlein wolte zuschreiben/ wie auch *Anno* 1606. geschehen. Mit was für frewden er das Büchlein angenommen habe ich noch nicht vergessen." Ibid., 19–20. Vgl. ausgewählte Passagen aus der oben genannten Zueignung, welche dem 5. Teil von Herbergers *Magnalia Dei* beigegeben ist: „Sintemal nu/ Edler/ Ehrnvester/ Hochgelarter Herr *Doctor*, mir gar wol bewust/ daß ewer Hertz ein besonders wolgefallen an dieser meiner Arbeit träget/ als habe ich mit diesem fünfften Theil/ ewer andechtiges Jesum=liebendes vnd lobendes Haußkirchlin zu mehrm gedächtniß vnserer süssen Freundschafft/ vnnd zu bestettigung der liebe JESV CHRJSTJ/ ehren wollen. – Mit freundlicher bitte/ es wolle der Herr *Doctor*, dem HErrn JEsu/ welcher durch diß geringschätzige Büchlin ewer Haußgenoß werden wil/ ein kleines räumlein mit willen gönnen. Denn wo JEsus einkehret/ da muß man doch sagen: *Huic domui Salus facta est*. – Der HERR JEsus/ der einige Schatz meines Hertzens/ der süsse ruhm meines Mundes/ der gewisse Trost meines Lebens/ der glückselige/ bewärete trewe Artzt der Christenheit/ wie er sich selbst wird nennen in diesem Büchlin/ *meditatione 53*. wolle den Herrn *Doctor* sampt seinem viel ehr= vnd tugendsamen Ehegemahl/ vnd holdseligen Haußpfläntzlein/ den lieben frommen Kinderlin kräfftiglich segnen/ an Leib vnnd Seel/ an Gut vnnd Ehr/ hie zeitlich vnnd dort in alle Ewigkeit." Valerius Herberger, *Der Fünffte Theil Magnalium Dei, de Jesu, scrip-*

Behauptung sind die Worte aus den biblischen Sprüchen Salomos: „Sie [die Weisheit – P.K.] ist ein Baum des Lebens allen die sie ergreiffen/ und selig sind/ die sie halten" (Prov 3,18).[19] In einer direkten Ansprache an den Leser unterstreicht Herberger seinen Wunsch, auf Bucretius' Grabe „den wunderschönen Bawm des Lebens JEsum Christum mit seinem Creutz" zu setzen, „damit er nu euch in meinem vnd deinem Hertzgarten wol bekleibe [= heranwachse[20]]".[21] Diese Form des Gedenkens zielt also darauf ab, das Leben des Verstorbenen als Vorbild für das eines wahren gläubigen Christen darzustellen, was sich zweifellos aus der evangelischen Lehre von der göttlichen Rechtfertigung *sola gratia per fidem in Jesum Christum* ergibt.

In sieben Punkten führt der Fraustädter Pastor Argumente an, welche für die Zweckmäßigkeit und Angemessenheit des Gedenkens an Bucretius sprechen und von denen sechs direkt auf die Baum-Motivik rekurrieren: Herberger weist zunächst auf den „in den Ländern gegen Mitternacht" gepflegten Brauch hin, in Erinnerung an die Verstorbenen Bäume auf deren Gräber zu pflanzen,[22] und sieht hierfür in den Begräbnissen der Richterin Debora (Gen 35,8) und des Königs Saul (1Chr 10,12) ein biblisches Vorbild. Die letzteren von den Lebenden erwiesene Barmherzigkeit sei des göttlichen Segens würdig, welcher auch wahren gläubigen Christen und somit ebenfalls dem gottbegnadeten Bucretius zukomme:

[...] in den Ländern gegen Mitternacht pfleget man auff fürnemer Leute Gräber zum Gedächtniß einen Bawm zu setzen vnd mit fleiß zu pflantzen/ Jch kenne einen Hochgelahrten Mann/ welcher auch zu Jerusalem gewesen/ derselbe hat dieses Bawm setzen in Podollien offt mit lust gesehen. Vieleicht haben sie es gelernet von dem Ertzvater Jacob/ der die *Debora* der *Rebeccae* Amme vnter die Klag=Eyche bey Bethel begräbet/ *Gen. 35*[,8]. Oder von den Bürgern zu Jabes in Gilead die den König Saul vnd seine

---

turae nucleo & medulla, Der grossen Thaten Gottes: wie Gott mit seinem Sohn Jesu Christo durch die gantze heilige Schrifft pranget. Also/ daß Jesus ist der gantzen heiligen Schrifft stern vnd kern (Leipzig: Thomas Schürers Erben, 1616), B3r–B4r, abgerufen am 08.11.2023, http://dx.doi.org/10.25673/opendata2-33984.
19 Zum Lebensbaum als Symbol der Weisheit vgl. Schaper, Schroer und Zchomelidse, „Lebensbaum".
20 Vgl. „bekleiben" in *Frühneuhochdeutsches Wörterbuch online*, abgerufen am 08.11.2023, http://fwb-online.de/go/bekleiben.s.3vu_1646411136.
21 „Andächtiger Leser/ vnd liebhaber JEsu/ ich bin gesinnet auff das Grab meines getrewen Hertzfreundes *D. Danielis Bucretii*, jtzo seligen den wunderschönen Bawm des Lebens JEsum Christum mit seinem Creutz zu setzen/ damit er nu euch in meinem vnd deinem Hertzgarten wol bekleibe</> so hilff mir beten: O HErr hilff/ O HErr laß wol gelingen. *Psalm. 118*[,25]." Herberger, ARBOR VITAE, 6–7.
22 Über die auch in Polen bestehende Tradition, Bäume auf Gräbern zu pflanzen, vgl. Adam Fischer, *Zwyczaje pogrzebowe ludu polskiego* (Lwów: Zakład Narodowy im. Ossolińskich, 1921), 344–46.

Söhne vnter eine Eyche verscharren *1. Chron. 10²³*[,12]. darüber jhnen der König David so viel gutes wünschet *2. Sam. 2*[,5-6]. *Benedicti vos à Domino,* Gesegnet seyd jr dem HErren/ daß jhr solche Barmhertzigkeit an ewrem Herrn Saul gethan habet vnd jn begraben. So thue nu der HERR an euch hinwieder Barmhertzigkeit vnd Trewe vnd ich wil euch auch guts thun/ das jr solches gethan habet. – Nu sind alle getauffte Christen für GOttes Augen fürneme Leute/ denn sie sind GOttes Kinder vnd gebenedeyete HimmelsErben/ der Sohn GOttes wird sie alle am Jüngsten Tage als fürneme Leute zu seiner Rechten stellen/ Besonders ist Herr D. *Daniel Bucretius* ein fürnemer Mann gewesen nicht allein wegen seines Christenthumbs/ sondern auch wegen vieler treflichen Gaben/ damit jhn GOtt für vielen andern geziehret hat/ derowegen er auch der fürnemeste Medicus in der löblichen Stadt Breßlaw gewesen.[24]

Vor diesem Hintergrund weist der Prediger, welcher als „ein Mitternachtländer vnter der Cron Polen [...] den allerbesten Bawm aus der Biblia zum Gedächtniß" auf Bucretius' Grab setzen will,[25] auf einen weiteren, für Trauerschriften typischen konsolatorischen Zweck des vorliegenden Werkes hin: den Trost der Witwe und Kinder. Dabei stellt Herberger zwei Konzepte der Ruhe einander gegenüber: die zeitliche, auf die körperliche Erholung ausgerichtet und durch das paraphrasierte Incipit der 1. Ekloge des paganen Autors Vergil vertreten („patule sub tegmine fagi" = unter dem Schutz einer ausladenden Buche),[26] sowie die „tausendmal süsser[e] vnd sicherer[e]", auf das Ruhen in der Gewissheit des ewigen Lebens abgezielt und durch den von Petrus bei der Verklärung Christi gesprochenen Passus in der Vulgata-Fassung („Hic bonum habitare" = „HERR/ Hie ist gut sein") aus dem Evangelium nach Matthäus (Mt 17,4) verdeutlicht:

> Jch Valerius Herberger aber/ bin ein Mitternachtländer vnter der Cron Polen/ derowegen wil ich den allerbesten Bawm auß der Biblia zum Gedächtniß auff sein Grab setzen. Das wird der betrübten Witwen vnd jhren verlassenen Weiselein/ so wol den erwachsenen Kindern auß der ersten Ehe des Seligen *Doctoris*, Frewdigen Trost geben. Vnter dem Bawm des Lebens ist gut wohnen. *Hic bonum habitare, Matth. 17*[,4]. Vnter dem Bawm des Lebens ist gut sterben/ ruhen vnd schlaffen/ tausendmal süsser vnd sicherer als *patulae sub tegmine fagi*, wie die Gelehrten sagen.[27]

Im Horizont dieses zweiten, biblisch unterstützten Beispiels nimmt der Autor die Bäume unter die Lupe, welche auf dem altstädtischen evangelischen Friedhof in

---

23 10] *Emendiert aus:* 11.
24 Herberger, *ARBOR VITAE*, 9-11.
25 „Jch Valerius Herberger aber/ bin ein Mitternachtländer vnter der Cron Polen/ derowegen wil ich den allerbesten Bawm auß der Biblia zum Gedächtniß auff sein Grab setzen." Herberger, *ARBOR VITAE*, 11.
26 Vgl. „Tityre, tu patulae recubans sub tegmine fagi Silvestrem tenui Musam meditaris avena". P. Vergilius Maro, *Bucolica*, hg. v. Emil Glaser (Halle: Verlag der Buchhandlung des Waisenhauses, 1876), 37 (*Eclogae* I,1-2). Mehr zu Vergils erster Ekloge bei Michael C. J. Putnam, „Virgil's First Eclogue: Poetics of Enclosure", *Ramus* 4, Nr. 2 (1975): 163-86.
27 Herberger, *ARBOR VITAE*, 11-12.

Fraustadt auf die Gräber von Herbergers Schwiegereltern gesetzt worden waren. Sie sollen die Besuchenden an die Gewissheit der Hoffnung auf die Auferstehung erinnern.[28]

Ein weiteres der für die Zweckmäßigkeit des Gedenkens an Bucretius sprechenden Argumente ist die weit verbreitete Meinung von dessen Weisheit, auch jener christlichen, dank der und dem Glauben daran er „den Bawm des Lebens JEsum Christum [...] hoch vnnd werth gehalten [hat]".[29] Drittens sei der Verstorbene zu Lebzeiten als Arzt „mit Bäwmen und Kreutern vmbgegangen", vor allem aber mit „dem edlen Hertzblümlein auß der Wurtzel Jesse", welches als Christus für ihn durch den Glauben im Todesaugenblick zum Lebensbaum geworden sei.[30] Viertens starb Bucretius am 26. Juni, also dem dritten Tag nach dem Fest Johannes des Täufers, wenn alle Bäume „in jhrer Zierde" grünen; aber sie seien nichts im Vergleich zum immergrünen Baum des Lebens, der „grünet um Johannis Baptist*ae* und Johannis Evangelist*ae*, er ist Sommer und Winter ein Mal so schön als das ander".[31] Im fünften Argument beschreibt Herberger zwei Fraustädter, die auf dem Sterbebett in ihren letzten Worten Christum als Lebensbaum angesprochen haben, was den Pastor von der Richtigkeit der Wahl dieses Motivs als Grundlage für eine Trauerpredigt überzeugte:

> Zum fünfften/ Jch weiß zwey schöner Exempel/ wie ein mal *Anno 1606.* eine Gottsfürchtige Matron mit Namen Magdalena Prüferin jhr Leben mit dem Worte beschlossen hat: Christus ist der Bawm des Lebens. Vnnd abermal/ wie *Anno 1621.* ein Hertz

---

28 „Zur Frawstadt stehen auch Bäume auff beyden Gräbern/ meines Seligen Schwärvaters *Bartholomei Rudingeri*, vnd Fraw Schwigermutter *Dorotheae Ulrichin*. Wer das sihet/ der dencke: Sie schlaffen beyde vnter dem Bawm des Lebens JEsu Christo vnd warten auff den gewünschten Jüngsten Tag." Ibid., 12-13.

29 „Zum andern/ jederman hat den Seligen Herrn Doctorem Bucretium für einen Weisen Mann gehalten/ vnd zwar nicht vnbillich/ Jch habe mich selber vber seinen weisen Reden vnd Schreiben/ besonders vber seinen geschwinden scharffen Einfällen verwundert. Aber das fürnemeste stück seiner Christlichen Weißheit ist das gewesen/ daß er den Bawm des Lebens JEsum Christum hat hoch vnnd werth gehalten. Denn/ so spricht der Herr im Propheten Jeremia cap. 9[,22-23]. Der Weise rühme sich nit seiner Weißheit/ etc. Sondern wer sich rühmen wil/ der rühme sich des/ dz er mich wisse vnd kenne. Denn solches gefelt mir wol spricht der HERR. Ohne diese Klugheit bestehet niemand für einen weisen Herren." Ibid., 13-14.

30 „Zum dritten/ der Selige Doctor hat seiner *Profession* nach bey leibes leben mit Bäwmen vnd Kreutern vmbgegangen wie Salomo/ von welchem 1. Reg. 4. geschrieben stehet. Er redet von Bäwmen vom Ceder an zu Libanon biß an den Jsop der auß der Wand wechset. Aber das liebste Blümlein ist vnserm Herren *Doctori* gewesen/ das edle Hertzblümlein auß der Wurtzel Jesse/ *Es. 11*[,1-5]. Der Anmütigste Bawm ist jhm in seiner letzten Hinfart gewesen der Bawm des Lebens." Ibid., 14-15.

31 „Zum vierdten/ der Selige Doctor hat sein Leben beschlossen den dritten Tag nach Johannis Baptist*ae* den 26. Junii/ zur selben Zeit sind alle Bäwme in jhrer Zierde/ vnd jederman sihet seines Hertzens Lust daran. Aber der Bawm des Lebens bleibet doch der schönste/ dieser grünet vmb Johannis Baptist*ae* vnnd Johannis Evangelist*ae*/ er ist Sommer vnd Winter ein mal so schön als das ander." Ibid., 16.

frommer Mann mit Namen/ *Valentinus* Reimann/ welchen der schlag gerühret/ gesaget: Jch bin vnter dem Bawm des Lebens/ darunter werde ich wol Schatten haben. Vnd hernach kein Wort mehr geredet. Ey/ das ist ja ein schönes ValetWort/ seine Erben solttens nicht vmb einen grossen Schatz geben. Vnd hierauß wird klar/ daß solche Reden auff Begräbniß eigentlich gehören/ vnd zu todes Gedancken dienen.[32]

Das sechste, baumbezogene Argument ergibt sich aus der Tatsache, dass Herberger die vorliegende Predigt am 17. Dezember verfasst hat, wenn die Kirche den Tag der *Sapientiae*, der göttlichen Weisheit, feiert, was wiederum mit der biblischen Grundlage des Textes (Prov 3,18) korrespondiert („Die Weisheit ist ein Baum des Lebens...").[33]

Argumentatio

In der nächsten, dreiteiligen Predigtkomponente – der *Argumentatio*, werden genannt: die Gründe, warum der Lebensbaum im Mittelpunkt der Aufmerksamkeit jedes gläubigen Christen stehen sollte („Wir haben keinen andern Bawm des Lebens mehr in der Welt/ als einig vnd allein JEsum Christum/ welcher in der Christenheit gerühmet wird"[34]; 25–41), die Möglichkeiten, ihn zu pflegen („Wie wir mit diesem safftigen Bawm des Lebens sollen vmbgehen/ im Leben vnd Tode"[35]; 42–49) und die Vorteile, sich in seinem Schatten zu schützen („Was wir vnter seinem allerheiligsten Schatten gutes haben zugewarten"[36]; 49–52).

Im ersten Teil, reich an Baummotivik, wird von Anfang an hervorgehoben, dass „wir keinen Baum des Lebens mehr in der ganzen breiten, weiten Welt haben, wenn wir gleich in *Americam* schifften, denn allerheiligsten Kirchbaum".[37] Man kann sich des Eindrucks nicht erwehren, dass sich Herberger dabei eines Wortspiels bedient hat, welches aus der Klangähnlichkeit der Substantive „Kirche" und „Kirsche" resultiert und dadurch die Aussagekraft des Satzes rhetorisch steigert. Nach der Vertreibung der ersten Menschen aus dem Paradies und nach der Sintflut sei der einzige Lebensbaum Jesus Christus geworden, der – wegen seines Leidens am Holz des Kreuzes und der damit verbundenen Zusicherung des ewigen Lebens für die Gläubigen – *Lignum Vitarum*, Holz des Le-

---

32 Ibid., 16–18.
33 „Zum sechsten/ so schreibe ich diese Wort eben im December oder Christmonat/ am Tage *Sapientiae*, das heist weißheit. *Ecce*. Der Tag vnd Monat selber stimmet mit Salomonis Sprüchlein an/ darin er saget: Die Weißheit ist ein Bawm des Lebens/ etc." Ibid., 18.
34 Ibid., 23–24.
35 Ibid., 24.
36 Ibid.
37 „ES ist war/ wir haben keinen Bawm des Lebens mehr in der gantzen breiten weiten Welt/ wenn wir gleich in *Americam* schifften/ den allerheiligsten Kirchbawm." Ibid., 25.

bens, genannt werde.³⁸ Die Gegenüberstellung von Christus und Salomo, der „nechst Christo der klügeste Mann auff Erden" und „ein Fürbild der wunderbahren Weißheit JEsu" sei, findet ihren Höhepunkt in dem bereits zitierten Diktum aus den Sprüchen Salomos (Prov 3,18) und liefert dem Kirchenlieddichter Herberger einen Vorwand, um das Incipit des mittelalterlichen Passionsliedes *Patris Sapientia(e), veritas divina* anzuführen.³⁹ Dieses, das u. a. Christi Leiden am Kreuzholz in Worte kleidet, war (und ist noch heute) den Lutheranern in Michael Weißes deutscher Fassung als *Christus, der uns selig macht* von 1531 (EG 77) geläufig.⁴⁰ Nachdem Herberger zahlreiche biblische, auch alttestamentliche Sprüche angeführt hat, welche die Interpretation stützen, Christus sei als Lebensbaum zu betrachten,⁴¹ bezeichnet er Jesum als „de[n] gröste[n] Kirchbawm/ welcher das gantze Land der werthen Christenheit vberschattet/

---

38 „Dieser [Christus – P.K.] wird mit viel besserm recht *Lignum vitarum* (nach der Ebraischen Bibel art) genennet/ vnd ist im Bawm des Lebens sehr lieblich gebildet." Ibid., 27.
39 „Salomo ist nechst Christo der klügeste Mann auff Erden. Darumb ist er auch ein Fürbild der wunderbahren Weißheit JEsu: Dieser sagt im Oberzehletem Sprüchlein: Die Weißheit ist ein Bawm des Lebens. Vnter dem Wörtlein Weißheit verstehet er den HERREN JESVM/ von welchem die gantze Christenheit singet: *Patris Sapientia, veritas divina.*" Ibid., 28.
40 Vgl. Karl Christian Thust, *Die Lieder des Evangelischen Gesangbuchs. Kommentar zu Entstehung, Text und Musik*, Bd. 1: *Kirchenjahr und Gottesdienst (EG 1–269)* (Kassel: Bärenreiter, 2012), 128–30.
41 „Weil Salomo ist nechst Christo der klügeste Mann auff Erden. Darumb ist er auch ein Fürbild der wunderbahren Weißheit JEsu: Dieser sagt im Oberzehletem Sprüchlein: Die Weißheit ist ein Bawm des Lebens. Vnter dem Wörtlein Weißheit verstehet er den HERREN JESVM/ von welchem die gantze Christenheit singet: *Patris Sapientiae, veritas divina.* Das ist/ der λόγος die wesentliche Weißheit des Himlischen Vaters. Drumb setzet er bald darzu: Denn/ der HERR hat die Erde durch Weißheit gegründet/ durch seine Weißheit sind die Tieffen zurtheilet. Eben also redet JEsus die wesentliche Weißheit des Himlischen Vaters selber/ *Prov.* 8[,29–30]. Da der HERR den grund der Erden legte/ da war ich der Werckmeister bey jhm/ etc. Gleich wie die grossen drey Capitel *Johann. 1. Coloss. 1. Ebreor. 1*<.> auch reden: Ohne dasselbe ist nichts gemacht was gemacht ist/ *Johan.* 1[,3]. Durch Jhn ist alles geschaffen. *Colos.* 1[,16]. Durch welchen er auch die Welt gemacht hat. *Ebr.* 1[,2]. Ach liebes Hertz/ laß den HERRN JEsum auch deine Weißheit seyn/ denn er ist dir ja gemacht zur Weißheit/ Gerechtigkeit/ Erlösung vnd Heiligung/ *1. Cor.* 1[,30]." Herberger, ARBOR VITAE, 28–30.
„Jch bleibe bey meinem HERREN JESV/ der führet vns selber zu diesen Gedancken/ *Luc.* 23 [,31]. Geschicht das am grünen Holtz/ etc. Damit nennet er sich selber/ denn er ist das grüne safftige Holtz des Lebens/ ohne welchen wir alle als Hellenbrände müsten zu verdampten dürrem FewerReusicht geschlagen werden. Vnd in der Offenbahrung Johannis *Cap.* 2[,11]. saget er: Wer vberwindet dem wil ich zu essen geben vom Holtz des Lebens/ das ist/ er sol mein in alle Ewigkeit geniessen. Vnnd *Apoc.* 22[,14]. spricht er: Selig sind die seine Gebot halten/ auff daß jhre macht sey/ am Holtze des Lebens. – Vnd daß vns der HErr JEsus ein Christliches nachdencken mache/ so hat er sich auff dem Berglein Golgatha am Holtz des Creutzes erhöhen lassen/ daß er ja einem lustigen Bawm ehnlich werde. Gleich wie der Bawm des Lebens/ mitten im Paradiß stund/ mit seinen wunderschönen früchten/ also muß des HErren JEsu Creutz=Bawm zu Jerusalem (welches viel Gelehrten auff den mittel *punct,* der Erdkamel setzen) in aller höhe auffgerichtet stehen." Ibid., 32–34.

vnter welchen vnsern Hertzen viel bessert ist/ als den Vögeln vnd Thieren".[42] Jener „Kirchbawm" ließ den Prediger auf ein Konzept der *Septem folia* des Bonaventura verweisen, welches den sieben letzten Worten Christi am Kreuz entspricht.[43] Eine Ähnlichkeit zur durch die rote Farbe des blühenden Lebensbaums symbolisierte blutige Kreuzpassion sieht Herberger auch in der Farbe der Blüten des Apfelbaums, jenes Baums also, der ursprünglich mit dem der Erkenntnis von Gut und Böse identifiziert wird. Diesmal stellt diese Analogie den Sündenfall nicht in den Vordergrund, denn Christus als Lebensbaum – so der Prediger – „wil Oepffel tragen/ die sollen vnser Artzney sein wider die verbotenen Paradiß-Oepffel/ an welchen vnsere erste Eltern hatten den Todt gefressen".[44]

Im zweiten Teil der *Argumentatio* wird nach Salomo die Frage beantwortet, wie der Baum des Lebens zu pflegen sei: Er müsse durch Glauben ergriffen und durch Glaubensbeständigkeit gehalten werden.[45] Diese Vorgehensweise sei eine Garantie für die Erlösung und die ewige Seligkeit, was im dritten Teil nachgewiesen wurde.[46]

Praxis generalis

In der *Praxis generalis* überträgt der Pastor die vorangegangenen Überlegungen auf den christlichen Alltag, indem er die der *Amplificatio* dienenden Vergleiche mit dem Lebensbaum reichlich auf die Realität um ihn herum anwendet. So ermutigt er, wie es sich für einen Lutheraner gehört, zur ständigen Reflexion über

---

42 „Ein schöner Bawm breitet auff beyden seyten seine Este auß/ je grösser er ist/ je herlicher ist der Schatten: Also breitet der HErr JEsus seine Armen am Creutz angelweit auß/ Er greifft nach vnsern Seelen er wil vns zu sich ziehen/ *Joh. 12*[,32]. Er wil vnser *Umbraculum,* Schirm vnd Schatten seyn/ wider die Hitze des Zorn GOttes *Esa. 4*[,5–6]. Er ist der gröste Kirchbawm/ welcher das gantze Land der werthen Christenheit vberschattet/ vnter welchen vnsern Hertzen viel bessert ist/ als den Vögeln vnd Thieren". Ibid., 35–36.
43 „Vnser LebensBawm JESVS/ hat seine sieben schöne Bletter/ wie die alten Kirchenlehrer reden. Seine *Septem folia* sind seine sieben Krafftwort am heiligen Creutz." Ibid., 36–37. Vgl. auch: „Septem sunt verbula, quae, quasi septem folia semper virentia, Vitis nostra, cum in crucem elevata fuit, emisit." [Bonaventura], „Vitis mystica seu Tractatus de passione Domini" (8,31), in *Patrologiae cursus completus, series latina,* hg. v. Jacques-Paul Migne, vol. 184 (Parisis: Migne 1862), 655. Der Traktat wurde mehrere Jahrhunderte Bernhard von Clairvaux zugeschrieben und findet sich bei Migne unter den Schriften Bernhards, allerdings mit dem Vermerk: „Hic tractatus non est S. Bernardi, sed cujusdam alterius auctoris pii". Ibid., 635–36.
44 „Apffel=Bawms Blüte ist roth/ vnser LebensBawm blühet auch roth. Durch seine rothe Blutströpflein/ Striemen vnd Wunden/ denn er wil Oepffel tragen/ die sollen vnser Artzney sein wider die verbotenen ParadißOepffel/ an welchen vnsere erste Eltern hatten den Todt gefressen." Herberger, *ARBOR VITAE*, 38–39.
45 Vgl. ibid., 42–49.
46 Vgl. ibid., 49–52.

Lignum Vitae, indem er – durch das Prisma seiner persönlichen Erinnerungen – Martin Luthers gedenkt, welcher „in seinem *Signet* ein Creuz in einem Hertzen geführet hat/ wie auch mein seliger *Pate, Martinus Arnoldus,* welcher vorzeiten zur Frauenstadt ist Prediger gewesen."[47] Gemeint ist hier die (von Herbergers Paten Martin Arnold[48] in dessen Petschaft präsente) sog. Lutherrose, welche wiederum auf Luthers Wappen, das dem Reformator als Siegel im Schriftverkehr diente und mit dem er die von ihm autorisierten Drucke kennzeichnete, zurückgeht.[49] Anschließend greift Herberger die im Römerbrief 11,17–24 präsente Metapher

---

47 „Besehet den Boden ewres Hertzens/ vnd diesen Bawm des Lebens/ so wird ewer Hertz für GOTTES Augen/ ein heiliges Paradiß werden/ viel schöner als alle Fürstliche oder Käyserliche Lustgarten/ So seyd jhr reicher als der Türckische Käyser/ wenn jhr gleich in der Welt keinen Bawmgarten köntet erkeuffen. Des hat sich der Selige Herr *Doctor Lutherus* erinnert. Da er in seinem *Signet* ein Creutz in einem Hertzen geführet hat/ wie auch mein seliger *Pate, Martinus Arnoldus,* welcher vorzeiten zur Frawenstadt ist Prediger gewesen." Ibid., 53–54.

48 Mehr zu dem aus Grünberg (poln. Zielona Góra) stammenden, 1576–1589 als Pastor zu Fraustadt amtierenden und 1605 verstorbenen Arnold bei Albert Werner und Johannes Steffani, *Geschichte der evangelischen Parochieen in der Provinz Posen* (Posen: Decker, 1898), 73–75. Vgl. auch Illg und Steiger, „Herberger", 267.

49 In einem am 8. Juli 1530 an Lazarus Spengler geschriebenen Brief erläuterte Luther seinen Wappen folgendermaßen: „Gnad und Friede in Christo! Ehrbar, günstiger, lieber Herr und Freund! Weil Jhr begehrt zu wissen, ob mein Petschaft recht troffen sei, will ich Euch mein erste Gedanken anzeigen zu guter Gesellschaft, die ich auf mein Petschaft wollt fassen, als in ein Merkzeichen meiner Theologie. Das erst sollt ein Kreuz sein, schwarz im Herzen, das seine natürliche Farbe hätte, damit ich mir selbs Erinnerung gäbe, daß der Glaube an den Gekreuzigten uns selig machet. Denn so man von Herzen gläubt, wird man gerecht. Ob's nu wohl ein schwarz Kreuz ist, mortificiret und soll auch wehe tun, noch läßt es das Herz in seiner Farbe, verderbt die Natur nicht, das ist, es tätet nicht, sondern behält lebendig. *Iustus enim fide vivet, sed fide crucifixi.* Solch Herz aber soll mitten in einer weißen Rosen stehen, anzuzeigen, daß der Glaube Freude, Trost und Friede gibt und kurz in eine weiße fröhliche Rosen setzt, nicht wie die Welt Fried und Freude gibt, darumb soll die Rose weiß und nicht rot sein; denn weiße Farbe ist der Geister und aller Engel Farbe. Solche Rose stehet im himmelfarben Felde, daß solche Freude im Geist und Glauben ein Anfang ist der himmlischen Freude zukunftig, itzt wohl schon drinnen begriffen und durch Hoffnung gefasset, aber noch nicht offenbar. Und in solch Feld einen gulden Ring, daß solch Seligkeit im Himmel ewig währet und kein Ende hat und auch köstlich uber alle Freude und Güter, wie das Gold das höhest, köstlichst Erz ist. Christus unser lieber Herr sei mit Eurem Geist bis in jenes Leben, Amen." *D. Martin Luthers Werke,* Abt. 4: *Briefwechsel,* Bd. 5 (Weimar: Hermann Böhlaus Nachfolger, 1934), 445 (= WA BR 5, 445). Zur Interpretation des Briefes vgl. Dietrich Korsch, „Luthers Siegel. Eine elementare Deutung seiner Theologie", *Luther* 67 (1996): 66–87. In Herbergers *HertzPostilla* ist das besagte Signet graphisch dargestellt im Kontext zweier Herzen: des hl. Ignatius von Antiochien (mit dem leuchtenden Namen Jesu) sowie der hl. Klara (mit einem darin platzierten Kruzifix). Vgl. Valerius Herberger, *HertzPostilla [...] in welcher alle ordentliche Sontags Evangelia vnd auch aller fürnemen berühmten Heiligen gewönliche feyrtagstexte/ durchs gantze Jahr auffgeklürschet/ der Kern außgescheidet auffs Hertze andechtiger Christen geführet vnd zu heilsamer Lehr/ notwendiger Warnung/ nützlichem Trost/ andechtigem Gebet/ vnstrefflichem Leben vnd seliger Sterbenskunst abgerichtet werden* (Leipzig: Thomas Schürer, 1613), a5v sowie a2r, Exemplar der Universitäts- und Landesbibliothek Sachsen-Anhalt Halle (Saale), Sign. P.Vitr.II.13 (1).

des aufgepfropften Ölbaums auf, indem er den Segen betont, der sich aus dem Aufpfropfen in den Lebensbaum ergibt,[50] sowie auf seine Pastoralpraxis und Sorge um die neuen, in den meisten Fällen glaubensstarken Gemeindemitglieder hinweist: So habe er zurzeit „zwey und achtzig Pfropfreiser auf einen verschnittenen Baum setzen lassen, mehrenteils besonderer Art, gar wenig gingen unter, die meisten bekleiben."[51] Die Ermahnung, im Glauben frei von der Besserwisserei der anderen zu bleiben, ergänzt der Prediger durch das Bild eines von Raupennestern gereinigten Baumes.[52]

Eine bemerkenswerte Weise, auf welche Herberger den Lebensbaum würdigt, liegt darin, dass seine Vorrangstellung gegenüber dem sog. *Lignum Guaiacum* aufgezeigt wurde – dem Holz einer kleineren, immergrünen und langsam wachsenden Pflanzengattung aus der Familie der Jochblattgewächse (*Zygophyllaceae*), die im tropischen und subtropischen Amerika beheimatet sind und deren zwei bekannteste Arten *Guaiacum officinale L.* sowie *Guaiacum sanctum L.* botanisch geringfügige Unterschiede aufweisen:[53]

> Jst jemand kranck/ der lauffe zu diesem Bawm des Lebens/ hie ist mehr als *Lignum Guajacum*, hie ist das rechte *Lignum Sanctum*, hier leget euch ins Holtz wie Johannes/ der bey dem heiligen Abendmahl/ nicht als ein Pawr Christo auff der Brust lag/ sondern sich an sein Hertze schmog/ wie ein Liebichen zum andern/ von diesem Holtz trinck/ so wirstu alle schädliche Sündengifft außschwitzen. *D. Bucretius* der selige Mann/ mag bey seiner *Praxi*, des erwehneten Holtzes viel verbrauchet haben/ Aber wenn er lebete (wie er denn für Gott lebet) so würde er bekennen/ das *Lignum Sanctum*, vom Bawm des Lebens/ behalte den Preiß/ für allem *Guajaco* vnnd andern ParadißHoltz.[54]

Wegen seiner mannigfaltigen Verwendung in der Medizin, was wiederum auf Bucretius' Beruf anspielt, erhielt das seit etwa 1515 von der Insel Ispaniola nach Spanien exportierte[55] Guajakholz den Namen *Lignum vitae*. Interessanterweise

---

50 „Wer klug ist/ der sehe zu daß er ein gebenedeytes Pfropfreiß sey/ welches in diesem Bawm des Lebens sey gesencket/ so kan er hinauff in Himmel wachsen." Herberger, *ARBOR VITAE*, 54–55.
51 „Jch habe zur zeit zwey vnnd achtzig Reiser auff einen verschnittenen Bawm setzen lassen/ mehrentheils besonderer Art/ gar wenig giengen vnter/ die meisten bekleiben. Auff dem Bawm des Lebens JEsu wird kein gläubiges Hertzreiß verderben. Wol allen die auff jhn trawen/ *Psal. 2*[,12]. Er wil niemand außstossen/ *Joh. 6*[,37]." Ibid., 55–56.
52 „Wil dir jemand diesen edlen Bawm mit den RaupenNästern Menschlicher Klugheit behengen/ so leide es nicht/ halt diesen Bawm reine/ bleib bey Christo alleine/ du solts geniessen." Ibid., 54–55.
53 Vgl. T. Pullaiah, *Encyclopaedia of World Medicinal Plants*, 2nd ed. (New Delhi: Astral, 2021), 1436–37. Zum Guajak in der englischen Literatur der Frühen Neuzeit siehe McLean Test, *Sacred Seeds*, 103–42.
54 Herberger, *ARBOR VITAE*, 60–61.
55 Vgl. Mark Häberlein, „Botanisches Wissen, ökonomischer Nutzen und sozialer Aufstieg im 16. Jahrhundert. Der Augsburger Arzt und Orientreisende Leonhard Rauwolf", in *Huma-

wurde der Extrakt aus diesem Holz, das als Kolonialware in Deutschland bereits 1519 von Ulrich von Hutten im Traktat *Von der wunderbarlichen artzney des holtz Guaiacum genannt* befürwortet worden war,[56] in Europa auch zu Herbergers Zeiten in erster Linie als – 1529 von Paracelsus empfohlenes[57] – Heilmittel gegen Syphilis verwendet,[58] die sog. Franzosenkrankheit also, welche religiös und sozialkritisch als Synonym für die durch Sünden verursachte Gottesstrafe verstanden wurde[59] (vgl. hierzu die in der Predigt vorhandene Passage „von diesem Holtz trinck/ so wirstu alle schädliche Sündengifft außschwitzen"). Daher bezeichnete man Guajakholz ebenfalls als „FrantzosenHoltz", etwa in Conrad Khunraths *Medulla destillatoria et medica* von 1605.[60] Auch in den medizini-

---

nismus und Renaissance in Augsburg. Kulturgeschichte einer Stadt zwischen Spätmittelalter und Dreißigjährigem Krieg, hg. v. Gernot Michael Müller (Berlin: De Gruyter, 2010), 105.
56 Vgl. Kim Siebenhüner, „Frühneuzeitliche Warenkultur? Zwischen Staunen und Wissen über fremde Güter", in *Materielle Kultur und Konsum in der Frühen Neuzeit*, hg. v. Julia A. Schmidt-Funke (Wien: Böhlau, 2019), 271, 274.
57 Vgl. Claus Priesner, „Über die Wirklichkeit des Okkulten. Naturmagie und Alchemie in der Frühen Neuzeit", in *Diskurse der Gelehrtenkultur in der Frühen Neuzeit. Ein Handbuch*, hg. v. Herbert Jaumann (Berlin: De Gruyter, 2011), 312.
58 Vgl. Pullaiah, *Encyclopaedia of World Medicinal Plants*, 1436. Zur Verwendung des Guajakholzes in der Medizin vgl. Patricia Vöttinger-Pletz, *Lignum sanctum. Zur therapeutischen Verwendung des Guajak vom 16.–20. Jahrhundert* (Frankfurt a. M.: Govi Verlag, 1990).
59 Anders als bei der Pest, die allgemein als gleichsam universale Sündenstrafe verstanden wurde, begann sich an der Schwelle zur Neuzeit bei der Syphilis die Auffassung durchzusetzen, Gott habe sie speziell zur Bestrafung der Gotteslästerer geschaffen. Vgl. Jan Marr, *Kriege und Seuchen. Spätmittelalterliche Katastrophen und ihre Reflexion in den deutschen Einblattdrucken von 1460 bis 1520*, Doktorarbeit (Universität Trier, 2010), 212–13, abgerufen am 08.11.2023, https://doi.org/10.25353/ubtr-xxxx-784a-d844.
60 Vgl. „Von dem Frantzosen: oder PockenHoltze/ wie es die Teutschen zu nennen pflegen/ sonst aber *Lignum Gajacum* oder *Guajacum*, auch *Lignum Sanctum*, vnd *Lignum Indicum* genant wird. DJß Holtz/ ist ein nützliches Geschöpffe Gottes/ welches er durch seine Allmechtigkeit vnnd weisen rath/ den Menschen zu gute (wider etzliche gewaltige Kranckheiten/ als ein besonders vornehmes Artzneymittel zu gebrauchen) erschaffen hat/ vnd ist/ (wie die Historien davon bezeugen) erstlich in der newen Jnsel *Sancti Dominici* wachsende/ erfunden/ ein Baumes gewechse: Soll sein fast in der höhe/ wie die Stecheychen Bäume bey vns wachsen/ mit vielen Zweigen/ so da harte kleine Blättlein haben/ gelbe blühe/ vnd hernach runde harte Nüßlein/ darinnen der Sahme/ gleich wie in den Mißpeln die Kernlein stecken/ als eine frucht/ tragen/ vnnd das Holtz/ (welches dann gar sehr hart vnd schwehr an jhme selbst ist/ vnd fast wider aller anderer Hölzter arth/ vnnd Natur/ in dem Wasser nicht empor schwimmet/ sondern sich zu grunde setzet) einen grossen schwartzen Kern inwendig/ von aussen aber/ eine grobe harte Aschenfärbig feiste vnd hartzige rinden/ die da (wann der Baum gefellet/ vnnd das Holtz trucken worden ist) leichtlich abfellet/ habende/ vnd diese gestalt ist des *Ligni Guajaci* oder *Guajacani*. – Aber es ist noch ein andere Jnsel/ welche nicht weit von obgedachter ligt/ derselbigen name *Insula Sancti Iohannis de portu divite*, in welcher man auch findet ein geschlechte dieses Holtzes/ an gestalt einander fast gleich/ jedoch das letzte etwas kleiner/ vnd mit einem geringern Kern/ ist auch sterckers geruchs/ vnnd bitterers geschmacks/ das man es schier für krefftiger halten/ lieber vnd mehr/ als das obere gebrauchen wil/ derentwegen man solchem den namen *Lignum Sanctum* gegeben. – Ob nun wol diß Holtz von den Teutschen/ Frantzosenholtz gennenet wird/ wie es dann auch an sich selbst

schen Werken, welche in Herbergers Bibliothek vorhanden waren, können diese Informationen gefunden werden.⁶¹

> gar grosse krafft hat/ vnd der vortrefflichsten mittel eins ist/ wann mit der Cur recht vnnd fleissig *procedirt* wird/ des Leibes (von Vnkeuschheit entstandene) verunreinigung/ zu Curiren/ heilen/ vnd gentzlichen zu vertreiben/ vnd die gefehrliche Kranckheit die Frantzosen/ derer gesuchte vnd schäden/ sampt den wehetagen/ so dannenher erwecket worden/ nicht allein zu mildern/ sondern auch dermassen hinweg zu nehmen/ daß der Mensch/ so fern er nur die Vnkeusche vermischung mit vnreinen Personen meidet/ nimmermehr wiederumb drein geredt/ so wird es vber diß erzehlts gleichwol noch wider viel andere kranckheiten/ vnd gebrechen […] befunden." Conrad Khunrath, *Medulla destillatoria et medica tertium aucta & renovata. Das ist: GRündliches vnd vielbewehrtes Destillier vnd ArtzneyBuch/ darinnen begriffen/ wie der Spiritus Vini, durch mittel seines hinter jhm verlassenen Saltzes/ Auch allerley köstliche Oliteten, spiritus, Salia &c. auß mancherley animalibus, mineralibus vnd vegetabilibus, künstlich können destillirt/ vnd in quintam essentiam zur höchsten exaltation gebracht: Auch vermittelst solcher Extractionum, Aurum Potabile, allerley herliche Medicamenta, Wundbalsam/ Stichpflaster/ Güldene Wasser/ vnd dergleichen/ Laut zu endt gesetzter vollkommenen Registere praeparirt, vnd in allerhand vorfallenden Gebrechen vnd Kranckheiten heylsamlich gebraucht werden*, 3. Aufl. (Hamburg: Bibliopolium Frobenianum, 1605), 382–84, Exemplar der Staatlichen Bibliothek Regensburg, Sign. 999/ Med.30.

61 Etwa im dritten Kapitel des fünften Teils des Werkes *Ein new Artzney Buch* von Christoph Wirsung und Peter Uffenbach: „EHe vnd wir zu den Artzneyen der Frantzosen zu vnsern Zeiten kommen/ das mehrertheils durch trincken deß Jndianischen Holtzes/ so man *Guaiacum* vnd *lignum sanctum* nennet/ geschicht/ so ist anzuzeigen/ wie dieser tranck gesotten vnd bereytet werde/ deren folgen etliche: Das erste: Nimm Jndianisch Holtz klein gedrehet/ 16 Vntz/ dessen Rinden gestossen 12 Vntz/ Stechas/ Je länger je lieber/ geseguete Distel/ S. Johannskraut/ gelbe Gilgen/ Betonien/ jedes 1 M. Erstlich thue das gedrehet Holtz vnnd gestoßne Rinden in ein verglasurten Hafen/ der 12 Augspurger Maß halte/ vnd schütte vierdthalb Maß Brunnenwasser daran/ stoß ein Stäblin an den Boden/ wie hoch dann das Wasser gehet/ da schneid ein Kerblin an das Stäblein/ Nachmals schütte aber ein Maß vnd drey Vierdttheil daran/ miß aber/ vnd verzeichne es ab. Zum letzten giesse abermal 7 Viertheil daran/ vnd laß wol bedeckt vber nacht weychen/ morgens mach ein Kolfeuwer/ vngefähr einer Spann weit vom Hafen/ laß gemach erwärmen/ biß es anfängt zu sieden/ Vermach aber den Hafen stets mit einem Deckel oder Tuch/ daß er bedeckt sey. Vnnd so der vierdte Theil ist eyngesotten/ das du an dem obern Kerblein sehen magst/ so thue die Kräuter vnd anders darzu/ laß aber sieben viertheil eynsieden/ das ist/ biß auff das vnterste Zeichen/ so bleibt noch vierdthalb Maß im Hafen/ weil dasselb noch im sieden ist/ schutte daran acht vnd ein halb Maß guten alten weissen Wein oder Reinfall/ decks wider geheb zu/ vnd laß erkalten/ darnach seyhe es durch ein Tuch/ vnd behalts in wol vermachten Gläsern. Die Rinden/ Holtz vnd Körner soll man trücknen/ vnnd behalten/ dann dieses zu anderm/ wie folgen soll/ zu brauchen ist. – Das ander/ Nimm Rinden von Jndianischem Holtz/ klein gestossen/ 8 Vntz/ desselben gedreheten Holtz 4 vntz/ frisch Brunnenwasser 6 kleine Maß/ dareyn weyche Holtz vnd Rinden 24 stund/ laß nachmals bey lindem Fewer/ biß der dritte theil verzehret wirdt/ sieden/ alsdann hebs vom Fewer wol bedeckt/ daß die Krafft nicht verrieche/ laß 12 Stund stehen/ alsdann seyhe es durch/ vnd trucks wol auß/ giesse daran so viel weissen Wein/ der nicht süß sey/ so viel als des gesottenen Wassers bleibt/ würff dareyn *Hermodactyli* zwo Vntz/ vnd behalts/ wie gesagt ist. – Das dritte/ Nimm fünff kleiner maß gutes Reinweins/ gedrehet Jndianisch Holtz 8 Vntz/ dessen Rinden gestossen 4 Vntz/ Betonien/ Süßholtz/ jedes 1 Vntz/ laß 24 stund weychen/ darnach siede es auff halb/ seyhe vnd trucks hart auß/ von diesem trinck morgens vnd abends 4 oder 5 Vntz/ 40 Tag lang. – Das vierdte/ Nimm 4 kleine Maß

Lignum Sanctum oder Valerius Herbergers *Arbor Vitae* (1622)

Herberger verwendet ansonsten das Beispiel der Wanderer, die sich auf ihrer Reise mit einem Holzstab helfen. Eine ähnliche Rolle schreibt der Prediger den Stäben aus dem Baum des Lebens zu: Mit ihrer Hilfe können alle Schwierigkeiten des Lebens auf dem Weg zum Himmelreich überwunden werden:

> Wandersleute sind selten ohne Stäbe/ drumb musten auch die Jsraeliten beym Oster-Lämlein Stäbe in Händen haben/ *Exod. 12*[,11]. Wir Christen sind alle WandersLeute/ *Psalm. 119*[,2-3]. Vnsers bleibens ist hier nit/ *Ebr. 13*[,14]. Derowegen lernet die besten WandersStäbe/ kennen/ sie wachsen alle auff dem Bawm des Lebens/ mit diesem können wir glücklich durch die schlipperigen Weltwege fortschreitten vnd seliglich in Himmel einstäbeln.[62]

Ein weiteres, die Pflanzenwelt mit der Tierwelt verbindendes Argument beschreibt das Verhalten von Eichhörnchen, die auf der Suche nach Leckerbissen Holzstücke benutzen, um auf die andere Seite des Wassers zu gelangen.[63] Her-

---

Wein/ gedrehet Holtz 8 Vntz/ der Rinden vier Vntz/ Süßholtz 2 Vntz/ laß wol erwallen/ darnach giesse abermals 6 Maß Wein daran/ vnd laß sieden/ biß der vierdte theil verzehrt wirdt. – Diese seynd nun die gebräuchlichste Weg das Holtz zu sieden/ das doch allwegen nach gelegenheit der Zeit/ Personen/ Alter/ Kranckheit vnd Krafft mag verändert werden." Christoph Wirsung und Peter Uffenbach, *Ein new ArtzneyBuch Darinn fast talle eußerliche vnnd innerliche Glieder deß Menschlichen Leibs/ sampt jhren Kranckheiten vnd Gebrechen/ von dem Haupt an biß zu der Fußsolen/ vnd wie man dieselben durch Gottes Hülff/ vnd seine darzu geschaffene Mittel/ auff mancherley weiß wenden vnd curieren soll ...* (Ursel: Cornelius Sutorius, 1605), 295r–v, Exemplar der Nationalbibliothek Warschau, Sign. SD XVII. 4. 10344. Der erhaltene handschriftliche Katalog der Bibliothek der Kirche zum Kripplein Christi in Fraustadt aus der Mitte des 17. Jahrhunderts, deren Fundament die Privatbibliothek der Familie Herberger ausmachte, sowie der glücklicherweise erhaltene Großteil des dortigen historischen Buchbestandes (von 1949 an in der Nationalbibliothek Warschau aufbewahrt) ermöglichen eine weitgehende Rekonstruktion der Büchersammlung dieses bedeutenden Theologen. Das oben angeführte und erhaltene Werk, das im genannten Katalog enthalten ist (vgl. Nationalbibliothek Warschau, Sign. RPS Akc 9431, 91r), kann mit großer Wahrscheinlichkeit der Sammlung der Familie Herberger zugeordnet werden. Mehr zu der Bibliothek bei Krzysztof Soliński, „The Library of the Kripplein Christi Lutheran Church in Wschowa in Light of its Book Collection at the National Library of Poland and other Sources", *Polish Libraries* 5 (2017): 64–88, bes. 67–74. Die Rekonstruktion der Herberger-Bibliothek ist der Gegenstand eines 2022–2025 durch die Deutsch-Polnische Wissenschaftsstiftung geförderten Projekts (Nr. 2021-01) *Bibliotheca Herbergeriana. Rekonstruktion der Fraustädter Bibliothek Valerius Herbergers (1562-1627) und seiner Nachkommen. Ein Beitrag zur Gelehrtenkultur im Grenzgebiet zwischen (Groß-)Polen und deutschem Sprachraum* (Partnerinstitutionen: Universität Warschau, Neuphilologische Fakultät, Institut für Germanistik; Universität Hamburg, Fakultät für Geisteswissenschaften, Fachbereich Evangelische Theologie, Institut für Kirchen- und Dogmengeschichte).

62 Herberger, *ARBOR VITAE*, 64.
63 Diese Information hat Herberger höchstwahrscheinlich dem *Thierbuch* von Conrad Gessner entnommen: „Kompt der Aychhorn an ein wasser/ über das er gern wäre/ sein nahrung gesuchen/ so sucht er ein spänlein/ darauff setzt er sich/ braucht seinen schwantz an statt eines segels/ richtet denselben nach dem wind/ vnd schisset also über daß wasser". Conrad Gessner, *Thierbuch/ Das ist/ Außführliche beschreibung/ und lebendige ja auch eigentliche Contrafactur und Abmahlung aller Vierfüssigen thieren/ so auff der Erden und in Wassern*

berger übertrug diese Verfahrensweise auf die geistige Ebene und betont erneut die Unverzichtbarkeit des Lebensbaumes (d. h. Christi) zur Erlangung der himmlischen Köstlichkeit und der damit verknüpften ewigen Erlösungsfreude:

> Wunder Ding ists/ was die Gelehrten Naturkündiger vom Eychhörnlein schreiben/ wens vber Wasser gute Nüsse mercket/ so setzt sichs auff einen dürren Span/ braucht seinen Schwantz für einen Segel/ vnd prämet jmmer hinüber. O wie gute süsse Nüsse sind im Himmel/ kein Auge hats gesehen/ kein Ohr hats gehöret/ kein Hertz kans völlig gläuben/ was vns für Seligkeit allda sey beygelegt/ nu were es euch ja eine ewige schande/ daß ihr nicht so klug solt seyn als ein Eychhörnlein/ die Späne vom Bawm des Lebens/ sind die nützlichsten/ die braucht für ewrer Seelen Schifflein oder Känlein/ vnd prämet selig fort/ zur ewigen frewden.[64]

Im Horizont von Bucretius' Profession teilt der Prediger schließlich die Beobachtung mit, dass Kranke eine besondere Vorliebe für Äpfel zeigen. Die therapeutische Wirkung von denen verblasse jedoch im Vergleich zu den Früchten des Lebensbaums, welche „des besten geschmacks" seien und „Leib vnd Seele zusammen bringen" könnten.[65]

Applicatio et Peroratio

In der vorletzten Predigtkomponente, der *Applicatio*, erfolgt eine Übersetzung der bisherigen Inhalte und Argumente in die Realität des Gedenkens an Bucretius, welcher – so Herberger in der für Trauerschriften typischen *Laudatio* – „den Bawm des Lebens hat gekennet/ [...] jhn weißlich hat mit den Händen seines Glaubens ergriffen/ in sein Hertz gepflantzet/ vnd biß an sein Ende gehalten".[66] Belegen soll dies der angehängte Lebenslauf des Verstorbenen, welcher als fester

---

wohnen. Sampt derselben Nutzbarkeit und güte/ so wol in essenspeiß und Küchen/ als in der Artzney und Apotecken. Allen Aertzten/ Weydleuthen/ Köchen/ ja auch den künstlichen Mahlern sehr dienstlich und nohtürfftig (Heidelberg: Johann Lancelot, 1606), 13v, Exemplar der Thüringer Universitäts- und Landesbibliothek Jena, Sign. 2 Zool.A,20(1). Das zitierte Werk, welches im handschriftlichen Katalog der Bibliothek der Kirche zum Kripplein Christi in Fraustadt verzeichnet ist (vgl. Nationalbibliothek Warschau, Sign. RPS Akc 9431, 40v), befand sich mit großer Wahrscheinlichkeit im Besitz der Familie Herberger. Das Fraustädter Exemplar konnte leider nicht nachgewiesen werden.

64 Herberger, *ARBOR VITAE*, 66–67.
65 „Krancken Leuten henget offt das Hertz nach Oepffeln. Oepffel hin/ Oepffel her/ die Oepffel vom Bawm des Lebens/ sind die besten geschmacks/ die können Leib vnd Seele zusammen bringen." Ibid., 61.
66 „Es ist war/ *D. Daniel Bucretius* ist ein Mann voller Künste gewesen/ aber das ist die beste vnter allen/ daß er den Bawm des Lebens hat gekennet/ daß er jhn weißlich hat mit den Händen seines Glaubens ergriffen/ in sein Hertz gepflantzet/ vnd biß an sein Ende gehalten." Ibid., 68.

Bestandteil der frühneuzeitlichen Leichenpredigten fungiert.[67] Auch hier finden wir eine Manifestation der Baummotivik, und dies dank dem Sprichwort „Der Apffel fällt nicht gerne weit vom Stamm", mit dem Herberger auf Bucretius' Eltern als Quelle von dessen Tugenden hinweist:

> Sein Herr Vater ist gewesen/ *Andreas* ein fürnemer Eheliebender Bürger von Breßlaw/ die Mutter URSULA aber eine geborne Nürnbergerin. Der Apffel felt nicht gerne weit vom Stam. Diese lieben Eltern haben jhn zur Schul gehalten/ wie *Hanna* jhr Samuelichen/ wie David seinen *Salomonem*, als er nu seine *fundamenta* glücklich geleget/ hat er nicht allein die fürnemesten Hohenschulen in Deutschland/ sondern auch in Niederland vnd Welschland durchzogen/ vnd *Anno* 1593. den 13. *Septembris* seinen Doctoratum mit Ehren erlanget.[68]

Die Predigt schließt mit einer *Peroratio* in Form eines sowohl an den Verstorbenen als auch an den Leser gerichteten Gebets.[69]

Fazit

Bilanzierend ist festzustellen, dass Herberger die aus der evangelischen Homiletik resultierenden Richtlinien für eine Leichenpredigt effizient umsetzt, und zwar: Belehrung, Ermahnung, Trost, Erbauung und allen voran die laudatorische Darstellung des Lebens von Bucretius als das eines wahren Christen, welcher als der aus Gnade im Partikulargericht Gottes Gerechtfertigte die Auferstehung am Tag des kollektiven „gewünschten" Jüngsten Gerichts und die gemeinsame Freude, zu den Erlösten zu gehören, ruhend erwartet. Die Tatsache, dass die Konzeption der Predigt auf dem Motiv des (Lebens-)Baumes fußt, welches in erster Linie durch wohlüberlegte, der *Amplificatio* dienende Vergleiche zu der den Rezipienten vertrauten Wirklichkeit, einschließlich der Pflanzenwelt, verwendet wird, kann jedoch Bewunderung für den Einfallsreichtum und die Erudition des Autors hervorrufen. Die das exemplifikatorische Gewebe des Werkes konstituierende Baummotivik kommt hier auf mindestens fünf Ebenen zum Tragen, welche die Quelle und den Umfang der Erleuchtung verdeutlichen, nämlich: 1) der Baum und seine Bestandteile (mit Blättern, Grün, Holz, Blüten); 2) die Beziehungen zwischen Bäumen und Tieren (mit auf Spänen schwimmenden Eichhörnchen, mit Raupen und ihren Baumnestern); 3) der Baum im

---

67 Vgl. Ulrike Gleixner, „Der Sprecher aus dem Off. Autobiographisches und Biographisches in den Lebensläufen pietistischer Leichenpredigten Württembergs", in *Viertes Marburger Personalschriftensymposion, Forschungsgegenstand Leichenpredigten*, hg. v. Rudolf Lenz (Stuttgart: Steiner, 2004), 348–49.
68 Ibid., 69–70.
69 „JEsus der edle Bawm des Lebens/ helffe daß wir jhn ergreiffen/ fest halten/ vnter seinem Schatten leben vnd sterben/ damit wir selig seyn vnd bleiben/ Amen." Ibid., 79.

menschlichen Leben (mit dem Erholen im Baumschatten, dem Setzen von Bäumen auf Gräber, dem Holz des Kreuzes in Luthers Signet, mit Wanderstäben); 4) der Baum in der Medizin (mit dem Holz des *Guaiacum officinale L.* bzw. *sanctum L.* und Äpfeln zur Unterstützung der Genesung); sowie 5) der Baum und die Sprache (mit mutmaßlichem Wortspiel Kirchbaum/Kirschbaum, Ehepflänzlein als Nachkommen, Verwendung eines Sprichworts). Nicht zu vernachlässigen ist hier der intertextuelle Aspekt, der durch Verweise auf die Bibel, auf mittelalterliche theologische Literatur, auf die pagane antike Dichtung oder durch inhaltliche Parallelen zu Passagen aus aller Wahrscheinlichkeit nach in seiner Bibliothek präsenten naturwissenschaftlichen Werken den gelehrten Wert der analysierten Predigt erhöht. So bot dem Pastor die Wahl des Motivs, um welches herum der Text aufgebaut wurde, die optimale Möglichkeit, die homiletischen Ziele einer Predigt mit einem würdigen Gedenken an seinen Freund-Arzt zu jener Zeit zu verknüpfen, als die Medizin in erster Linie auf Phytotherapeutika basierte. Somit stellt Herbergers Predigt ein ungewöhnliches Beispiel für die erfindungsreiche Verwendung pflanzenbezogener Motivik im frühneuzeitlichen Trauerschrifttum dar. Schließlich hat sich gezeigt, dass wir es im untersuchten Werk mit einer Verschränkung der im Mittelalter bewährten christlichen Deutungstradition des Lebensbaummotivs und – im Rahmen der homiletischen Bezugnahme auf den Alltag eines frühneuzeitlichen Rezipienten – der Pflanzenkunde zu tun haben, was aus der Doppeldeutigkeit des lateinischen Begriffs *Lignum Sanctum* (Synonym für den biblischen Lebensbaum und für das seit der ersten Hälfte des 16. Jahrhunderts von Neuspanien nach Europa exportierte, als angebliches Wundermittel zur Behandlung von Syphilis verwendete Guajakholz) resultiert und der rhetorischen Hervorhebung des Predigtgegenstandes mittels amplifizierender *Comparatio* dient. Abrundend sei noch auf eines hingewiesen: Die in Herbergers Predigt zum Tragen kommende Befürwortung des Brauches, der Toten mit Bäumen zu gedenken, scheint von seinen Landsleuten als eine Art Testament gedeutet worden zu sein: Der Pastor wurde nämlich mit einer auf seiner mutmaßlichen Ruhestätte gepflanzten Linde geehrt, welche man heute noch auf dem ehemaligen altstädtischen evangelischen Friedhof in Fraustadt (poln. Wschowa) bewundern kann.

Bibliografie

„bekleiben". In *Frühneuhochdeutsches Wörterbuch online*. Abgerufen am 08.11.2023. http://fwb-online.de/go/bekleiben.s.3vu_1646411136.

Biblia Das ist/ Die gantze heilige Schrifft/ Deudsch. D. Mart. Luth. Wittenberg: Lorenz Säuberlich, 1610. Exemplar der Universitäts- und Landesbibliothek Sachsen-Anhalt in Halle (Saale), Sign. Alv. Nl 364 2°.

[Bonaventura]. "Vitis mystica seu Tractatus de passione Domini". In *Patrologiae cursus completus, series latina*, vol. 184, herausgegeben von Jacques-Paul Migne, 635–740. Parisis: Migne, 1862.

Fischer, Adam. *Zwyczaje pogrzebowe ludu polskiego*. Lwów: Zakład Narodowy im. Ossolińskich, 1921.

Friedländer, Ernst, Hg. *Ältere Universitätsmatrikeln. I. Universität Frankfurt a. d. O.*, Bd. 1: *1506–1648*. Leipzig: Hirzel, 1887.

Gessner, Conrad. *Thierbuch/ Das ist/ Außführliche beschreibung/ und lebendige ja auch eigentliche Contrafactur und Abmahlung aller Vierfüssigen thieren/ so auff der Erden und in Wassern wohnen. Sampt derselben Nutzbarkeit und güte/ so wol in essenspeiß und Küchen/ als in der Artzney und Apotecken. Allen Aertzten/ Weydleuthen/ Köchen/ ja auch den künstlichen Mahlern sehr dienstlich und nohtürfftig*. Heidelberg: Johann Lancelot, 1606. Exemplar der Thüringer Universitäts- und Landesbibliothek Jena, Sign. 2 Zool.A,20(1).

Gleixner, Ulrike. "Der Sprecher aus dem Off. Autobiographisches und Biographisches in den Lebensläufen pietistischer Leichenpredigten Württembergs". In: *Viertes Marburger Personalschriftensymposion, Forschungsgegenstand Leichenpredigten*, herausgegeben von Rudolf Lenz, 347–70. Stuttgart: Steiner, 2004.

Gosky, Esaia. *Ehren=Trost und Lebens=Baum/ Auß den Davidischen Worten des 116 Psalms/ den 7. 8. und 9 Vers. in sich begreiffende/ Bey die in Diebahn newerbawte Adeliche Grufft/ Der weyland Hoch=Edlen gebohrnen Viel=Ehrenreichen und Hoch=Tugendsahmen Frawen Ursulae Catharinae Uchtritzin/ gebohrnen Hundin/ Des Hoch=Edlen gebohrnen Gestrengen Herrn Balthasar Seyfriedens von Uchtritz auff Dähmbe/ Grossendorff/ etc. etc. gewesenen Hertzgeliebten trewen Eheschatzes/ Den 5 Martii 1659/ in gegenwart Hochansehlicher Versamlung beygesetzt*. Oels: Johann Seyffert, 1659. Exemplar der Staatsbibliothek zu Berlin – Preußischer Kulturbesitz, Sign. Ee 705–650.

Häberlein, Mark. "Botanisches Wissen, ökonomischer Nutzen und sozialer Aufstieg im 16. Jahrhundert. Der Augsburger Arzt und Orientreisende Leonhard Rauwolf". In *Humanismus und Renaissance in Augsburg. Kulturgeschichte einer Stadt zwischen Spätmittelalter und Dreißigjährigem Krieg*, herausgegeben von Gernot Michael Müller, 101–16. Berlin: De Gruyter, 2010.

Herberger, Valerius. *ARBOR VITAE, Der Bawm des Lebens. Beschawet durch [...] Predigern bey dem Kriplein Christi in Frawenstadt. Zu Ehren Dem Edlen/ Ehrnvesten/ Hochgelahrten Herrn DANIELI Rindtfleisch/ Bucretio, der Philosophiae vnd Artzney Doctori, Hochfürstlicher Durchläuchtigkeit Ertzhertzogs CAROLI zu Oesterreich/ Bischoffs zu Brixen vnd Breßlaw/ etc. bestaltem Leib=Medico/ vnd der Käyserl<.> vnd Königlichen Stadt Breßlaw gewesenen Physico Ordinario, Welcher seliglich vnter dieses Bawms Schatten eingeschlaffen Anno 1621. den 26. Junij*. Leipzig: Thomas Schürers Erben, 1622. Exemplar der Staatsbibliothek zu Berlin – Preußischer Kulturbesitz, Sign. Av 8338.

–. *Der Fünffte Theil Magnalium Dei, de Jesu, scripturae nucleo & medulla, Der grossen Thaten Gottes: wie Gott mit seinem Sohn Jesu Christo durch die gantze heilige Schrifft pranget. Also/ daß Jesus ist der gantzen heiligen Schrifft stern vnd kern*. Leipzig: Thomas Schürers Erben, 1616. Abgerufen am 08.11.2023. http://dx.doi.org/10.25673/opendata2-33984.

–. *HertzPostilla [...] in welcher alle ordentliche Sontags Evangelia vnd auch aller fürnemen berühmeten Heiligen gewönliche feyrtagstexte/ durchs gantze Jahr auffgeklitschet/ der Kern außgeschelet auffs Hertze andechtiger Christen geführet vnd zu heilsamer Lehr/ notwendiger Warnung/ nützlichem Trost/ andechtigem Gebet/ vnstrefflichem Leben vnd seliger Sterbenskunst abgerichtet werden*. Leipzig: Thomas Schürer, 1613. Exemplar der Universitäts- und Landesbibliothek Sachsen-Anhalt Halle (Saale), Sign. P.Vitr.II.13 (1).

Illg, Thomas und Johann Anselm Steiger. „Herberger, Valerius". In *Frühe Neuzeit in Deutschland 1520–1620. Literaturwissenschaftliches Verfasserlexikon*, Bd. 3, herausgegeben von Wilhelm Kühlmann, Jan-Dirk Müller, Michael Schilling, Johann Anselm Steiger und Friedrich Vollhardt, 266–78. Berlin: De Gruyter, 2014.

Jakubek-Raczkowska, Monika und Juliusz Raczkowski. „Traktat św. Bonawentury ‚Lignum vitae' a toruński podominikański krucyfiks na Drzewie Życia". In *Literatura a rzeźba / Literatur und Skulptur*, herausgegeben von Joanna Godlewicz-Adamiec und Tomasz Szybisty, 241–68. Kraków: Uniwersytet Pedagogiczny w Krakowie und Uniwersytet Warszawski, 2018.

Khunrath, Conrad. *Medulla destillatoria et medica tertium aucta & renovata. Das ist: GRündliches vnd vielbewehrtes Destillier vnd ArtzneyBuch/ darinnen begriffen/ wie der Spiritus Vini, durch mittel seines hinter jhm verlassenen Saltzes/ Auch allerley köstliche Oliteten, spiritus, Salia &c. auß mancherley animalibus, mineralibus vnd vegetabilibus, künstlich können destillirt/ vnd in quintam essentiam zur höchsten exaltation gebracht: Auch vermittelst solcher Extractionum, Aurum Potabile, allerley herliche Medicamenta, Wundbalsam/ Stichpflaster/ Güldene Wasser/ vnd dergleichen/ Laut zu endt gesetzter vollkommenen Registere praeparirt, vnd in allerhand vorfallenden Gebrechen vnd Kranckheiten heylsamlich gebraucht werden.* 3. Aufl. Hamburg: Bibliopolium Frobenianum, 1605. Exemplar der Staatlichen Bibliothek Regensburg, Sign. 999/Med.30.

Korsch, Dietrich. „Luthers Siegel. Eine elementare Deutung seiner Theologie". *Luther* 67 (1996): 66–87.

Krug, Johann. *Arbor Vitae, Das ist/ Der Edle hochtröstliche Lebens=Baum/ dienlich wider des TodesBitterkeit/ gezeiget Jn einer Christlichen Leich= und Trost=Predigt/ aus den Worten des HErrn JEsu/ Johann. 11. v. 21-26. Bey ansehlicher Leich=Bestattung Des Edlen/ WohlEhrenVesten/ GrosAchtbaren und Hochgelahrten Herrn Christoph Büntzels/ Beeder Rechten Doctoris, wohlverdienten Stadt=Syndici zu Coburgk/ und Landschafft=Advocatens dieses Orts/ Welcher am 12. Octobris, frühe gegen 6. und 7. Uhr/ des verwichenen 1665. Jahrs/ in Christo JEsu seinem Erlöser sanfft und selig eingeschlaffen/ und den 15. Ejusdem Mensis & Anni, Christ=ehrlich zur Erden bestattet worden: An seinem Begräbnis=Tage/ in der Kirchen zu S. Moritz/ vorgetragen.* Coburg: Johann Konrad Mönch, 1665. Exemplar der Staatsbibliothek zu Berlin – Preußischer Kulturbesitz, Sign. Ee 700-1230M.

Lehmann, Sarah. *„Jrdische Pilgrimschafft und Himmlische Burgerschafft." Leid und Trost in frühneuzeitlichen Leichenpredigten*. Göttingen: Vandenhoek und Ruprecht unipress, 2019.

Lenz, Rudolf, Hg. *Erstes Marburger Personalschriftensymposion, Forschungsschwerpunkt Leichenpredigten*. Köln: Böhlau, 1975.

[Luther, Martin]. *D. Martin Luthers Werke. Abt. 4: Briefwechsel*. Bd. 5. Weimar: Hermann Böhlaus Nachfolger, 1934.

Mägdefrau, Karl. *Geschichte der Botanik. Leben und Leistung grosser Forscher*. Berlin: Springer, 2013.

Marr, Jan. *Kriege und Seuchen. Spätmittelalterliche Katastrophen und ihre Reflexion in den deutschen Einblattdrucken von 1460 bis 1520*. Doktorarbeit, Universität Trier, 2010. Abgerufen am 08.11.2023. https://doi.org/10.25353/ubtr-xxxx-784a-d844.

McLean Test, Edward. *Sacred Seeds: New World Plants in Early Modern English Literature*. Lincoln: University of Nebraska Press, 2019.

Priesner, Claus. „Über die Wirklichkeit des Okkulten. Naturmagie und Alchemie in der Frühen Neuzeit". In *Diskurse der Gelehrtenkultur in der Frühen Neuzeit. Ein Handbuch*, herausgegeben von Herbert Jaumann, 305–45. Berlin: De Gruyter, 2011.

Pullaiah, T. *Encyclopaedia of World Medicinal Plants*. 2nd ed. New Delhi: Astral, 2021.

Pusch, Oskar. *Die Breslauer Rats- und Stadtgeschlechter in der Zeit von 1241 bis 1741*. Bd. 3. Dortmund: Forschungsstelle Ostmitteleuropa, 1988.

Putnam, Michael C. J. „Virgil's First Eclogue: Poetics of Enclosure". *Ramus* 4, Nr. 2 (1975): 163–86.

Röber, Paul. *Artis Non-Moriendi Compendium. Bewerdte Artzney wider den Todt selbsten/ Oder Herrliche Christen Kunst der Vnsterbligkeit/ Durch welche/ als durch den Baum des Lebens/ der Todt verhütet/ vnd in vnsern gewin verwandelt wird. Bey Volckreicher Leichbegängnis/ Des Ehrenvesten vnnd Wolweisen HErren/ Sebastian Thams/ Seligen/ gewesenen Richters auff den Newen Marckt an Hall. Welcher den 28. Ian. An. 1618 Selig im HErren entschlaffen vnd folgenden 30. Ian. Christlich in sein Ruhebettlein gesetzt worden*. Halle: Peter Schmidt, 1618. Exemplar der Universitäts- und Landesbibliothek Sachsen-Anhalt Halle (Saale), Sign. Pon Zd 6645 (1/13) (7).

Schaper, Joachim, Silvia Schroer und Nino Zchomelidse. „Lebensbaum". In *Religion in Geschichte und Gegenwart*. Abgerufen am 08.11.2023. http://dx.doi.org/10.1163/2405-8262_rgg4_COM_12745.

Siebenhüner, Kim. „Frühneuzeitliche Warenkultur? Zwischen Staunen und Wissen über fremde Güter". In *Materielle Kultur und Konsum in der Frühen Neuzeit*, herausgegeben von Julia A. Schmidt-Funke, 259–84. Wien: Böhlau, 2019.

Soliński, Krzysztof: „The Library of the Kripplein Christi Lutheran Church in Wschowa in Light of its Book Collection at the National Library of Poland and other Sources". *Polish Libraries* 5 (2017): 64–88.

Thust, Karl Christian. *Die Lieder des Evangelischen Gesangbuchs. Kommentar zu Entstehung, Text und Musik*. Bd. 1: *Kirchenjahr und Gottesdienst (EG 1–269)*. Kassel: Bärenreiter, 2012.

–. *Die Lieder des Evangelischen Gesangbuchs. Kommentar zu Entstehung, Text und Musik*. Bd. 2: *Biblische Gesänge und Glaube – Liebe – Hoffnung (EG 270–535)*. Kassel: Bärenreiter, 2015.

[Vergil] P. Vergilius Maro. *Bucolica*. Herausgegeben von Emil Glaser. Halle: Verlag der Buchhandlung des Waisenhauses, 1876.

Vöttinger-Pletz, Patricia. *Lignum sanctum. Zur therapeutischen Verwendung des Guajak vom 16.–20. Jahrhundert*. Frankfurt a. M.: Govi Verlag, 1990.

Werner, Albert und Johannes Steffani. *Geschichte der evangelischen Parochieen in der Provinz Posen*. Posen: Decker, 1898.

Wirsung, Christoph und Peter Uffenbach. *Ein new ArtzneyBuch Darinn fast talle eußerliche vnnd innerliche Glieder deß Menschlichen Leibs/ sampt jhren Kranckheiten vnd*

Gebrechen/ von dem Haupt an biß zu der Fußsolen/ vnd wie man dieselben durch Gottes Hülff/ vnd seine darzu geschaffene Mittel/ auff mancherley weiß wenden vnd curieren soll ... Ursel: Cornelius Sutorius, 1605. Exemplar der Nationalbibliothek Warschau, Sign. SD XVII. 4. 10344.

Grażyna Krupińska (Schlesische Universität Katowice)

Baumsymbolik um 1900 unter Berücksichtigung von Lou Andreas-Salomés Geschlechtertheorie

Abstract
This article attempts to analyze the symbolism of trees in selected works from the turn of the 19th and 20th century (with particular reference to Lou Andreas-Salomé's gender theory) from the perspective of plant studies. In the process, the idea of the unity of all life characteristic of the period around 1900 and the traditional equation of the feminine with nature – in particular its vegetalisation – prove to be suitable points of reference for rethinking the position of man in the world. It is therefore proposed to read femininity as a kind of metaphor in which the equal value and treatment of all living beings (human, animal, plant) as well as their relationality and the resulting mutual care and responsibility are expressed.
Keywords: symbolism of trees, turn of the century, plant studies, Lou Andreas-Salomé, gender theory

Seinen Aufsatz „Fläche, Welle, Ornament. Zur Deutung der nachimpressionistischen Malerei und des Jugendstils" beginnt Wolfdietrich Rasch mit einem Zitat von Robert Musil, in dem dieser seine Eindrücke beim Besuch der Bilderausstellung Ferdinand Georg Waldmüllers festgehalten hat:

> [E]s gab da in der Ausstellung ein paar Landschaften, die ganz in hellen, wie in Tempera wirkenden Farben gemalt sind, und die Menschen darin verflechten sich mit den Bäumen usw. zu einer Gestalt, so daß sie auf wenige Schritte Entfernung ganz eingesogen werden, obgleich sie, in der Nähe betrachtet, genau gemalt sind. Das war in der Tat eine selbständige Lösung des Zeitproblems […].[1]

Für Rasch besteht die „Lösung des Zeitproblems", von der Musil hier spricht, in der „Verschmelzung der getrennten gegenständlichen Erscheinungen, besonders

---

1 Wolfdietrich Rasch, „Fläche, Welle, Ornament. Zur Deutung der nachimpressionistischen Malerei und des Jugendstils", in Wolfdietrich Rasch, *Zur deutschen Literatur seit der Jahrhundertwende. Gesammelte Aufsätze* (Stuttgart: J. B. Metzlersche Verlagsbuchhandlung, 1967), 186.

von Menschen und Dingen".² In vielen von Rasch angeführten Beispielen aus der Malerei des späten 19. Jahrhunderts ist das mit dem Menschen verschmelzende Ding ein Naturding, und oft ist es ein pflanzliches Naturding. In zwei Beispielen ist das pflanzliche Ding ein Baum: Auf der Radierung des französischen Malers Émile Bernards *Einsamkeit* sieht man eine Frauengestalt, die exakt der Gestalt des hinter ihr stehenden Baumes entspricht. Und auf dem Bild *Die Musen* von Maurice Denis korrespondieren die Linien und die Farbe der Baumrinde mit den gewellten Bewegungen der davorsitzenden Frau und ihrer Haarfarbe, sodass sie kaum voneinander zu unterscheiden sind. Rasch bemerkt dazu: „Übergang, Berührung, Verschmelzung ist eine überall sichtbar gemachte Grunderfahrung" und „der Hinweis auf die heimliche Identität, eine bildmäßige Bewußtmachung der Tatsache, daß in Mensch und Baum die gleichen Kräfte wirksam sind."³ Was Rasch hier für die Malerei – und in einem anderen Aufsatz auch für die Dichtung um 1900 – konstatiert, ist die Einheitlichkeit des Gesamtlebens, das „Gefühl der großen Einheit, des flutenden Allebens",⁴ das seines Erachtens zur grundlegenden Erfahrung der Epoche wurde, wie auch das Wort Leben um die Jahrhundertwende zum Zentralbegriff avancierte. Die Lebensphilosophie, auf die hier Rasch anspielt, war eine Reaktion auf die damalige Vorherrschaft der positivistisch-materialistischen Auslegung der Wirklichkeit und eine Antwort auf die Kulturkrise, die die Religions- und Staatskritik der Junghegelianer der 1840er wie auch die gescheiterte Märzrevolution auslösten. Die Kategorie Leben als Grundprinzip der Wirklichkeitsauslegung wertet alles Dynamische, Lebendige, Organische, Konkrete, Intuitive, Triebhafte und Gesunde auf. Was die verschiedenen lebensphilosophischen Entwürfe bzw. Ansätze⁵ zu einen scheint, ist die Betonung des schöpferischen Potenzials des Lebens, das auch – um kurz vorauszuschicken – bei Lou Andreas-Salomé zum Tragen kommt.

Was man hier zur Diskussion stellen könnte, ist die Frage, ob sich der um 1900 gefeierte Lebensbegriff für den posthumanistischen Diskurs im weiteren Sinne und für die Plant Studies im engeren Sinne nutzbar erweisen könnte. Hilfreich erscheint hier die Definition des organischen Lebens, auf der die heutigen Pflanzenforscher_innen wie Jeffrey Nealon oder Sylvie Pouteau aufbauen. Das organische Leben – ich rekurriere hier auf den Beitrag „Etyka roślin" (*Pflan-*

---

2 Ibid., 187.
3 Ibid., 202.
4 Wolfdietrich Rasch, „Aspekte der deutschen Literatur um 1900", in Wolfdietrich Rasch, *Zur deutschen Literatur seit der Jahrhundertwende. Gesammelte Aufsätze* (Stuttgart: J. B. Metzlersche Verlagsbuchhandlung, 1967), 13.
5 In Anlehnung an Otto Friedrich Bollnow unterscheidet Herbert Schnädelbach drei Haupttypen der Lebensphilosophie: die metaphysische, ethische und geschichtsphilosophische; vgl. Herbert Schnädelbach, *Philosophie in Deutschland 1831–1933* (Frankfurt a. M.: Suhrkamp, 1983), 183.

zenethik) von Magdalena Zamorska[6] – wird als ein mitgeteilter, evolutionärer Prozess des „becoming other"[7] verstanden. Interessanterweise bezieht sich die hier von Zamorska zitierte Sylvie Pouteau direkt auf den Lebensphilosophen Henri Bergson, der schon 1907 konstatierte „that logical thought is adapted to solid matter but not to the moving, evolving nature of life. Life itself confronts us with the compelling necessity to think in a way that we would never have thought, and in ways beyond our habitual modes."[8] Die Plant Studies sind also ein Vorschlag, den Versuch zu wagen, die gewohnten Denkmuster zu durchbrechen und neue Perspektiven einzunehmen. Dass es jedoch nicht einfach fällt, auf eine anthropozentrische und mittlerweile auch pathozentrische Sichtweise – zugunsten einer biozentrischen Konzeption – zu verzichten, hat unter anderem Urte Stobbe veranschaulicht. Die Schwierigkeit bestehe u. a. darin, dass „Pflanzen [...], anders als Tiere, über kein Gesicht und vor allem über keine Augen [verfügen], mit denen sie für den Menschen erkennbar eine Beziehung aufbauen oder zumindest Kontakt zu nicht-pflanzlichen Lebewesen herstellen können."[9] Auch wenn es seit geraumer Zeit etliche Versuche gibt, die den Pflanzen jahrhundertlang zugewiesene Randposition – sowohl in der (westlichen) Philosophie als auch in dem Alltagswissen – zu durchbrechen, werden die Pflanzen nicht selten erst auf dem Umweg über das Tier, über den tierischen Organismus, zu einem Erkenntnisobjekt. Sie werden anthropomorphisiert und animalisiert.[10] Um dieser Vereinnahmung zu entgehen, müsste man sich die Pflanzen, im Unterschied zu den Tieren – so Pouteau – als „open beings", offene Lebewesen, denken. Anders als für Mensch und Tier sei z. B. für die Pflanze das beständige Wachstum und die Unendlichkeit des Werdens, die die Grenzen durchlässig macht, charakteristisch. Dafür ist der Differenzierungsprozess, die Gastrulation (also der Aufbau von Innen und Außen) nur für tierische Embryos typisch.[11] Magdalena Zamorska schlägt daher vor, eine Pflanzenethik zu denken und zu praktizieren, die davon ausgeht, dass Pflanzen – mit Menschen und Tieren – schon immer an der Mitgestaltung der Welt bzw. der Welten beteiligt waren und sind.[12]

---

6 Magdalena Zamorska, „Etyka roślin. Wiedza, troska i stawanie się z Innymi", *Prace Kulturoznawcze: Kulturowe herbarium* 24, Nr. 3 (2020): 53.
7 Sylvie Pouteau, „Beyond ‚Second Animals': Making Sense of Plant Ethics", *Journal of Agricultural and Environmental Ethics* 27 (2014): 6.
8 Zit. nach ibid., 6.
9 Urte Stobbe, „Plant Studies: Pflanzen kulturwissenschaftlich erforschen – Grundlagen, Tendenzen, Perspektiven", *Kulturwissenschaftliche Zeitschrift* 4, Nr. 1 (2019): 93.
10 Vgl. Zamorska, „Etyka roślin", 52.
11 Ibid., 54–55.
12 Ibid., 56. Siehe auch Magdalena Zamorska, „Kulturowe herbarium. Polityka, etyka i estetyka roślin", *Prace Kulturoznawcze: Kulturowe herbarium* 24, Nr. 3 (2020): 9–21.

Abb. 1

Daher möchte ich auf die Radierung *Die Einsamkeit* Bernards noch einmal eingehen, um vielleicht nicht nur, wie es noch Rasch getan hat, den Baum als die „Metapher der Frauenfigur, ihre Wiederholung in einem anderen Medium"[13] zu deuten. Als falsch dünkt mir sowohl eine bloße Umkehrung der Perspektive (die Frau als die Metapher des Baumes zu begreifen) als auch die Frage, wer auf diesem Bild sich wem anpasst. Geht man vom Prinzip der Relationalität aller Lebewesen aus, so ließe sich vielleicht die gegenseitige Sorge oder das Mitfühlen der Pflanze mit dem Menschen und des Menschen mit der Pflanze in diesem Bild erkennen. Doch nicht ohne Bedeutung ist wohl die Tatsache, dass die Frau mit dem Rücken zum Baum steht. So gesehen ließe sich ihre Geste als die des

---

13 Rasch, „Fläche, Welle, Ornament", 202.

Schutzsuchens, die des Baumes als die des Schutzgewährens verstehen. Was für ein Ergebnis wird man jedoch erzielen, wenn man zusätzlich die Kategorie des Geschlechts in die Analyse miteinbezieht? Bekanntlich sind die Bilder des Weiblichen in Verflechtung mit dem Pflanzlichen vor allem in der Kunst (Jugendstil/Secession), aber auch Literatur der Jahrhundertwende allgegenwärtig. Sie rufen auch die alte Gleichsetzung der Frau mit der Natur ins Gedächtnis. Um 1900 erfährt jedoch der Naturbegriff einen Wandel. Im Unterschied zu dem sentimentalischen Natur- und Frauenbild um 1800, der den Mythos von weiblicher Reinheit und Unschuld evoziert (bespielhaft bei Schiller), kommt es hundert Jahre später zu einer Biologisierung und Sexualisierung des Naturbegriffs und dementsprechend auch des weiblichen Körpers, der auf seine Fortpflanzungsfunktion reduziert wird und den Mythos vom Ursprung des Lebens bedient.[14] Man muss aber hinzufügen, dass dieses Verständnis der Natur die Animalisierung der Frau impliziert, die z. B. in dem Frauentypus der Femme fatale zum Tragen kommt (stellvertretend sei hier auf die Figur der Lene aus Gerhart Hauptmanns Novelle *Bahnwärter Thiel* verwiesen).[15] Der Typus der Femme fragile ließe sich dagegen als eine modifizierte Fortsetzung des reinen Frauenideals vom Anfang des 19. Jahrhunderts begreifen. Zur konstitutiven Komponente dieses Bildes gehört um 1900 die Kränklichkeit der zur morbiden Schönheit stilisierten Frau. „Die schlafende, dahinsiechende und sterbende Frau der Kunst und Literatur der Jahrhundertwende ist – schreibt Bettina Pohle – assoziativ verkettet mit welkenden Blumen, zarten Pflanzen, verblühendem Leben [...]. Im Bild des vegetativen Verblühens ist eine moralische Reinheit und sinnliche Unschuld impliziert [...]."[16] Lässt sich die Animalisierung der Frau im Zeichen ihrer Dämonisierung lesen, so ließe sich ihre Vegetabilisierung mit einer Sakralisierung gleichsetzen. Die Figur der Minna aus dem bereits erwähnten *Bahnwärter Thiel*, die als Gegenstück zu Lene konzipiert ist, wird in der Novelle zu einer Heiligen stilisiert. In der feministischen Forschung wird die Komplementarität der beiden Frauentypen unterstrichen. Beide – die Femme fatale und die Femme fragile – werden der Natur zugerechnet und dadurch in Opposition zu dem die Kultur repräsentierenden Mann gesetzt.

---

14 Vgl. Wolfgang Riedel, *Homo Natura. Literarische Anthropologie um 1900* (Berlin: De Gruyter, 1996), 157–81.
15 Die Nähe der Frau zum Tier wird auch in etlichen wissenschaftlichen Texten der Zeit wiederholt. Wilhelm Bölsche vermerkt in seinem *Liebesleben in der Natur*: „Das Weib bleibe zeitlebens ein unterentwickeltes Kind. [...] Das Kind sei dem Tier noch näher, und so ständen auch die Weiber zeitlebens noch tiefer im Tierischen." Zit. nach: Katrin Schütz, *Geschlechterentwürfe im literarischen Werk von Lou Andreas-Salomé unter Berücksichtigung ihrer Geschlechtertheorie* (Würzburg: Königshausen & Neumann, 2008), 51.
16 Bettina Pohle, *Kunstwerk Frau. Inszenierungen von Weiblichkeit in der Moderne* (Frankfurt a. M.: Fischer-Taschenbuch-Verlag, 1998), 60.

Das dichotomische Geschlechterbild, das uns hier begegnet, ist ein Resultat des sich seit dem Ende des 18. Jahrhunderts durchsetzenden Zwei-Geschlechter-Modells.[17] Um die Jahrhundertwende erlebt die Überzeugung, dass Männer und Frauen zwei von Grund auf unterschiedliche Wesen seien, ihren Höhepunkt. Der Geschlechterdiskurs avanciert zu einer Art Metadiskurs, an dem die Vertreter_innen verschiedenster Disziplinen und Wissenschaften – von der Biologie über Medizin, Psychologie, Soziologie bis hin zu der Philosophie und der Ästhetik – teilnehmen. Nicht selten dienen ihre Erkenntnisse der Untermauerung und Festigung des dualistischen Geschlechtermodells und der bestehenden Geschlechterhierarchie und -rollen. Als das bekannteste und immer wieder perpetuierte dichotomische Gegensatzpaar gilt dabei die schon oben angedeutete Zuordnung des Weiblichen zur Natur und des Männlichen zur Kultur. Ich habe bereits auf den Wandel des Naturbegriffs um 1900, mit dem die gleichzeitige Animalisierung und Vegetabilisierung des Weiblichen einhergeht, verwiesen, wobei die Vegetibilisierung eine eher positive Deutung erfahren würde. Mit diesem Aspekt möchte ich mich jetzt näher beschäftigen, indem ich auf die Geschlechterkonzeption der aus St. Petersburg stammenden Autorin Lou Andreas-Salomé eingehe. In ihrem 1899 in der Literaturzeitschrift „Neue Deutsche Rundschau" publizierten Essay „Der Mensch als Weib" greift sie unter anderem auf die Baumsymbolik zurück, um den Gegensatz zwischen dem Weiblichen und dem Männlichen zu exemplifizieren.

In ihrer Geschlechtertheorie setzt sich Andreas-Salomé für die Gleichwertigkeit der Geschlechter ein, unter gleichzeitiger Berücksichtigung und Anerkennung ihrer Andersartigkeit. Weiblichkeit und Männlichkeit sind für sie „zwei Arten zu leben, zwei Arten, das Leben zu höchster Entfaltung zu bringen, das ohne die Geschlechterteilung auf tiefstem Niveau hätte stehen bleiben müssen, – müßig aber ist es, darüber zu streiten, welche von beiden Arten wertvoller ist".[18] Der Hauptunterschied zwischen den Geschlechtern, der alle weiteren bedinge (Andreas-Salomé geht in ihren Ausführungen von der Zellenlehre und der Evolutionstheorie aus), beruhe ihrer Meinung nach auf dem Differenzierungsvermögen, das bei den Männern größer, bei den Frauen geringer sei. Die Weiblichkeit sei „das geringer Entwickelte", „das Undifferenziertere". Was auf den ersten Blick wie eine Herabsetzung des weiblichen Elements klingt, tendiert im Text – vor allem dank der poetischen Metaphern – in Richtung seiner Aufwertung. Männlichkeit sei das ständig unzufriedene „Fortschrittzellchen", das

---

17 Auf den Paradigmenwechsel vom Ein- zum Zwei-Geschlechter-Modell verwies Thomas Laqueur in seinem Buch *Making Sex: Body and Gender from the Greeks to Freud* (1990).
18 Lou Andreas-Salomé, „Der Mensch als Weib", in Lou Andreas-Salomé, *„Ideal und Askese". Aufsätze und Essays*, Bd. 2: *Philosophie*, hg. v. Hans-Rüdiger Schwab (Taching am See: MedienEdition Welsch, 2014), 97.

aus „Drang und Not"[19] nach Entwicklung strebe, wie eine Linie, die ihres Zieles ungewiss bleiben muss. Die Weiblichkeit dagegen gleiche einem Kreis, der auf Harmonie, „die in sich ruhende größere vorläufige Vollendung und Lückenlosigkeit [...], Selbstgenügsamkeit[20] und Selbsth[e]rrlichkeit" hinweise. Das Männliche verhalte sich zum Weiblichen wie ein Emporkömmling zu „vornehmster Aristokratie".[21] Es könne zwar einer glänzenden Zukunft entgegensehen, doch das Ideal bleibt unerreichbar. Auch wenn Andreas-Salomé also am Anfang ausdrücklich betont, eine Hierarchisierung der Geschlechter sei unangebracht, so gewinnt man nach der Lektüre des ganzen Essays den Eindruck von der Superiorität des Weiblichen. Die Autorin polemisiert auch mit den damaligen Vertreterinnen der Emanzipationsbewegung, indem sie die Frauen dazu aufruft, ihre eigene Weiblichkeit zu erkunden und zu stärken, statt sich mit fremden (sprich: männlichen) Federn zu schmücken. Die Frauen müssten sich „in ihrer *Verschiedenheit* vom Manne, *und zunächst ganz ausschließlich in dieser*, so hingebend und tief wie möglich zu begreifen suchen."[22] Daher dürfte man ihnen auch nichts verbieten, „jede künstliche Schranke und Enge" müsste beseitigt werden, denn zur harmonischen Entwicklung bräuchten sie „nur Freiheit und immer wieder Freiheit."[23] Oder wie sie ein Stückchen weiter schreibt: „[D]em Weibe [ist es] notwendig immer wieder Licht und Luft in sich aufzunehmen, sich auszubreiten und auszublühen, damit sie nicht in engster Genügsamkeit erstickt und sich bescheidet."[24] Dieses Bild, in dem auf das Pflanzliche nur indirekt verwiesen wird, lässt an die seit dem 18. Jahrhundert beliebten Pflanzenmetaphern für die menschliche Individualentwicklung denken, wobei – wie Susanne Balmer unterstreicht – der „Bildspender der Metapher, das Pflanzenreich, [...] die Natürlichkeit oder das Naturgegebene dieser Vorstellungen [garantiert]".[25] Auch Andreas-Salomé attestiert der Frau die Naturnähe (bezeichnet sie direkt „als Natur" oder „als die große Mutter allen Lebens") im Unterschied zu dem Mann, „der sich alle Augenblicke überkultiviert".[26] Der Vergleich der Frau mit der großen Mutter allen Lebens verweist gleichzeitig auf den von mir eingangs erwähnten und für die Formation um 1900 typischen Einheitsgedanken. Bei Andreas-Salomé steht das „Verflochtensein mit den allwaltenden Mächten im

---

19 Ibid., 96.
20 Wie die Pflanze, die weder Mensch noch Tier braucht.
21 Andreas-Salomé, „Der Mensch als Weib", 97.
22 Ibid., 114 (Hervorhebungen im Original).
23 Ibid., 116.
24 Ibid., 117.
25 Vgl. Susanne Balmer, „Der weibliche Entwicklungsroman als widerspenstiges Narrativ – Pflanzenmetaphorik und bürgerliche Geschlechterdichotomie in ‚Jülchen Grünthal' und ‚Christa Ruland'", in *Gender Scripts. Widerspenstige Aneignungen von Geschlechternormen*, hg. v. Christa Binswanger et al. (Frankfurt a. M.: Campus, 2009), 206.
26 Andreas-Salomé, „Der Mensch als Weib", 119.

Leben" eindeutig im Zeichen der Weiblichkeit. Es sei die Frau, der es vergönnt sei, den „dunkeln Zusammenhang" zu ahnen und zu verspüren, oder wie die Autorin es anders ausdrückt, den „uralten Traum" zu durchleben, in dem „sie noch Alles in Allem, [...] Alles mit Allem war".²⁷ Der Mann könne den „geheimnisvollen Zusammenschluß aller Dinge [...], eine tiefe Wechselwirkung von allem mit allem" höchstens in „einzelnen, und immer schwer errungenen Weihemomenten"²⁸ erleben. Zum Beispiel während des künstlerischen Schaffensprozesses.

Darauf möchte ich jetzt genauer eingehen, denn gerade im Kontext der Überlegungen der Autorin zum künstlerischen Schaffensprozess bedient sie sich des Baumvergleichs, um den Unterschied zwischen der männlichen Künstlerschaft und der weiblichen Schöpferkraft zu verdeutlichen.

Was den Künstler und die Frau eint, ist nach Andreas-Salomé der direktere Zugang zu dem, „was hinter allen Gedanken und Willensimpulsen dunkel sein Wesen treibt".²⁹ Zieht man andere, zum gleichen Zeitpunkt entstandene Essays der Autorin zu Ästhetik heran (v. a. „Vom Kunstaffekt" 1899 und „Grundformen der Kunst" 1898), dann kann dieses Dunkle mit dem Unbewussten assoziiert werden. Doch gerade hier, an dieser Quelle des Schöpferischen, würden die Wege der beiden auseinandergehen. Denn der Künstler vermöge es, „dies dunkle Drängen" nach außen zu transformieren, in „ein neues Ding für sich", ein Kunstwerk, ein autonomes und unabhängiges Gebilde. Der Schaffensprozess des Mannes als Künstler ende also mit einer Trennung von seinem Werk. Im Weibe dagegen „scheint sich alles ins Leben hinein, nicht aus ihm heraus, entladen zu sollen: es ist als kreise in ihm das Leben gleichsam innerhalb seiner eigenen Rundung".³⁰ Diese Konstatierung gipfelt in einem von den damaligen Frauenrechtlerinnen (wie z. B. Hedwig Dohm³¹) heftig kritisierten Vergleich der Frau mit dem Baum:

> Vielleicht ist dem Weibe nach urewigen Gesetzen das Los geworden, einem Baum zu gleichen, dessen Früchte nicht einzeln gepflückt, getrennt, verpackt, versandt, und den verschiedensten Zwecken dienstbar gemacht werden sollen, sondern der als Baum in der Gesamterscheinung seiner blühenden, reifenden, schattenspendenden Schönheit einfach da sein und wirken will, es sei denn, daß aus ihm wieder neue Sprossen, neue Bäume entstehen. Schüttelt einmal ein daherwehender Wind die Wipfel, oder sinkt durch eigene Schwere hier und da einmal eine Frucht nieder, – so mag sie gewiß nicht

---

27 Ibid., 123.
28 Ibid., 129.
29 Ibid., 108.
30 Ibid., 109.
31 Vgl. Hedwig Dohm, *Die Antifeministen. Ein Buch der Verteidigung* (Berlin: SEVERUS Verlag, 1902), 120–23. Das Fragment zu Andreas-Salomé erschien ursprünglich 1899 in der Zeitschrift „Die Zukunft" unter dem Titel *Reaktion in der Frauenbewegung*.

immer unreif, sondern oft edel und süß im Genuß sein, eine Labe dem Vorübergehenden, aber sie ist doch nur Fallobst, mühelos abgeworfen, und soll nicht mehr als das bedeuten.[32]

Hedwig Dohm missfiel v. a. die Bezeichnung „Fallobst" für Frauenwerke und sie warf der Autorin Inkonsequenz vor, da diese doch selbst künstlerisch tätig sei. An einer anderen Stelle habe ich vorgeschlagen, sich nicht auf die letzte Zeile des zitierten Fragments zu konzentrieren, sondern auf die Passage, in der die Früchte, sprich: (Frauen)werke, „nicht einzeln gepflückt, getrennt, verpackt, versandt, und den verschiedensten Zwecken dienstbar gemacht werden sollen". Man könnte darin zum einen die Weigerung sehen, die Kunst den kapitalistischen, am Gewinn orientierten Marktbedingungen zu unterwerfen, und zum anderen ein um 1900 weitverbreitetes Stereotyp eines/einer aus innerer Notwendigkeit schaffenden, das Pekuniäre verachtenden Künstlers/Künstlerin erkennen.[33]

Die früher erwähnten Einheits- und Lebensbilder verleiten natürlich auch dazu, den hier beschriebenen Baum als einen Lebensbaum, *axis mundi*, zu begreifen. Neue Erkenntnisse könnte jedoch die Heranziehung moderner feministischer Ökologiekritik liefern, die das durch den Modernisierungsprozess gestörte Mensch-Natur-Verhältnis im Kontext der traditionellen Natur-Kultur-Dichotomie liest. Im Zuge dieses Prozesses kristallisierte sich ein Hierarchiesystem heraus, das der Kultur (repräsentiert von weißen Europäern) den Vorrang vor der Natur (mit Frauen und kolonisierten Völkern in Verbindung gebracht) gewährte. Ein wichtiger Kritikpunkt ist dabei die „Ausbeutung von Natur als Ressource kapitalistischer und patriarchaler Aneignung".[34] Einige Forscher_innen verweisen aber auch darauf, dass der Modernisierungsprozess ein janusköpfiges Gesicht zeigen würde. Die negativen Auswirkungen auf Natur (ihre Beherrschung) und Frauen (ihre soziale Abwertung) würden mit deren Idealisierung und Ästhetisierung einhergehen.[35] Gerade die Literatur und Kunst um 1900 liefert etliche Beispiele solcher Herangehensweise. Man könnte hier stellvertretend auf die schon früher erwähnte idealisierte Figur von Minna aus der Novelle *Bahnwärter Thiel* oder Paul Gauguins farbige und verklärende Tahiti-Bilder hinweisen. So könnte man auch in der von Andreas-Salomé betonten

---

32 Andreas-Salomé, „Der Mensch als Weib", 109–10.
33 Vgl. Grażyna Krupińska, „Das Bild des modernen Künstlers bei Lou Andreas-Salomé", in *Facetten des Künstler(tum)s in der Literatur und Kultur. Studien und Aufsätze*, hg. v. Nina Nowara-Matusik (Berlin: Peter Lang, 2019), 124–25.
34 Christine Bauhardt, „Ökologiekritik: Das Mensch-Natur-Verhältnis aus der Geschlechterperspektive", in *Handbuch Frauen- und Geschlechterforschung. Theorie, Methoden, Empirie*, hg. v. Ruth Becker und Beate Kortendiek (Wiesbaden: VS Verlag für Sozialwissenschaften, 2008), 316.
35 Bauhardt rekurriert hier auf die Erkenntnisse Cornelia Klingers (vgl. ibid., 317).

Schönheit des Baumes, der „einfach da sein und wirken will", sowohl den Wunsch nach intakter Natur als auch Idealisierungs- und Ästhetisierungsmomente wiedererkennen, die einen Umdenkungsprozess einleiten könnten. Laut Cornelia Klinger sei

> ein offensives Bekenntnis zu einer ästhetischen Auffassung von Welt und Natur und auch zu einer Utopie des Weiblichen immer noch und immer wieder möglich [...] es ist dies weniger ein Weg zur Überwindung des bestehenden Denk- und Wertgefüges [...], aber es ist durchaus ein gangbarer Weg, um sich innerhalb dieses Gefüges Raum zu schaffen – und das wiederum mag sich auf lange Sicht sogar als ein Weg zur substanziellen Veränderung dieses Gefüges erweisen.[36]

Um das gängige Denkgefüge zu durchbrechen, schlage ich daher vor, die Weiblichkeit in Andreas-Salomés Geschlechterkonzeption als eine Art Code oder Metapher zu lesen, der/die zum einen die Gleichwertigkeit und -behandlung aller Lebewesen (Mensch, Tier, Pflanze), zum anderen deren Relationalität (das „Verflochtensein" in Andreas-Salomés Vokabular) und die daraus resultierende gegenseitige Sorge bzw. Verantwortung implizieren würde.

Wie die obigen Ausführungen zu der Baumsymbolik in ausgewählten Werken der Jahrhundertwende zeigen konnten, eröffnen posthumanistische Ansätze und Theorien wie die Plant Studies nicht nur neue Sicht- und Herangehensweisen an künstlerische und literarische Werke. Sie sind vor allem eine Einladung zum „Neudenken des Menschen in seiner globalen Rolle"[37] und gleichzeitig eine Aufforderung zum Verzicht auf die traditionelle anthropozentrische Perspektive, die zur Entstehung einer neuen, biozentrischen Ethik beitragen könnte.

Bibliografie

Andreas-Salomé, Lou. „Der Mensch als Weib". In Lou Andreas-Salomé, *„Ideal und Askese". Aufsätze und Essays.* Bd. 2: *Philosophie*, herausgegeben von Hans-Rüdiger Schwab, 95–130. Taching am See: MedienEdition Welsch, 2014.
Balmer, Susanne. „Der weibliche Entwicklungsroman als widerspenstiges Narrativ – Pflanzenmetaphorik und bürgerliche Geschlechterdichotomie in ‚Jülchen Grünthal' und ‚Christa Ruland'". In *Gender Scripts. Widerspenstige Aneignungen von Geschlechternormen*, herausgegeben von Christa Binswanger et al., 205–25. Frankfurt a. M.: Campus, 2009.
Bauhardt, Christine. „Ökologiekritik: Das Mensch-Natur-Verhältnis aus der Geschlechterperspektive". In *Handbuch Frauen- und Geschlechterforschung. Theorie, Methoden,*

---

36 Klinger, zit. nach: ibid., 317.
37 Ursula K. Heise, *Nach der Natur. Das Artensterben und die moderne Kultur* (Berlin: Suhrkamp, 2010), 168.

Empirie, herausgegeben von Ruth Becker und Beate Kortendiek, 315-20. Wiesbaden: VS Verlag für Sozialwissenschaften, 2008.

Dohm, Hedwig. *Die Antifeministen. Ein Buch der Verteidigung*. Berlin: SEVERUS Verlag, 1902.

Heise, Ursula K. *Nach der Natur. Das Artensterben und die moderne Kultur*. Berlin: Suhrkamp, 2010.

Krupińska, Grażyna. „Das Bild des modernen Künstlers bei Lou Andreas-Salomé". In *Facetten des Künstler(tum)s in der Literatur und Kultur. Studien und Aufsätze*, herausgegeben von Nina Nowara-Matusik, 117-29. Berlin: Peter Lang, 2019.

Pohle, Bettina. *Kunstwerk Frau. Inszenierungen von Weiblichkeit in der Moderne*. Frankfurt a. M.: Fischer-Taschenbuch-Verlag, 1998.

Pouteau, Sylvie. „Beyond ‚Second Animals': Making Sense of Plant Ethics". *Journal of Agricultural and Environmental Ethics* 27 (2014): 1-25.

Rasch, Wolfdietrich. „Aspekte der deutschen Literatur um 1900". In Wolfdietrich Rasch, *Zur deutschen Literatur seit der Jahrhundertwende. Gesammelte Aufsätze*, 1-48. Stuttgart: J. B. Metzlersche Verlagsbuchhandlung, 1967.

–. „Fläche, Welle, Ornament. Zur Deutung der nachimpressionistischen Malerei und des Jugendstils". In Wolfdietrich Rasch, *Zur deutschen Literatur seit der Jahrhundertwende. Gesammelte Aufsätze*, 186-220. Stuttgart: J. B. Metzlersche Verlagsbuchhandlung, 1967.

Riedel, Wolfgang. *Homo Natura. Literarische Anthropologie um 1900*. Berlin: De Gruyter, 1996.

Schnädelbach, Herbert. *Philosophie in Deutschland 1831-1933*. Frankfurt a. M.: Suhrkamp, 1983.

Schütz, Katrin. *Geschlechterentwürfe im literarischen Werk von Lou Andreas-Salomé unter Berücksichtigung ihrer Geschlechtertheorie*. Würzburg: Königshausen & Neumann, 2008.

Stobbe, Urte. „Plant Studies: Pflanzen kulturwissenschaftlich erforschen – Grundlagen, Tendenzen, Perspektiven". *Kulturwissenschaftliche Zeitschrift* 4, Nr. 1 (2019): 91-106.

Zamorska, Magdalena. „Etyka roślin. Wiedza, troska i stawanie się z Innymi". *Prace Kulturoznawcze: Kulturowe herbarium* 24, Nr. 3 (2020): 43-62.

–. „Kulturowe herbarium. Polityka, etyka i estetyka roślin". *Prace Kulturoznawcze: Kulturowe herbarium* 24, Nr. 3 (2020): 9-21.

Abbildungen

Abb. 1: Émile Bernard, Solitude (1892), https://commons.wikimedia.org/wiki/File:%C3%89mile_Bernard_Solitude.jpg.

Yuuki Kazaoka (Kitasato-Universität, Sagamihara)

Ingeborg Bachmanns Gedicht *Im Gewitter der Rosen*. Ein Beispiel für die Rosensymbolik in der deutschsprachigen Nachkriegsliteratur[1]

Abstract
The purpose of this paper is to consider the symbolism of plants in post-WWII German literature. Specifically, the article analyzes Ingeborg Bachmann's poem *Im Gewitter der Rosen* to discuss how Bachmann develops the image of the rose over its traditional symbol, for example, as a representation of love. In Bachmann's poem, the rose is described as love that seems to be fragile. This specific image is cultivated, for example, through the combination of the rose and the storm. The characteristic usage of the verb ‚wenden' and the noun ‚Dorn' also implies possible semiotic aspects of this love. This interpretation emphasises the selection of words and rhetorical figures and explains how the rose, as a literary phenomenon, relates to the postwar German period.
Keywords: Ingeborg Bachmann, poetry, post-WWII German literature, symbolism of rose, love

Forschungsgegenstand und Fragestellung

Mein Artikel geht der Frage nach der Symbolik der Pflanzen in der Literatur nach, indem er Ingeborg Bachmanns Gedicht *Im Gewitter der Rosen* in seiner Veröffentlichungsgeschichte betrachtet sowie textanalytisch untersucht. Im Hinblick auf Gesamtthematik des Bandes steht hier die Rose im Fokus. Bei Bachmann scheint sie eine besondere Stellung einzunehmen, denn keine andere Blume steht im Titel eines ihrer Gedichte.

Der Beitrag gliedert sich in zwei Teile. Der erste folgt einem Vorgang, der eine Art „Statusänderung" in der Textgenese darstellt: Viermal wurde *Im Gewitter der Rosen* veröffentlicht und dabei in verschiedene Zusammenhänge eingebettet, etwa als Motto-Gedicht oder Bestandteil eines Zyklus.

Den zweiten Teil bildet eine Textanalyse. Es soll herausgearbeitet werden, in welchen Beziehungen die Rose innerhalb des Gedichtes steht und worauf sie darüber hinaus verweisen könnte.

---

[1] This research was supported by Kitasato University Research Grant for Young Researchers.

Das Gedicht *Im Gewitter der Rosen* in unterschiedlichen Veröffentlichungen

Zunächst betrachten wir das Gedicht in der folgenden Textgestalt:

Im Gewitter der Rosen

Wohin wir uns wenden im Gewitter der Rosen,
ist die Nacht von Dornen erhellt, und der Donner
des Laubs, das so leise war in den Büschen,
folgt uns jetzt auf dem Fuß.[2]

Dieses Gedicht ist das kürzeste in der Gedichtsammlung *Die gestundete Zeit* und besteht nur aus zwei Sätzen. Nicht nur dessen Kürze, sondern auch andere Komponenten führen zu einer verdichteten, zusammenhaltenden Struktur. Beispielsweise sind die beiden Sätze nicht mit einem Punkt getrennt, sondern durch die Konjunktion „und" eng miteinander verknüpft. Es wird eine Kontinuität gewahrt, die beide Aussagesätze – Beobachtungen, Behauptungen? – offener ineinanderwirken lässt. Mögliche Enden werden übergangen, auch das Enjambement auf die dritte Zeile, das die Genitivmetapher über das Zeilenende streckt und Sinneinheiten öffnet. Dass im Enjambement das Substantiv stets an das Zeilenende gestellt wird, verleiht zudem den Eindruck von Regelmäßigkeit. Wie wichtig für Bachmann dieses kurze Gedicht ist, erkennt man, wenn man dessen Entwicklungsgeschichte beobachtet. Es gibt vier Versionen von ihm, die Stufen dieser Geschichte darstellen.

Das Gedicht in den *Frankfurter Heften*

Das Gedicht wurde im Juli 1953 in der Zeitschrift „Frankfurter Hefte" zusammen mit den Gedichten *Große Landschaft bei Wien* und *Nachtflug* veröffentlicht. Es trug dabei keinen Titel, im Inhaltsverzeichnis findet sich jedoch die Formulierung „Wohin wir uns wenden". Von diesen drei Gedichten wurde *Große Landschaft bei Wien* als erstes in dem Zeitschriftheft platziert, ihm folgte das Gedicht ohne Titel [„Wohin wir uns wenden"] und schließlich *Nachtflug*. Hierbei entsteht ein zyklischer Raum oder zumindest eine Perspektive, die diese drei Texte in engen Zusammenhang stellt.

Die Sprechinstanz beginnt im ‚ersten' Gedicht *Große Landschaft bei Wien* damit, einen Blick auf Wien und dessen Umgebung zu werfen, wie der Gedichttitel nahelegt. Im ‚zweiten' Gedicht [„Wohin wir uns wenden"] wird Be-

---

[2] Ingeborg Bachmann, „Im Gewitter der Rosen", in Ingeborg Bachmann, *Werke*, hg. v. Christine Koschel, Inge von Weidenbaum und Clemens Münster, Bd. 1 (München: Piper, 1978), 56.

wegung beschrieben, ein Ortswechsel wird behandelt. Die Sprechinstanz scheint unterwegs zu sein und von einem Sturm überfallen zu werden. Zum Schluss, im Gedicht *Nachtflug*, wird kein Unwetter mehr geschildert. Das Sehfeld weitet sich wieder – wie im ‚ersten' Gedicht – aus und die Sprechinstanz beobachtet von oben, aus einer Vogelperspektive, die Welt. Es bleibt jedoch Nacht.

Die Einbettung von [„Wohin wir uns wenden"] in die Mitte ist auch interessant. Auf die eine Seite gewendet: *Große Landschaft bei Wien*, auf die andere: *Nachtflug*. In allen drei Gedichten ist ein „Wir" benannt, erste Person Plural, und sowohl im ersten als auch im dritten Gedicht wird explizit von „Liebe" gesprochen, was nahelegt, dass dieses Thema auch in *Im Gewitter der Rosen* behandelt wird. Im Gedicht *Große Landschaft bei Wien* kommt der „Mantel" vor, „der unsre Liebe deckte".[3] Im Gedicht *Nachtflug* heißt es: „[...] es streift die Liebe / unsres Herzens vergessene Sprache".[4]

Die Gedichtsammlung *Die gestundete Zeit* (1953) bei der Frankfurter Verlagsanstalt

Auf nächste Etappe wird diese Anordnung aufgelöst und alle drei Texte werden in die Gedichtsammlung *Die gestundete Zeit* (1953) aufgenommen, die als zwölfter Band der von Alfred Andersch herausgegebenen Reihe „Studio Frankfurt" bei der Frankfurter Verlagsanstalt publiziert wird. Bachmann stellt das vierzeilige Gedicht [„Wohin wir uns wenden"] als Motto an den ersten von drei Teilen des Gedichtbandes. Das Gedicht trägt immer noch keine Überschrift. Es bleibt uneindeutig, ob dieser Vierzeiler bloß für den ersten Teil steht oder sich auf den gesamten Gedichtband bezieht: Auf derselben Seite finden wir auch den Titel der Gedichtsammlung und die römische Ziffer Eins, die den ersten Teil einleitet. Dieser Motto-Text ist für die Dichterin auch auf der persönlichen Ebene wesentlich: Bachmann sendet dieses Gedicht 1953 „auf einem abgerissenen Papierstreifen"[5] zusammen mit der Gedichtsammlung *Die gestundete Zeit* an Paul Celan. Celans Reaktion ist nicht überliefert.

---

3 Ingeborg Bachmann, „Große Landschaft bei Wien", *Frankfurter Hefte* 8, Nr. 7 (Juli 1953): 535.
4 Ingeborg Bachmann, „Nachtflug", *Frankfurter Hefte* 8, Nr. 7 (Juli 1953): 538.
5 Ingeborg Bachmann und Paul Celan, *Herzzeit. Der Briefwechsel. Mit den Briefwechseln zwischen Paul Celan und Max Frisch sowie zwischen Ingeborg Bachmann und Gisèle Celan-Lestrange*, hg. und kommentiert v. Bertrand Badiou, Hans Höller, Andrea Stoll und Barbara Wiedemann (Frankfurt a. M.: Suhrkamp, 2008), 243.

Die Gedichtsammlung *Die gestundete Zeit* (1957) bei Piper

1957 wurde die Gedichtsammlung *Die gestundete Zeit* in einem anderen Verlag, bei Piper, publiziert. Dabei überarbeitete Ingeborg Bachmann den Gedichtband. Das Gedicht „[Wohin wir uns wenden]" ist nicht mehr dem Band als Motto vorangestellt und wird in den dritten Teil der Gedichtsammlung integriert. Dabei erhält es auch den Titel *Im Gewitter der Rosen*. Die Gedichtsammlung besteht aus mit römischen Ziffern Eins, Zwei und Drei nummerierten drei Teilen und *Ein Monolog des Fürsten Myschkin*. Der dritte Teil besteht aus sechs Gedichten, die wie folgt angeordnet sind: *Die Brücken, Nachtflug, Psalm, Im Gewitter der Rosen, Salz und Brot* und *Große Landschaft bei Wien*. Die zwei weiteren Gedichte aus den *Frankfurter Heften*, nämlich *Nachtflug* und *Große Landschaft bei Wien*, gehören ebenso zur dritten Abteilung. Die drei Gedichte *Große Landschaft bei Wien, Nachtflug* und *Im Gewitter der Rosen* kommen nun wieder näher an den Sinnzusammenhang, in den sie zunächst eingebettet waren – vielleicht kann man von einem gemeinsamen Raum sprechen oder von verwandten Dynamiken? Bevor das Gedicht *Im Gewitter der Rosen* an dieser Stelle eingefügt wurde, gab es ein anderes Gedicht *Beweis zu nichts*, das Bachmann jedoch strich, beziehungsweise ersetzte. Dieser beachtliche Schritt ist die größte Änderung in der Überarbeitung des Gedichtbandes zum Zweck der Neuveröffentlichung, ansonsten ersetzte die Dichterin keine weiteren Gedichte. Das auf den Vierzeiler nun folgende Gedicht *Salz und Brot* spricht auch von „Gewitter": „Von den großen Gewittern des Lichts / hat keines die Leben erreicht".[6] Die Formulierung „Gewitter[] des Lichts" kann als Variation von „Gewitter der Rosen" angesehen werden. Oder deutet die Ähnlichkeit viel eher eine Differenz an, und zwar im Wort „Gewitter"?

Exkurs: *Arie I*

Eine weitere Variante des Textes stellt Hans Werner Henzes Vertonung des Gedichts als *Arie I* von 1957 dar. Zusammen mit dem Gedicht *Freies Geleit* (*Arie II*) wurde dieser Vierzeiler am 20. Oktober 1957 bei den Donaueschinger Musiktagen uraufgeführt.

In der Ansichtskarte vom 18. Mai 1957 bittet Henze Bachmann, ihm das Gedicht *Im Gewitter der Rosen* zu schicken.[7] Dort schreibt er auch, dass er *Im*

---

6 Ingeborg Bachmann, „Salz und Brot", in Ingeborg Bachmann, *Werke*, hg. v. Christine Koschel, Inge von Weidenbaum und Clemens Münster, Bd. 1 (München: Piper, 1978), 57.
7 Henzes Karte an Bachmann vom 18. Mai 1957; Ingeborg Bachmann und Hans Werner Henze, *Briefe einer Freundschaft*, hg. v. Hans Höller, mit einem Vorwort von Hans Werner Henze

Gewitter der Rosen „mit Rosen Schatten rahmen"[8] lassen will. Die Formulierung „Rosen Schatten" spielt auf Bachmanns Gedicht *Schatten Rosen Schatten* an. Henze plante zunächst, die drei Gedichte *Im Gewitter der Rosen*, *Schatten Rosen Schatten* und *Freies Geleit* zu vertonen.[9] Bachmanns Briefe zu dieser Zusammenarbeit sind nicht überliefert. Henzes Briefe lassen jedoch eine angeregte Diskussion erahnen.[10]

Bemerkenswert ist, dass Bachmann das Gedicht diesmal erweiterte, und zwar um eine zweite Strophe. Der Umfang wurde also verdoppelt. Die neue Strophe des Gedichts *Im Gewitter der Rosen* steht bestimmt auch im Zeichen des Austausches von Bachmann und Henze. Die zweite Strophe von *Arie I* (Zeilen 5–8) lautet:

> Wo immer gelöscht wird, was die Rosen entzünden,
> schwemmt Regen uns in den Fluß. O fernere Nacht!
> Doch ein Blatt, das uns traf, treibt auf den Wellen
> bis zur Mündung uns nach.[11]

Ich möchte darauf aufmerksam machen, dass von dem Genitivkonstrukt der ersten Strophe nicht „Gewitter", sondern „Rosen" übernommen werden und die „Rosen" nun an das Verb „entzünden" gebunden sind. Diese Wendung erinnert an das Gedicht *Die gestundete Zeit*, in dem es gegen Ende heißt: „Lösch die Lupinen!"[12]

Die beiden Strophen sind in Form und Wortwahl sehr ähnlich. Die Silbenzahl zeigt beispielsweise die Übereinstimmung der beiden Strophen: Zeile 1 und Zeile 5 haben jeweils 13 Silben. Zeile 2 und Zeile 6: 12 Silben, Zeile 3 und Zeile 7: 11 Silben sowie Zeile 4 und Zeile 8: 6 Silben.

Hinzu kommt der syntaktische Einklang. Konkret geht es um Zeile 1 und Zeile 2 sowie Zeile 5 und Zeile 6: Zeile 1 ist Ortsangabe. Das Anfangswort in

---

(München: Piper, 2004), 159. Zur Entstehungsgeschichte dieser Strophe vgl. auch: Hans Werner Henze, „Das Leben, die Menschen, die Zeit. Gespräch mit Leslie Morris", in *„Über die Zeit schreiben" 2. Literatur- und kulturwissenschaftliche Essays zum Werk Ingeborg Bachmanns*, hg. v. Monika Albrecht und Dirk Göttsche (Würzburg: Königshausen & Neumann, 2000), 147–48.

8 Henzes Karte an Bachmann vom 18. Mai 1957; Bachmann und Henze, *Briefe einer Freundschaft*, 159.
9 Bachmann und Henze, *Briefe einer Freundschaft*, 481.
10 Zum Beispiel Henzes Änderungsvorschlag der Schlusszeile im Gedicht *Freies Geleit*: „natürlich kann ich dieses wort alten noch ändern lassen, aber findest Du das hässliche wort nächsten wirklich schön?"; Henzes Brief an Bachmann vom 7. Oktober 1957; Bachmann und Henze, *Briefe einer Freundschaft*, 169.
11 Ingeborg Bachmann, „Arie I", in Ingeborg Bachmann, *Werke*, hg. v. Christine Koschel, Inge von Weidenbaum und Clemens Münster, Bd. 1 (München: Piper, 1978), 160.
12 Ingeborg Bachmann, „Die gestundete Zeit", in Ingeborg Bachmann, *Werke*, hg. v. Christine Koschel, Inge von Weidenbaum und Clemens Münster, Bd. 1 (München: Piper, 1978), 37.

Zeile 2 ist das Verb und darauf folgt das Subjekt. Die Reihenfolge – Ortsangabe, Verb und Subjekt – wird in der zweiten Strophe, genauer gesagt in Zeile 5 und in Zeile 6, wiederholt.

In Zeile 1 und Zeile 5 finden wir zudem eine Gemeinsamkeit, und zwar eine dreimalige W-Alliteration. Der Reim (Zeile 1 und Zeile 3 sowie Zeile 5 und Zeile 7) bildet auch die Nähe beider Strophen. Beiden sind auch die thematischen Wörter „Rosen" (Zeile 1 und Zeile 4) und „Nacht" (Zeile 2 und Zeile 5) gemeinsam. Das Wort „Laub" (Zeile 3) ist zusätzlich dem Wort „Blatt" (Zeile 6) ähnlich. Außerdem ist das Wort „Gewitter" (Zeile 1) mit dem Wort „Regen" (Zeile 6) verknüpft. Die Formulierung ‚uns folgen' (Zeile 4) kommt der Formulierung ‚nach uns treiben' nahe.[13]

Wie aber stehen die Strophen inhaltlich zueinander? Wie funktionieren die Bilder? Im Vergleich mit der ersten Strophe sind die sprachlichen Bilder in der zweiten eindeutiger. Der Ausdruck „was die Rosen entzünden" ist mit dem Liebesgefühl assoziierbar und in diesem Zusammenhang dann „Regen" mit Tränen. Die Zeilen 5 und 6 benennen in dieser Lesart das Erlöschen der Leidenschaft. Die „Nacht" (Zeile 6) wird für die Geliebten „ferner[]". An die Stelle der Liebe tritt nun in Zeile 7 das Wort „Blatt". Das „Blatt" macht als etwas Beschreibbares eine poetologische Ebene auf.[14] Diese Lesart wird verstärkt, wenn man Bachmanns Gedicht *Nach dieser Sintflut* berücksichtigt, wo wir auch ein „Blatt" finden, dessen doppelte Lesart poetologisch wirkt. Zudem ist die Sprechinstanz im Gedicht *Nach dieser Sintflut* auch bereit, selber das „Blatt" zu bringen, wenn die „Taube" es nicht macht.[15] Durch das Wort „Blatt" ändert sich das Gedicht. Der Raum im Gedicht, den die „Rosen" konstituieren, wird abgebrochen und mit dem „Blatt" wird eine neue Dimension eröffnet. Der Einsatz der Wörter „Regen", „Fluß", „Wellen" und schlussendlich „Mündung" dient dementsprechend der Erweiterung des Blicks, ändert den Raum im Gedicht.

Warum sind aber die Bilder in der zweiten Strophe weniger verworren? Hier nimmt die Rosenmetaphorik eine relevante Rolle ein. In der ersten Strophe wird das Wort „Rosen" als Genitivmetapher gebraucht. Auch das mit der Rose als Pflanze verwandte Wort „Laub" kommt im Genitiv vor. Dieser Genitiv bringt eine

---

13 Zur Parallelität der Wörter in den beiden Strophen vgl. auch: Christian Bielefeldt, *Hans Werner Henze und Ingeborg Bachmann: Die gemeinsamen Werke. Beobachtungen zur Intermedialität von Musik und Dichtung* (Bielefeld: transcript, 2003), 129–30. Er versteht dort außerdem das „Blatt" bereits im poetologischen Sinne und sieht „entzünden" als „Erlöschen der Ekstase" an.

14 Was hier noch Erwähnung finden sollte, ist die poetologische Ebene im Verbum ‚wenden', die in dessen Verwandtschaft mit ‚Vers' liegt. Dieser bezeichnet „eigentlich das umdrehen des pfluges"; Jacob Grimm und Wilhelm Grimm, *Deutsches Wörterbuch* (Leipzig: Hirzel, 1854–1971; Nachdruck: München: dtv, 1984), Bd. 25, Sp. 1029.

15 Ingeborg Bachmann, „Nach dieser Sintflut", in Ingeborg Bachmann, *Werke*, hg. v. Christine Koschel, Inge von Weidenbaum und Clemens Münster, Bd. 1 (München: Piper, 1978), 154.

Verschiebung mit sich – „Gewitter der Rosen" und „Donner / des Laubs, das so leise war [...]". Das zur Rose gehörende Wort „Dorn", das ein bedrohliches oder mit Schmerz assoziiertes Bild erzeugt, tritt auf. Im Gegensatz zur ersten Strophe finden sich in der zweiten weder eine Genitivmetapher noch eine gegensätzliche Verbindung der Worte. Stattdessen werden die Wörter „Rosen" und „Blatt" an die Verben „entzünden" und „nach uns treiben" gebunden.

Zur Rolle der Rose im Gedicht – eine bedrohte Liebe

Beatrice Angst-Hürlimann argumentiert, dass die Rose für Liebe stehen kann.[16] Ulrich Thiem zufolge ist die Rose auch als „vollkommene[] Schönheit" und „eine[], ‚reine[] Größe'" zu verstehen.[17] Cornelia Stoffer-Heibel unterstützt Thiems Auffassung und vergleicht dabei Bachmanns Gedanken über die Schönheit mit der *beauté maudite* im französischen Symbolismus.[18] Mechtenberg setzt die Diskussion der Forschung fort, indem er feststellt, dass uns „in der Tradition der Moderne die Rosen nicht mehr als klassisches Symbol der Schönheit bzw. der Liebe begegnen, sondern das dichterische Wort selbst, die Poesie als solche meinen".[19]

Auch wurden die intertextuellen Bezüge zwischen *Im Gewitter der Rosen* und Celans Gedicht *Stille!* herausgearbeitet[20] – es ist interessant, dass sich in Celans Gedichtband *Mohn und Gedächtnis* vor dem Gedicht *Stille!* das Gedicht *Landschaft* befindet, nach *Stille!* das Gedicht *Wasser und Feuer* steht und in *Wasser und Feuer* die Zeile „Hell ist die Nacht".[21] Weitere zeitgenössische Rosenlyrik,

---

16 Beatrice Angst-Hürlimann, *Im Widerspiel des Unmöglichen mit dem Möglichen. Zum Problem der Sprache bei Ingeborg Bachmann* (Zürich: Juris, 1971), 73–74.
17 Ulrich Thiem, *Die Bildsprache der Lyrik Ingeborg Bachmanns*, Dissertation (Universität Köln, 1972), 148.
18 Cornelia Stoffer-Heibel, *Themafunktionen der Metaphorik in der Lyrik Ingeborg Bachmanns, Peter Huchels und Hans Magnus Enzensbergers* (Stuttgart: Heinz, 1981), 125.
19 Theo Mechtenberg, *Utopie als ästhetische Kategorie. Eine Untersuchung der Lyrik Ingeborg Bachmanns* (Stuttgart: Heinz, 1978), 28. Ähnliche Betrachtung in: Ulrike Landfester, „Das Zittern der Rose. Versuch über Metapher, Geschlecht und Begehren in der deutschen Liebeslyrik", in *Bündnis und Begehren. Ein Symposium über die Liebe*, hg. v. Andreas Kraß und Alexandra Tischel (Berlin: Schmidt, 2002), 57.
20 Sigrid Weigel, *Ingeborg Bachmann. Hinterlassenschaften unter Wahrung des Briefgeheimnisses* (Wien: Zsolnay, 1999), 422–23. Auch Jordan findet den surrealistischen Einfluss, den allerdings Bachmann „indirekt über Celan" bekam; Lothar Jordan, *Europäische und nordamerikanische Gegenwartslyrik im deutschen Sprachraum 1920-1970. Studien zu ihrer Vermittlung und Wirkung* (Tübingen: Niemeyer, 1994; Reprint: Berlin: De Gruyter, 2017), 146–47.
21 Paul Celan, „Wasser und Feuer", in Paul Celan, *Gesammelte Werke*, hg. v. Beda Allemann und Stefan Reichert unter Mitwirkung Rudolf Bücher, Bd. 1 (Frankfurt a. M.: Suhrkamp, 1983), 76.

etwa Gottfried Benns *Rosen* oder Hilde Domins *Nur eine Rose als Stütze*, ist bisher in der Forschung nicht in Betracht gezogen worden. *Im Gewitter der Rosen* sollte aber nicht auf den Bezug zu Celans Texten reduziert werden, es entstand in einem breiteren Kontext, den beispielsweise Helga Volkmanns literaturhistorische Untersuchung aufzeigt[22] und Heinke Wunderlichs Gedichtanthologie *Diese Rose pflück ich dir*[23] skizziert.

Auch die religiöse Tradition dieser Pflanze ist bemerkenswert. Zum Beispiel „eine Rose unter den Dornen" (Hld 2, 2).[24] Die biblische Bedeutung der Rose im Gedicht *Im Gewitter der Rosen* wird bereits von Marie-Luise Habbel[25] sowie von Gerd Heinz-Mohr und Volker Sommer[26] untersucht.

Was diese Interpretationsschwerpunkte angeht, so scheint nicht zuletzt wegen des zyklischen Zusammenhangs der Erstpublikation in den *Frankfurter Heften* am plausibelsten, die Rose als Symbol der Liebe zu lesen. In diesem Fall wird das Pronomen ‚wir' als das zweier einander Liebender betrachtet. Liebe wird jedoch nicht versichert, wie die Forschung bereits erörtert hat. Diese Ansicht vertretend, möchte ich folgende Aspekte erwähnen:

Erster Aspekt: Die Verbindung von „Rose" und „Gewitter"

Nicht nur die „Rosen" allein, sondern auch deren Verhältnis zum „Gewitter" bildet einen Gegenstand intensiver Diskussion in der Forschung. Welches Wort von den beiden („Gewitter" und „Rose") dabei Bildspender und welches Bildempfänger ist, ist umstritten. Vorherrschend interpretiert man jedoch Rose als Bildempfänger und Gewitter als Bildspender.[27] Einen entgegengesetzten Standpunkt repräsentiert Herbert Lehnert soweit allein.[28]

---

22 Helga Volkmann, *Märchenpflanzen. Mythenfrüchte. Zauberkräuter. Grüne Wegbegleiter in Literatur und Kultur. Mit 14 Abbildungen* (Göttingen: Vandenhoeck & Ruprecht, 2002).
23 Heinke Wunderlich, Hg., *Diese Rose pflück ich dir. Die schönsten Rosengedichte* (Stuttgart: Reclam, 2001).
24 *Lutherbibel*, revidiert 2017 (Stuttgart: Deutsche Bibelgesellschaft), abgerufen am 03.06.2024, https://www.die-bibel.de/bibel/LU17.
25 Marie-Luise Habbel, *„Diese Wüste hat sich einer vorbehalten". Biblisch-christliche Motive, Figuren und Sprachstrukturen im literarischen Werk Ingeborg Bachmanns* (Altenberge: Oros, 1992), 81.
26 Gerd Heinz-Mohr und Volker Sommer, *Die Rose. Entfaltung eines Symbols* (München: Eugen Diederichs Verlag, 1988), 127.
27 Thiem, *Die Bildsprache*, 148; Cornelia Stoffer-Heibel, *Themafunktionen der Metaphorik in der Lyrik Ingeborg Bachmanns, Peter Huchels und Hans Magnus Enzensbergers* (Stuttgart: Heinz, 1981), 123; Otto Knörrich, *Die deutsche Lyrik seit 1945*, 2., neu bearbeitete und erweiterte Auflage (Stuttgart: Kröner, 1978), 241; Heinz Forster und Paul Riegel, *Deutsche Literaturgeschichte*, Bd. 11: *Die Nachkriegszeit 1945–1968* (München: dtv, 1995), 376.

Diese konträre Verbindung wird zuweilen als „kühner Versuch" angesehen.[29] Oder das Fachwort ‚hermetisch' wird auf diesen Vierzeiler angewendet. Mit anderen Worten: Die Unzugänglichkeit der Bedeutung wird betont.[30] Als ein Gegenbeispiel zu diesem Verschließen möchte ich das Wort ‚Donnerrose' anführen: „in Tirol die alpenrose, weil man glaubt dasz der welcher eine solche beim gewitter trägt, vom blitz erschlagen werde."[31] Oder, wie Lehnert bemerkt,[32] ist Trakls Gedicht *Das Gewitter* zu Bachmanns Ausdruck heranzuziehen, darin die Worte: „Ein rosenschauriger Blitz".[33] Und auch Thomas Becks Vergleich des Gedichts *Im Gewitter der Rosen* mit dem Belinda-Fragment aus Bachmanns Nachlass – insbesondere das darin enthaltene Kompositum „Rosenwetter" ist einleuchtend.[34]

Was noch zur Verbindung „Gewitter der Rosen" zu sagen bleibt, ist die Bedeutung des Genitivs. Die Genitivmetapher ist häufig in der Gedichtsammlung *Die gestundete Zeit* anzutreffen und war „[i]n der Lyrik der fünfziger Jahre" eine „Modeerscheinung".[35] Diese Sprachfigur wurde damals viel kritisiert, wie Kurt Bartsch anmerkt.[36] Er erkennt dabei einen Vorteil wie auch einen Nachteil dieses spezifischen Einsatzes des Genitivs: Vorteilhaft sei Bachmanns Versuch, durch solche literarische Mittel „den Zustand der Welt" „einzufangen" und „zu Widerstand und utopischer Ausrichtung zu appellieren", als Nachteil sei „die Gefahr der Willkür" anzusehen, „alles und jedes miteinander zu verbinden".[37] Durch diese Form der Metapher entsteht ohne Zweifel eine neue Verbindung von Wörtern. Bewusst verwendet, zielt die Genitivmetapher darauf ab, den konven-

---

28 Herbert Lehnert, *Struktur und Sprachmagie. Zur Methode der Lyrik-Interpretation*, 2., überarbeitete Auflage (Stuttgart: Kohlhammer, 1972), 102.
29 Arturo Larcati, *Ingeborg Bachmanns Poetik* (Darmstadt: Wissenschaftliche Buchgesellschaft, 2006), 156.
30 Helmut Koopmann, „Im Geheimnis der Worte", in *Frankfurter Anthologie*, hg.v. Marcel Reich-Ranicki, Bd. 11 (Frankfurt a. M.: Insel, 1988), 230; Jürgen H. Petersen, *Absolute Lyrik. Die Entwicklung poetischer Sprachautonomie im deutschen Gedicht vom 18. Jahrhundert bis zur Gegenwart* (Berlin: Schmidt, 2006), 193. Auch Hiebels Auslegung kommt dieser Ansicht nahe; Hans H. Hiebel, *Das Spektrum der modernen Poesie. Interpretationen deutschsprachiger Lyrik 1900-2000 im internationalen Kontext der Moderne. Teil II (1945-2000)* (Würzburg: Königshausen & Neumann, 2006), 46.
31 Grimm und Grimm, *Deutsches Wörterbuch*, Bd. 2, Sp. 1249.
32 Lehnert, *Struktur und Sprachmagie*, 102.
33 Georg Trakl, „Das Gewitter", in Georg Trakl, *Dichtung und Briefe. Historisch-kritische Ausgabe*, hg.v. Walther Killy und Hans Szklenar, Bd. 1 (Salzburg: Otto Müller, 1969), 158.
34 Thomas Beck, *Bedingungen librettistischen Schreibens. Die Libretti Ingeborg Bachmanns für Hans Werner Henze* (Würzburg: Ergon, 1997), 150.
35 Holger Pausch, *Ingeborg Bachmann*, 2., überarbeitete und ergänzte Auflage (Berlin: Colloquium, 1987), 24.
36 Kurt Bartsch, *Ingeborg Bachmann*, 2., überarbeitete und erweiterte Auflage (Stuttgart: Metzler, 1997), 60.
37 Ibid., 60.

tionellen Sprachgebrauch in Frage zu stellen.[38] Man kann auch argumentieren, dass diese rhetorische Figur die Wörter neu ordnen und die Sprache erneuern kann. In diesem sprachlichen Phänomen schlägt sich auch die Nachkriegszeit nieder, wo ein neuer Anfang, der Versuch einer anderen Ordnung in der zerstörten Gesellschaft und in einer gestörten Zivilisation Programm war. Die stark geordnete, rigide Form dieses Gedichts (regelmäßige Silbenzahl,[39] Reim und die lautliche Wiederholungen in jeder Zeile[40]), die durch die Genitivkonstruktion ermöglicht wird, hängt zusätzlich mit dem gesellschaftlichen Hintergrund zusammen. In Vergleich mit der semantisch womöglich gleichen Version ‚Rosengewitter' gestellt, fällt auf, dass die formalen Besonderheiten sowie die lautliche Ebene für die Genitivmetapher und für das Gedicht, in dem sie vorkommt, tragend sind.

Das „Gewitter" hat in der Literaturgeschichte oft Bezug zum Krieg, etwa in Ernst Jüngers *Stahlgewitter* (1920), was Christian Däufel bereits genauer ausgeführt hat.[41] In diesem Kontext trägt die „erhellt[e]" „Nacht" dazu bei, die zeitgenössische Kriegserfahrung – Luftangriff in der Nacht – direkt und stark ins Gedächtnis der damaligen Leserinnen und Leser zu rufen. Möglicherweise hat Brecht einen solchen Ton im Gedicht wahrgenommen, als er Bachmanns Gedichtband *Die gestundete Zeit* las und mehrere Gedichte – darunter auch *Im Gewitter der Rosen* – handschriftlich markierte.[42]

Zweiter Aspekt: das Verb ‚sich wenden'

Die Aussage „Wohin wir uns wenden" impliziert ein bedrohliches und allem Anschein nach auswegloses Geschehen, in dem ein „Wir" Hilfe sucht und nicht findet. Unter Miteinbeziehung der auf sie folgenden Verse liegt womöglich eine Situation der Verfolgung vor. Durch die W-Alliteration, „[w]ohin", „wir" und „wenden", wird die Geste des ‚Sich-Wendens' bewusster gemacht. Die Umstel-

---

38 Ähnliche Betrachtung bereits in: Elke Austermühl, *Poetische Sprache und lyrisches Verstehen. Studien zum Begriff der Lyrik* (Heidelberg: Winter, 1981), 115.
39 Zeile 1: 13 Silben, Zeile 2: 12 Silben, Zeile 3: 11 Silben und Zeile 4: 6 Silben.
40 Perloff macht nicht nur auf W-Alliteration, sondern auch andere formelle Besonderheiten aufmerksam; Marjorie Perloff, *Wittgenstein's Ladder: Poetic Language and the Strangeness of the Ordinary* (Chicago: The University of Chicago Press, 1996), 13–14. Vgl. auch Lehnerts Formalanalyse (Lehnert, *Struktur und Sprachmagie*, 100–101).
41 Däufel macht außerdem die Entwicklung der Gewitter-Metapher in Bachmanns Werken deutlich, etwa im Gedicht *Salz und Brot* oder in *Ein Monolog des Fürsten Myschkin*; Christian Däufel, *Ingeborg Bachmanns ‚Ein Ort für Zufälle'. Ein interpretierender Kommentar* (Berlin: De Gruyter, 2013), 351.
42 Gerhard Wolf, *Im deutschen Dichtergarten. Lyrik zwischen Mutter Natur und Vater Staat. Ansichten und Porträts* (Darmstadt: Luchterhand, 1985), 97–119.

lung der Wortgruppe (nicht ‚Wohin wir uns im Gewitter der Rosen wenden', sondern „Wohin wir uns wenden im Gewitter der Rosen") artikuliert die W-Alliteration rhythmischer und fügt dem noch das „Gewitter" hinzu.[43]

Am Ende des Gedichts taucht schließlich der personifizierte Verfolger, und zwar der „Donner [des Laubs]", auf. Die Redewendung ‚jemandem auf dem Fuß folgen' erzeugt eine Personifikation und evoziert gleichzeitig das Knirschen von Laubblättern unter der Sohle.

Dritter Aspekt: das Wort ‚Dornen'

Die bedrohte Liebe lässt sich auch vom Wort „Dornen" ablesen. Die Nacht bietet für gewöhnlich den Liebenden Ruhe, bringt sowohl Heimlichkeit als auch Intimität mit sich. Im vorliegenden Gedicht kann sie auch Vergangenheit benennen, auf welche die Sprechinstanz einen Blick zurückwirft. In diesem Sinne wird die Geste, sich zu wenden, auch anders lesbar.[44]

Andrea Stoll stellt fest, dass die Nacht in Bachmanns Werken die Rolle einer „Gegenzeit" innehat.[45] Auch Hartmut Spiesecke berücksichtigt die zweite Strophe des Gedichtes und versteht das Motiv der Nacht in der literarischen Tradition der Romantik.[46] Was des Weiteren zu bemerken ist, dass die „Nacht" hier mit „Dornen" vorkommt. Die „Nacht" ist „von Dornen erhellt" – diese Aussage scheint nicht sofort verständlich, worauf ich später eingehe. Davor möchte ich aber als Vorarbeit einen Blick auf diejenigen Wörter werfen, die zusammen mit dem Nomen ‚Dorn' in diesen Text eingeflochten sind.

Charakteristisch ist die Gegenüberstellung der Wörter „Nacht" und „erhell[en]", die im Gedicht konsequent gehalten wird und an dieser Stelle gipfelt. Nicht nur die Gegensätzlichkeit von „Nacht" und „erhell[en]", sondern auch andere Gegenüberstellungen fallen auf, so etwa „Donner" („Gewitter") und „leise" oder „Dornen" und „Rose", wobei diesem Paar die Besonderheit innewohnt, dass sie ineinander sind: Rose als Blüte mit ihrem Duft und ihrer Farbe, aber auch als ein Dornengewächs. Wenn man die Aussage „[...] ist die Nacht von Dornen erhellt" zusammen mit der nachfolgenden Aussage „der Donner [...]

---

43 Es gibt eine weitere Umstellung der Wortgruppe, nämlich nicht ‚[...] des Laubs, das so leise in den Büschen war', sondern „[...] des Laubs, das so leise war in den Büschen". Solche Umstellungen haben zwei Effekte, nämlich nicht einen Satz, sondern eher eine kleinere Wortgruppe hervorzuheben und die Substantiva an das Zeilenende zu stellen.
44 Zu beachten ist: Die Formulierung ‚sich wenden' wird nicht nur im wortwörtlichen Sinne von ‚umdrehen', ‚nach hinten sehen' verwendet, sondern auch im übertragenen Sinne.
45 Andrea Stoll, *Erinnerung als ästhetische Kategorie des Widerstandes im Werk Ingeborg Bachmanns* (Frankfurt a. M.: Lang, 1991), 84.
46 Hartmut Spiesecke, *Ein Wohlklang schmilzt das Eis. Ingeborg Bachmanns musikalische Poetik* (Berlin: Klaunig, 1993), 94.

folgt uns jetzt auf dem Fuß" liest, begegnen wir einer lautlich-semantischen Verwirrung. ‚Die Nacht ist von Blitzen erhellt' – das wäre gewöhnlich. Das Wort ‚Blitz' wird im Gedicht nicht eingesetzt, aber man findet das verwandte Wort „Donner". In der Nähe des Wortes „Donner" – sowohl lautlich als auch hinsichtlich der Platzierung im Gedicht – findet sich zudem das Wort „Dornen". ‚Blitz', „Donner" und „Dornen" stehen in verwirrender Reziprozität zueinander.

Zwar kommt das Wort „Rosen" nur einmal vor, aber die darauf bezogenen Wörter stützen das Bild der Rose im Gedicht. Dies wird ersichtlich, wenn man das andere Substantiv „Gewitter" im Titel betrachtet. Denn nur das Wort „Donner" kann als verwandtes Wort innerhalb des Wortfelds „Gewitter" angeführt werden. Im Gegensatz dazu treten die „Dornen", das „Laub[]" und die „Büschen" auf. Darunter werden die Wörter „Rosen" und „Büschen" durch ein Enjambement ans Zeilenende gestellt, gereimt und somit verstärkt. Mit dem Wort „Büschen" assoziiert man ferner einen Rosenstrauch. Unter Berücksichtigung dieser komplizierten Struktur möchte ich wie angekündigt wieder auf das Wort ‚Dorn' zurückkommen. Zwar steht der ‚Dorn' für die Bedrohung und den Schmerz, allerdings wird auch die „Nacht" dadurch „erhellt".[47] Dieser Zustand ermöglicht der Sprechinstanz „Wir", die sich in einer romantischen Nacht befindet, zu einer anderen Erkenntnis zu gelangen.[48]

Fazit

Ingeborg Bachmann veröffentlichte das Gedicht *Im Gewitter der Rosen* viermal und jeweils in unterschiedlicher Form. Darauf aufbauend erfolgte meine Untersuchung der Rolle der Rose in Bachmanns Textvarianten. Mit welchen anderen Texten das Gedicht veröffentlicht wurde oder welchen Platz es in einer Gedichtsammlung einnimmt, spielte in der Untersuchung eine wichtige Rolle. Die Entstehungsgeschichte wurde bisher für die Interpretation des Textes nicht ausreichend in Betracht gezogen.

Die Rose steht hier vor allem für eine bedrohte Liebe. Das Gedicht widmet sich den Geliebten, die sich mit Gefahr konfrontiert sehen. Daran schließt die detaillierte, kommentierende Arbeit an, jene Arbeit über die Komponenten, die sich auf die Repräsentationen der Bedrohung im Gedicht beziehen. Es ging zuerst um die Verbindung von „Gewitter" und „Rose". Das „Gewitter" bedeutet nicht nur äußere Gefahr, sondern schildert auch das Innere der Liebendenden. Nicht nur auf die Gewittermetapher, sondern auch auf die Genetivkonstruktion wurde eingegangen. Die Genitivmetapher wurde als Experiment gekennzeichnet, die

---

47 Hinter diesem Ausdruck kann die Wendung ‚heller Schmerz' stecken.
48 Dieselbe Beobachtung bereits in: Angst-Hürlimann, *Im Widerspiel des Unmöglichen*, 74.

phrasenhaften Formulierungen kritisch zu hinterfragen und die Sprache zu erneuern. Zum zweiten wurde die Doppeldeutigkeit des Verbs ‚sich wenden' erörtert: Die Geste des Sich-Zurückwendens deutet hin auf ein Zaudern der eigenen Schritte und auf die Suche nach etwas Vergangenem oder nach Ruhe, was jedoch durch „Dornen" und die mit ihenen assoziierten Eigenschaften wie Schmerz und Abwehr gestört wird. Durch das Verb „erhell[en]" kommt noch ein zusätzlicher Aspekt hinzu, der Teil einer komplexen semantisch-symbolischen Verflechtung mit dem Wort „Dornen" darstellt.[49]

Bibliografie

Angst-Hürlimann, Beatrice. *Im Widerspiel des Unmöglichen mit dem Möglichen. Zum Problem der Sprache bei Ingeborg Bachmann*. Zürich: Juris, 1971.
Austermühl, Elke. *Poetische Sprache und lyrisches Verstehen. Studien zum Begriff der Lyrik*. Heidelberg: Winter, 1981.
Bachmann, Ingeborg. „Arie I". In Ingeborg Bachmann, *Werke*, herausgegeben von Christine Koschel, Inge von Weidenbaum und Clemens Münster, Bd. 1, 160. München: Piper, 1978.
–. „Die gestundete Zeit". In Ingeborg Bachmann, *Werke*, herausgegeben von Christine Koschel, Inge von Weidenbaum und Clemens Münster, Bd. 1, 37. München: Piper, 1978.
–. „Große Landschaft bei Wien". *Frankfurter Hefte* 8, Nr. 7 (Juli 1953): 535–36.
–. „[Im Gewitter der Rosen]". In Ingeborg Bachmann, *Die gestundete Zeit*, Frankfurt a. M.: Frankfurter Verlagsanstalt, 1953.
–. „Im Gewitter der Rosen". In Ingeborg Bachmann, *Werke*, herausgegeben von Christine Koschel, Inge von Weidenbaum und Clemens Münster, Bd. 1, 56. München: Piper, 1978.
–. „[Im Gewitter der Rosen]". *Frankfurter Hefte* 8, Nr. 7 (Juli 1953): 537.
–. „Nach dieser Sintflut". In Ingeborg Bachmann, *Werke*, herausgegeben von Christine Koschel, Inge von Weidenbaum und Clemens Münster, Bd. 1, 154. München: Piper, 1978.
–. „Nachtflug". *Frankfurter Hefte* 8, Nr. 7 (Juli 1953): 538–39.
–. „Salz und Brot". In Ingeborg Bachmann, *Werke*, herausgegeben von Christine Koschel, Inge von Weidenbaum und Clemens Münster, Bd. 1, 57. München: Piper, 1978.
Bachmann, Ingeborg und Hans Werner Henze. *Briefe einer Freundschaft*. Herausgegeben von Hans Höller. Mit einem Vorwort von Hans Werner Henze. München: Piper, 2004.
Bachmann, Ingeborg und Paul Celan. *Herzzeit. Der Briefwechsel. Mit den Briefwechseln zwischen Paul Celan und Max Frisch sowie zwischen Ingeborg Bachmann und Gisèle Celan-Lestrange*. Herausgegeben und kommentiert von Bertrand Badiou, Hans Höller, Andrea Stoll und Barbara Wiedemann. Frankfurt a. M.: Suhrkamp, 2008.
Bartsch, Kurt. *Ingeborg Bachmann*. 2., überarbeitete und erweiterte Auflage. Stuttgart: Metzler, 1997.

---

49 Ich danke Herrn Konstantin Schmidtbauer für das Lektorat und das intensive Gespräch. Ohne seine Unterstützung hätte ich diesen Artikel nicht fertigstellen können.

Beck, Thomas. *Bedingungen librettistischen Schreibens. Die Libretti Ingeborg Bachmanns für Hans Werner Henze.* Würzburg: Ergon, 1997.

Beuchert, Marianne. *Symbolik der Pflanzen. Mit 101 Aquarellen von Maria-Therese Tietmeyer.* Frankfurt a. M.: Insel, 2004.

Bielefeldt, Christian. *Hans Werner Henze und Ingeborg Bachmann: Die gemeinsamen Werke. Beobachtungen zur Intermedialität von Musik und Dichtung.* Bielefeld: transcript, 2003.

Celan, Paul. „Wasser und Feuer". In Paul Celan, *Gesammlete Werke*, herausgegeben Beda Allemann und Stefan Reichert unter Mitwirkung Rudolf Bücher, Bd. 1, 76. Frankfurt a. M.: Suhrkamp, 1983.

Däufel, Christian. *Ingeborg Bachmanns ‚Ein Ort für Zufälle'. Ein interpretierender Kommentar.* Berlin: De Gruyter, 2013.

Forster, Heinz und Paul Riegel. *Deutsche Literaturgeschichte.* Bd. 11: *Die Nachkriegszeit 1945–1968.* München: dtv, 1995.

Grimm, Jacob und Wilhelm Grimm. *Deutsches Wörterbuch.* Leipzig: Hirzel, 1854–1971 [Nachdruck München: dtv, 1984].

Habbel, Marie-Luise. *„Diese Wüste hat sich einer vorbehalten". Biblisch-christliche Motive, Figuren und Sprachstrukturen im literarischen Werk Ingeborg Bachmanns.* Altenberge: Oros, 1992.

Heinz-Mohr, Gerd und Volker Sommer. *Die Rose. Entfaltung eines Symbols.* München: Eugen Diederichs Verlag, 1988.

Henze, Hans Werner. „Das Leben, die Menschen, die Zeit. Gespräch mit Leslie Morris". In *„Über die Zeit schreiben" 2. Literatur- und kulturwissenschaftliche Essays zum Werk Ingeborg Bachmanns*, herausgegeben von Monika Albrecht und Dirk Göttsche. Würzburg: Königshausen & Neumann, 2000.

Hiebel, Hans H. *Das Spektrum der modernen Poesie. Interpretationen deutschsprachiger Lyrik 1900–2000 im internationalen Kontext der Moderne. Teil II (1945–2000).* Würzburg: Königshausen & Neumann, 2006.

Jordan, Lothar. *Europäische und nordamerikanische Gegenwartslyrik im deutschen Sprachraum 1920–1970. Studien zu ihrer Vermittlung und Wirkung.* Tübingen: Niemeyer, 1994 [Reprint Berlin: De Gruyter, 2017].

Knörrich Otto. *Die deutsche Lyrik seit 1945.* 2., neu bearbeitete und erweiterte Auflage. Stuttgart: Kröner, 1978.

Koopmann, Helmut. „Im Geheimnis der Worte". In *Frankfurter Anthologie*, herausgegeben von Marcel Reich-Ranicki, Bd. 11, 230–232. Frankfurt a. M.: Insel, 1988.

Landfester, Ulrike. „Das Zittern der Rose. Versuch über Metapher, Geschlecht und Begehren in der deutschen Liebeslyrik". In *Bündnis und Begehren. Ein Symposium über die Liebe*, herausgegeben von Andreas Kraß und Alexandra Tischel, 35–62. Berlin: Schmidt, 2002.

Larcati, Arturo. *Ingeborg Bachmanns Poetik.* Darmstadt: Wissenschaftliche Buchgesellschaft, 2006.

Lehnert, Herbert. *Struktur und Sprachmagie. Zur Methode der Lyrik-Interpretation.* 2., überarbeitete Auflage. Stuttgart: Kohlhammer, 1972.

Lutherbibel. Revidiert 2017. Abgerufen am 03.06.2024. Stuttgart: Deutsche Bibelgesellschaft. https://www.die-bibel.de/bibel/LU17.

Mechtenberg, Theo. *Utopie als ästhetische Kategorie. Eine Untersuchung der Lyrik Ingeborg Bachmanns.* Stuttgart: Heinz, 1978.

Pausch, Holger. *Ingeborg Bachmann.* 2., überarbeitete und ergänzte Auflage. Berlin: Colloquium, 1987.

Perloff, Marjorie. *Wittgenstein's Ladder. Poetic Language and the Strangeness of the Ordinary.* Chicago: The University of Chicago Press, 1996.

Petersen, Jürgen H. *Absolute Lyrik. Die Entwicklung poetischer Sprachautonomie im deutschen Gedicht vom 18. Jahrhundert bis zur Gegenwart.* Berlin: Schmidt, 2006.

Spiesecke, Hartmut. *Ein Wohlklang schmilzt das Eis. Ingeborg Bachmanns musikalische Poetik.* Berlin: Klaunig, 1993.

Stoffer-Heibel, Cornelia. *Themafunktionen der Metaphorik in der Lyrik Ingeborg Bachmanns, Peter Huchels und Hans Magnus Enzensbergers.* Stuttgart: Heinz, 1981.

Stoll, Andrea. *Erinnerung als ästhetische Kategorie des Widerstandes im Werk Ingeborg Bachmanns.* Frankfurt a. Main: Lang, 1991.

Thiem, Ulrich. *Die Bildsprache der Lyrik Ingeborg Bachmanns.* Dissertation. Universität Köln, 1972.

Trakl, Georg. „Das Gewitter". In Georg Trakl, *Dichtung und Briefe. Historisch-kritische Ausgabe*, herausgegeben von Walther Killy und Hans Szklenar, Bd. 1, 158–59. Salzburg: Otto Müller, 1969.

Volkmann, Helga. *Märchenpflanzen. Mythenfrüchte. Zauberkräuter. Grüne Wegbegleiter in Literatur und Kultur. Mit 14 Abbildungen.* Göttingen: Vandenhoeck & Ruprecht, 2002.

Weigel, Sigrid. *Ingeborg Bachmann. Hinterlassenschaften unter Wahrung des Briefgeheimnisses.* Wien: Zsolnay, 1999.

Wolf, Gerhard. *Im deutschen Dichtergarten. Lyrik zwischen Mutter Natur und Vater Staat. Ansichten und Porträts.* Darmstadt: Luchterhand, 1985.

Wunderlich, Heinke, Hg. *Diese Rose pflück ich dir. Die schönsten Rosengedichte.* Stuttgart: Reclam, 2001.

Lina Užukauskaitė (Universität Salzburg)

Pflanzen und Pflanzenpoetik in Kunst und Literatur: Cy Twomblys Rosengemälde und ihre literarischen Vorlagen (Ingeborg Bachmann, Rainer Maria Rilke)[1]

Abstract
This article focuses on the transmedial plant-oriented analysis of two paintings by Cy Twombly and poems by Ingeborg Bachmann and Rainer Maria Rilke that Twombly quotes. In addition, the intermedial aspects of art and literature are briefly considered. Grounded in the perspective of plant studies and the broader environmental humanities, and drawing from Emanuele Coccia's philosophy of plants, as well as selected writings by Johann Wolfgang Goethe, the article offers fresh insights into these works. The use of these texts in combination with plant studies creates new perspectives on the above-mentioned works, thus increasing the understanding of plants through imaginative sources. This article demonstrates the active role of plants as transmitters of existential, and ethical messages through both an extrinsic and an intrinsic mode of speaking. Through an art-literature analysis, the human-plant relationship can be rethought, and an awareness of sustainability can be awakened. The aesthetic methods of openness, ambivalence, and repetition used by Twombly, Bachmann, and Rilke correspond to the characteristics of nature. These overlaps allow one to speak of the ‚vegetable' nature of these works and of the poetics of plants.
Keywords: plant studies / environmental humanities, comparative literature, literature and art, German literature, intermediality/transmediality

Der US-amerikanische Künstler Cy Twombly schuf 2008 in Gaeta einen sechsteiligen Gemäldezyklus, der von seiner intensiven Auseinandersetzung mit der Tradition der Weltliteratur zeugt. Es werden die Werke der einerseits zum Kanon gehörenden und andererseits der weniger bekannten Autor*innen wie Ingeborg Bachmann, Rainer Maria Rilke, Emily Dickinson, T. S. Eliot und Patricia Waters zitiert.[2]

---

1 Die Publikation ist ein Teil des vom FWF geförderten Forschungsprojektes V01024-G (Elise-Richter-Fellowship).
2 Vgl. Thierry Greub, „Cy Twomblys ‚Inverted Archeology'", in Nicola Del Roscio, Hg., *Cy Twombly. Die Werkübersicht* (München: Schirmer/Mosel, 2014), 232.

Der Zyklus heißt *Untitled (Roses)*³ und wurde speziell für das Münchner Museum Brandhorst, das zur Pinakothek der Moderne zählt, geschaffen. Alle sechs Gemälde sind durch die Rosenmotive und ihre jeweils viermalig wiederholte Abbildung, durch die Literaturzitate und so entstehende ‚indirekte' Widmungen⁴ an die Schriftsteller*innen verknüpft. Twombly hat die Rosenblüten aus spiralförmigen Linien⁵ entwickelt, die Farben wurden vorwiegend mit breitem Pinsel aufgetragen, außerdem sind mehrere Farbrinnsale auf den Gemälden zu sehen.

In Twomblys Gesamtwerk gibt es noch weitere Kunstwerke, die Rosen abbilden bzw. deren Titel auf Rosen verweisen, z. B. *Analysis of the Rose as Sentimental Despair* (1985)⁶ und *Untitled (A Rose)* (1989).⁷

Ziel dieses Beitrags ist es, unter Heranziehung der interdisziplinären Plant Studies die Rosengemälde von Twombly und ihre literarischen Vorlagen, d. h. die Rosengedichte von Bachmann (1956⁸, Abb. 1) und Rilke (1925⁹, Abb. 3), zu untersuchen und danach zu fragen, wie die eingehende Beschäftigung mit Pflanzen das Verständnis dieser literarischen und künstlerischen Werke verändert.¹⁰ Daraus soll anschließend eine Pflanzenpoetik¹¹ abgeleitet werden.

Die Kunst-Literatur-Untersuchung ist vor allem transmedial ausgerichtet. Das bedeutet, dass die medienübergreifenden pflanzenorientierten Aspekte¹² in den Vordergrund der Analyse treten. An einigen Stellen des Beitrags werden aber auch die intermedialen¹³ Kriterien, die die Ähnlichkeiten und Unterschiede zwischen Kunst und Literatur ins Auge fassen, einbezogen.

Die literatur- und kulturwissenschaftlichen Plant Studies basieren auf der neueren Botanikforschung und Philosophie der Pflanzen wie auch auf den

---

3 Siehe: Thierry Greub, *Cy Twombly. Inscriptions*, Bd. VI (Paderborn: Brill, Fink, 2022), 380–81.
4 Vgl. Roland Barthes, *Cy Twombly* (Berlin: Merve), 71.
5 Solche Linien, die an Rosenblüten erinnern, verwendet Twombly bereits in seinem Frühwerk, es handelt sich hier wohl um ein Selbstzitat eines früheren Werkes.
6 Dieses Werk in fünf Teilen wurde 1985 in Bassano in Teverina vollendet, es wird in der Cy Twombly Gallery (The Menil Collection) in Houston ausgestellt; abgebildet in: Heiner Bastian, Hg., *Cy Twombly. Catalogue Raisonné of the Paintings*, vol. IV: *1972–1995* (München: Schirmer/Mosel, 1995), Katalognummer 27.
7 Dieses Werk in sieben Teilen wurde 1989 in Porto Ercole vollendet, es ist Teil der Kollektion der Cy Twombly Foundation; abgebildet in: Nicola Del Roscio, Hg., *Cy Twombly. Drawings. Cat. Rais.*, vol. 7: *1980–1989* (München: Schirmer/Mosel, 2016), Katalognummer 299.
8 Greub, *Cy Twombly. Inscriptions*, Bd. VI, 382.
9 Ibid., 383.
10 Vgl. Joela Jacobs und Isabel Kranz, „Einleitung. Das literarische Leben der Pflanzen: Poetiken des Botanischen", *Literatur für Leser* 40, Nr. 2 (2017): 87.
11 Hierfür ist der Zusammenhang zwischen dem Wissen über Pflanzen und Natur wie auch den literarischen Textverfahren und künstlerischen Bildverfahren relevant.
12 Es handelt sich vor allem um Ähnlichkeiten in Bezug auf Pflanzenthematik und Gestaltungsprinzipien der Werke, ohne dass die Medien in den Blick genommen werden.
13 Vgl. Irina O. Rajewsky, *Intermedialität* (Stuttgart: UTB, 2002).

theoretischen Ansätzen der Environmental Humanities, des New Materialism und des Ecocriticism.[14]

Die folgenden Ausführungen stützen sich vor allem auf Emanuele Coccias *Die Wurzeln der Welt: Eine Philosophie der Pflanzen* (2018),[15] Johann Wolfgang von Goethes *Versuch die Metamorphose der Pflanzen zu erklären* (1790)[16] und seinen weiteren Essay *Bedenken und Ergebung* (1820).[17]

Die Heranziehung dieser Texte wie auch der Plant Studies ermöglicht neue, erweiternde Sichtweisen auf die oben genannten Kunstwerke und somit einen bedeutenden Erkenntnisgewinn über Pflanzen aus Literatur und Kunst, sprich aus imaginativen, „nicht in einem vordergründigen Sinn realistische[n]"[18] Quellen. Diese gegenseitige Befruchtung der Disziplinen beschreibt Michael Marder, indem er das Ziel der von ihm begründeten Buchreihe *Critical Plant Studies* formuliert: „The goal of the *Critical Plant Studies* is to initiate an interdisciplinary dialogue, whereby philosophy and literature would learn from each other to think about, imagine, and describe, vegetal life with critical awareness, conceptual rigor, and ethical sensitivity."[19]

Des Weiteren orientiert sich der Beitrag an den folgenden Fragen: Wie werden die Pflanzen in Literatur und Kunst dargestellt? Kann man hier zwischen einem extrinsischen bzw. einem intrinsischen Sprechen (Sprechen *über* bzw. *der* Pflanzen) unterscheiden? Können die Pflanzen als „Akteure" oder „Aktanten"[20]

---

14 Vgl. Urte Stobbe, „Plant Studies: Pflanzen kulturwissenschaftlich erforschen – Grundlagen, Tendenzen, Perspektiven", *Kulturwissenschaftliche Zeitschrift* 4/1 (2019): 92; Anke Kramer, „Plant Studies im Literaturunterricht. Verwebungen von Pflanzen und Menschen bei Karin Peschka", in Jan Standke und Dieter Wrobel, Hg., *Ästhetisierungen der Natur und ökologischer Wandel. Literaturdidaktische Perspektiven auf Narrative der Natur in der deutschsprachigen Gegenwartsliteratur* (Trier: Wissenschaftlicher Verlag, 2021), 204.
15 Emanuele Coccia, *Die Wurzeln der Welt. Eine Philosophie der Pflanzen*, übers. von Elsbeth Ranke (München: Hanser, 2018). Im Folgenden unter der Sigle EC samt der Seitenzahl zitiert.
16 Johann Wolfgang Goethe, „Versuch die Metamorphose der Pflanzen zu erklären", in Johann Wolfgang Goethe, *Sämtliche Werke. Briefe, Tagebücher und Gespräche*, Abt. I, Bd. 24: *Schriften zur Morphologie*, hg. v. Dorothea Kuhn (Frankfurt a. M.: Deutscher Klassiker Verlag, 1987), 109–51. Im Folgenden unter der Sigle JWG samt der Seitenzahl zitiert.
17 Johann Wolfgang Goethe, „Bedenken und Ergebung", in Johann Wolfgang Goethe, *Sämtliche Werke. Briefe, Tagebücher und Gespräche*, Abt. I, Bd. 24: *Schriften zur Morphologie*, hg. v. Dorothea Kuhn (Frankfurt a. M.: Deutscher Klassiker Verlag, 1987), 449–50.
18 Hubert Zapf, „Narrative der Natur in der amerikanischen Kultur und Literatur", in Matthias Schmidt und Hubert Zapf, Hg., *Environmental Humanities. Beiträge zur geistes- und sozialwissenschaftlichen Umweltforschung* (Göttingen: Brill Deutschland, 2021), 102. Laut Zapf (97) ist Literatur – und auch Kunst – „eine ästhetisch-kreative Form kultureller Nachhaltigkeit, die eine wichtige Rolle im transdisziplinären Feld der Environmental Humanities spielen kann".
19 Michael Marder, *Critical Plant Studies* (2013), Präsentation der Zielsetzung dieser Buchreihe, abgerufen am 20.12.2021, https://brill.com/display/serial/CPST.
20 Stobbe, „Plant Studies", 101.

und insofern als Sender einer – existenziellen und ethischen – Nachricht aufgefasst werden?

Cy Twomblys Gemälde *Untitled (Roses)* und Ingeborg Bachmanns Gedicht *Schatten Rosen Schatten*

Auf dem Gemälde *Untitled (Roses)*, auf dem die Farbe Magenta und Rottöne dominieren, wird das Gedicht *Schatten Rosen Schatten* (1956) von Bachmann zitiert (Abb. 1):

> Unter einem fremden Himmel
> Schatten Rosen
> Schatten
> auf einer fremden Erde
> zwischen Rosen und Schatten
> in einem fremden Wasser
> mein Schatten.[21]

Dieses Gedicht ist im Gedichtband *Anrufung des Großen Bären* erschienen und entstand „in den Jahren 1954–56, nach Bachmanns Aufbruch nach Italien, wo sie sich von 1953 bis 1956 zwischen Neapel, Ischia und Rom" aufhielt.[22] Twombly benutzte allerdings die englischsprachige, von Peter Filkins übersetzte Gedichtausgabe von Bachmann aus dem Jahr 2006 mit dem Titel *Darkness Spoken. The Collected Poems*.[23]

Filkins' Übersetzung des Bachmann'schen Gedichts *Schatten Rosen Schatten / Shadows Roses Shadows* lautet wie folgt: „Under an alien sky / shadows roses / shadow / on an alien earth / between roses and shadows / in alien waters / my shadow."[24] Twombly zitiert dieses Gedicht in modifizierter Form, indem er die

---

21 Ingeborg Bachmann, „Schatten Rosen Schatten", in Ingeborg Bachmann, *Anrufung des Großen Bären*, hg. v. Luigi Reitani (München: Piper; Berlin: Suhrkamp, 2022), 76; Vgl dazu: Lina Užukauskaitė und Uta Degner, „Was hat Ingeborg Bachmann mit Cy Twombly zu tun?", Interview von Uta Degner, *Lange Nacht der Forschung* an der Universität Salzburg, 22.09.2020, Video, 12:45, abgerufen am 20.12.2012, https://vimeo.com/460174154.
22 Marion Schmaus, „,Anrufung des Großen Bären' und Gedichte aus dem Umfeld", in Monika Albrecht und Dirk Göttsche, Hg., *Bachmann-Handbuch. Leben – Werk – Wirkung* (Berlin: Metzler, 2020), 83.
23 Bachmann, *Darkness Spoken*. Während meines Forschungsaufenthalts in Rom habe ich in Twomblys Bibliothek in Gaeta das vom Künstler verwendete Leseexemplar von Bachmanns Gedichten überprüft. Vielen Dank an Cy Twomblys Sohn Alessandro Twombly, der mir den Zugang und die dreistündige Arbeit in der Bibliothek seines Vaters in Gaeta am 18. Juni 2019 gewährte. Der Forschungsaufenthalt in Rom wurde durch das ROM-Stipendium der Österreichischen Akademie der Wissenschaften ermöglicht.
24 Ingeborg Bachmann, *Darkness Spoken. The Collected Poems*, translated and introduced by Peter Filkins (Brookline: Zephyr, 2006), 209.

zwei letzten Gedichtzeilen weglässt.[25] Dadurch verändert sich der Sinn: Der direkte Subjektbezug wird entfernt. Dieser Sinnzusammenhang wird auch formal aufgelöst: Die zweite Rose von links, über die das Bachmann'sche Gedicht geschrieben steht, erscheint oben abgehackt.[26] Dadurch entsteht eine semantische Öffnung im Gemälde.

Ingeborg Bachmanns Gedicht *Schatten Rosen Schatten*

In Bachmanns Gedicht spricht das lyrische Ich über „Rosen", obwohl dieses extrinsische Sprechen die Blumen nicht näher beschreibt. Ihre Farbe und ihre Wachstumsform – ob Rosenbusch oder einzelne Blumen – bleiben unbekannt. Auch die Natur wird nicht näher beschrieben, sondern deren Bild wird durch die weiteren Schlüsselwörter „Himmel", „Erde" und „Wasser" evoziert. Die fehlenden Verben und Interpunktion, die Leerstellen im Gedicht lassen verschiedene Konnotationen und Vieldeutigkeit zu. Vorherrschend sind also Andeutung, Offenheit, das Prinzip der Ambivalenz bzw. des Paradoxes und der Wiederholung. Das lyrische Ich betrachtet „Schatten", „Rosen", „Schatten" „[u]nter einem fremden Himmel", es befindet sich dazwischen wie auch zwischen dem Himmel und der Erde. Die Schatten, die eine gewisse Stimmung der Bedrohung ankünden, deuten auf die Existenz einer Lichtquelle hin. Die Rosen lassen sich in Bezug auf die überlieferten Sinngehalte durchaus mit dem Schönen verbinden. Daraufhin können die (blühenden) Pflanzen als „Inbegriff und Produkt des fundamentalen menschlichen Begehrens nach Schönheit begriffen werden", was ihre ästhetische Dimension hervorhebt.[27]

Es gibt im Gedicht keine weitere Konkretisierung der Interaktion zwischen den Pflanzen und dem Menschen. Im Unterschied zu den verwurzelten Pflanzen ist das Subjekt im Gedicht entwurzelt, ein Fremdes, das auf dem fremden Wasser seinen Schatten beobachtet. Die Bachmann-Forschung bringt diese Entfremdungssituation mit dem Heimatverlust und mit der Exilerfahrung nach dem Krieg in Verbindung. Das Fremdsein bleibt auch nach der möglichen Rückkehr in die Heimat bestehen.

Ob das lyrische Subjekt im Gedicht Bachmanns der Natur als einem passiven Objekt entgegensetzt ist oder mit ihr verbunden ist,[28] bleibt offen. Das von Bachmann verwendete Wort „zwischen" suggeriert die Verwobenheit von menschlicher und nichtmenschlicher Sphäre („auf einer fremden Erde / zwi-

---

25 Vgl. Armin Zweite, „Twomblys Rosen. Zu einigen Bildern des Malers im Museum Brandhorst", in Thierry Greub, Hg., *Cy Twombly. Bild, Text, Paratext* (Paderborn: Fink, 2014), 341.
26 Dieses Abgehackte kann man als eine Grenze zwischen dem Text und Bild verstehen.
27 Kramer, „Plant Studies", 214, 205.
28 Ibid., 204, 210.

schen Rosen und Schatten"). Bachmanns ästhetisches Verfahren des Evozierens schafft Leerstellen und Möglichkeiten, das Gedicht „auf verschiedene Arten"[29] zu lesen, gedanklich fortzusetzen und so über das Mensch-Natur-Verhältnis neu zu reflektieren. Die Leerstellen im Gedicht deuten auf das stumme und sich dennoch *ex negativo* mitteilende Sein der Pflanzen hin. Bachmanns ästhetisches Prinzip der Offenheit, der Ambivalenz und Wiederholung (z. B. Rosen/Schatten, Leben/Tod) verschränkt sich mit der Pflanzenwelt, ihrer Offenheit und Weite, ihrem permanenten Werden und Vergehen. Diese Überschneidungen zwischen den Pflanzen und dem Text lassen es zu, vom „,Vegetabilen' des Textes" und von „einer Poetik des Pflanzlichen"[30] zu sprechen.

Laut Adorno macht das Unbestimmte den Kern der Kunst aus, denn sie spricht – wie die Natur – die Sprache des „Rätsel[s]", sie „sag[t]", indem sie „verb[irgt]".[31] Dieses Unbestimmte ist also ohne Rückwendung zur Natur, zum „Naturschönen", nicht nachvollziehbar; der Natur wird dank der Verabschiedung jeglicher Eindeutigkeit Schönheit zugewiesen. Die Kunst ahmt ergo die „Unbestimmtheit des Naturschönen"[32] nach.

Emanuele Coccias Pflanzenphilosophie in Bezug auf das Gedicht *Schatten Rosen Schatten*

Welches inhärente Wissen zu den Rosen wird in diesem Werk von Bachmann den Rezipient*innen vermittelt? Wenn man die Pflanzen eingehender betrachtet, tut sich eine erweiterte Lesart des Gedichts auf. Mit der Philosophie der Pflanzen von Emmanuele Coccia als Folie kann man behaupten, dass die Pflanzen in Bachmanns Gedicht implizit als „Aktanten"[33] oder „Wirkende"[34] agieren und eine existentielle und ethische Nachricht an das lyrische Ich und die Rezipient*innen senden. Aus diesem Grund kann das Sprechen der Pflanzen als intrinsisches Sprechen charakterisiert werden. Im Folgenden werden diese Behauptungen mit ausführlichen kommentierten Textbelegen von Coccia gestützt.

---

29 Ingeborg Bachmann, *Wir müssen wahre Sätze finden. Gespräche und Interviews*, hg. v. Christine Koschel und Inge von Weidenbaum (München: Piper, 1994), 100.
30 Stobbe, „Plant Studies", 98.
31 Theodor W. Adorno, „Ästhetische Theorie", in Theodor Adorno, *Gesammelte Schriften*, hg. v. Rolf Tiedemann unter Mitwirkung von Gretel Adorno, Susan Buck-Morss und Klaus Schultz, Bd. 7 (Darmstadt: Wissenschaftliche Buchgesellschaft, 1997), 182. Vgl. dazu: Lina Užukauskaitė, *Das Schöne im Werk Ingeborg Bachmanns. Zur Aktualität einer zentralen ästhetischen Kategorie nach 1945* (Heidelberg: Winter, 2021), 45–46.
32 Adorno, „Ästhetische Theorie", 113.
33 Stobbe, „Plant Studies", 101.
34 Kramer, „Plant Studies", 204.

Wenn es nach Coccia keine Welt ohne Pflanzen gibt, die mit ihrer „Haftung […] an ihrer Umwelt" das radikale „In-der-Welt-Sein[]" demonstrieren und über kosmische Heimat zwischen Sonne und Erde verfügen, so tun sich deutliche Unterschiede zur im Gedicht dargelegten Existenz des lyrischen Subjekts/Menschen, sprich zu seiner Mobilität, Entwurzelung und Heimatlosigkeit in der Welt („[u]nter einem fremden Himmel / mein Schatten") auf:

> Kein anderes Lebewesen ist seiner Umwelt mehr verhaftet als sie [Pflanzen, L. U.]. Sie haben weder Augen noch Ohren, um die Formen der Welt erkennen und ihr Abbild im Schillern von Farben und Tönen abbilden zu können, das wir in ihr wahrnehmen. In allem, was ihnen begegnet, haben sie Anteil an der Welt in ihrer Gesamtheit. Die Pflanzen laufen nicht, können nicht fliegen: Sie sind nicht in der Lage, einen bestimmten Ort gegenüber dem übrigen Raum zu bevorzugen, sie müssen da bleiben, wo sie sind. Der Raum zerfällt für sie nicht in ein heterogenes Schachbrett geografischer Differenzen; die Welt verdichtet sich in dem Flecken Boden und Himmel, den sie besetzen. Im Unterschied zu den meisten höheren Tieren haben sie keinerlei selektive Beziehung zu ihrer Umwelt: Sie sind, sie können nicht anders, als ständig ihrer Umwelt ausgesetzt zu sein. Das pflanzliche Leben ist das Leben als integrales Ausgesetztsein in absoluter Kontinuität und globaler Kommunion mit der Umwelt. […] Dass sie sich nicht bewegen, ist nur die Kehrseite ihrer vollständigen Haftung an dem, was ihnen begegnet, an ihrer Umwelt. Die Pflanze lässt sich – *sei es physisch oder metaphysisch* – von der Welt, die sie beherbergt, nicht trennen. Sie ist die intensivste, die radikalste und paradigmatischste Form des In-der-Welt-Seins. Die Pflanze verkörpert die engste, die elementarste Verbindung, die das Leben zur Welt knüpfen kann. Und auch das Gegenteil trifft zu: sie ist das klarste Observatorium, um die Welt in ihrer Gesamtheit zu beobachten. Unter Sonne und Wolken, vermengt mit Wasser und Wind, ist ihr Leben eine unendliche kosmische Betrachtung, ohne Trennung von Gegenstand und Substanz; oder anders gesagt, in Akzeptanz aller Nuancen bis hin zur Verschmelzung mit der Welt, bis zum Zusammenfall mit ihrer Substanz. Nie werden wir eine Pflanze verstehen können, solange wir nicht verstehen können, solange wir nicht verstanden haben, was die Welt ist (EC, 17–18).

Die existenzielle Nachricht, die – mit Coccia gelesen – von Pflanzen gesendet wird, kann folgendermaßen in Bezug auf Bachmanns Gedicht gedeutet werden: In einer lernenden und aufmerksamen Auseinandersetzung mit den Pflanzen, für die selbst „cognitive processes such as learning, memory and decision-making"[35] essenziell sind, könne das lyrische Subjekt / der Mensch nicht nur ein neues und erweiterndes Bewusstsein annehmen, sondern sich auch diese umfassende Seins-Form der Pflanzen aneignen und sich im metaphorischen Sinne („kosmologisch", EC, 58) verwurzeln, womit sein Gefühl des Fremdseins und der Heimatlosigkeit aufgehoben wäre:

---

35 Frantisek Baluska, Monica Gagliano und Guenther Witzany, „Preface", in Frantisek Baluska, Monica Gagliano und Guenther Witzany, Hg., *Memory and learning in plants* (Cham: Springer, 2018), v.

[Die Pflanzen] führen uns [...] die radikalste Form des In-der-Welt-Seins vor. Sie überlassen sich ihr ganz und gar, doch ohne passiv zu sein. Im Gegenteil, sie üben auf die Welt, die wir alle durch unseren bloßen Akt des Seins leben, den stärksten und folgenreichsten Einfluss aus, und das auf globaler und nicht nur auf lokaler Ebene: Sie verändern die Welt, nicht bloß ihr Milieu oder ihre ökologische Nische. Die Pflanzen zu denken bedeutet, ein In-der-Welt-Sein zu denken, das unmittelbar kosmogonisch ist (EC, 58).

Die Existenz der Pflanzen verändert an sich schon das kosmische Milieu, also die Welt, die sie durchdringen und von der sie durchdrungen werden. Allein schon durch ihre Existenz verändern die Pflanzen ganz global die Welt, ohne sich dabei auch nur zu bewegen, ohne überhaupt zu handeln. [...]
Damit müssen wir diese Erkenntnis verallgemeinern und schlussfolgern, dass die Existenz jedes Lebewesens notwendigerweise ein kosmogonischer Akt ist und dass eine Welt immer zugleich ein Möglichkeitszustand ist und ein Produkt des Lebens, das sie birgt. Jeder Organismus ist die Erfindung einer Art und Weise, die Welt zu erzeugen [...], und die Welt ist immer Lebensraum, Lebens-Welt (EC, 56).

Coccia legt in seiner Schrift dar, wie radikal die Pflanzen mit allen „Lebewesen" verbunden sind, vor allem durch „die Sphäre des Atems" (EC, 69) stehen sie mit der gesamten „Lebens-Welt" in Kontakt. Diese radikale Verbundenheit und Offenheit der Pflanzen könnten als Plädoyer für das lyrische Ich / den Menschen gelten, sich dieses Wissens bewusst zu werden, und „die Beziehungen zwischen Welt und Lebendigem ganz von vorn zu durchdenken" (EC, 58). Man könnte hier vom Ansatz der Environmental Humanities ausgehen, nach dem „Menschliches und Nichtmenschliches in der Natur nicht kategorisch voneinander [getrennt], sondern in unzähligen Interaktionen miteinander verwoben sind. Dieses Naturkonzept liegt unter anderem gegenwärtigen Theorien der Nachhaltigkeit zugrunde."[36]

Da die Pflanzen, „die eigentlichen Macher unserer Welt" (EC, 35–36), die (räumlichen) Hierarchien – sprich Ungleichheit und Machtkonstellationen – aufheben, kann man sie des Weiteren als Vermittler einer ethischen Botschaft ansehen: „Indem die Pflanzen die Welt, deren Teil und Inhalt sie sind, ermöglichen, zerstören sie die topologische Hierarchie, die im Kosmos scheinbar herrscht" (EC, 23). „Durch die Pflanzen definiert sich das Leben zunächst als Zirkulation des Lebendigen" (EC, 21).

Ein weiterer bedeutsamer Aspekt, auf den Coccia hinweist, ist das permanente Werden und sich Erneuern der Pflanzen nach dem Prinzip der „Vernunft", „eine[s] strengen, völlig fehlerlosen Modell[s]" (EC, 27), denn die Pflanzen hören „nicht auf, sich zu entwickeln und zu wachsen, vor allem aber Organe und Teile ihres eigenen Körpers neu auszubilden (Blätter, Blüten, Teile des Stamms und so

---

36 Kramer, „Plant Studies", 211.

weiter), die sie verloren oder abgestoßen haben" (EC, 26); „Ihr Körper ist eine morphogenetische Fabrik, die keinen Produktionsstopp kennt" (EC, 26).

Dank der Wurzeln sind die Pflanzen sowohl in der Vergangenheit als auch in der Zukunft verortet: „Die Wurzel ist im biologischen Sinne sowohl der Ursprung als auch die Zukunft der Pflanze, da hier das Wachstum beginnt sowie das weitere Überleben sichergestellt wird."[37]

Cy Twomblys Bachmann-Gemälde

Wenn man die inhaltlichen und strukturellen Textelemente im Gemälde von Cy Twombly (Abb. 1) auswertet, stellt man die Entsprechungen zwischen vier Versen und den vier abgebildeten Rosen fest. Die Rosen aus dem Gedicht und andeutungsweise die Schatten werden auf dem Gemälde abstrakt dargestellt, nicht aber der Himmel und die Erde. Die von Bachmann verwendete Stilmittel der Entgegensetzung (hell/dunkel, Leben/Tod etc.), der Offenheit und der Wiederholung finden Eingang in Twomblys Kunstwerk.

Anhand einer intermedialen Analyse des Gemäldes lassen sich sowohl die Grenzen zwischen Text und Bild als auch die Überschreitungen medialer Grenzen feststellen. Auch wenn Bachmanns Gedichtzitat zum Element des Bildes von Twombly wird, muss und will der Text gelesen werden. Er ist nicht auf einen Blick erfassbar. Auch im Kunstwerk bewahrt der Text seine Grenzen im Sinne der Lessing'schen Sukzessivität, für die das Kriterium der Zeit zentral ist. An dieser Stelle sei zum Vergleich auch auf das zweite Ingeborg-Bachmann-Gemälde von Twombly (Abb. 2) verwiesen.

Das Gemälde gibt den Rezipient*innen eine „Leserichtung" von links nach rechts vor, wodurch der Eindruck einer Narrativität evoziert wird. Die Transformation der Rosenblüten lässt sich anhand der Farbveränderung verfolgen. Entlang der Blicklinie verdunkelt sich die Farbe, die als Verwelken verstanden werden kann. Das Gemälde übernimmt Qualitäten eines Textes, es weist die Lessing'sche Sukzessivität – die Artikulation in der Zeit – auf, wirkt aber zugleich als Raumkunst weiterhin simultan. Deshalb kann hier von einer bestehenden Analogie zwischen Text und Bild im Sinne von *ut pictura poesis* gesprochen werden.[38]

---

37 Carla Swiderski, „Restaurationsarbeiten im imaginierten Garten in Hilde Domins ‚Das zweite Paradies'", *Literatur für Leser* 40, Nr. 2 (2017): 165.
38 Siehe: Lina Užukauskaitė, „Ingeborg Bachmann und die Kunst. Intermediale Aktionsformen in den Italien-Kunstwerken von Cy Twombly, Elisa Montessori und Marina Bindella", *Römische Historische Mitteilungen* 65 (2023): 620, 606.

Wenn „Sukzessives" und „Simultanes" – die Kriterien, die in Wirklichkeit
getrennt werden – im Gemälde zugleich dargestellt werden, so liegt laut Goethes
Essay *Bedenken und Ergebung* die Darstellung einer Idee vor:

> [D]ie Idee ist unabhängig von Raum und Zeit, die Naturforschung ist in Raum und Zeit
> beschränkt, daher ist in der Idee Simultanes und Sukzessives innigst verbunden, auf
> dem Standpunkt der Erfahrung hingegen immer getrennt, und eine Naturwirkung die
> wir der Idee gemäß als simultan und sukzessiv zugleich denken sollen, scheint uns in
> eine Art Wahnsinn zu versetzen.[39]

Nach einer pflanzenorientierten Analyse des Gemäldes und mit einer weiteren
Bezugnahme auf Goethe kann man behaupten, dass das Rosengemälde von
Twombly einen Ausschnitt aus dem Metamorphoseprozess der Pflanzen – die
Ausbildung der Blüten – darstellt, der im folgenden Zitat beschrieben wird:

> Es mag nun die Pflanze sprossen, blühen oder Früchte bringen, so sind es doch nur
> immer dieselbigen Organe welche, in vielfältigen Bestimmungen und unter oft verän-
> derten Gestalten, die Vorschrift der Natur erfüllen. Dasselbe Organ, welches am Stengel
> als Blatt sich ausgedehnt und eine höchst mannigfaltige Gestalt angenommen hat, zieht
> sich nun im Kelche zusammen, dehnt sich im Blumenblatte wieder aus, zieht sich in den
> Geschlechtswerkzeugen zusammen, um sich als Frucht zum letztenmal auszudehnen.
> (JWG, 149)

Dadurch, dass Twombly die letzten zwei Verse von *Schatten Rosen Schatten* im
Bild abschneidet und damit den im Gedicht thematisierten Subjektbezug entfernt, und eine semantische Öffnung herstellt, stellen sich folgende Fragen: Wer
bzw. was spricht im Gemälde? Sind die Rosen die Akteure, die sich den Rezipient*innen mitteilen? Wenn ja, in welchem Modus? Kann man am Beispiel dieses
Gemäldes von einem Mensch-Pflanzen-Verhältnis sprechen? Gibt es im Bild
Parallelen zwischen Pflanzen und Menschen?

Man kann behaupten, dass im Gemälde die Agency von Pflanzen im Modus
ihres imaginativen intrinsischen Sprechens vorliegt: Die Rosen sprechen über
ihre Metamorphose aus der Retrospektive. Wenn man vom gegenwärtigen
Zeitpunkt ausgeht, so wäre die vierte, die dunkelste, welkende Rose, die die
spricht und über ihr früheres Leben und Blühen, über ihr Werden und Vergehen
erzählt (Abb. 1).

Aufgrund der abstrakten Dimension des Kunstwerks können Verbindungen
zum Inneren und Äußeren des Menschen hergestellt werden: Das dominierende
Rot lässt sich mit dem menschlichen Fleisch, mit dem Erröten verbinden, wobei
die abstrakten Rosen an das weibliche Geschlechtsorgan und Leidenschaft, das
tropfende Rot an das Blut und die Wunden, sprich an Eros und Thanatos, erinnern würden. Daraus lassen sich Verbindungen zum Gender-Aspekt, d. h. zur

---

[39] Goethe, „Bedenken und Ergebung", 449.

Thematisierung von geschlechtlicher Identität (Vagina) und Spannungen zwischen den Geschlechtern (Wunden/Kämpfe) ableiten. Anhand der zweiten Rose im Gemälde kann man von einer abgeschnittenen Blume sprechen, und im Sinne des Gedichts von Bachmann das (historisch bedingte) Abschneiden von Wurzeln (und Heimat) als Wunde betrachten. Die implizite geschichtliche Dimension lässt sich auch bei Twombly feststellen: Das Magenta-Gemälde rekurriert indirekt auf die Schlacht bei Magenta in Italien 1859.

Außerdem wirkt die erste Rose wie ein Auge, sodass äußeres und inneres Sehen, sprich Phantasie, ineinander übergehen. Über solche „phantastischen" Blumen schrieb Goethe:

> Ich hatte die Gabe, wenn ich die Augen schloß und mit niedergesenktem Haupte mir in der Mitte des Sehorgans eine Blume dachte, so verharrte sie nicht einen Augenblick in ihrer ersten Gestalt, sondern sie legte sich aus einander und aus ihrem Innern entfalteten sich wieder neue Blumen [...]; es waren keine natürlichen Blumen sondern phantastische [...].[40]

Aus rezeptionsästhetischer Perspektive gesehen sind die Betrachter*innen des Gemäldes von Twombly „dem Blick der Pflanzen-‚Augen' ausgesetzt".[41] Laut Coccia sind die Blüten ein „Attraktor", sie locken „die Welt zu sich", und auch die farb- und formennuancierten Rosen von Twombly wirken anziehend auf die Rezipient*innen:

> Die Blüte ist der Fortsatz, über den die Pflanzen – oder genauer gesagt die am weitesten entwickelten von ihnen, die Bedecktsamer – diesen Prozess des Absorbierens, des Einfangens der Welt vollführen können. Sie ist ein *kosmischer Attraktor*, ein vergänglicher, instabiler Körper, der es möglich macht, die Welt wahrzunehmen – also zu absorbieren – und die wertvollsten Formen daraus herauszufiltern, um sich davon modifizieren zu lassen, um das Dasein dort fortzusetzen, wo die eigene Form einen nicht hinbringen könnte.
> Zunächst einmal ist sie ein Attraktor: Statt auf die Welt zuzugehen, lockt sie die Welt zu sich. Dank der Blüten ist das Pflanzenleben ein Ort unerhörter Farb- und Formenexplosion (EC, 126).

Die mehreren Interpretationsebenen der dargestellten Rosen – zum einen gelten sie als ein Rätsel, zum anderen können sie mit Liebe, Wachstum, Metamorphose, Transformation, Vergänglichkeit[42] etc. verbunden werden – eröffnen den Wi-

---

40 Johann Wolfgang Goethe, „Das Sehen in subjektiver Hinsicht, von Purkinje. 1819", in Johann Wolfgang Goethe, *Sämtliche Werke. Briefe, Tagebücher und Gespräche*, Abt. I, Bd. 25: *Schriften zur allgemeinen Naturlehre, Geologie und Mineralogie*, hg. v. Wolf von Engelhardt und Manfred Wenzel (Frankfurt a. M.: Deutscher Klassiker Verlag, 1989), 817–27.
41 Kramer, „Plant Studies", 208.
42 Vgl. die neueste Publikation von Stobbe, Kramer und Wanning, in der die „Pflanzen [in der Modernität] als Zeichen der Vergänglichkeit und Transformation" bestimmt werden; Urte

derspruch zwischen dem Schönen und dem Schmerz. Die ästhetischen Prinzipien des Gemäldes (Offenheit, Ambivalenz, Wiederholung) korrespondieren mit den Charakteristika der Natur.

Cy Twomblys Gemälde *Untitled (Roses)* und Rainer Maria Rilkes Gedicht *Rose, oh reiner Widerspruch*

In einem Gespräch, das Cy Twombly 2007 mit dem Direktor der Londoner Tate-Gallery Nicholas Serota in Rom führte, teilte er mit, dass er die Poesie sehr schätze und dass Rainer Maria Rilke sein Lieblingsautor sei: „I like poets because I can find a condensed phrase... My greatest one to use was Rilke, because of his narrative, he's talking about the essence of something. I always look for the phrase."[43]

In einem Regal seiner Gaeta-Bibliothek befindet sich eine eingerahmte getrocknete Rose, die laut dem Vermerk des Künstlers aus Rilkes Garten in Muzot in der Schweiz stammt: „a rose from Rilke's garden in Muzot, Switzerland. Oct 1991."[44] Twombly hat oft Blumenmotive,[45] Bäume[46] etc. in seinen künstlerischen Werken (abstrakt) dargestellt. Verschiedene Pflanzen haben ihn zu ihrer Schöpfung angeregt. Es ist anzunehmen, dass die getrocknete Rilke'sche Rose ihn im Schaffensprozess inspiriert und als ein bedeutendes Symbol begleitet hat (Abb. 4).

Es gibt über dreißig Werke von Twombly, die Rilke zitieren bzw. sich auf Rilke beziehen: Greub hat dies in einer Tabelle veranschaulicht und die Werkdatierungen zwischen 1975 und 2008 vorgenommen.[47] Laut Heike Heidelmann beginnen die Rilke-Zitate in Twomblys Werk bereits im Jahr 1967, was sie am Beispiel von *Duino* ausführt.[48] Ein eindeutiger Beweis für Twomblys Faszination

---

Stobbe, Anke Kramer und Berbeli Wanning, Hg., *Literaturen und Kulturen des Vegetabilen. Plant Studies – Kulturwissenschaftliche Pflanzenforschung* (Berlin: Peter Lang, 2022), 327.

43 Cy Twombly und Nicholas Serota, „History behind the thought", in Cy Twombly, *Cycles and Seasons (2008-2009)*, hg.v. Nicholas Serota (London: Tate Publishing; München: Schirmer Mosel, 2008), 50.

44 Siehe das Foto der Verfasserin vom 19.06.2019, das in der Gaeta-Bibliothek gemacht worden ist (Abb. 4).

45 Tulpen, Pfingstrosen, Engelstrompeten etc.

46 Vgl. u. a. die Ausstellung in 1981 in New York: *Cy Twombly. Natural History. Part I: Some Trees of Italy. Part II: Mushrooms*.

47 Thierry Greub, „„...To revalorize Poetry now...' Zu Twomblys literarischen Einschreibungen", in Thierry Greub, Hg., *Cy Twombly, Bild, Text, Paratext* (Paderborn: Fink, 2014), 365–69.

48 Heike Heidelmann, „Twombly und Rilke", *Blätter der Rilke-Gesellschaft* 33 (2016): 276.

für Rilke findet sich im Gemälde vom 1984/1985, in dem Twombly „to Rilke (an obsession)" eingefügt hat.[49]
In einem der sechs Münchener Rosengemälde vom 2008 zitiert Twombly das Epitaph von Rilke (Abb. 3), auf das im Folgenden noch eingegangen wird.

Rainer Maria Rilkes Gedicht *Rose, oh reiner Widerspruch*

Das Gedicht von Rainer Maria Rilke *Rose, oh reiner Widerspruch*, das vom Autor selbst zu seinem Grabspruch bestimmt wurde, ist im Jahr 1925 in Muzot entstanden und lautet:

> Rose, oh reiner Widerspruch, Lust,
> Niemandes Schlaf zu sein unter soviel
> Lidern.[50]

Es gehört zu Rilkes letzten Gedichten. Cy Twombly hat es auf seinem Gemälde in abgewandelter Form zitiert (Abb. 3). Die Aufteilung der Verse hat er anders gesetzt und das letzte Wort „Lidern" durch „Blütenblätter" („Petals") ersetzt: „Rose, O pure / Contradiction, the desire / to be no ones / Sleep / under so many / Petals".[51] Welcher Rilke-Ausgabe genau der Künstler dieses Gedicht entnommen hat, konnte bisher nicht eruiert werden.

Das lyrische Ich spricht (extrinsisch) zu und von einer einzelnen Rose, deren Farbe nicht konkretisiert wird. Es gibt deutliche metaphorische Parallelen zwischen der Rose und dem Menschen: Ihre Blütenblätter korreliert mit den Augenlidern, wobei die Homophonie an die Lieder (vgl. „Lidern"), sprich Musik – auch Dichtung –, denken lässt[52] (vgl. RMR, 774-75); der Rose werden menschliche Leidenschaft („Lust") zugeschrieben. Dadurch wird die Korrespondenzbeziehung zwischen äußerer und innerer Welt sichtbar. Die Konnotation Rose-Auge ermöglicht Assoziationen mit dem Liebesblick wie auch mit den sich schließenden bzw. geschlossenen Augen im Schlaf oder Tod, womit wiederum die Spannung Eros-Thanatos hervorgerufen wird.

---

49 Vgl. ibid., 273; Cy Twombly, *Untitled 1985 [Bassano in Teverina]*. Das Werk wurde 1984 angefangen und vollendet 1985 in Bassano in Teverina. Es wird in der Cy Twombly Gallery (The Menil Collection) in Houston ausgestellt; abgebildet in: Bastian, *Cy Twombly*, Katalognummer 28.
50 Rainer Maria Rilke, „Rose, oh reiner Widerspruch", in: Rainer Maria Rilke, *Gedichte 1910-1926*, Bd. 2, hg. v. Manfred Engel und Ulrich Fülleborn (Frankfurt a. M.: Insel, 1996), 394. Im Folgenden unter der Sigle RMR samt der Seitenzahl zitiert.
51 Vgl. Zweite, „Twomblys Rosen", 341.
52 Manfred Engel und Ulrich Fülleborn, „Deutungsaspekte zu den Gedichten 1922-1926", in Rainer Maria Rilke, *Gedichte 1910-1926*, hg. v. Manfred Engel und Ulrich Fülleborn, Bd. 2 (Frankfurt a. M.: Insel, 1996), 774-75.

Die der Rose zugesprochene Eigenschaft des „Widerspruch[s]" ist auch die Eigenschaft des Rilke'schen Textverfahrens. Offenheit und Mehrdimensionalität sind weitere Charakteristika. Die Natur gilt also „nicht nur als thematischer Bezugsrahmen, sondern als ästhetisches und kreatives Prinzip der Texte".[53]

Cy Twomblys Rilke-Gemälde

Auf der linken Seite des Gemäldes ist eine abstrahierte rote Rose abgebildet (Abb. 3). Auf dieser Rose hat der Maler in gelber Farbe die Verse von Rilke mit dem Pinsel aufgeschrieben. Die gelbe Schrift, die gut lesbar und im Vergleich zum Bachmann-Gemälde nicht mehrschichtig ist, korrespondiert mit der leuchtend gelben Mitte der Blume.

Indem Cy Twombly das Wort „Lidern" durch das Wort *„Blütenblätter"* (JWG, 120[54]) / „Petals" ersetzt, verpflanzlicht er den gesamten Sinnzusammenhang und nimmt Rilkes deutliche menschliche Bezugnahme im Gedicht weg.

Durch die Text-Bild-Kombination reflektiert Twombly über die Medien selbst, denn beide Medien gehen ineinander über, wirken zusammen und simultan. In Gemälde wird seine Poetik der Transformation, der Übergänge wie auch der Paradoxien realisiert: Ein modifiziertes Gedichtzitat zusammen mit den ‚modifizierten', abstrahierten Rosenbildern sind im Rilke-Gemälde zu sehen, und somit seine *Poetry in paint*,[55] seine eigene Mal-Poesie, die für ihn als einzige Form der Wahrheit[56] fungiert.

Auf den rechten drei Tafeln sind drei Rosen abgebildet, die untereinander durch die gelbe Übermalung korrespondieren und sich daher von der linken Rose unterscheiden. Mit dieser Platzierung der Blumen löst der Maler den im Gedicht erwähnten „Widerspruch" formal ein: Die linke Tafel und die drei rechten Tafeln stehen im Kontrast zueinander.

Die linke Tafel unterscheidet sich vor allem in farblicher Hinsicht von den drei rechten: Das intensive, „rein[e]" (RMR, 394) Rot der Rose und die dynamisch-dramatisch wirkenden Farbrinnsale heben diese Tafel von denen auf der rechten Seite, deren Farbintensität durch die Mischung aus Rot, Gelb und Orange getilgt erscheint, ab. Es gibt keine deutliche lineare Narrativität im Gemälde. Daher kann man behaupten, dass Twombly hier nicht den Prozess der *„Metamorphose*

---

53 Zapf, „Narrative der Natur", 108.
54 Hervorhebung (kursiv) im Original.
55 Jacobus, *Reading Cy Twombly*.
56 Heiner Bastian, „Einführung. Die Macht der Bilder und der Poesie", in Heiner Bastian, Hg., *Cy Twombly. Catalogue Raisonné of the Paintings*, vol. V: *1996-2007* (München: Schirmer/Mosel, 2009), 12. Vgl. dazu: Užukauskaitė, „Ingeborg Bachmann und die Kunst", 621-22.

der Pflanzen" (JWG, 110), die sukzessiven „*Übergänge*" (JWG, 128[57]), abbildet, sondern einen Zustand bzw. zwei separate Zustände.

Das Wort „Reinheit (JWG, 124) wird ebenfalls von Goethe für den Prozess der *Metamorphose der Pflanzen*" (JWG, 110) verwendet, und zwar in Bezug auf die immer „reiner[]", „filtrierter [werdenden] Säfte" der Pflanzen, die für die „*Bildung der* [...] *Blüten*" (JWG, 140[58]) zentral sind (vgl. JWG, 946). Dies würde sich auf Twomblys linke Rose und ihre rote Farbe beziehen.

Die gelb-orangenen Töne im Gemälde heben das auf drei Rosen scheinende Sonnenlicht, also einen bestimmten Moment, hervor, und die Tatsache, dass Pflanzen „Lichtesser"[59] sind. Des Weiteren wäre es möglich, das leuchtende Gelb mit einem nebligen und schläfrigen Zustand zu assoziieren.[60]

Ebenfalls können in diesem abstrakten Gemälde anhand der linken Rose die sinnlichen Zusammenhänge zum Fleisch, zur Erotik und Leidenschaft, auch Verwundung und zu den Augen des Menschen hergestellt werden.

Durch die Fülle an „Lebenskraft" (JWG, 148) von Twomblys Rosen teilt sich die Feierlichkeit des Lebens mit, dies verleiht dem gesamten Rosen-Saal im Museum Brandhorst „eine geradezu feierliche Stimmung".[61] Dies lässt an Rilkes „oh" (RMR, 394) im Gedicht denken, das als „Zeichen der ,Rühmung'" aufgefasst wird, bei dem aber der Ton „d[er] elegische[n] Klage"[62] immer mitschwingt.

Fazit

Im Fokus des Beitrags stand die transmediale pflanzenorientierte Analyse zweier Rosengemälde von Cy Twombly und der von ihm zitierten Gedichte von Ingeborg Bachmann und Rainer Maria Rilke. Außerdem wurden kurz die intermedialen Aktionsformen zwischen Kunst und Literatur berücksichtigt. Der Beitrag stützte sich auf die Plant Studies, die Bezüge zu den Environmental Humanities aufweisen, auf die Philosophie der Pflanzen von Emanuele Coccia und ausgewählte Schriften von Johann Wolfgang Goethe. Die Heranziehung dieser Texte wie auch der Plant Studies ermöglichte neue, erweiternde Sichtweisen auf die oben genannten Kunstwerke und somit einen Erkenntnisgewinn über Pflanzen aus imaginativen Quellen. Es wird aufgezeigt, dass die Pflanzen Wirkende sind, und dass sie aufgrund eines extrinsischen bzw. intrinsischen Modus des Sprechens als Sender von einer existenziellen und ethischen Nachricht aufgefasst werden

---

57 Hervorhebung (kursiv) im Original.
58 Hervorhebung (kursiv) im Original.
59 Stobbe, „Plant Studies", 93.
60 Vgl. „Rose" als „Lust", „Schlaf zu sein" (RMR, 394).
61 Zweite, „Twomblys Rosen", 346.
62 Engel und Fülleborn, „Deutungsaspekte", 774.

können. Die Pflanzen übermitteln somit Wissen an die Menschen, regen sie zum Handeln und zur Transformation an. Durch die medienübergreifende Kunst-Literatur-Analyse ließ sich die Mensch-Pflanzen-Beziehung neu denken: Die Werke zeigen im Sinne der Environmental Humanities die Wechselbeziehungen zwischen Mensch und nichtmenschlicher Natur auf, wecken die Aufmerksamkeit im Umgang mit dem Anderen, zum Beispiel für die Fragilität der Pflanzen und somit das Bewusstsein für Nachhaltigkeit. Die von Twombly, Bachmann und Rilke eingesetzten ästhetischen Verfahren der Offenheit, Ambivalenz und Wiederholung korrespondieren mit den Charakteristika der Natur. Diese Überschneidungen lassen es zu, dass man vom ‚Vegetabilen' dieser Werke und von einer Pflanzenpoetik spricht.

Abbildungen

Abb. 1: Cy Twombly, *Untitled (Roses)*, 2008, Brandhorst Museum München, © Cy Twombly Foundation. Zitat im Gemälde: Ingeborg Bachmanns Gedicht *Schatten Rosen Schatten* (1956)

Abb. 2: Cy Twombly, *Untitled (Roses)*, 2008, Brandhorst Museum München, © Cy Twombly Foundation. Zitat im Gemälde: Ingeborg Bachmanns Gedicht *Im Gewitter der Rosen* (1953)

Pflanzen und Pflanzenpoetik in Kunst und Literatur   **265**

Abb. 3: Cy Twombly, *Untitled (Roses)*, 2008, Brandhorst Museum München, © Cy Twombly Foundation. Zitat im Gemälde: Rainer Maria Rilkes Gedicht *Rose, oh reiner Widerspruch* (1925)

Abb. 4: Cy Twombly, *a rose from Rilke's garden Muzot, Schwitzerland Oct. 1991*. Foto: Lina Užukauskaitė, 19.06.2019, Cy-Twombly-Bibliothek in Gaeta, © Alessandro Twombly

Bibliografie

Adorno, Theodor W. „Ästhetische Theorie". In Theodor Adorno, *Gesammelte Schriften*, herausgegeben von Rolf Tiedemann unter Mitwirkung von Gretel Adorno, Susan Buck-Morss und Klaus Schultz, Bd. 7. Darmstadt: Wissenschaftliche Buchgesellschaft, 1997.
Bachmann, Ingeborg. *Anrufung des Großen Bären*. Herausgegeben von Luigi Reitani. München: Piper; Berlin: Suhrkamp, 2022.
–. *Darkness Spoken. The Collected Poems*. Translated and introduced by Peter Filkins. Brookline: Zephyr, 2006.
–. „Schatten Rosen Schatten". In Ingeborg Bachmann, *Anrufung des Großen Bären*, herausgegeben von Luigi Reitani, 76. München: Piper; Berlin: Suhrkamp, 2022.

–. *Wir müssen wahre Sätze finden. Gespräche und Interviews*. Herausgegeben von Christine Koschel und Inge von Weidenbaum. München: Piper, 1994.

Baluska, Frantisek, Monica Gagliano und Guenther Witzany. „Preface". In Frantisek Baluska, Monica Gagliano und Guenther Witzany, Hg., *Memory and learning in plants*, v–vi. Cham: Springer, 2018.

Barthes, Roland. *Cy Twombly*. Berlin: Merve, 1983.

Bastian, Heiner, Hg. *Cy Twombly. Catalogue Raisonné of the Paintings*. Vol. IV: *1972–1995*. München: Schirmer/Mosel, 1995.

–. „Einführung. Die Macht der Bilder und der Poesie". In Heiner Bastian, Hg., *Cy Twombly. Catalogue Raisonné of the Paintings*, vol. V: *1996–2007*, 11–31. München: Schirmer/Mosel, 2009.

Coccia, Emanuele. *Die Wurzeln der Welt. Eine Philosophie der Pflanzen*. Übersetzt von Elsbeth Ranke. München: Hanser, 2018.

Del Roscio, Nicola, Hg., *Cy Twombly. Drawings. Cat. Rais.* Vol. 7: *1980–1989*. München: Schirmer/Mosel, 2016.

Engel, Manfred und Ulrich Fülleborn. „Deutungsaspekte zu den Gedichten 1922–1926". In Rainer Maria Rilke, *Gedichte 1910–1926*, herausgegeben von Manfred Engel und Ulrich Fülleborn, Bd. 2, 764–77. Frankfurt a. M.: Insel, 1996.

Goethe, Johann Wolfgang. „Bedenken und Ergebung". In Johann Wolfgang Goethe, *Sämtliche Werke. Briefe, Tagebücher und Gespräche*, Abt. I, Bd. 24: *Schriften zur Morphologie*, herausgegeben von Dorothea Kuhn, 449–50. Frankfurt a. M.: Deutscher Klassiker Verlag, 1987.

–. „Das Sehen in subjektiver Hinsicht, von Purkinje. 1819". In Johann Wolfgang Goethe, *Sämtliche Werke. Briefe, Tagebücher und Gespräche*, Abt. I, Bd. 25: *Schriften zur allgemeinen Naturlehre, Geologie und Mineralogie*, herausgegeben von Wolf von Engelhardt und Manfred Wenzel, 817–27. Frankfurt a. M.: Deutscher Klassiker Verlag, 1989.

–. „Schriften zur Morphologie". In Johann Wolfgang Goethe, *Sämtliche Werke. Briefe, Tagebücher und Gespräche*, Abt. I, Bd. 24, herausgegeben von Dorothea Kuhn. Frankfurt a. M.: Deutscher Klassiker Verlag, 1987.

–. „Versuch die Metamorphose der Pflanzen zu erklären". In Johann Wolfgang Goethe, *Sämtliche Werke. Briefe, Tagebücher und Gespräche*, Abt. I, Bd. 24: *Schriften zur Morphologie*, herausgegeben von Dorothea Kuhn, 109–51. Frankfurt a. M.: Deutscher Klassiker Verlag, 1987.

Greub, Thierry. *Cy Twombly. Inscriptions*. 6 Bde. Paderborn: Brill, Fink, 2022.

–. „Cy Twomblys ‚Inverted Archeology'. Für Dietrich Boschung". In Nicola Del Roscio, Hg., *Cy Twombly. Die Werkübersicht*, 227–36. München: Schirmer/Mosel, 2014.

–. „‚…To revalorize Poetry now…' Zu Twomblys literarischen Einschreibungen". In Thierry Greub, Hg., *Cy Twombly, Bild, Text, Paratext*, 359–80. Paderborn: Fink, 2014.

Heidelmann, Heike. „Twombly und Rilke". *Blätter der Rilke-Gesellschaft* 33 (2016): 273–81.

Jacobs, Joela und Isabel Kranz. „Einleitung. Das literarische Leben der Pflanzen: Poetiken des Botanischen". *Literatur für Leser* 40, Nr. 2 (2017): 85–89.

Jacobus, Mary. *Reading Cy Twombly. Poetry in Paint*. Princeton: Princeton University Press, 2016.

Kramer, Anke. „Plant Studies im Literaturunterricht. Verwebungen von Pflanzen und Menschen bei Karin Peschka". In Jan Standke und Dieter Wrobel, Hg., *Ästhetisierungen der Natur und ökologischer Wandel. Literaturdidaktische Perspektiven auf Narrative* der *Natur in der deutschsprachigen Gegenwartsliteratur*, 203-15. Trier: Wissenschaftlicher Verlag, 2021.

Marder, Michael. *Critical Plant Studies* (2013). Präsentation der Zielsetzung dieser Buchreihe. Abgerufen am 20.12.2021. https://brill.com/display/serial/CPST.

Rajewsky, Irina O. *Intermedialität*. Stuttgart: UTB, 2002.

Rilke, Rainer Maria. *Gedichte 1910-1926*. Bd. 2. Herausgegeben von Manfred Engel und Ulrich Fülleborn. Frankfurt a. M.: Insel, 1996.

–. „Rose, oh reiner Widerspruch". In Rainer Maria Rilke, *Gedichte 1910-1926*, herausgegeben von Manfred Engel und Ulrich Fülleborn, Bd. 2, 394. Frankfurt a. M.: Insel, 1996.

Schmaus, Marion. „,Anrufung des Großen Bären' und Gedichte aus dem Umfeld". In Albrecht, Monika und Dirk Göttsche, Hg., *Bachmann-Handbuch. Leben – Werk – Wirkung*, 83-94. Berlin: Metzler, 2020.

Stobbe, Urte. „Plant Studies: Pflanzen kulturwissenschaftlich erforschen – Grundlagen, Tendenzen, Perspektiven". *Kulturwissenschaftliche Zeitschrift* 4/1 (2019): 91-106.

Stobbe, Urte, Anke Kramer und Berbeli Wanning, Hg. *Literaturen und Kulturen des Vegetabilen. Plant Studies – Kulturwissenschaftliche Pflanzenforschung*. Berlin: Peter Lang, 2022.

Swiderski, Carla. „Restaurationsarbeiten im imaginierten Garten in Hilde Domins ‚Das zweite Paradies'". *Literatur für Leser* 40, Nr. 2 (2017): 153-65.

Twombly, Cy und Nicholas Serota. „History behind the thought". In Cy Twombly, *Cycles and Seasons* (2008-2009), herausgegeben von Nicholas Serota, 42-53. London: Tate Publishing; München: Schirmer/Mosel, 2008.

Užukauskaitė, Lina. *Das Schöne im Werk Ingeborg Bachmanns. Zur Aktualität einer zentralen ästhetischen Kategorie nach 1945*. Heidelberg: Winter, 2021.

–. „Ingeborg Bachmann und die Kunst. Intermediale Aktionsformen in den Italien-Kunstwerken von Cy Twombly, Elisa Montessori und Marina Bindella". *Römische Historische Mitteilungen* 65 (2023): 605-36.

Užukauskaitė, Lina und Uta Degner. „Was hat Ingeborg Bachmann mit Cy Twombly zu tun?", Interview von Uta Degner. *Lange Nacht der Forschung* an der Universität Salzburg, 22.09.2020. Video, 12:45. Abgerufen am 20.12.2012. https://vimeo.com/4601741 54.

Zapf, Hubert. „Narrative der Natur in der amerikanischen Kultur und Literatur". In Matthias Schmidt und Hubert Zapf, Hg., *Environmental Humanities. Beiträge zur geistes- und sozialwissenschaftlichen Umweltforschung*, 95-110. Göttingen: Brill Deutschland, 2021.

Zweite, Armin. „Twomblys Rosen. Zu einigen Bildern des Malers im Museum Brandhorst". In Thierry Greub, Hg., *Cy Twombly. Bild, Text, Paratext*, 319-57. Paderborn: Fink, 2014.

Plant Agency and (Eco)Literature

Małgorzata Kowalcze (University of the National Education Commission, Krakow)

The (Non)Human Garden in William Golding's *Lord of the Flies*: Insights from New Materialism and Ecocriticism

Abstract
The paper discusses the portrayal of the relationship between human and non-human characters in William Golding's novel *Lord of the Flies*. It shall be argued that the function of the setting as depicted in the novel exceeds the role of a mere silent observer of events or a passive background to the activities of human subjects. Plants display their uncanny vitality and agency, exerting a multivariate impact upon the characters, and they do so with surprising intentionality. The setting of the novel – a desert island – acts upon humans much more than is acted upon by them, and only appears to be submissive. The novel questions the validity of traditional dualisms such as human vs. non-human, animate vs. inanimate or nature vs. culture, and thus provides interesting material for both new materialist and ecocritical scrutiny. Therefore, selected elements of both approaches shall serve as the main frames of reference for the following considerations.
Keywords: agency, intra-action, matter, non-human, *zoe* vs. *bios*

Introduction

A group of British schoolboys are stranded on an uninhabited island which, at a first glance, has all the qualities of a paradise. After the initial excitement and a sense of freedom from rules superimposed by adults recede, the group decide to organize their life there according to the democratic principles they used to observe back at home. They fail dismally, though.[1] Over the course of the novel violence increases, the society shifts from democratic to despotic; two boys are killed, and the whole island is set on fire in an attempt to kill a third one. That is, in a nutshell the plot of William Golding's novel *Lord of the Flies* which has predominantly been read as a moral tale of the weakness of an individual, of darkness inherent in the human being, or of the corruption of a society.[2] Such

---

1 For an interesting study of this see Michael P. Gallagher, "The Human Image in William Golding," *An Irish Quarterly Review* 54, no. 214/215 (Summer/Autumn, 1965): 197–216.
2 Some of the important critical analyses of the novel which offer various outlooks on the writer's fiction include: Mark Kinkead-Weekes and Ian Gregor, *William Golding: A Critical*

interpretations are certainly valid as the author himself stated that: "The theme is an attempt to trace the defects of society back to the defects of human nature."[3] Consequently, the book is usually interpreted as an anti-humanist work which focuses on the negative aspects of the human condition.[4] Little attention, however, has been devoted so far to the non-human dimension of the story, including both animate and inanimate elements, which undoubtedly are instrumental in the plot development. Making a strong case for the idea of the inherent agency of matter, the novel questions the validity of traditional dualisms such as human vs. non-human, animate vs. inanimate or corporeal vs. spiritual, shedding a new light on our understanding of physicality, or more generally speaking, the very materiality of the world. In order to highlight that dimension the following study is going to refrain from offering any moral or ethical evaluation of the events taking place in the novel, as these can be found in numerous critical analyses published to date. Instead, as the aforementioned issues raised by Golding's work are particularly important to new materialism (and to posthumanism in general, for that matter), that is where this inquiry is going to reach for inspiration. As the human-plant relationship features profoundly in the novel, proving interesting material for ecocritical scrutiny, selected insights from ecocriticism shall be offered as well.

Ecomaterial Intra-Active Natureculture

What new materialism and ecocriticism share is the assiduous attention they both devote to the natural environment and its relationships with humans. In the field of ecocriticism many different criteria of an environmentally oriented text can be found, and from among them I wish to point to the ones suggested by Lawrence Buell in his seminal work *The Environmental Imagination: Thoreau, Nature Writing, and the Formation of American Culture*. Their main advantage over others is that they are extensive enough to include a wide range of approaches to the subject matter of the field, which makes them applicable to texts

---

Study (London: Faber & Faber, 1967); Howard S. Babb, *The Novels of William Golding* (Columbus: The Ohio State University Press, 1970); L. L. Dickson, *The Modern Allegories of William Golding* (Gainesville: University Press of Florida, 1991); Yasunori Sugimura, *The Void and the Metaphors. A New Reading of William Golding's Fiction* (Bern: Peter Lang, 2008); John F. Fitzgerald and John R. Kayser "Golding's *Lord of the Flies*: Pride as Original Sin," *Studies in the Novel* 24, no. 1 (1992): 78–88.
3 Edmund L. Epstein, "Notes," in William Golding, *Lord of the Flies* (New York: Capricorn Books, 1959), 250–51.
4 Paul Crawford, *Politics and History in William Golding: The World Turned Upside Down* (Columbia: The University of Missouri Press, 2002), 7–23.

of various genres, and yet they appear to capture the crux of the matter. These are the following:

1. The nonhuman environment is present not merely as a framing device but as a presence that begins to suggest that human history is implicated in natural history.
2. The human interest is not understood to be the only legitimate interest.
3. Human accountability to the environment is part of the text's ethical orientation.
4. Some sense of the environment as a process rather than as a constant or a given is at least implicit in the text.[5]

A closer look at the characters, plot structure and imagery of *Lord of the Flies* lets one conclude that the novel fulfills all of the requirements listed above. And it even goes a step further, making an attempt at bridging the gap between the notions of "nature" and "culture" or "human history/interest" and "the non-human environment," to use Buell's terms. New materialism argues that both culture and nature spring from the common material background and are indeed two dimensions of the same phenomenon, thus "acknowledging a continuity of discursive and existential substance between the cultural structures and the natural background."[6] One of the premises new materialism and ecocriticism share is the one that human existence is deeply rooted in the material background of their surroundings. Karen Barad introduces the term "intra-action" to make a point about the ontological connection between entities: "The neologism 'intra-action' signifies the mutual constitution of entangled agencies. That is, in contrast to the usual 'interaction,' which assumes that there are separate individual agencies that precede their interaction, the notion of intra-action recognizes that distinct agencies do not precede, but rather emerge through, their intra-action."[7] Barad points out that "the world *is* intraactivity in its differential mattering";[8] as integral parts of that intraactive process, humans are born into a plethora of entanglements and their existence is ontologically intra-connected with the existence of all non-human beings. The group of boys, separated from their cultural environment where access to the so-called "wilderness" was severely limited if not impossible, are now marooned on a desert island and find

---

5 Lawrence Buell, *The Environmental Imagination. Thoreau, Nature Writing, and the Formation of American Culture* (Cambridge: Harvard University Press, 1995), 7–8. Those criteria have been modified and expanded by the author in his following publications, however I have decided to refer to the original ones mainly for the sake of brevity.
6 Dragoş Osoianu, "Material Ecocritical Patterns in William Golding's 'Lord of the Flies,'" in *Communication, Context and Interdisciplinarity*, ed. The Alpha Institute for Multicultural Studies (Tîrgu-Mureş: "Petru Maior" University Press, 2014), 1154.
7 Karen Barad, *Meeting the Universe Halfway. Quantum Physics and the Entanglement of Matter and Meaning*, (Durham: Duke University Press, 2007), 33.
8 Karen Barad, "Posthumanist Performativity: Toward an Understanding of How Matter Comes to Matter," *Signs: Journal of Women in Culture and Society* 28, no. 3 (2003): 817.

themselves in a situation when they are given an opportunity to experience it in an immediate way, in a sensual rather than intellectual manner. The boys' transition is not defined by a move from culture to nature, though, as the borderline between the two has been questioned by numerous researchers for decades now. And the traditional dualism nature vs. culture, which used to suggest the distinction between the passive object and the active, thinking subject does no longer hold, as Kate Soper insightfully points out.[9] The sense of a strong connection between the abovementioned "discursive and existential substance" resonates throughout the novel, as the reality of the island, with its indigenous vegetal inhabitants and its human newcomers, constitutes a place where nature and culture mix and intermingle to the point where drawing a line between them is impossible. Donna Haraway's concept of "naturecultures" understood as a synthesis of nature and culture that acknowledges their inseparability in ecological interconnections that are formed both biophysically and socially, tries to capture that very relation.[10] Perhaps a group of children thrown onto a desert island: an exemplification of "abstract" culture thrown into the world of "wild" nature, is a rather peculiar example of the aforementioned continuity. However, contrary to one's expectations, instead of cultivating what they perceive as making them dissimilar from what is biological, instinctive and untamed, and which no doubt was instilled in them in the process of socialization, the characters willingly and relatively quickly yield to the transmuting influence of the island. If not entirely passive, as initially they try to model their surroundings in imitation of their previous social environment, the boys gradually grow acted upon, rather than active, and their behaviour boils down to largely instinctive responses to the external stimuli, rather than independent, premeditated actions.

Having said that, it should be emphasized that the boys' adaptation to new circumstances does not entail abandoning everything related to their previous routines; they still practice behaviors such as cooking food and using symbols, which are commonly considered to be characteristic of the genus *Homo*. These activities, although taking various forms of expression in individual cultures, constitute universally human qualities and are directly related to the human mode of existence in the world. This, however, does not imply any rift between the human and non-human realities, as it is but one of many ways in which agency manifests itself, as Drago**ș** Osoianu observes: "From a post-human-natural point of view, the human being and Nature are co-actants in the same immanent world,

---

9 Kate Soper, *What is Nature? Culture, Politics and the Non-Human* (Oxford-Cambridge: Blackwell, 1995), 41–42.
10 Haraway's concept of "naturecultures" proposed by the author in 2003 appears in her work *The Companion Species Manifesto: Dogs, People, and Significant Otherness* (Chicago: Prickly Paradigm Press). A detailed analysis of that idea unfortunately exceeds the scope of this paper.

where they share the same ontic territory and where there is no difference, at least essential, between text, context, and communication."[11] Golding translates that observation into the language of literature and the aura of a peculiar interdependence between "text" and "context" can be sensed from the very beginning of the novel, where the reader meets Ralph, the novel's protagonist, for the first time:

> The boy with fair hair lowered himself down the last few feet of rock and began to pick his way toward the lagoon. Though he had taken off his school sweater and trailed it now from one hand, his grey shirt stuck to him and his hair was plastered to his forehead. All round him the long scar smashed into the jungle was a bath of heat. He was clambering heavily among the creepers and broken trunks when a bird, a vision of red and yellow, flashed upwards with a witch-like cry.[12]

Although the novel starts from a sketchy description of the protagonist, what is actually focused on is his immediate surroundings and the way in which they impact his appearance and movements. The pervasive weight of cultural codes, which is going to be increasingly noticeable as characters interact and explore the area, marks its immediate presence in the boy's perception of the bird's cry, which he automatically associates with an element of the cultural discourse. Undoubtedly, the children in the novel are far from the Rousseau's 'Émile' types, which are unbiased, mild and eager to learn from nature, and the "blank slates" of their minds have already been filled with humanistic ideas regarding the way of the world, the "natural" order of things and their own position on the planet: "After all, we're not savages. We're English, and the English are best at everything. So we've got to do the right things."[13] Deeply aware of their Englishness they are indeed, and their perception of nature has been shaped by their cultural background in which conquest, subdual, exploitation and violence play a crucial role.

(Non)human Garden

A garden is a peculiar phenomenon which occupies the liminal space between ostensibly dissimilar concepts or spheres. It is a place defined by Julia Fiedorczuk as "a hybrid: a blend of the natural and the artificial, *bios* and *techné*."[14] In her seminal book *The Death of Nature*, Carolyn Merchant remarks: "Nature, tamed and subdued, could be transformed into a garden, to provide both material and

---

11 Osoianu, "Material Ecocritical Patterns," 1157.
12 William Golding, *Lord of the Flies* (London: Faber & Faber, 1988), 1.
13 Ibid., 42.
14 Julia Fiedorczuk, *Cyborg w ogrodzie* (Gdańsk: Wydawnictwo Naukowe Katedra, 2015), 187, trans. M. K.

spiritual food to enhance the comfort and soothe the anxieties of men."[15] That is precisely what the boys intend to do the moment they find themselves on the island; their immediate approach towards the land[16] is that of a conqueror – they want to transform the area into *their* garden. The island is not the only garden that there is, though, even if a figurative one. Societies constitute gardens of sorts as well, and the human community formed by Golding's characters in the novel can be regarded as one of them. As a garden only exists by establishing boundaries within which nature is to be governed by certain rules, the group establishes a set of regulations which would introduce "(b)order"[17] within their micro society. At the same time, however, they quite unknowingly adhere to the dictates of the local ecosystem which shapes the reality of the island. An illustrative example of this is when, for lack of alternatives, the boys start eating a lot of fruit which results in widespread diarrhea, which in turn, as they soon realize, may lead to diseases; this makes them introduce certain sanitary regulations the group is supposed to observe. In that sense, therefore, the community becomes a garden in which their "naturalness," i.e. their physiology, is subject to the shaping influence of the external non-human surroundings. It is therefore not that they consciously position themselves towards nature and consciously work on their attitude to it, but rather that they spontaneously and rather instinctively react to the dynamically changing sensual stimuli the source of which are their immediate surroundings. The society the boys form initially characterized by precarious order, soon gives way to disorder and their carefully hidden wildness becomes apparent as soon as they realize that the gardener – law and religion[18] – is indeed absent from their lives. Relative peace becomes interrupted by sudden acts of aggression which build up quietly only to break out unexpectedly, much like a weed which grows unnoticeably and then appears to spring out from the ground as if out of the blue.

---

15 Carolyn Merchant, *The Death of Nature: Women, Ecology and the Scientific Revolution* (San Francisco: HarperCollins Publishers, 1989), 8. Interestingly, the English word "subdue," apart from to conquer and overpower, also means to cultivate, to prepare soil for growing crops.
16 It is worth mentioning that such kind of approach is characteristic of many of Golding's characters, e.g. Dean Jocelin from *The Spire*, Christopher Martin from *Pincher Martin* or Edmund Talbot from *Rites of Passage*, to name but a few.
17 David Jarrett, Tadeusz Rachwał, and Tadeusz Sławek, *Geometry, Winding Paths and the Mansions of Spirit: Aesthetics of Gardening in the Seventeenth and Eighteenth Centuries* (Katowice: Wydawnictwo Uniwersytetu Śląskiego, 1997), 25.
18 Usha George, *William Golding* (New Delhi: Atlantic, 2008), 25.

Zoe-Centrism

In Golding's peculiar (non)human garden, the relationships between humans and non-humans are very much regulated by the biological reality of the place. The layout of the island is the result of plants' adherence to the natural geological conditions and climatic circumstances: trees grow densely in the lower areas with an abundance of soil. There are places, however, where survival is impossible due to the lack of soil and most of the young saplings wither quickly. Nevertheless, they keep trying to grow there, as if hoping that from among hundreds of seedlings at least some manage to survive. Both human and non-human young are therefore characterized by similar vitality inherent in their existence: they seem to be pushed against odds by some sort of powerful yearning for self-actualization, expansion or proliferation. They convey the impression of being governed by *zoe*, which Rosi Braidotti defines as "the non-human, vital force of Life,"[19] a dynamic and generative force[20] unifying all living beings, and functioning independently from any rational control.[21] After Aristotle, Braidotti distinguishes *zoe* from *bios*, which is another Greek word for life and which refers to its particular form, i. e. human intelligent existence. According to Braidotti, the relationship between these two ideas of life gives rise to one of the main "qualitative distinctions on which Western culture built its discursive empire."[22] Namely: intelligent *bios* takes precedence over vital *zoe*; what is alive and intelligent is higher in the hierarchy of beings than what is only alive, because as such it must be subject to the will of a rational being. That arbitrary ennoblement of *bios* made us forget that life as a biological sequence is a *sine qua non* condition for intelligent life, and therefore, in fact, *zoe* is the basis of *bios*. In the novel that relationship is reversed: *bios* (the boys) become subordinate to *zoe* (the island's flora) and become subject to its transforming influence. It therefore seems fair to say that the approach of Golding's narrative is *zoe*-centrist, as it is very much the story of *zoe* regaining its predominance over *bios* – showing that the intelligent life depends on the vital life. In the island's (non)human garden, where it is not plants but humans that are cultivated, the boys are subject to treatment not dissimilar to the one of plants; they are trimmed, pruned and even rooted out if necessary. The latter happens first to Simon, the outcast and eccentric who is trying to dispel the group's misconceptions about the beast, and then to Piggy,[23]

---

19 Rosi Braidotti, *The Posthuman* (Cambridge: Polity Press, 2013), 60.
20 Ibid., 86, 104, 115, 168.
21 Rosi Braidotti, *Transpositions: On Nomadic Ethics* (Cambridge: Polity Press, 2006), 37.
22 Ibid., 37.
23 Interestingly, Piggy is the only boy whose hair does not grow, which, on the one hand, highlights his peculiarity and, on the other, testifies to the unpredictability of nature which is capable of modifying its own processes.

who dies attempting to fight for democratic values when there is no hope for them to hold any longer. What gets rooted out too are certain types of behaviour, which from the point of view of evolution do not guarantee survival; after all Simon's physical fragility and emotional sensitivity or Piggy's myopia do not strike one as evolutionarily beneficial qualities.

Lord/Lady of the Humans

The plants' impact on the boys displayed in the novel is multifaceted and incremental and the characters' aforementioned transformation is manifest in their transition from almost hermetically independent individuals into beings interconnected, or rather intra-connected with their environment. The first and most obvious step in that process is the act of them adapting to the new circumstances they find themselves in: different scenery, temperature and ambience, entirely new tastes, smells and tactile impressions, daily routines, hopes and fears dissimilar to what they are used to experiencing. In order to come to terms with such a pervasive change, it seems only understandable that substantial alterations in their attitude, behaviour, and in their very selves are likely to take place. At a certain point the protagonists paint their faces with red clay, ostensibly in order to imitate what they imagine "savages" look like.[24] That, however, has a profound impact on them as in a flash the 'masks' somewhat magically make them assume new identities: of hunters, leaders, subjects, savages, victims, shamans or persecutors. The boys grow increasingly responsive to the call of the surrounding reality which encourages them to focus more on their physicality than their spirituality and on their sensuality rather than on rational thinking. They can hear "the palm fronds [...] whisper"[25] and experience the island's magical dimension:

> Strange things happened at midday. The glittering sea rose up, moved apart in planes of blatant impossibility; the coral reef and the few stunted palms that clung to the more elevated parts would float up into the sky, would quiver, be plucked apart, run like raindrops on a wire or be repeated as in an odd succession of mirrors. Sometimes land loomed where there was no land and flicked out like a bubble as the children watched.[26]

With time they "grow accustomed to these mysteries and ignored them, just as they ignored the miraculous, throbbing stars,"[27] which to some extent testifies to

---

24 For an enlightening study of this see Stefan Hawlin, "The Savages in the Forest: Decolonising William Golding," *Critical Survey* 7, no. 2 (1995), 125–35.
25 Golding, *Lord of the Flies*, 10.
26 Ibid., 60.
27 Ibid.

their increasing sense of belonging to the island and its peculiarities. They become increasingly indifferent to social conventions of appearance, ignoring their ragged clothes, dirty faces or their "much too long hair" being "tangled here and there, knotted round a dead leaf or a twig."[28] The reader may get an impression that the island is progressively 'devouring' them, claiming first their appearance, then their behaviour and eventually their very identities. Throughout the novel, the island appears to guide their perception, as the boys are attracted by particular places, plants and objects while ignoring others. The reality of the jungle gradually modifies their behaviour. For example, they learn to walk in a particular way: softly, noiselessly, and assume a different posture with their backs bent down and faces closer to the ground. Their communication alters as well as they develop a system of special audio signals and gestures and learn to address one another in a specific way. Their emotions too are, to a large extent, induced by the specificity of the area they find themselves in and change depending on whether they are in the darkness of the forest or in its sun-flooded clearing. Interestingly, the longer they stay on the island, the further inland they proceed, moving their shelters from the beach to the place they call The Castle Rock. At the same time they focus increasingly on their corporeality, living more "in their bodies" than "in their minds," i.e. they get more reliant on their sensual perception of objects than on rational analysis of them.[29] Certainly the boys do not experience that process identically and the speed with which individual characters yield to the transformative impact of the surroundings depends greatly on their individual characteristics, but it seems fair to say that no one is entirely free from its bizarre call. Jack reacts to it particularly strongly:

> Jack […] for a minute became less a hunter than a furtive thing, ape-like among the tangle of trees. Then the trail, the frustration, claimed him again and he searched the ground avidly. By the trunk of a vast tree that grew pale flowers on its grey bark he checked, closed his eyes, and once more drew in the warm air; and this time his breath came short, there was even a passing pallor in his face, and then the surge of blood again. He passed like a shadow under the darkness of the tree and crouched, looking down at the trodden ground at his feet.[30]

Curiously enough, Jack gets so immersed in the ambience of the place that for a moment the colour of his skin becomes similar to the colour of the flowers and bark of the trees he is passing by. He appears to be using mimicry of sorts which

---

28 Ibid., 120.
29 More about the details of their transformation can be found in my monograph *Williama Goldinga obrazy cielesności w perspektywie wybranych aspektów fenomenologii ciała Maurice'a Merleau-Ponty'ego* (Kraków: Wydawnictwo Uniwersytetu Jagiellońskiego, 2020).
30 Golding, *Lord of the Flies*, 49.

makes him blend in with the surroundings to the point that he creates the impression of being like one of the shadows trees cast around him.

The jungle appeals to each individual differently, however. Simon, for instance, the most spiritual of the characters, about whose peculiar experiences critics disagree whether they are fits of epilepsy or moments of divine revelation, appears to respond to its call on a more supernatural level. He is attracted by the overwhelming magnetism of the jungle following "where the just perceptible path led him" and finds "a little cabin screened off from the open space by a few leaves [...] walled with dark aromatic bushes [...] a bowl of heat and light."[31] That is where he undergoes his first metaphysical experience – or a fit of epilepsy, if you will – and the role plants play in it seems pivotal:

> The candlebuds stirred. Their green sepals drew back a little and the white tips of the flowers rose delicately to meet the open air [...] The candle-buds opened their wide white flowers glimmering under the light that pricked down from the first stars. Their scent spilled out into the air and took possession of the island.[32]

It is very likely that Simon's repeated visits to the place of seclusion significantly contribute to his developing into the group's psychic. Paradoxically, his "metaphysical" incidents lead him to the discovery of the not-so-metaphysical source of problems among the boys, which is the specificity of the human condition – their psycho-corporeal constitution, referred to in the novel as "mankind's essential illness" and symbolized by a severed pig's head. As it has been pointed out at the beginning, it is not my intention to offer any ethical assessment of the assumptions regarding human nature presented in the book, but rather emphasize the extent to which the spiritual, and the corporeal as well as the animate and inanimate are inextricably interconnected in the boy's experiences. More insights into understanding how these dualisms are deconstructed in Golding's novel can be gained from applying the perspective of Traditional Ecological Knowledge.

TEK and Non-Human Agency

New materialism claims that the axiological asymmetry between the categories "human" and "non-human", which is inherent in the dualisms of nature-culture or animate-inanimate, is not given; it is not funded in the natural order, however defined, but is the product of socially sanctioned classifications. What is more,

---

31 Ibid., 57–58.
32 Ibid., 58–59.

"[e]ntities do not have an inherent fixed nature,"[33] that would be totally independent from their surroundings. When disconnected from the ambience of the British culture they have grown up in, Golding's protagonists find themselves in a place where those taken for granted dualisms become less obvious and the differences between various forms of life become significantly less distinct as their experience of nature deepens. At the same time a significant shift in the distribution of agency takes place while the island displays its uncanny vitality. This is highlighted by Golding's imagery and in particular by anthropomorphism and personification of the elements of the setting, whose role is not limited to the ones of a symbol or a metaphor. What resonates in the behaviour of the island's flora is the way in which Traditional Ecological Knowledge understands the concept of a person.[34] TEK postulates a new definition of personhood in which the status of a person is also granted to non-human beings, both animate and inanimate, which makes it justified to talk about a plant-person or a rock-person. It alludes to new animism and new totemism, which emphasize the fact that humans are derived from non-human organisms and are therefore obliged to show them respect: "Thus, these kin exist as our elders and, much as do human elders, function as our teachers and as respected members of our community."[35] This approach is inspired by the wisdom of indigenous traditions, founded on the perception of the human being as an element of the ecosystem and defined by their relationships with other animate and inanimate beings. Consequently, agency gains independence from the conscious, rationally and intentionally acting human being characterized by free will, and emerges as a characteristic of numerous entities of various kinds. TEK highlights the fact that no entity exists independently, but instead is entangled in a net of relationships and therefore is a component, or rather a member, of various communities.[36] In *Lord of the Flies*, the community of boys constitutes a garden within a garden which exists in and by the very many entanglements with the island's flora. What they imagine to be freedom *from* any subjection on the one hand, and freedom *to* create their own environment independently on the other, is just an illusion. When, towards the end of the novel, the boys thoughtlessly set the island on fire, the reader may get the impression that in

---

33 Karen Barad, "Quantum Entanglements and Hauntological Relations of Inheritance. Dis/continuities, Spacetime Enfoldings, and Justice-to-come," *Derrida Today* 3, no. 2 (2010): 240–68.
34 The outline of the TEK approach can be found e.g. in the article by Raymond Pierotti and Daniel Wildcat "Traditional Ecological Knowledge," *Ecological Applications* 10, no. 5 (2000): 1333–40.
35 Ibid., 1337. See also Philippe Descola, "Human Natures," *Social Anthropology / Anthropologie Sociale* 17, no. 2 (2009): 145–57.
36 For interesting research of that issue in Polish see Ewa Domańska, "Humanistyka ekologiczna," *Teksty Drugie* 1–2 (2013): 13–32; Ewa Domańska, *Nekros. Wprowadzenie do ontologii martwego ciała* (Warszawa: PWN, 2013).

so doing they gain the ultimate power over it. This, however, is a somewhat naive understanding of the situation, since, quite paradoxically, by destroying the area, they actually bring about their own doom, depriving themselves of food and shelter. If one chooses to see human vs. non-human relations in terms of a fight for the resources, the plot can be interpreted as the story of humans being manipulated by the overwhelming influence of their surroundings into taking steps towards their own extinction. With humanity gone, the flora, thanks to its regenerative power, will slowly grow back after the fire and reclaim the island.

A critical shift within the subject-object relationship can be, therefore, observed in the novel. Initially, the boys are the main characters and the proponents of the plot. With time, however, the natural environment gains importance and becomes the source of action; ostensibly passive, flora reveals its vitality and subjectivity. It is fair to say that nature does not play the role of a proper character in the story, because its agency is always mediated through the actions of human characters. However, as Barthes observes, in Aristotle's poetics the notion of character becomes secondary and entirely subordinated to the notion of plot.[37] By extension, if we excluded from the plot all the dialogues and internal monologues and looked at the boys' actions only, we would see very clearly how, interestingly, their actions are actually responses to the actions of nature or environmental circumstances they find themselves in. One of the crucial moments of the story, i. e. the frantic dance during which Simon is stabbed to death, takes place at the moment when the impact of the natural surroundings on the boys' psycho-corporeality is particularly strong: it is dark, a storm looming, there is a heavy air pressure which translates into a heavy tension between the boys, which in turn alters their perception and blurs their rational thinking. They appear transmuted into reactive beings, largely passive elements of a bigger whole performing an unpremeditated, spontaneous act. They show every sign of acting according to the dictates of an entity or power much greater than themselves. To argue, as many critics do, that that greater entity is nothing else, but corrupt human nature, which determines human actions, is not only somewhat simplistic, but also strikes one as being the very manifestation of a purely anthropocentric attitude. Osoianu shrewdly remarks:

> Expanding the boundaries of agency to Nature leads to the assumption that all ecologies within the overall cybernetic system have agency, without an explicit connection to personhood, consciousness, will, intentionality or intelligence. The boys recognize a force outside their imagined interior, which can manage to be an equal part of a dialogue.[38]

---

37 Roland Barthes, "An Introduction to the Structural Analysis of Narrative," *New Literary History* 6, no. 2 (Winter 1975): 256.
38 Osoianu, "Material Ecocritical Patterns," 1154.

The aforementioned multidimensional transition the boys are subject to on the island finds expression in the protagonists gradually developing the ability to feel a peculiar connection between the reality of their bodies and the reality of the island. They also learn to see agency inherent in all entities, inanimate objects included. Arguably, they do begin to discover – even if they are not fully aware of that discovery – the inextricable connection between beings, the ontological, material link which unites all animate and inanimate entities alike.

Conclusion

The reader probably approaches *Lord of the Flies* intuitively, expecting flora to be just the context in which a specific text – a story about humans – is embedded. However, the assumed passivity of the former and the activity of the latter proves to be a severe oversimplification of their actual relationship, as the intra-action between the human "bodymentality" and the natural environment is constitutive for both.[39] Donna Haraway rightly notes that among the actors who are the agents of change, "not all are human, not all are organic, not all are technological,"[40] and the new materialist perception of the non-human beings in Golding's novel, which the paper attempted to sketch, calls for a reformulation of the definition of agency. The function of flora, as depicted in the novel, exceeds the role of a mere silent observer of events or a passive background to the activities of human subjects; it also does not exhaust itself in a metaphorical or symbolic dimension. The non-human characters become independent actors whose roles not only intra-act closely with the roles of humans but indeed display the features of intentional behaviour. Plants, ostensibly inactive and passive, give the impression of subordinates who only seemingly have come to terms with human predominance over them. In fact, the setting of the novel – the desert island – turns out to be a place much more controlling humans than controlled by them, and perhaps all the more mysterious as it only pretends to be submissive, while in fact pursuing its own, though unspecified, goals. Greg Garrard characterizes ecocriticism as: "the study of the relationship of the human and the non-human, throughout human cultural history and entailing critical analysis of the term 'human' itself."[41] Despite its anthropocentric undertones, Garrard's definition insightfully points to humans' fundamental confusion about their place in the universe. Humans' yearning to gain insight into the complexity of their existence

---

39 Ibid., 1152.
40 Donna Haraway, "The Promises of Monsters: A Regenerative Politics for Inappropriate/d Others," in: *Cultural Studies*, eds. Lawrence Grossberg, Cary Nelson and Paula Treichler (New York: Routledge, 1992), 297.
41 Greg Garrard, *Ecocriticism* (London: Routledge, 2012), 5.

is arguably a substantial component of their motivation for studying nature with which humans are intra-dependently and inalienably linked. By coming up with hypothetical scenarios: fantasizing about different human and non-human entanglements and shifting meaning, agency or power among various actants, literature helps us put human relationships with their surroundings in perspective and hopefully makes us more perceptive about and sensitive to the plethora of different forms of agency in our own surroundings.

Bibliography

Babb, Howard. *The Novels of William Golding*. Columbus: The Ohio State University Press, 1970.
Barad, Karen. *Meeting the Universe Halfway: Quantum Physics and the Entanglement of Matter and Meaning*. Durham: Duke University Press, 2007.
–. "Posthumanist Performativity: Toward an Understanding of How Matter Comes to Matter." *Signs: Journal of Women in Culture and Society* 28, no. 3, (2003): 801–31.
–. "Quantum Entanglements and Hauntological Relations of Inheritance: Dis/continuities, Spacetime Enfoldings, and Justice-to-come." *Derrida Today* 3, no. 2 (2010): 240–68.
Barthes, Roland. "An Introduction to the Structural Analysis of Narrative." *New Literary History* 6, no. 2 (Winter 1975): 237–72.
Braidotti, Rosi. *The Posthuman*. Cambridge: Polity Press, 2013.
–. *Transpositions: On Nomadic Ethics*. Cambridge: Polity Press, 2006.
Buell, Lawrence. *The Environmental Imagination: Thoreau, Nature Writing, and the Formation of American Culture*. Cambridge: Harvard University Press, 1995.
Crawford, Paul. *Politics and History in William Golding: The World Turned Upside Down*. Columbia: The University of Missouri Press, 2002.
Descola, Philippe. "Human Natures." *Social Anthropology / Anthropologie Sociale* 17, no. 2 (2009): 145–57.
Dickson, L. L. *The Modern Allegories of William Golding*. Gainesville: University Press of Florida, 1991.
Ewa Domańska. "Humanistyka ekologiczna." *Teksty Drugie* 1–2 (2013): 13–32.
–. *Nekros. Wprowadzenie do ontologii martwego ciała*. Warszawa: PWN, 2013.
Epstein, Edmund L. "Notes." In William Golding, *Lord of the Flies*, 249–255. New York: Capricorn Books, 1959.
Fiedorczuk, Julia. *Cyborg w ogrodzie*. Gdańsk: Wydawnictwo Naukowe Katedra, 2015.
Fitzgerald, John F., and John R. Kayser. "Golding's *Lord of the Flies:* Pride as Original Sin." *Studies in the Novel* 24, no.1 (1992): 78–88.
Gallagher, Michael P. "The Human Image in William Golding." *An Irish Quarterly Review* 54, no. 214/215 (Summer/Autumn 1965): 197–216.
Garrard, Greg. *Ecocriticism*. London: Routledge, 2012.
George, Usha. *William Golding. A Critical Study*. New Delhi: Atlantic, 2008.
Golding, William. *Lord of the Flies*. London: Faber & Faber, 1988.

Haraway, Donna. "The Promises of Monsters: A Regenerative Politics for Inappropriate/d Others." In *Cultural Studies*, edited by Lawrence Grossberg, Cary Nelson and Paula Treichler, 295–337. New York: Routledge, 1992.

–. *The Companion Species Manifesto: Dogs, People, and Significant Otherness*. Chicago: Prickly Paradigm Press, 2003.

Hawlin, Stefan. "The Savages in the Forest: Decolonising William Golding." *Critical Survey* 7, no. 2 (1995): 125–35.

Jarrett, David, Tadeusz Rachwał, and Tadeusz Sławek. *Geometry, Winding Paths and the Mansions of Spirit: Aesthetics of Gardening in the Seventeenth and Eighteenth Centuries*. Katowice: Wydawnictwo Uniwersytetu Śląskiego, 1997.

Kinkead-Weekes, Mark, and Ian Gregor. *William Golding: A Critical Study*. London: Faber & Faber, 1967.

Kowalcze, Małgorzata. *Williama Goldinga obrazy cielesności w perspektywie wybranych aspektów fenomenologii ciała Maurice'a Merleau-Ponty'ego*. Kraków: Wydawnictwo Uniwersytetu Jagiellońskiego, 2020.

Merchant, Carolyn. *The Death of Nature: Women, Ecology and the Scientific Revolution*. San Francisco: HarperCollins Publishers, 1989.

Osoianu, Dragoș. "Material Ecocritical Patterns in William Golding's 'Lord of the Flies.'" In *Communication, Context and Interdisciplinarity*, edited by The Alpha Institute for Multicultural Studies, 1149–56. Tîrgu-Mureș: "Petru Maior" University Press, 2014.

Pierotti, Raymond, and Daniel Wildcat. "Traditional Ecological Knowledge." *Ecological Applications* 10, no. 5 (October 2000), 1333–40.

Soper, Kate. *What is Nature? Culture, Politics and the Non-Human*. Oxford: Blackwell, 1995.

Sugimura, Yasunori. *The Void and the Metaphors. A New Reading of William Golding's Fiction*. Bern: Peter Lang, 2008.

Łukasz Kraj (Jagiellonian University in Kraków)

Can a Poem Blossom? Tadeusz Peiper's "Blooming Composition" as an Example of Affinity between Text and Plant

Abstract
The aim of this chapter is to analyse the principles of the "blooming composition," a concept of poem construction inspired by plant existence, proposed by Tadeusz Peiper, one of the leading figures of the early Polish avant-garde. Firstly, the text presents the figure of Peiper and outlines the main tendencies within the existing research on his work. Then, with reference to the studies of Patrícia Vieira and John Charles Ryan, the figure of the author is discussed as a crucial factor in the textualisation of the plant. Subsequently, the argument draws on the works of Michael Marder to identify growth as the core principle of both plant existence and the poem in Peiper's approach. Finally, the chapter scrutinizes the close relationship of the plant body and the material text on the page with the meaning they produce. In doing so, it demonstrates that the vegetal existence, until now overlooked by researchers of Peiper's poetry, is essential for a proper understanding of his concept.
Keywords: Tadeusz Peiper, blooming composition, avant-garde, Awangarda Krakowska

Research into the presence of non-human organisms in Polish avant-garde poetry has become increasingly common in recent years.[1] This is an interesting phenomenon, since at its beginning the Polish avant-garde appeared to be extremely interested in urban space, modern architecture, and machines rather than in the biological world. Such an image of Polish avant-garde literature, sustained and reinforced by critics for years, resulted, among other reasons, from the declarative techno-enthusiasm of the manifestations of the first two Polish avant-garde groups: the Futurists and the Krakow Avant-Garde. By "manifestations" I mean primarily programmatic statements and manifestos, in which the fascination with the achievements of modern technology resounds quite explicitly. These declared inspirations, however, are not always unequivocally

---

1 See, for example: Anna Barcz, *Realizm ekologiczny: Od ekokrytyki do zoo krytyki w literaturze polskiej* (Katowice: "Śląsk" Wydawnictwo Naukowe, 2016), 314–33 (chapter: "Zookrytyka i zoonarracje: *Oczy tygrysa* Czyżewskiego").

confirmed in literary texts which, on careful reading, reveal a strong affiliation with what was not included within the programmes formulated by their authors.

Meanwhile, subsequent research shows that in the formation of twentieth-century multiple poetic diction and avant-garde imaginaries, a key role was played precisely by the inspiration of non-human organisms – often vegetal.[2] In the history of the Polish avant-garde, plants appear, among others, as an object of experimental description (Krystyna Miłobędzka, *Anaglify*; the writing of Stanisław Swen Czachorowski), a source of reflection on the intertwining of the organic and the textual (Julian Przyboś, *Drzewiej*; Tymoteusz Karpowicz, *Słoje zadrzewne*), or an impulse to create a new, original theory of poetry. It is the latter example that I will focus on in this article; its aim is to analyse the theoretical thought of Tadeusz Peiper, the "pope of the avant-garde," and the fascination with the functioning of the vegetal organism that underpinned it. In the following section, I will analyse the concept of the "blooming composition," that is, a poem structure intended to reproduce certain aspects of the plant's existence and whose rootedness in the vegetal world has not been analysed so far. Drawing on some of the findings of scholars from the critical plant studies stream, I will attempt to prove that the concept of "blooming" in this poetry is not a simple metaphor, but that it demonstrates a close affinity between text and plant.

Between the Text and the Real

We will first raise the question of the possible connections between Peiper's poetry and the physical, the corporeal, the empirical and the extratextual. For many years, research on Peiper's poetry was dominated by his explicative theoretical statements: attempts were made to prove that the poetry constituted a certain closed and coherent system in which the rationality postulated by the author played a leading role; its anti-sensual, hyperlogical and abstract character was argued. And yet, almost simultaneously, a number of scholars began to signal that it was very difficult, in fact impossible, to reconcile Peiper's theoretical system and his artistic practice. I do not want to engage here in a long discussion

---

2 Dorota Walczak-Delanois, "Przyboś 'roślinny' i jego poetycki zielnik," in *Stulecie Przybosia*, eds. Stanisław Balbus and Edward Balcerzan (Poznań: Wydawnictwo Naukowe UAM, 2002) 325–37; Agnieszka Karpowicz, "Zielnik Mirona Białoszewskiego: Rośliny, miasto, literatura," *Teksty Drugie*, no. 2 (2018): 166–85; Aleksandra Ubertowska, *Historie biotyczne: Pomiędzy estetyką a geotraumą* (Warszawa: Instytut Badań Literackich PAN, 2020), 207–21 (chapter "'Oddrzewianie drzewa': Lingwistyczne ćwiczenia z nicości w poezji Tymoteusza Karpowicza"); Karolina Górniak-Prasnal and Katarzyna Kuchowicz, "Motywy roślinne w 'Anaglifach' Krystyny Miłobędzkiej," *Maska. Magazyn Antropologiczno-Społeczno-Kulturowy*, no. 27 (wrzesień 2015): 117–26; Maja Jarnuszkiewicz, "Roślinne – cielesne – domowe: O kilku wierszach Krystyny Miłobędzkiej." *Fragile. Pismo Kulturalne*, no. 1–2 (2020): 70–80.

of the contradictions between Peiper's theory and his poetry, an issue that is already well researched.[3] Instead, I will draw attention to one of its aspects, namely – the question of the ambiguous, but close, relation between the poetic text and material reality.

Peiper himself argued that poetry must maintain a certain semiotic autonomy with respect to reality – in other words, the representation of the real world is not its purpose. At the same time, reality, especially in its social dimension, should be influenced by poetry, be co-shaped by it. In this perspective, the poet, at least in theory, counts not as an embodied individual, creating by inspiration, but rather as a social subject, that is, an artisan who produces poetry from the raw material of language instead of letting the Logos speak through him or her. Meanwhile, it turns out that Peiper's poetic texts carry obvious traces of his own experiences and obsessions, whose nature is primarily corporeal. The author's experience of the material world as a whole (his physiology, eroticism, or illness)[4] which, though unconscious, is rooted in physicality, all too often proves to be the structuring factor for certain aspects of the poetic text (such as the type of metaphor or the identity of the lyrical self), and thus undermines its autonomy as an abstract and dematerialised creation.

The discovery that the poetry Peiper creates does not meet his theoretical postulates, that is, that it remains co-produced by the author's body – which should come as no surprise, since even the most abstract cognitive process is always embodied – opens it up to the possibility of a relationship with a plant. This is because the text is co-generated by a strictly corporeal experience (such as the sexual desire or illness already explored), and the body itself – or, more generally, the psycho-physical person of the author – provides an anchor point in the material world (even if only through sensory perception), with which it interacts in ways that imprint on it. Thus, the author's persona becomes a mediator between the totality of the material world that is experienced and the literary text into which this experience is inscribed.[5]

In the case of Peiper's poetry, the introduction of the figure of an empirically verifiable, embodied author can be treated as a factor that questions the au-

---

3 See: Joanna Grądziel-Wójcik, *Drugie oko Tadeusza Peipera: Projekt poezji nowoczesnej* (Poznań: Wydawnictwo Naukowe Uniwersytetu Adama Mickiewicza, 2010).
4 Ibid.; Jarosław Fazan, *Od metafory do urojenia: Próba patografii Tadeusza Peipera* (Kraków: Wydawnictwo Uniwersytetu Jagiellońskiego, 2010); Andrzej Waśkiewicz, *Rygor i marzenie: Szkice o poetach trzech awangard* (Łódź: Wydawnictwo Łódzkie, 1973), 19–20; Stanisław Jaworski, *U podstaw awangardy: Tadeusz Peiper – pisarz i teoretyk* (Kraków: Wydawnictwo Literackie, 1980), 70.
5 Clearly, the transcription of elements of the material world into text involves two – or perhaps even three – thresholds or intermediaries at which it can be deformed: (1) the subject's perception of the world, (2) the inscription of the experience of the world into the linguistic material, (3*) the reader's reading of this doubly mediated content.

totelicity or abstractness of poetic texts and opens them up to the material world – including plant existence. Of course, the strong presence of the author, understood as a medium connecting the text to extra-textual reality, can lead to a distortion of what is communicated or represented; however, it is a necessary stage of the plant's textualisation. The necessity of referring to the figure of the author is, in fact, evident in the conceptions of literary-plant relationships proposed so far. This issue is recognised by Patrícia Vieira, who develops her concept of writing plants, based on the Derridean notion of "arche-writing" and the idea of inscription. Vieira's project is entitled *phytographia* and stands for "literary portrayal of plants that is indebted both to the ingenuity of the author who crafts the text and to the inscription of plants in that very process of creation."[6] When considering in what manner a plant can make itself present in a literary text, Vieira concludes that certain textual representations of plants remain ontologically coupled simultaneously (and in equal measure) to the human author and to the non-human, plant-like organism to which they refer. In this perspective, the plant is no longer just a passive, helpless object, "subjected to naming,"[7] but becomes a full-fledged agent involved in the process of text production. The figure of the author – metonymised as embodied "mind" and "imagination" – as a participant in text formation is given a similarly prominent place in the conception of John Charles Ryan, who – this time within the framework of Gaston Bachelard's philosophy – speaks of "a dynamic sphere in which the lively plant activates and contributes to the process of poetization and, thereafter, remains as a corporeal trace within the poetic substratum. So conceived, the poem, rather than being a reproduction or reconstitution of the vegetal form in the human mind, embodies a dialectical back-and-forth between the lyrical exertions of the versifier and the autonomy of the vegetal presence inhabiting the poetic work."[8] Once again, a tense and dynamic dialectical relationship implies a certain equivalence – embedded in corporeality[9] between the human author and the plant that appears in the text. In the light of both Vieira's and Ryan's conceptions, the incorporation of a plant (a real plant, not one that would be merely a symbol or sign of the human meaning inscribed in it) into the process of the production of a literary text – for example, through its representation or by recreating the modality of its existence in the composition – can be a result of the encounter between the physical body and the flora, of metic-

---

6 Patrícia Vieira, "Phytographia: Literature as Plant-Writing," in *The Language of Plants: Science, Philosophy, Literature*, eds. Monica Gagliano, John C. Ryan and Patrícia Vieira (Minneapolis: University of Minnesota Press, 2017), 225.
7 Ibid., 221.
8 John Charles Ryan, *Plants in Contemporary Poetry: Ecocriticism and the Botanical Imagination* (New York: Routledge, 2018), 9–10.
9 Ibid., 10.

ulous observation of the plant, and of affectively motivated and reality-rooting attention that triggers the process of creation.[10] The explicative naming of the plant in the literary text, on the other hand, can function as an echo of this encounter, and as a kind of marker of the plant's influence in the poetic language itself – an influence that we should perceive and decode.

A Poem that Grows

Among the numerous hypotheses on the genesis of Peiper's concept of the blooming composition, its vegetal character, communicated by its name, has always been overlooked; nor has the possibility of this concept of text being rooted in *phusis* ever been further explored. Among the many possible inspirations for Peiper, researchers have mentioned cubism,[11] cinematography,[12] rhetoric,[13] and folk poetry[14]; they have pointed out that the blooming composition is a metaphor of cognitive function,[15] that it provides the opportunity to trace the process of creation,[16] correct understanding of the work,[17] or, finally, that it is responsible for the specific shaping of the sound layer of the poems.[18] It is significant that even Andrzej Turowski, who traces organic inspirations in twentieth-century art, perceives the blooming composition not so much as an attempt to directly approximate the text to a plant organism, but rather as a possible echo of the influence of Herbert Spencer's theory or biological discourses popular in the first decades of the last century.[19] The attitude of scholars who prefer to identify the sources of poetic texts and concepts in other texts or

---

10 See: Michael Marder and Patrícia Vieira, "Writing Phytophilia: Philosophers and Poets as Lovers of Plants," *Frame. Journal of Literary Studies* 26, no. 2 (November 2013): 37–53.
11 Janusz Sławiński, "Poetyka i poezja Tadeusza Peipera," *Twórczość* 14, no. 6 (czerwiec 1958): 76. It is noteworthy that Sławiński replaces the vegetal character of the poem with a reference to an animal organism, writing of a "skeleton that covers itself with flesh" (ibid., 76).
12 Jaworski, *U podstaw awangardy*, 48.
13 Julian Przyboś, *Linia i gwar: Szkice*, vol. 1 (Kraków: Wydawnictwo Literackie, 1959), 34–35.
14 Stanisław Czernik, *Humor i satyra ludu polskiego* (Warszawa: Ludowa Spółdzielnia Wydawnicza, 1956), 46–47.
15 Joanna Orska, *Przełom awangardowy w dwudziestowiecznym modernizmie w Polsce* (Kraków: Universitas, 2004), 387–88.
16 Agnieszka Kluba, "Referencyjność i autoteliczność w twórczości Tadeusza Peipera i Juliana Przybosia," *Pamiętnik Literacki* 89, no. 4 (1998): 46.
17 Ibid., 52.
18 Beata Śniecikowska, "'Oddalenia, związki na odległość'? – o warstwie dźwiękowej wiersza Tadeusza Peipera," in *Awangardowa encyklopedia czyli Słownik rozumowany nauk sztuk i rzemiosł różnych*, ed. Irena Hübner (Łódź: Wydawnictwo Uniwersytetu Łódzkiego, 2008), 289.
19 Andrzej Turowski, *Biomorfizm w sztuce XX wieku: Między biomechaniką a bezmorfiem* (Gdańsk: Fundacja Terytoria Książki, 2019), 76.

cultural phenomena rather than in direct contact with the flower seems more understandable in a broader context: in light of the fact that the Western humanist tradition – including literary studies – has always ignored plants as living and autonomous beings capable of exerting a direct influence on the world, including cultural production. And yet, Peiper himself not only gives his idea a name associated with flora, but also openly admits to plant inspiration in his programmatic text *Poetry as Construction:*

> [The blossoming structure] consists of the fact that a certain image, an event or an X is presented by the poet in several stages of unfolding. Each unfolding contains the whole of the image, event or X in question, but is more lush and richer than the previous unfolding. The poem would develop like a living organism: it would bloom before us like a bud. Already the first fragment contains everything that will follow; a further fragment would be a gradual unfolding of the bud-like content of the first; and in the last fragment we would have a flower before us; already fully expanded.[20]

The blooming composition, Peiper continues, provides the poem with three essential, interrelated qualities: (1) autonomy in relation to the extra-textual world, (2) a privileging of the meaning of syntax – understood as a system of relations between words – at the expense of the words themselves, representing or evoking reality, and (3) a profoundly organic structure in which the connections and tensions between individual members contribute to the production of the meaning in the whole.[21] The autonomy of Peiper's poem lies primarily in its liberation from the obligation to represent the external world and, importantly, the experiences of the writer himself; the text's connection to the world is limited to the meanings of the words, which refer to reality. The poem is supposed to reveal its own unique logic, which needs not (and should not) be identical to the logic we are used to in the empirical world. This internal logic is revealed in the syntax, which puts the meanings in movement and makes them interact with each other; the movement, the result of syntactic operations, contributes to the spontaneous emergence of further meanings. The poem lives, works, and grows.

Let's now see a practical implementation of the blooming composition concept:

---

20 "[Układ rozkwitania] polega na tem, że obraz jakiś, czy jakieś zdarzenie, czy jakieś inne iks podawane są przez poetę w kilku rozwinięciach, przyczem każde rozwinięcie zawiera w sobie całość owego obrazu, zdarzenia czy iksu, ale zawiera ją bujniej i bogaciej niż rozwinięcie poprzednie. Poemat rozwijałby się jak żywy organizm; jak pąk rozkwitałby przed nami. Już pierwszy ustęp byłby stopniowem rozwijaniem pąkowej zawartości pierwszego; a w ostatnim ustępie mielibyśmy przed sobą kwiat; już pełny, rozłożysty." (Tadeusz Peiper, "Poezja jako budowa," in *Artykuły Programowe Awangardy Krakowskiej. I. Tadeusz Peiper*, ed. Władysław Floryan (Wrocław: Uniwersytet Wrocławski, 1976), 38). If not indicated otherwise, all the translations from Polish were done by me – Ł. K.
21 Ibid., 38–39.

A street flower

Silver. A roadway. A rally of colours. Pavements.
Women. Straw-wraps of aroma. Specular gowns.
The sun on iridescent threads of an invisible stalk.
A shop window. A car. Me, not driving it.

The roadway's skin envelops the car's tailcoat with silver.
The dreaming pavements lie on the women's gowns.
The shop display, inseminated with the light's saliva,
Casts solar manifestos on my shoulders.

The silver, the roadway's skin, spatters into the sides of the car,
which is carrying a joy as fat as a circle.
Women's gowns, under the straw-wraps of specular aroma,
of bottle-like dreams, of liquid light,
reflect the pavements, sown joyfully
with colours by an afternoon hour.
The sun is offering itself for sale
in the shop window and it pours golden salt
onto my shoulders, vices lusting after heat.
[...]²²

Even a superficial reading reveals that a flower or the process of flowering would hardly be considered the subject of the poem – if one can speak of a subject in poetry at all. Where, then, does plant existence reside? As Peiper's programmatic text makes clear, in his theory the essence of the plant organism is growth, understood as continuous development. Peiper identifies proliferation, of which flowering is a variety or stage, as the main principle of plant existence, and thus – perhaps unconsciously – continues a certain tradition present in European culture. Already Aristotle – responsible for the later violence against plants in European philosophy – recognised that growth, alongside nutrition and reproduction, is one of the basic dispositions of the vegetative soul, which, although it exists in every organism, in plants is the only kind of soul.²³ The strict association of the plant with growth later appeared – although it was interpreted differently – in, among others, the philosophical system of Georg Wilhelm Friedrich Hegel²⁴ or in the thought of Johann Wolfgang Goethe.²⁵

---

22 Tadeusz Peiper, "Kwiat ulicy," in Tadeusz Peiper, *Pisma wybrane*, ed. Stanisław Jaworski (Wrocław: Zakład Narodowy Imienia Ossolińskich, 1979), 302–3 (emphasis added).
23 Aristotle, *De Anima*, trans. Christopher Shields (Oxford: Clarendon Press, 2016), 24.
24 See: Michael Marder, *Plant-Thinking. A Philosophy of Vegetal Life* (New York: Columbia University Press, 2013), 24–25.
25 See: Elaine P. Miller, *The Vegetative Soul: From Philosophy of Nature to Subjectivity in the Feminine* (Albany: SUNY Press, 2002), 45–77.

The vegetal growth that rules the construction in Peiper's poem is a rather complex phenomenon, since it permeates the body of the text on at least three levels.

1. Syntax. According to the poet, syntactic operations are an important means of organising the workings of the poem. As we can see in the quoted example (in the highlighted, corresponding passages), in a linear reading, the following syntagms are subject, firstly, to lengthening, and, secondly, to complication. While the first lines form an enumeration in which successive words are linked to each other by parataxis, in the stanzas that follow, the semantic units interact and depend on each other: the subject, the predicate and the complement emerge; the words not only denote referents, but also activate relations between them. The gradual lengthening of the syntactic structures interferes with the rhythm that appears at the beginning of the poem and results in an impression of overgrowth: more and more enjambements follow, as if the text could not fit into the space assigned to it by the verse.

2. Concepts. While the initial fragmentary images represent rather simple elements of reality whose imagining poses little difficulty, the successive accumulation of metaphors very quickly complicates the semantics and leads to the emergence of intellectual-visual constructs that cannot be made coherent or even thought.[26] Thus, the poem begins to outgrow human cognitive abilities, to go beyond what the human mind can understand, organise and familiarise.

3. Notation. The very first glance at the poem allows us to notice that while the difference between the first and second stanzas lies primarily in the increasing complexity of syntactic arrangements and semantics, the third stanza also brings an increase in the volume of text on the page. The gradual growth thus involves not only what is abstract and what must be imagined, but also the purely material side of the poem: its arrangement on the page. Consequently, rhyme and consonances, at first regular, begin to bind together more and more distant parts of the text.

What is important is that it is difficult to discover in this growth any kind of repetitiveness or regularity that would allow us to compare it to, for example, the process of erecting a building – it is therefore a growth typical rather of living organisms and, above all, of plant life, together with what Michael Marder calls their "exuberance and uncontrollable efflorescence."[27]

---

26 See: Orska, *Przełom awangardowy*, 403.
27 Marder, *Plant-Thinking*, 12.

A Body of Plants, a Body of Verse

The question of the equivalence between the growth of the plant and the growth of the text – both in the physical, literal sense (that is, through the lengthening of successive strophes) and in the semantic sense (namely through the complication and densification of syntactic arrangements and poetic imagery) – seems crucial in Peiper's theory. Not only is the parallel between the plant and the poem indicated, but a close relationship between the plant body and meaning is also revealed; a relationship that also exists in the world outside the text. It must be remembered, however, that the meaning in question is not one produced by the human and inscribed into the plant or into the text (such as symbolism or emotions). If the meaning of the poem as a textual being, as Peiper postulates, is to be autonomous from reality (including the reader's psyche and prior experience), while reading we must strive to make the concepts embedded in the text mean by themselves, without our involvement. If we try to grasp the meaning of plants by discarding the layers of symbolic ballast with which culture has imbued them – such as, among other things, the "language of flowers"[28] or the symbolism of trees in particular cultural systems, such as national imaginaries – and by rejecting the *phonocentrism* characteristic of human speech,[29] that is, seeing language as a primarily oral phenomenon (while the written text on the page is supposed to be a secondary, superadded phenomenon), we will be forced to ask ourselves the question posed and answered by Michael Marder:

> But what exactly do plants articulate in their language devoid of words?
> First of all, themselves: as they proliferate by means of modular growth, reiterating their already existing morphological units, branching out in all directions, they reaffirm vegetal being, which, through them, becomes more spatially pervasive. In other words, plants articulate themselves with themselves, as they join the semiautonomous growths of which they consist. Second, plants articulate the burgeoning emergence, or self-generated appearance, that distinguishes the Greek conception of nature, or *phusis*. Their growth provides a palpable image of nature as a growing whole, encompassing everything that exists. Third, if plants articulate water, air, fire, and earth, it is because they are rooted not only in the earth but in all four elements, including the heat and light of the sun, the atmosphere that they enrich with oxygen, and the moisture they require for their flourishing.[30]

---

28 See: Isabel Kranz, "The Language of Flowers in Popular Culture and Botany," in *The Language of Plants: Science, Philosophy, Literature*, eds. Monica Gagliano, John C. Ryan and Patrícia Vieira (Minneapolis: University of Minnesota Press, 2017), 193–214.
29 See: Vieira, "Phytographia," 223.
30 Michael Marder, "To Hear Plants Speak," in *The Language of Plants: Science, Philosophy, Literature*, eds. Monica Gagliano, John C. Ryan and Patrícia Vieira (Minneapolis: University of Minnesota Press, 2017), 120.

At least the first two aspects of plant language identified by Marder are to be found in Peiper's proposal, and they even constitute the core of it. First: just as "plants articulate themselves with themselves," so the poem articulates itself with itself, through the gradual reconfiguration of initial units of meaning ("reiterating their already existing morphological units") and the expansion of successive segments – in literal terms, on the page, and in versification (successive stanzas and verses become "spatially pervasive"), which entails an expansion of meaning. By coupling meaning and the "body" of the poem, Peiper – in a certain sense and to a limited extent – anticipates perhaps the later findings of biosemiotics, which today provides an important reference point for critical plant studies in the humanities.[31] This is all the more intriguing because Peiper's theoretical activity – which occurred primarily in the interwar period – coincides with the emergence of the most important writings of the father of biosemiotics, Jakob Johann von Uexküll. Secondly: the text construction proposed by Peiper, in which the reader's participation is minimised and meanings are produced by themselves, in the movement between stages of development, brings to life the ancient principle of *phusis*, which consists, according to Aristotle, in the spontaneous birth of something from itself, unaided by human stimulation. This does not mean, of course, that the poem is not man-made; on the contrary, as a literary work it always belongs to the realm of *techne*, for, as created by the human hand and mind, it is the thoughtful construction of the poet-builder. But the very production of meaning no longer requires – at least in theory – the participation of a human actor: meanings proliferate on their own, only in relation to each other.[32] The vegetal and textual meaning sprouts in a space created by man, but without his or her contribution.

A text is born from an initial "image, an event, or an X," and the subsequent stages of development consist of its first life stage and some added value. But the growth of the text, and with it, that of its meanings, do not necessarily follow the traditional linear reading from top to bottom and left to right. The increasing size of the successive stanzas prompts attention to the strong graphic aspect of *Kwiat ulicy*, and, consequently, reveals the possibility (and necessity) of a reading that conforms not only to the versificational and syntactic order, but also to the graphic aspect of the text, and thus, for example, from the bottom up. In this non-

---

31 See: Monica Gagliano, John C. Ryan and Patrícia Vieira, "Introduction," in *The Language of Plants: Science, Philosophy, Literature*, eds. Monica Gagliano, John C. Ryan and Patrícia Vieira (Minneapolis: University of Minnesota Press, 2017) xix. See also: Martin Krampen, "Phytosemiotics," *Semiotica* 36, no. 3/4 (1981): 187–210.
32 The perspective of banishing the human from the literary text is present in the writings of Jacques Derrida. See: Danielle Sands, "Returning to Text: Deconstructive Paradigms and Posthumanism," in *Philosophy After Nature*, eds. Rosi Braidotti and Rick Dolphijn (London: Rowman & Littlefield International, 2017), 195–207.

teleological and non-linear perspective, each stanza simultaneously is and is not the other stanzas: the very first block of text, the "bud," contains the whole of the flower in full bloom, but the flower itself remains the initial bud. The poem thus has an "additive-tautological,"[33] composition, governed simultaneously by increment, and therefore variety, and by identity, and therefore constancy. Moreover, it is organised by movements of opposite directions: expanding and contracting, blooming and involution – the meaning of the full "image," presented in the last stanza, exists only in relation to the first, "seed" stanza, and *vice versa*. What is significant, then, is the spasmodic movement between succeeding, though only virtually, stages of the poem-plant's development; a movement reminiscent of expansion and contraction.

The alternation of expansion and contraposition also constitutes the "basic principle"[34] of metamorphosis, which in Johann Wolfgang von Goethe's theory is equivalent to "alterity inscribed into identity."[35] Peiper, however, goes beyond the German thinker's observations, and for at least two reasons. Firstly, in a poem-plant, whose nature is pure movement – and thus, change – there can be no essence of any kind, and the initial "certain image, an event or an X" loses its primacy when the poem is "read" as graphic, the traditional order of reading being abolished. Hence, nothing comes first or takes precedence – the "final" image is at the same time the "initial" image and *vice versa*. Secondly, expansion and contraction do not occur alternately, which would imply the existence of a linear mode and time of reading, but simultaneously: they signify in relation to each other at every moment, while the work of meaning production never ceases. In Peiper's theory, the poem, like the plant body, "is a morphogenetic industry that knows no interruption,"[36] its core being the creation of new forms, none of which will be fixed and final. A poem does not pursue any end or goal, insofar as we consider as a goal, for example, the creation of a coherent poetic image, the formulation of an integral ideological message, or the exhaustive representation of the author's state of mind. In this sense, the text escapes metaphysical logic, which always subordinates the material sign – the plant or the letter – to some superior principle, idea or narrative; which is to say, to some kind of *telos*.[37] This is why Peiper's poems – at least those whose composition seeks to reproduce plant life – do not lend themselves to a techno-enthusiastic narrative about

---

33 Joanna Orska, "Jak 'działa' wiersz? O składni zdania awangardowego," *Forum Poetyki*, no. 10 (2017): 110–31.
34 Johann Wolfgang von Goethe, *The Metamorphosis of Plants*, trans. Douglas Miller (Cambridge: The MIT Press, 2009), 60.
35 Miller, *The Vegetative Soul*, 9.
36 Emanuele Coccia, *The Life of Plants: A Metaphysics of Mixture*, trans. Dylan J. Montanari (Medford: Polity Press, 2019), 13.
37 See: Marder, *Plant-Thinking*, 24.

modern civilisation, so often associated with the beginnings of interwar avant-gardes. Although urban space and the scenery of the first decades of the twentieth century (cars, football) dominate the lexical layer, the field of reference is only a pretext to show the very "plant-like" way in which the poem functions.

Conclusions

The strong presence of plants in Polish avant-garde literature, noticed by researchers in recent years, can be traced all the way back to the beginnings of the avant-garde; however, one should bear in mind that the occurrence of plant organisms in individual works does not have to make up an orderly historical or literary narrative, as it may each time result from an individual encounter with flora, which acts as an impulse for artistic activity. It would also be worthwhile to consider the concept of the blooming composition, proposed by the Polish "pope of the avant-garde," in comparison with other European modernist poetics – more or less avant-garde – in which floral inspirations come to the fore. The fundamental divergence between Peiper's theory and, for example, the meticulous descriptions of vegetal organisms in the poetry of Francis Ponge, the anti-metaphysical considerations of Alberto Caeiro, or the ecstatic or telluric references to plants in the poems and prose of Henri Michaux, is that the Polish avant-gardist seeks to transfer to the poem not so much the representation of a plant but the very principle of its life (growth). Even though flora is rarely referred to or named explicitly in this poetry, both Peiper's theoretical thought and his poems turn out to be strongly rooted in the pre- or extra-cultural world of plants; plants which do not need man to articulate themselves and which, having always been ignored, suddenly come out of oblivion and reveal their cardinal importance for the beginnings of the Polish avant-garde.

Bibliography

Aristotle. *De Anima*. Translated by Christopher Shields. Oxford: Clarendon Press, 2016.
Barcz, Anna. *Realizm ekologiczny: Od ekokrytyki do zoo krytyki w literaturze polskiej*. Katowice: "Śląsk" Wydawnictwo Naukowe, 2016.
Coccia, Emanuele. *The Life of Plants: A Metaphysics of Mixture*. Translated by Dylan J. Montanari. Medford: Polity Press, 2019.
Czernik, Stanisław. *Humor i satyra ludu polskiego*. Warszawa: Ludowa Spółdzielnia Wydawnicza, 1956.
Fazan, Jarosław. *Od metafory do urojenia: Próba patografii Tadeusza Peipera*. Kraków: Wydawnictwo Uniwersytetu Jagiellońskiego, 2010.

Gagliano, Monica, John C. Ryan and Patrícia Vieira. "Introduction." In *The Language of Plants: Science, Philosophy, Literature*, edited by Monica Gagliano, John C. Ryan, Patrícia Vieira, vii–xxxiii. Minneapolis: University of Minnesota Press, 2017.
Goethe, Johann Wolfgang von. *The Metamorphosis of Plants.* Translated by Douglas Miller. Cambridge: The MIT Press, 2009.
Górniak-Prasnal, Karolina, and Katarzyna Kuchowicz. "Motywy roślinne w 'Anaglifach' Krystyny Miłobędzkiej." *Maska. Magazyn Antropologiczno-Społeczno-Kulturowy*, no. 27 (wrzesień 2015): 117–26.
Grądziel-Wójcik, Joanna. *Drugie oko Tadeusza Peipera: Projekt poezji nowoczesnej.* Poznań: Wydawnictwo Naukowe Uniwersytetu Adama Mickiewicza, 2010.
Jarnuszkiewicz, Maja. "Roślinne – cielesne – domowe: O kilku wierszach Krystyny Miłobędzkiej." *Fragile. Pismo Kulturalne*, no. 1–2 (2020): 70–80.
Jaworski, Stanisław. *U podstaw awangardy: Tadeusz Peiper – pisarz i teoretyk.* Kraków: Wydawnictwo Literackie, 1980.
Karpowicz, Agnieszka. "Zielnik Mirona Białoszewskiego: Rośliny, miasto, literatura." *Teksty Drugie*, no. 2 (2018): 166–85. https://doi.org/10.18318/td.2018.2.11.
Kluba, Agnieszka. "Referencyjność i autoteliczność w twórczości Tadeusza Peipera i Juliana Przybosia." *Pamiętnik Literacki* 89, no. 4 (1998): 37–71.
Krampen, Martin. "Phytosemiotics." *Semiotica* 36, no. 3/4 (1981): 187–209.
Kranz, Isabel. "The Language of Flowers in Popular Culture and Botany." In *The Language of Plants: Science, Philosophy, Literature*, edited by Monica Gagliano, John C. Ryan and Patrícia Vieira, 193–214. Minneapolis: University of Minnesota Press, 2017.
Marder, Michael. *Plant-Thinking. A Philosophy of Vegetal Life.* New York: Columbia University Press, 2013.
–. "To Hear Plants Speak." In *The Language of Plants: Science, Philosophy, Literature*, edited by Monica Gagliano, John C. Ryan and Patrícia Vieira, 103–25. Minneapolis: University of Minnesota Press, 2017.
Marder, Michael, and Patrícia Vieira. "Writing Phytophilia: Philosophers and Poets as Lovers of Plants." *Frame. Journal of Literary Studies* 26, no. 2 (November 2013): 37–53. https://www.frameliteraryjournal.com.
Miller, Elaine P. *The Vegetative Soul. From Philosophy of Nature to Subjectivity in the Feminine.* Albany: SUNY Press, 2002.
Orska, Joanna. "Jak 'działa' wiersz? O składni zdania awangardowego." *Forum Poetyki*, no. 10 (2017): 110–31. https://doi.org/10.14746/fp.2017.10.26797.
–. *Przełom awangardowy w dwudziestowiecznym modernizmie w Polsce.* Kraków: Universitas, 2004.
Peiper, Tadeusz. "Kwiat ulicy." In Tadeusz Peiper, *Pisma wybrane*, edited by Stanisław Jaworski, 302–303. Wrocław: Zakład Narodowy Imienia Ossolińskich, 1979.
–. "Poezja jako budowa." In *Artykuły Programowe Awangardy Krakowskiej. I. Tadeusz Peiper*, edited by Władysław Floryan, 23–47. Wrocław: Uniwersytet Wrocławski, 1976.
Przyboś, Julian. *Linia i gwar: Szkice.* Vol. 1. Kraków: Wydawnictwo Literackie, 1959.
Ryan, John Charles. *Plants in Contemporary Poetry: Ecocriticism and the Botanical Imagination.* New York: Routledge, 2018.
Sadowski, Witold. *Wiersz wolny jako wiersz graficzny.* Kraków: Universitas, 2004.

Sands, Danielle. "Returning to Text: Deconstructive Paradigms and Posthumanism." In *Philosophy After Nature*, edited by Rosi Braidotti and Rick Dolphijn, 195–207. London: Rowman & Littlefield International, 2017.

Sławiński, Janusz. "Poetyka i poezja Tadeusza Peipera." *Twórczość* 14, no. 6 (czerwiec 1958): 58–77.

Śniecikowska, Beata. "'Oddalenia, związki na odległość'? – o warstwie dźwiękowej wiersza Tadeusza Peipera." In *Awangardowa encyklopedia czyli Słownik rozumowany nauk sztuk i rzemiosł różnych*, edited by Irena Hübner, 279–92. Łódź: Wydawnictwo Uniwersytetu Łódzkiego, 2008.

Turowski, Andrzej. *Biomorfizm w sztuce XX wieku: Między biomechaniką a bezmorfiem.* Gdańsk: Fundacja Terytoria Książki, 2019.

Ubertowska, Aleksandra. *Historie biotyczne: Pomiędzy estetyką a geotraumą.* Warszawa: Instytut Badań Literackich PAN, 2020.

Vieira, Patrícia. "Phytographia: Literature as Plant-Writing." In *The Language of Plants: Science, Philosophy, Literature*, edited by Monica Gagliano, John C. Ryan and Patrícia Vieira, 215–33. Minneapolis: University of Minnesota Press, 2017.

Walczak-Delanois, Dorota. "Przyboś 'roślinny' i jego poetycki zielnik." In *Stulecie Przybosia*, edited by Stanisław Balbus and Edward Balcerzan, 325–37. Poznań: Wydawnictwo Naukowe UAM, 2002.

Waśkiewicz, Andrzej. *Rygor i marzenie: Szkice o poetach trzech awangard.* Łódź: Wydawnictwo Łódzkie, 1973.

This paper was funded by the 2020–2024 science budget as a research project within the 'Diamentowy Grant' programme: *Wykorzenione i zakorzenione w polskiej poezji XX–XXI wieku. Projekt krytyki fitograficznej* (DI 2019 0106 49).

Piotr Kołodziej (University of the National Education Commission, Krakow)

The Silence and the Speech of Plants

Abstract
The article analyses specific poems by Wisława Szymborska, in light of considerations regarding the phenomenon of human existence. In the said poems, Szymborska looks at the world of plants with an unabated astonishment, uncovers the logic and mystery of plant "entities," makes us sensitive to omitted details (a stem, single leaf, petal...), points out the significance, necessity and randomness of each life in Space, the life of plants as well. Szymborska analyses similarities and differences between this life and human life, pointing out that the former and the latter are essential in experiencing humanity in full, which is ingrained in the world of nature. The observations of people "with plants in the background" provokes "unanswerable questions," which decide about *conditio humana*, teach humility, turn back the proportions of things, point out paradoxes of human existence, causing "delight and despair." Such ambivalence of feelings becomes the measure of maturity of each "thinking reed."
Keywords: human, nature, "thinking reed," "unanswerable questions," *conditio humana*, Wisława Szymborska

In the commentary to the Polish edition of the volume entitled *The Great Masterpieces of Medieval French Literature* from 1968, which contains classics of world literature such as *The Song of Roland* or *Tristan and Isolde*, Wisława Szymborska wrote:

> Works of art, so eagerly called immortal, also die. [...] Only a few works manage to get resurrected after some years and begin a new life. However, such life does not carry the seed of eternity within itself. A 5000-year-old baobab grows in Tanganyika. Every time I read works of the distant past, I am moved and feel the derisive shadow lying on the pages of the book.[1]

---

[1] Wisława Szymborska, *Wszystkie lektury nadobowiązkowe* (Kraków: Wydawnictwo Znak, 2015), 30, trans. P. Kołodziej.

For what, in the context of really "longue durée"[2] of a common baobab, are 800 years of the "life" of *Tristan and Isolde*. The word "life" in this case is only a kind metaphor, as this French narrative poem was dead for centuries until its parts were reconstructed, "revived" and adapted into modern language by the French enthusiast of the Middle Ages, Joseph Bédier. However, frankly speaking, the word "revived" is also a kind metaphor because who reads *Tristan and Isolde* nowadays, apart from some high school students who were forced to do it. Is this work really "alive" in the minds of people now? Even if we assume it seems like it, such "life" is only metaphorical, relatively short and very weak.

This seemingly innocent joke, made by Szymborska regarding the "derisive shadow" cast by the baobab on the proud achievements of *homo sapiens*, is representative of a way of talking about fundamental issues of human existence typical for the poet. Szymborska looks at the most important achievements of *homo sapiens* culture from a certain distance – obviously, she does not only mean literary cultural achievements, but also the eternal and mysterious order of the world which she observes with humility. From this perspective, a tree that has been alive for thousands of years is not a mere thing that could be cut into planks or used as firewood. It is perceived as part of living nature, in fact, a part of the whole cosmic structure, cosmic order of the universe and part of the universe of life. The life that has persisted on earth for more than three billion years, when, at a certain moment – not so long ago, and no one knows for how long – *homo sapiens* appeared among other creatures, i.e. a bipedal animal convinced of its own unique existence.

This feeling of uniqueness does not appear from anywhere. The fundamental difference between human and non-human is best articulated by the French intellectual, philosopher and scholar from the seventeenth century, Blaise Pascal, in his significant work entitled *Thoughts* – significant because, as the author known for the famous "Pascal's wager" claims, it is the "thought that constitutes the greatness of man." In order to explain the essence of human existence, Pascal referred to the world of plants, and by evaluating physical "greatness" of a man as well as the fragility of his life, he had a reason to call him "a reed," albeit "a thinking reed":

> 347. Man is but a reed, the most feeble thing in nature; but he is a thinking reed. The entire universe need not arm itself to crush him. A vapour, a drop of water suffices to kill him. But, if the universe were to crush him, man would still be more noble than that which killed him, because he knows that he dies and the advantage which the universe has over him; the universe knows nothing of this.

---

2 Fernand Braudel, *Historia i trwanie*, trans. Bronisław Geremek (Warszawa: Czytelnik, 1999).

All our dignity consists, then, in thought. By it we must elevate ourselves, and not by space and time which we cannot fill. Let us endeavour, then, to think well; this is the principle of morality.
348. A thinking reed. – It is not from space that I must seek my dignity, but from the government of my thought. I shall have no more if I possess worlds. By space the universe encompasses and swallows me up like an atom; by thought I comprehend the world.[3]

The last sentence from Pascal's recalled "thought" could be in fact considered the essence of Wisława Szymborska's worldview, the essence of her attitude towards nature, as well as a task for every *homo sapiens* capable of deeper reflection: as "a reed" the man is a little point in the universe, but as "a thinking reed" he is able to grasp the whole universe with his thought. This is what the poet is constantly trying to do in her works: to grasp the world with creative thought. However, the crucial fact here is that Szymborska rejects a fixed anthropocentric concept of "the Great Chain of Being," where the man is given a respectable position in the very "centre of the Universe in the middle of the Chain of Being, below God and above rocks."[4] Szymborska does not commit "the sin of anthropocentrism."[5] Convinced we live in "a symbiotic world,"[6] she directs her attention to as well as admires each tiny "point in the universe" because all of them are equally important; i. e. she inspects a stem, a leaf, a single petal of a flower, a blade of grass, a small beetle, a stone, and even a grain of sand. All these natural specimens, both animate and inanimate, are unique and one of a kind for the poet. Furthermore, she cannot believe that she happens to be a human being, i. e. an entity living in a particular form, in a particular place, at a particular time. However, she is aware of the fact that she did not have a say in all that, and she cannot take any credit for the state of things. Thus, she expresses great humility and unabated marvel at the phenomenon of her existence, as well as human existence in general. In her poem entitled "Astonishment" she writes:

> Why after all this one and not the rest?
> Why this specific self, not in a nest,
> but a house? Sewn up not in scales, but skin?
> Not topped off by a leaf, but by a face?
> Why on earth now, on Tuesday of all days,
> and why on earth, pinned down by this star's pin?
> In spite of years of my not being here?
> In spite of seas of all these dates and fates,

---

3 *Pascal's Pensées* (New York: E. P. Dutton, 1958), 97.
4 Lynn Margulis, *The Symbiotic Planet* (London: Phoenix, 1999), 4.
5 Stanisław Balbus, "Piękna niepojęta (Epistemologia jabłonki)," *Przestrzenie Teorii*, no. 6 (2006): 149.
6 Margulis, *The Symbiotic Planet*.

these cells, celestials, and coelenterates?
What is it really that made me appear
neither an inch nor half a globe too far,
neither a minute nor aeons too early?[7]

Szymborska would like to make contact with all those animate and inanimate beings, especially, to chat with them, as is shown in the poem "Conversation with a Stone" – in order to deepen the mystery of their existence and hers at the same time, only if such a conversation was possible. Szymborska says:

I knock at the stone's front door
"It's only me, let me come in.
I want to enter your insides,
have a look round,
breathe my fill of you."

"Go away," says the stone.
"I'm shut tight.
Even if you break me to pieces,
we'll all still be closed.
You can grind us to sand,
we still won't let you in."

I knock at the stone's front door.
"It's only me, let me come in.
I've come out of pure curiosity.
Only life can quench it.
I mean to stroll through your palace,
then go calling on a leaf, a drop of water.
I don't have much time.
My mortality should touch you."

"I'm made of stone," says the stone,
"and must therefore keep a straight face.
Go away.
I don't have the muscles to laugh." [...]
"You shall not enter," says the stone.
"You lack the sense of taking part.
No other sense can make up for your missing sense of taking part.
Even sight heightened to become all-seeing
will do you no good without a sense of taking part.
You shall not enter, you have only a sense of what that sense should be,
only its seed, imagination." [...]
"If you don't believe me," says the stone,
"just ask the leaf, it will tell you the same.

---

7 Wisława Szymborska, *Nothing Twice: Selected Poems / Nic dwa razy. Wiersze wybrane*, trans. Stanisław Barańczak, Clare Cavanagh (Kraków: Wydawnictwo Literackie, 1997), 149.

Ask a drop of water, it will say what the leaf has said.
And, finally, ask a hair from your own head.
I am bursting with laughter, yes, laughter, vast laughter,
although I don't know how to laugh."

I knock at the stone's front door.
"It's only me, let me come in."

"I don't have a door," says the stone.[8]

The choice of stone as the "interlocutor" is significant because the stone – as mentioned earlier – is positioned at the very end of "the great chain of being." However, it is of no significance to Szymborska: the stone is equally important and equally impenetrable as every other element of nature. What is more, Szymborska makes a somewhat defiant choice of her "interlocutor" as the stone is well-known for its silence: certain languages (the poet's mother tongue included) allow for the idiom "to be silent as a stone." The eponymous "conversation with a stone" just pretends to be a conversation. In fact, we are dealing with a helpless monologue of a man separated from the world of nature by language, with a hopeless attempt to make contact with an entity "different from a human," as well as the attempt to discover its essence. As the poet claims, smashing the rock into pieces is of no help at all, as well as rubbing it off to make sand. Both a huge rock and a small grain of sand will always be equally indifferent. In the other poem, "View with a Grain of Sand," Szymborska leaves no doubt regarding this issue:

> We call it a grain of sand,
> but it calls itself neither grain nor sand.
> It does just fine without a name,
> whether general, particular,
> permanent, passing,
> incorrect, or apt.
> Our glance, our touch mean nothing to it.
> It doesn't feel itself seen and touched.
> And that it fell on the windowsill
> is only our experience, not its.
> For it, it is no different from falling on anything else
> with no assurance that it has finished falling
> or that it is falling still.[9]

The stone resists, it defends itself in various ways and is trying to convince the intrusive man that all attempts to infiltrate its inside will utterly fail from the very beginning. Although the poem is entitled "Conversation with a Stone" and the stone is supposedly "saying" a lot, the conversation is in fact completely im-

---

8 Ibid., 55–57.
9 Ibid., 247.

possible. The stone just remains silent. Even such an expression gives a false impression of reality due to its anthropomorphic character: the speech belongs to mankind. Thus, the stone is not silent, it is exactly the same as the said grain of sand: it has no idea it is a stone nor that it exists. "Our glance, our touch mean nothing to it." "Existence" of the stone will be such as it is described from our human perspective. Everything that it says in this quasi-dialogue is mediated by human thought and language which is "badly made" in such a way that it is useless when trying to articulate nature, because nature is non-verbal in "its nature." This is the border that cannot be crossed unless we use the only tool available to man – imagination. In the human imagination even a stone which is "silent as a stone" can start talking, or rather: we could create semblance of a genuine dialogue between a man and "a non-human" entity. Such is the situation in the poem by Szymborska. The words of the stone are a mere projection of imagination, however, imagination – if the stone from the poem is right, becomes "seed of sense of taking part." This is sufficient enough in a situation where the man inseparable from nature, "by nature," lacks "the sense of taking part." The whole "conversation" is not in vain and the attempt to infiltrate the essence of the stone simultaneously becomes the attempt to penetrate the essence of a human being in an individual and universal sense. Although the stone does not utter any words at all, paradoxically, we discover a lot about ourselves from it. Such poetic "exercises of imagination" prove to have a deeper meaning.

Szymborska also confirms such a state of things in her Nobel Prize speech. According to the author of "Astonishment," the best "tool of the imagination" is poetry. This tool allows humans to "take part" in the world of nature (as much as it is possible) and is perhaps the only way to "talk" with the world that "by nature" is silent, at the same time does not cease to be astonishing (at least for the poet), and due to this, constantly provokes to words. Even though we live in "unpoetic" times and the work of a poet is "hopelessly unphotogenic":

> The world – whatever we might think when terrified by its vastness and our own impotence, or embittered by its indifference to individual suffering, of people, animals, and perhaps even plants, for why are we so sure that plants feel no pain; whatever we might think of its expanses pierced by the rays of stars surrounded by planets we've just begun to discover, planets already dead? still dead? we just don't know; whatever we might think of this measureless theater to which we've got reserved tickets, but tickets whose lifespan is laughably short, bounded as it is by two arbitrary dates; whatever else we might think of this world – it is astonishing.
> But "astonishing" is an epithet concealing a logical trap. We're astonished, after all, by things that deviate from some well-known and universally acknowledged norm, from an obviousness we've grown accustomed to. Now the point is, there is no such obvious world. Our astonishment exists per se and isn't based on comparison with something else.

Granted, in daily speech, where we don't stop to consider every word, we all use phrases like "the ordinary world," "ordinary life," "the ordinary course of events" ... But in the language of poetry, where every word is weighed, nothing is usual or normal. Not a single stone and not a single cloud above it. Not a single day and not a single night after it. And above all, not a single existence, not anyone's existence in this world. It looks like poets will always have their work cut out for them.[10]

Szymborska "marvels at" single stones or even ethereal clouds (*Clouds*),[11] and she devotes much space to the world of plants, however, it is necessary to underline that this world is not autonomous, and it does not separate itself from the rest of the symbiotic universe. Thus, the poet marvels at whole plants or only at their individual parts and discovers the logic and mystery behind those "beings." She is also aware they are an inherent component of the precisely constructed wholeness. The poet makes us sensitive to the details we omit every day, she directs our attention towards the significance, randomness and necessity of each life in Space, as well as the life of plants. In any case, she would like to believe in the necessity – meaningfulness of beings. She points out similarities and differences between the lives of plants and people and accepts the fact that both the former and the latter are essential to experience humanity embedded into the world of nature at its fullest. Observations of people with "plants in the background" provoke us to form "unanswerable questions" – a term coined by Hanna Arendt[12] – questions about the meaning of life and the meaning of death, questions determining *conditio humana*. They also influence us to constantly search for the answer, teach us humility towards all existence, bring back the balance of things, point out the paradoxes of human existence and inflict "delight and despair" in the observer at the same time, as is depicted in the poem "The Sky."[13] Such ambivalence of experiences becomes a measure of each "thinking reed's" maturity, it gives meaning to life and, at times, allows one to forget about the slow and inevitable death of everything, people as well.

At the same time, Szymborska is aware that this world, existing and being observed, is not perfect at all, and the things we understand about it in most cases do not look perfect either. It is not only a problem of our limited means of perception. The basic reasons for existential ambivalence are humans themselves, who according to Szymborska, are beings completely isolated in nature, inseparable from nature by thought, and somehow in contrast with this nature,

---

10 Wislawa Szymborska, "Nobel Lecture: The Poet and the World," *The Nobel Prize*, accessed May 20, 2022, https://www.nobelprize.org/prizes/literature/1996/szymborska/lecture/.
11 Wisława Szymborska, *Chwila / Moment*, trans. Clare Cavanagh, Stanisław Barańczak (Kraków: Wydawnictwo Znak, 2011), 17–19.
12 Hanna Arendt, *The Life of the Mind. One / Thinking, Two / Willing. One-volume Edition* (San Diego: Harcourt, 1978), 62.
13 Szymborska, *Nothing Twice*, 317.

which is both their doom and salvation. A common notion for Szymborska is "delight and despair." Life is a paradox (from Greek, παράδοξος [parádoxos] – unexpected, improbable, astonishing), and that is why life does not cease to astonish the poet.

This problem is explained by the poet in her poem, "Psalm." According to the poet, nature does not care about "boundaries of man-made states," as well as people's attempts to order and rule the world at all:

> Oh, the leaky boundaries of man-made states!
> How many clouds float past them with impunity;
> how much desert sand shifts from one land to another;
> how many mountain pebbles tumble onto foreign soil
> in provocative hops! [...]
> Isn't that a privet on the far bank
> smuggling its hundred-thousandth leaf across the river?[14]

Nature, despite its countless treasures and different creations, which are neither easy to count nor to notice, in itself is consistent, logical and symbiotic. It looks as though it neither cares about humans nor needs them at all. Disintegration and chaos are exclusively our own, human problems. Szymborska's "Psalm," which constitutes a subversive affirmation of nature, ends with a paraphrase of words by Terence, funny, sad, and subversive as well: "Only what is human can truly be foreign. / The rest is mixed vegetation, subversive moles, and wind."[15] However, does this mean human life makes no sense?

In the poem "I'm Working on the World" from 1957, published in the volume *Calling Out to Yeti*, which is considered her debut and where the main areas of her interests were outlined, Szymborska directly states that, unfortunately, the human world is "is like Bach's fugue, played for the time being on a saw."[16] In such a world, we are forced to deal with communicative cacophony, to suffer, transience and death. Being aware of death "poisons" our entire existence. We know this because in this very poem, the poet explained, keeping an ironic distance ("revised, improved edition [...] tricks for old dogs"), how the perfect world (and, due to that, utopian) would have to look. The book containing a description of such a world would consist of three chapters. The second one would be about time, the third – death and suffering; however, the first one, which is very striking, would be about "the speech of animals and plants":

---

14 Ibid., 183.
15 Ibid.
16 Wisława Szymborska, "I'm Working on the World," trans. Clare Cavanagh and Stanisław Barańczak, *Poetry Chaikhana*, accessed May 20, 2022, https://www.poetry-chaikhana.com/Poets/S/SzymborskaWi/ImWorkingont/index.html.

I'm working on the world,
revised, improved edition,
featuring fun for fools,
blues for brooders,
combs for bald pates,
tricks for old dogs.

Here's one chapter: The Speech
of Animals and Plants.
Each species comes, of course,
with its own dictionary.
Even a simple "Hi there,"
when traded with a fish,
make both the fish and you
feel quite extraordinary.

The long-suspected meanings
of rustlings, chirps, and growls!
Soliloquies of forests!
The epic hoot of owls!
Those crafty hedgehogs drafting
aphorisms after dark,
while we blindly believe
they are sleeping in the park! […]

The order of describing and, at the same time, creating a perfect world is obvious: firstly, nature, perfectly understood because animals and plants in a perfect world are able to beautifully uncover to us all the mysteries of existence. At a certain moment, a human being appears on the stage, a man who understands the speech of plants and animals well, who does not know what suffering is and who does not consider evanescence and death even a tiniest problem. The problem is that such a world does not exist. It cannot exist with a man who is inseparable from nature. This is not what human life is about. In any case, perhaps this is good fortune. What would be the meaning of such life? Maybe it is a good thing that a man was devoid of "idiocy of perfection" as described by Szymborska in the poem "The Onion," which is relevant due to our "botanical" context, where she presents the absurd, non-human perfection of this strange plant.

It turns out that the onion is not only a thing to be eaten. One can also "listen" to it, however, at the very beginning, it has to be said that Szymborska does not address it directly, like the stone earlier, but "only" describes it. Obviously, the onion remains silent, such as other non-human beings, but it exists and this is absolutely sufficient in order to "talk" to us in the language of poetry, i.e. in the language of the poetic imagination. In order for "the message" to be articulated, the plant needs "a reed," i.e. a man. Humans are "thinking reeds" just because they think, use language, are capable of anatomical studies of onions and are able to understand and appreciate the painful anatomy of man:

> The onion, now that's something else.
> Its innards don't exist.
> Nothing but pure onionhood
> fills this devout onionist.
> Oniony on the inside,
> onionesque it appears.
> It follows its own daimonion
> without our human tears.
>
> Our skin is just a coverup
> for the land where none dare go,
> an internal inferno,
> the anathema of anatomy.
> In an onion there's only onion
> from its top to its toe,
> onionymous monomania,
> unanimous omninudity.
>
> At peace, of a peace,
> internally at rest.
> Inside it, there's a smaller one
> of undiminished worth.
> The second holds a third one
> the third contains a fourth.
> A centripetal fugue.
> Polyphony compressed.
>
> Nature's roundest tummy
> its greatest success story,
> the onion drapes itself in its
> own aureoles of glory.
> We hold veins, nerves, and fat,
> secretions' secret sections.
> Not for us such idiotic
> onionoid perfections.[17]

This so-called conversation with an onion (frankly, more of a tale about the onion) does not solve anything. In fact, it is just a monologue as the world of plants remains silent to our questions. It speaks to us only through the poet's monologue. It is a lot and not a lot at the same time. Again, as usual we are left with "delight and despair." The first chapter in the book of new world creation, new *Genesis*, which Szymborska describes in the poem "I'm Working on the

---

17 Szymborska, *Nothing Twice*, 217.

World," is about the speech of animals and plants, and it is just a utopia, a dream which will never come true. The poet knows very well that plants will remain silent forever despite having much in common with us and we are forced to coexist whether we want it or not. For better or for worse. This is described directly in great detail in the poem "The Silence of Plants":

> Our one-sided acquaintance
> grows quite nicely
>
> I know what a leaf, petal, ear, cone, stalk is,
> what April and December do to you.
>
> Although my curiosity is not reciprocal,
> I specially stoop over some of you,
> and crane my neck at others.
>
> I've got a list of names for you:
> maple, burdock, hepatica,
> mistletoe, heath, juniper, forget-me-not,
> but you have none for me.
>
> We're traveling together.
> But fellow passengers usually chat,
> exchange remarks at least about the weather,
> or about the stations rushing past.
>
> We wouldn't lack for topics: we've got a lot in common.
> The same star keeps up in its reach.
> We cast shadows based on the same laws.
> We try to understand things, each of our own way,
> And what we don't know brings us closer too.
>
> I'll explain as best I can, just ask me:
> What seeing with two eyes like,
> What my heart beats for,
> And why my body isn't rooted down.
>
> But how to answer unasked questions,
> while being furthermore a being so totally
> a nobody to you.
>
> Undergrowth, coppices, meadows, rushes –
> everything I tell you is a monologue,
> and it's not you who listens.
>
> Talking with you is essential and impossible.
> urgent in this hurried life
> And postponed to never.[18]

---

18 Szymborska, *Chwila / Moment*, 27–29.

Szymborska notices that we have much in common with the world of plants: "The same star keeps up in its reach. / We cast shadows based on the same laws." However, there are major differences between us, and the poet would gladly introduce our species to plants and would love to answer various questions regarding the meaning of our human existence, but has no doubt that being acquainted with plants is a "one-sided" relationship. The plants do not and would never ask about anything. We have to deal with this on our own. The conversation, albeit "necessary," is unfortunately "impossible." The awareness of such a state of things, this thought "advantage" over the non-human world is yet another evidence of the "triumph" of human consciousness in general, which is at the same time the greatest "anguish of our existence,"[19] the anguish which only humans can experience and only due to the fact they possess such awareness.

As is claimed by Stanisław Balbus, the moments (and the moments only) of absolute happiness, if possible at all, require superhuman competences, or to put it differently: beyond-human and non-human, i.e. they require readers to completely get rid of their "anthropocentric demands," "remove formal traces of subjectivity," absolute and "pure" marvel at all the non-human entities and to look at the world "somewhat on their conditions."[20] All this, according to Balbus, is achieved by the character/lyrical subject of an inconspicuous and relatively unknown poem by Szymborska – "An Apple Tree" (the world of plants yet again!). The speaker experiences a one-of-a-kind epiphany of a "non-human" being (an apple tree in this case). This time, the human does not knock on the tree's door, as he would do in case of the stone, because "he would not even dare to suppose their existence."[21] He is able, however, through various linguistic devices to achieve a kind of "de-anthropomorphisation," "de-anthropocentralisation" of his view, which allows him to deal with the entity of an apple tree just as an entity. The character of the poem experiences "an incredible miracle," as is explained by Balbus (following Heidegger), a miracle which just shows that the "Being exists." It is difficult not to wonder that he would like to stay in the moment (similarly to Faust). At the end of her poem Szymborska says: "still remain, do not return home. / Only prisoners want to return home."[22] "Home" created by man is a prison, the prison of anthropocentrism, the human view on the world, which claims reality and makes it a false one. Szymborska defends herself from such false reality and from claiming it with all her might.

---

19 Wojciech Ligęza, "Historia naturalna według Wisławy Szymborskiej," *Dekada Literacka. Miesięcznik Kulturalny*, no. 5/6 (maj/czerwiec 2003): 17.
20 Balbus, "Piękna niepojęta," 185, 186.
21 Ibid., 184.
22 Wisława Szymborska, *Wiersze wybrane* (Kraków: Wydawnictwo a5, 2000), 228, trans. P. Kołodziej.

"The epiphany of an apple tree" obviously does not mean a conversation with a tree understood in a human sense. It refers to dealing with it on a transcendental level. Balbus claims that "silent speech of being" reveals itself in the eponymous apple tree, as well as (following T. S. Eliot) "Speech without word and / Word of no speech."[23] Perhaps that is the reason Szymborska reverses the perspective in the poem "The Silence of Plants": to plants, we become objects which are "totally nobody," unable to function "naturally" in a metaphysical sense. Perhaps the poet reverses the usual anthropocentric perspective due to some other down-to-earth reasons – the awareness of the insignificance and transience of human existence in comparison to the might of "longue durée" of nature could just be enough for her: "I am just passing through, it's a five-minute stop. / I won't catch what is distant; what's too close, I'll mix up" ("Birthday").[24] For what is our but decades-long life in comparison to a five thousand-year-old baobab from Tanganyika? Without such plants as that baobab – as Lynn Margulis tries to convince us in her book *Symbiotic Planet: A New Look at Evolution* – life on earth would not even be possible, it would not probably be able to evolve to the form of a human. Describing the long history of life on earth, the American evolutionary biologist underlines the role of plants in this process, trees in particular (so, even "the simplest" apple trees):

> Over billions of years, life [...] extended its domain from its watery home onto dry land. With elegance, novelty, and shocking prodigious-ness, life expanded into places it had never gone before. [...] The foresting of Earth, the dramatic expansion of life beyond its oceanic source, entailed a dramatic restructuring of the terrestrial environment. [...] Plants made the move to land by re-creating their wet environment and sealing it within themselves. Trees are prolifically adept at sealing in water, moving it to land, and controlling its evapotranspiration.
> The appearance of trees, over 400 million years ago, spurred the entire biosphere upward and outward. [...] No matter how much our own species preoccupies us, life is a far wider system. Life is an incredibly complex interdependence of matter and energy among millions of species beyond (and within) our own skin. These Earth aliens are our relatives, our ancestors, and part of us. They cycle our matter and bring us water and food. Without "the other" we do not survive. Our symbiotic, interactive, interdependent past is connected through animated waters.[25]

Although Szymborska is really committed in her quest to talk to plants and other non-human beings, she knows perfectly well that "the book of life," all life on earth, is not written in the human language and words, but given it is written at all, is written rather – as Margulis proves – "in the language of carbon chemistry." Thus, everything began with bacteria:

---

23 Balbus, "Piękna niepojęta," 175.
24 Szymborska, *Nothing Twice*, 151.
25 Margulis, *The Symbiotic Planet*, 137–40.

"Speaking" the language of chemistry, the bacteria diversified and talked to each other on a global scale. Those that swam attached to those that degraded glucose, the sugar, and so generated power for swimming. The swimming, glucose-degrading partnership led to protists. The rest is history [...].[26]

The rest is history where the man takes an unusual place, as well as other beings on earth he is "speaking" the language of carbon chemistry. Similarly to all life on earth, death is ingrained in the life of every man, as is the case for our whole species, the species which, not without reason, is certain of its uniqueness. In the perspective of billions of years of life on earth, in the shadow of great baobabs (and small apple trees), we look a bit funny. That is why Margulis ends her book with the words:

> I hear our nonhuman brethren snickering: "Got along without you before I met you, gonna get along without you now," they sing about us in harmony. Most of them, the microbes, the whales, the insects, the seed plants, and the birds, are still singing. The tropical forest trees are humming to themselves, waiting for us to finish our arrogant logging so they can get back to their business of growth as usual. And they will continue their cacophonies and harmonies long after we are gone.[27]

Our "nonhuman brethren snickering" is also heard by Szymborska, who listens carefully to the silence and the speech of plants. Let us listen to this silence and this speech. Thanks to it, perhaps we as a species will postpone the sentence inscribed into our fragile existence.

Bibliography

Arendt, Hanna. *The Life of the Mind. One / Thinking, Two / Willing. One-volume Edition.* San Diego: Harcourt, 1978.
Balbus, Stanisław. "Piękna niepojęta (Epistemologia jabłonki)." *Przestrzenie Teorii*, no. 6 (2006): 143–90.
–. *Świat ze wszystkich stron świata. O Wisławie Szymborskiej.* Kraków: Wydawnictwo Literackie, 1996.
Braudel, Fernand. *Historia i trwanie.* Translated by Bronisław Geremek. Warszawa: Czytelnik, 1999.
Ligęza, Wojciech. "Historia naturalna według Wisławy Szymborskiej." *Dekada Literacka. Miesięcznik Kulturalny*, no. 5/6 (maj/czerwiec 2003): 12–21.
–. *O poezji Wisławy Szymborskiej. Świat w stanie korekty.* Kraków: Wydawnictwo Literackie, 2001.
Margulis, Lynn. *The Symbiotic Planet.* London: Phoenix, 1999.

---

26 Ibid., 108–9.
27 Ibid., 161.

Pascal's Pensées. New York: E. P. Dutton, 1958. https://www.gutenberg.org/files/18269/18
269-h/18269-h.htm#SECTION_IV.

Szymborska, Wisława. *Chwila / Moment.* Translated by Clare Cavanagh and Stanisław Barańczak. Kraków: Wydawnictwo Znak, 2011.

–. "I'm Working on the World." Translated by Clare Cavanagh and Stanisław Barańczak. *Poetry Chaikhana.* Accessed May 20, 2022. https://www.poetry-chaikhana.com/Poets/S/SzymborskaWi/ImWorkingont/index.html.

–. "Nobel Lecture: The Poet and the World." *The Nobel Prize.* Accessed May 20, 2022. https://www.nobelprize.org/prizes/literature/1996/szymborska/lecture/.

–. *Nothing twice. Selected poems / Nic dwa razy. Wiersze wybrane.* Translated by Stanisław Barańczak and Clare Cavanagh. Kraków: Wydawnictwo Literackie, 1997.

–. *Wiersze wybrane.* Kraków: Wydawnictwo a5, 2000.

–. *Wszystkie lektury nadobowiązkowe.* Kraków: Wydawnictwo Znak, 2015.

Beate Sommerfeld (Adam Mickiewicz-University Poznań)

„Es blühete mir die Bude voll" – Friederike Mayröckers Blumensprache aus neo-materialistischer Perspektive

Abstract
Flowers are a favored medium of reference for Mayröcker's poetics. In her texts, flowers and plants are representatives of emotions and allude to floriographic practices. However, they are not only present semiotically, as signs, but also appear in their material presence. Mayröcker's language of flowers evolves in dialogue with floriography and deconstructs its symbolisations by turning towards the materiality of the floral and vegetal life forms. The language of flowers unfolded in Mayröcker's writing is investigated from the perspective of Deleuze's monistic materialism and Derrida's diffractive reading of floriography in *Glas*, which brings the rhizomatic structure of the texts on the one hand and radical immanence, materialism, affectivity and post-anthropocentrism on the other into the focus of the examination.
Keywords: Friederike Mayröcker, language of flowers, floriography, new materialism, Gilles Deleuze, Jacques Derrida

Blumen sind von Beginn ihres Schreibens an ein favorisiertes Referenzmedium für die Poetik Mayröckers. Insbesondere die jüngeren Werke wie *études*,[1] *Pathos und Schwalbe*,[2] *da ich morgens und moosgrün. Ans Fenster trete*,[3] vor allem aber *fleurs*,[4] in dem die Poetologisierung von Blumen auch paratextuell im Titel markiert ist, sind von Blumen erfüllt: Dolden, Blüten und Ranken mäandrieren durch die Texte, vor allem durch *fleurs* schlingt sich ein florales Flechtwerk von Pflanzenbildern. So ist denn auch in der Forschung vielfach von Mayröckers „Blumensprache" die Rede.[5] Dabei scheint sich die in ihren Texten entfaltete

---

1 Friederike Mayröcker, *études* (Berlin: Suhrkamp, 2013).
2 Friederike Mayröcker, *Pathos und Schwalbe* (Berlin: Suhrkamp, 2018).
3 Friederike Mayröcker, *da ich morgens und moosgrün. Ans Fenster trete* (Berlin: Suhrkamp, 2020).
4 Friederike Mayröcker, *fleurs* (Berlin: Suhrkamp, 2016).
5 Vgl. Barbara Thums, „fleurs. Friederike Mayröckers Blumensprache", *literatur für leser* 2 (2017): 101-15; Francoise Lartillot, „Friederike Mayröckers Blumenwerk in Pathos und Schwalbe", in *Fragen zum Lyrischen in Friederike Mayröckers Poesie*, hg. v. Inge Arteel und Eleonore de Felip (Berlin: J. B. Metzler / Springer, 2020), 253–80.

Sprache der Blumen auf dem Terrain der altehrwürdigen Floriografie zu bewegen,[6] Blumen treten auf den Plan, wo Gefühle kommuniziert werden sollen, ‚durch die Blume' wird ausgedrückt, was anders nicht artikuliert werden kann. Blumen und Pflanzen sind bei Mayröcker Statthalter von Emotionen, sie sind jedoch in den Texten nicht nur semiotisch, als Zeichen präsent, sondern treten auch diegetisch, in ihrer materiellen Präsenz in Erscheinung. Wie in Mayröckers Blumenwerk floriografische Praktiken von der Materie des Floralen aus infrage gestellt werden, soll im Folgenden nachvollzogen werden.

Das Leben der Pflanzen – affektive und materielle Assemblagen

In Mayröckers Blumensprache wird ein Angerührt-Werden von der Pflanzenwelt, eine schrankenlose Empathie ins Feld geführt, welche die Subjekt-Objekt-Differenz kassiert und durch einen Resonanzraum ersetzt, in dem sich affektive Austauschverhältnisse zwischen Mensch und Pflanzenwelt etablieren können. Zu lesen ist von der „Empathie weiszt du für rosa Ballon von Hortensie",[7] der Bindfaden um den „Hals" eines Veilchenbündels muss gelöst werden, es „ersticke ja sonst, rang nach Luft".[8] Die Responsivität des Subjekts umfasst „untröstliche Ästchen",[9] weinende Nelken[10] und „klagende Hundsveilchen"[11] ebenso wie Topfpflanzen, die gegen das Fensterglas „boxen" und ins Freie drängen.[12]

Die hier zur Sprache kommende „response-ability"[13] des menschlichen Subjekts gilt der domestizierten Pflanze, dem Gartengewächs und der Schnittblume, die, kaum abgeschnitten, schon verblüht oder entschwindet: „La fleur est partie" – so heißt dies in den ambigen Worten Jacques Derridas aus *Glas. Totenglocke*,[14] einem der wichtigen Referenztexte Mayröckers. All diesen Blumen, denen die Totenglocke läutet – „eine rote verblühte Blume auf dem Küchenboden",[15] in der Vase sterbende Sonnenblumen,[16] abgeschnittene Pelargonien,[17]

---

6 Zur Sprache der Blumen oder ‚Floriographie' vgl. etwa Isabel Kranz, *Sprechende Blumen. Ein ABC der Pflanzensprache* (Berlin: Matthes & Seitz, 2014); Isabel Kranz, Alexander Schwan und Eike Wittrock, Hg., *Floriographie. Die Sprachen der Blumen* (Paderborn: Wilhelm Fink, 2016).
7 Mayröcker, *da ich*, 117.
8 Ibid., 226.
9 Mayröcker, *études*, 66.
10 Mayröcker, *da ich*, 24.
11 Ibid., 69.
12 Vgl. ibid., 49.
13 Donna Jane Haraway, *When Species Meet* (Minneapolis: University of Minnesota Press, 2008), 70–71.
14 Jacques Derrida, *Glas* (Paris: Galilée, 1974), 21b.
15 Mayröcker, *fleurs*, 55.
16 Vgl. ibid., 55.

„die verwelkten Blütenblätter der Feuerlilie"[18] oder „ein verwelktes Mimosenbüschel"[19] – werden als leidensfähige Wesen poetisch ins Recht gesetzt. So heißt es etwa in *da ich morgens und moosgrün* von einem zum Geburtstag erhaltenen Blumenstrauß: „tatsächlich hast du mir Schneeglöckchen [...] im kl.Henkelglas hast du mit weiszem Faden zugeschnürt ihre weiszgrünen Hälse sie trinken auch ein wenig [...] schauen aus dem Fenster rufen den Frühling an [...] sie können auch sprechen, das hätte ich nie gedacht".[20]

Die repräsentative Funktion von Blumenbouquets wird hier dezent unterlaufen, vielmehr treten Blumen dem menschlichen Subjekt als lebendige Akteure entgegen: „lila Hortensie : hört sie etwa was ich spreche, [...] reicht sie Händchen?"[21] Blumen erscheinen in Mayröckers Texten als belebt, von den „Gesichter(n) der Sonnenblumen",[22] von nickenden Blumen[23] wird gesprochen. Mittels poetischer Vorstellungskraft werden hier neue Formen von Agency durchgespielt und das Handlungspotential nicht-anthropomorpher Agenzien ausgelotet. Pflanzen werden in Mayröckers Blumenwerk zu eigenmächtigen Wesen, die mit dem menschlichen Subjekt intra-agieren – um den von Karen Barad eingeführten Terminus ins Spiel zu bringen, der die gegenseitige Hervorbringung der involvierten Entitäten akzentuiert.[24]

Im Geiste der Human Plant Studies wird an solchen Stellen die Schwelle zwischen dem Menschlichen und Floralen überschritten, indem Blumen mit Handlungsmacht, Empfindungsvermögen und der Fähigkeit zur Kommunikation ausgestattet werden. So fordert etwa John Charles Ryan in seinem Aufsatz *Passive Flora? Reconsidering Nature's Agency through Human-Plant Studies*, Pflanzen nicht länger als passive Wesen zu betrachten, sondern ihre breit belegte Agency auch theoretisch aufzuarbeiten.[25] Benjamin Bühler und Stefan Rieger weisen in ihrem „Florilegium" des botanischen Wissens nach, dass bereits um 1800 zur sensuellen Reizbarkeit und Kommunikationsfähigkeit von Pflanzen geforscht wurde.[26] Die emblematische Pflanze ist hierbei die Mimose, deren Blätter sich bei Berührung einrollen. Zu Ende des 19. Jahrhunderts wurde die

---

17 Vgl. ibid., 57.
18 Ibid., 117.
19 Ibid., 113.
20 Mayröcker, *da ich*, 162.
21 Ibid., 7.
22 Mayröcker, *fleurs*, 49.
23 Vgl. ibid., 21.
24 Vgl. Karen Barad, *Meeting the Universe Halfway: Quantum Physics and the Entanglement of Matter and Meaning* (Durham: Duke University Press, 2007), 141.
25 John Charles Ryan, „Passive Flora? Reconsidering Nature's Agency through Human-Plant Studies", *Societies* 2 (2012): 101–21.
26 Vgl. Benjamin Bühler und Stefan Rieger, *Das Wuchern der Pflanzen. Ein Florilegium des Wissens* (Frankfurt a. M.: Suhrkamp, 2009), 58–71.

Mimosa pudica zwecks Erforschung ihrer Empfindungsfähigkeit in komplizierte Aufschreibesysteme eingebunden, um ihre Bewegungen in Daten zu übertragen und der Pflanze Sprache (bzw. Schrift) zu entlocken.

Auch Mayröcker hat ein solches Aufschreibesystem entwickelt, ein sprachliches Sensorium für das Empfinden der Blumen und pflanzliche Kommunikationsbefähigung, das weit über eine Anthropomorphisierung des Floralen hinausweist und sich in einer biozentrischen Sicht einer vegetabilen Kognitionsform anzunähern sucht. Die Öffnung für ein Denken und Empfinden, das sich an der Seinsweise von Pflanzen orientiert und einer Dezentrierung humaner Perspektiven zuarbeitet, wird etwa in *études* ins Spiel gebracht: „Blättchen des Mimosenbaums auch sie kennen Abend- und Morgenstunde (= erschöpft oder erfrischt), man soll sprechen mit ihnen sie berühren sie mit Tränen besprühen",[27] und eine Seite zuvor ist die Rede von einem Mimosenstrauch, der unter den Blicken des Ich lebendig wird: „auf dem Frühstückstisch in der Küche hat das Mimosenbäumchen sich neu belebt zaghaft 1 neuer Trieb wie Händchen mir entgegen haben meine Tränen seine Blätter neu belebt".[28] Es wird hier ein Schreibkonzept verwirklicht, das eine Ethik der Verwobenheit unterschiedlicher, mannigfaltiger Entitäten anvisiert, indem es den Menschen in ein entgrenztes, auch die Pflanzenwelt umgreifendes Beziehungs- und Kommunikationsgeflecht einbettet. Menschliche und pflanzliche Empfindungsfähigkeit berühren sich, intra-agieren miteinander und bringen einander hervor, so wie im Gedicht *Mimosen im Glas* aus dem Band *Mein Arbeitstirol*, das mit den Worten anhebt: „diese / Mimosen im Glas sage ich zum Heulen"[29] und damit die Tränensprache Mayröckers ins Spiel bringt, die abseits vom Logos auf eine grenzenlose Ergriffenheit und Affizierbarkeit durch andere Wesen pocht. Und in *fleurs* ist es nicht zufällig Max Ernsts Collage *La fête du mimosa*, die die Tränen „kollern" lässt und das Verlangen nach „Welt-Zärtlichkeit"[30] weckt.

Das Mayröckersche Subjekt bewegt sich gemeinsam mit pflanzlichen Lebewesen in einem Feld gegenseitiger Affizierungen und ist dabei getragen von einer allumfassenden „Zärtlichkeit", die transversale Allianzen mit nicht anthropo morphen Wesen stiftet: „fünf blaue Hyazinthen singend : haben sich geöffnet während niemand zuhause! flüstern [...] ob ich verstehen könne [...] eine Tüte Tränen begieszt ihre Augen [...] ich habe geträumt dasz sie mich umhalsten, weiszt du wie können sie das".[31] Blumen werden hier mit Sinnen und Gefühlen begabt und in ein intimes Zwiegespräch eingebunden, wobei das Verhältnis von

---

27 Mayröcker, *études*, 53.
28 Ibid., 52.
29 Friederike Mayröcker, *Gesammelte Gedichte 1939–2003*, hg. v. Marcel Beyer (Frankfurt a. M.: Suhrkamp, 2004), 686.
30 Mayröcker, *fleurs*, 8.
31 Ibid., 120.

Mensch und Pflanzenwelt als reziprokes Begehren modelliert wird. Wenn Zimmerpalmen ihre Ärmchen ausstrecken,[32] Hortensien „Händchen"[33] reichen oder sich Hyazinthen dem Menschen verlangend „zuneigen",[34] kommt eine ‚Botanik des Begehrens' zum Tragen, die den Blickpunkt der Pflanzen geltend macht und die Unterscheidung von Subjekt und Objekt außer Kraft setzt.[35] Mensch und Pflanze intra-agieren in einem Feld von Kräften, welches auch das Florale einschließt, wobei der „konstitutive[] Zwischenstatus" der Pflanze „zwischen Objekt und Subjekt von Kommunikation, Natur und Kultur, Dinghaftigkeit und Lebendigem"[36] ausgespielt wird.

Mayröckers Texte können somit als interspezifischer Raum begriffen werden, in dem Affekte ausgetauscht werden und ein Begehren zirkuliert. Jenseits des anthropomorphen Modells von Begehren wird ein offener Prozess der wechselseitigen Durchdringung des Humanen und Floralen konturiert und dabei ein mannigfaltiges Liebesbegehren anvisiert, das ontologische Grenzen überwindet und affektive Beziehungen zum Nicht-Menschlichen zu denken sucht – vom Küssen und Herzen von Lilien,[37] vom Liebkosen von „Blumengesichter[n]",[38] von einem Wald, der uns „mehr als alles küsst"[39] ist die Rede, im Traum erscheinen „sich selbst enthüllende Rosenblätter welche ich küsse".[40] Mit diesem ‚Fuhrwerken' „mit Eros, Blume und Reverie"[41] sind Mayröckers Texte als transversale Begehrensgefüge zu begreifen, es werden Szenarien einer polymorphen Sinnlichkeit entworfen, von Berührungen und Anrührungen, die auch die Pflanzenwelt umfassen bzw. von vegetabilen Seinsweisen inspiriert werden. Begehren wird hier gedacht als „the structure and ensemble of the encounters with the world that allow everything to let itself be touched by the other", wie es Emanuele Coccia in *The Life of Plants* pflanzlichen Lebensformen zuschreibt.[42] Die Blume, die sich der umgebenden Atmosphäre öffnet, in sie hineinatmet, wird auch für Mayröcker zum Inbild einer Offenheit, welche die Umpanzerungen der Entitäten porös werden lässt und affirmative Bindungen zu anderen Wesen begründet:

---

32 Vgl. Mayröcker, *da ich*, 44.
33 Ibid., 7.
34 Mayröcker, *fleurs*, 83.
35 Vgl. Michael Pollan, *A Botany of Desire: A Plant Eye's View of the World* (New York: Random House, 2001), xiv.
36 Isabel Kranz, Alexander Schwan und Eike Wittrock, „Einleitung", in *Floriographie. Die Sprachen der Blumen*, hg. v. Isabel Kranz, Alexander Schwan und Eike Wittrock (Paderborn: Wilhelm Fink, 2016), 18.
37 Vgl. Mayröcker, *fleurs*, 9.
38 Mayröcker, *da ich*, 77.
39 Ibid., 156.
40 Mayröcker, *études*, 31.
41 Mayröcker, *fleurs*, 81.
42 Emanuele Coccia, *The Life of Plants: A Metaphysics of Mixture* (Medford: Polity Press, 2019), 110.

„Now, to be in the world means finding it impossible not to share the ambient space with other forms of life, not to be exposed to the life of others."[43]

In Mayröckers Texten wird somit Blumen das kommunikative Potenzial zugestanden, eine mit intensiven Affekten aufgeladene Bindung zu anderen Lebewesen bzw. dem Menschen herzustellen. Dabei ist es stets ein „Körpergefühl",[44] das ein queeres Begehren in Gang setzt und die Grenzen zum Floralen ins Gleiten bringt, so wie ein Ast, der beim Spaziergang ihre Schulter streift: „1 Ästchen berührte mich an der Schulter und ich dachte : 1 LIEBLING".[45] Texte *wie da ich morgens, Pathos und Schwalbe* und *fleurs* werden damit im Sinne Brian Massumis als Arrangements von miteinander verschränkten materiellen Körpern lesbar, als Gefüge gegenseitiger Affizierungen und Resonanzen,[46] die aus dem Zusammenspiel menschlicher und nicht-menschlicher Akteure emergieren. Sie sind als relationales Beziehungsgeflecht zu begreifen, das den Entitäten vorausgeht und das Subjekt überschreitet, das zu einem Akteur in einem Netzwerk lebendiger Agenzien wird. Es tut sich hier eine Subjektivität kund, die aus sich selbst heraustritt und sich im ekstatischen Zustand des Außer-sich-Seins über die Grenzziehungen zwischen dem Menschlichen und Nicht-Anthropomorphen hinwegsetzt: Menschlicher und pflanzlicher Körper berühren sich in einem intensiven Affektstrom, der – jenseits von Ähnlichkeits- oder Analogiebeziehungen – ontologisch geschiedene Lebewesen miteinander verschränkt. Dabei wird eine affektive Bindung zu pflanzlichen Wesen ins Spiel gebracht, die ein Fluktuieren der Identitäten initiiert und liminale „Ununterscheidbarkeitszonen"[47] zwischen dem Menschlichen und Floralen eröffnet, denen eine transgressive Dimension eignet. Hierbei wird eine affektive Energie entbunden, die das Subjekt in multiple Intensitäten auflöst und eine Subjektivität ins Feld geführt, die sich durch ontologische Offenheit und Affizierbarkeit auszeichnet und für Verbindungen mit vielgestaltigen Anderen öffnet. Für Massumi ist der Affekt daher eine Form, sich auf den Anderen einzulassen, eine Bindung zu ihm aufzubauen: „In affect, we are never alone. That's because affects [...] are basically ways of connecting, to others and to other situations."[48] In Mayröckers Poetik benennt Affekt damit nicht zuletzt die Fähigkeit, sich mit der Welt in Beziehung zu setzen und in der Verflochtenheit mit anderen Wesen zu erkennen.

---

43 Ibid., 43.
44 Mayröcker, „Magische Blätter II", in Friederike Mayröcker, *Gesammelte Prosa*, Bd. III: *1987–1991*, hg. v. Klaus Kastberger (Frankfurt a. M.: Suhrkamp, 2001), 181.
45 Mayröcker, *fleurs*, 31.
46 Vgl. Brian Massumi, *The Power and the End of Economy* (Durham: Duke University Press, 2015), 103–12.
47 Gilles Deleuze, *Kritik und Klinik*, übers. v. Joseph Vogl (Frankfurt a. M.: Suhrkamp, 2000), 11.
48 Vgl. Brian Massumi, *Politics of Affects* (Hoboken, NJ: Wiley, 2015), 6.

Es wird somit in Mayröckers Texten ein postanthropozentrisches, relationales Beziehungssubjekt entworfen, tief in die Welt eingelassen und von Empathie geleitet. Das Subjekt wird innerhalb einer monistischen Philosophie gedacht, wie sie Rosi Braidotti im Anschluss an Deleuzes Relektüre des spinozistischen Monismus konturiert.[49] Gemeinsam mit anderen monadischen Entitäten bewegt es sich in einem Gefüge gegenseitiger Affizierungen, in einem radikal immanenten Raum, in dem es auf viele Intensitäten und Affekte aufgeteilt ist. Wird das florale Flechtwerk der Texte Mayröckers aus der Perspektive des monistischen vitalen Materialismus der Philosophie von Deleuze in den Blick genommen, so rücken radikale Immanenz, Materialität, Affektivität und Postanthropozentrismus in den Fokus der Betrachtung, und Mayröckers Blumentexte werden als Assemblagen „lebhafter Materialien aller Art"[50] lesbar, die einer Vision posthumaner Subjektivität zuarbeiten, die „materialistisch, verleiblicht und eingebettet ist."[51]

Die Materialität des Floralen – Mayröckers Blumensprache

Das Mayröcker'sche Subjekt resoniert mit seiner Umwelt, es tritt ein in Nachbarschaftszonen mit Pflanzen und wird zum Teil der lebendigen Materie, die unterhalb des Logos und der Ideenwelt pulsiert: „bist Halb-Pflanze",[52] „bist blaue Glyzine bist Hundsveilchen".[53] Wie in neomaterialistischen Ansätzen, etwa bei Karen Barad[54] oder Jane Bennett,[55] werden Natur und Materie als lebendige Akteure betrachtet, welche untrennbar mit dem Menschlichen vernetzt sind. Einmal mehr schaut die Dichterin hier „mit den Augen einer Blume"[56] auf die Welt, denn aus der Perspektive der Pflanzen, so schreibt Coccia, „[t]here is no material distinction between us and the rest of the world. The world of immersion is an infinite expanse of fluid matter in its permeability: everything aims to penetrate the world and be penetrated by it."[57] Für die Pflanze gilt demnach: „being in the world is, fundamentally, an experience of immersion".[58] Wenn das

---

49 Rosi Braidotti, *Posthumanismus. Leben jenseits des Menschen*, übers. v. Thomas Laugstien (Frankfurt a. M.: Campus, 2014), 9, 61–62.
50 Jane Bennett, *Lebhafte Materie. Eine politische Ökologie der Dinge*, übers. v. Max Henninger (Berlin: Matthes & Seitz, 2020), 59.
51 Braidotti, *Jenseits*, 56.
52 Mayröcker, *fleurs*, 58.
53 Mayröcker, *da ich*, 118.
54 Karen Barad, „Posthuman Performativity – Toward an Understanding of How Matter Comes to Matter", *Signs. Journal of Women in Culture and Society* 28, Nr. 3 (2003): 826.
55 Bennett, *Lebhafte Materie*, x.
56 Mayröcker, *Pathos*, 78.
57 Coccia, *Life*, 32.
58 Ibid., 53.

Mayröcker'sche Ich sich danach sehnt, sich in einen Baum oder Grashalm aufzulösen,[59] wird ein immersives Weltverhältnis behauptet, das dem Floralen entlehnt wird und den inhärenten Anthropozentrismus der humanistischen Tradition von innen her, d. h. von der Materie aus erschüttert.

Die Grundlagen dieses immersiven Eintauchens in die Materie der Natur wurden in den Gärten der Kindheit Mayröckers im österreichischen Deinzendorf gelegt, wo sie sich im „Blattwerk des Gartens" verlor: „damals" [...] „tauchte ich aus dem Gezweig empor",[60] und „die weiszen Lilien" küsste, „welche so hoch wie ich oder höher".[61] In einem Interview mit Marcel Beyer gesteht die Dichterin, es seien „immer noch diese Deinzendorf-Reminiszenzen", die es bewirkten, dass sie sich „manchmal fühle wie diese Blume": „Es ist fast wie ein Austausch zwischen der Blume und mir."[62] In diesen osmotischen Austauschprozessen partizipiert Mayröckers Schreiben an der „selbstorganisierende[n] Kraft lebendiger Materie"[63] und bringt die „thing power"[64] der Blumen ins Spiel als deren Fähigkeit, im Zusammenspiel mit anderen materiellen Körpern Wirkungen zu entfalten. Die Materie selbst konfiguriert sich hier durch Intra-Aktion mit anderen Wesen in einem ständigen Prozess des Werdens. Das intra-aktive Werden der Materie, das ihre Agency ausmacht, lässt sie erkennbar werden als etwas, das Begegnungen und Verschränkungen ermöglicht. Materie ist hier „not what separates and distinguishes things, but rather what makes possible their encounter and mixture"[65] und muss von ihrer Affektivität her gedacht werden: „it has to be defined from the starting point of some natural affectivity".[66]

Der inhärenten Affektivität der Materie sind bei Mayröcker die Vernetzungen des Menschlichen und Floralen geschuldet. Nach dem Inhalt ihres neuen Buches *da ich morgens und moosgrün* befragt, antwortet die Dichterin denn auch: „[E]s geht um Sensationen. Ich meine Empfindungen, im Sinne v. Materie, es geht um den Knall der Verliebtheiten".[67] Von einer Sprache der Blumen, die in der traditionellen Floriografie im Sinne einer eindeutig lesbaren symbolischen Codierung von Gefühlen verstanden wird,[68] wie etwa in Charlotte de La Tours *Le*

---

59 Friederike Mayröcker, „Stillleben", in Friederike Mayröcker, *Gesammelte Prosa*, Bd. IV: *1991–1995*, hg. v. Klaus Reichert (Frankfurt a. M.: Suhrkamp, 2001), 39.
60 Mayröcker, *Pathos*, 187.
61 Mayröcker, *fleurs*, 9.
62 Vgl. dazu Marcel Beyer, „Eine Gleichung von mathematischer Eleganz", *Frankfurter Allgemeine Zeitung*, 01.07.2016, abgerufen am 29.12.2022, http://www.faz.net/aktuell/feuilleton/buecher/autoren/marcel-beyer-besucht-friederike-mayroecker-14313553-p7.html?printPagedArticle=true#page Index_7.
63 Braidotti, *Jenseits*, 9.
64 Bennett, *Lebhafte Materie*, 22.
65 Coccia, *Life*, 69.
66 Ibid., 107.
67 Mayröcker, *da ich*, 60.
68 Vgl. Kranz, Schwan und Wittrock, *Floriographie*, 26.

Language des fleurs,[69] ist das in Mayröckers Texten entfaltete proliferierende Begehren weit entfernt. Eher ist ihre Blumensprache Claudette Sartiliots *Herbarium, Verbarium. – The Discourse of Flowers* verwandt, in dem nachgezeichnet wird, wie Blumen fixe Bedeutungen aufbrechen und dem Unterdrückten – sei es das Unbewusste, der Körper, die Materie und das Begehren – Raum verschaffen.[70] Darauf, dass Mayröcker in ihrem Blumenwerk die Diskurse der Floriografie stets mitlaufen lässt, verweist u. a. die Zitierung von Isabel Kranz, deren Monografie *Sprechende Blumen: ein ABC der Pflanzensprache*[71] als Referenzrahmen aufgerufen wird. Es wird damit in Mayröckers Texten ein vieldimensionales Feld von Möglichkeiten eröffnet, über (und mit) Blumen zu sprechen. Der Bezug auf die „magischen Verben = Veduten der ,Dichterinnen-Gewächse' = von Isabel Kranz"[72] verweist darauf, dass für Mayröcker die sinnliche Pracht und Fülle der Blumenwelt von derjenigen der Sprache nicht zu trennen ist. Das Florale und der Schreibprozess sind vielmehr aufs Engste miteinander verflochten, und ihr In-Eins-Setzen bildet eine Klammer für Mayröckers Blumenwerk.

Den Naturerlebnissen der Kindheit in Deinzendorf entsprießen die ersten dichterischen Inspirationen Mayröckers, und noch in *da ich morgens und moosgrün. Ans Fenster trete* stehen Pflanzen im Modus metaphorischer Uneigentlichkeit für die literarische Produktion ein: „Meine Texte entstehen durch sich fortpflanzende Augen",[73] heißt es hier, von „Pflanzenschrift"[74] ist die Rede und von „Knospenkunst",[75] von den Strophen eines Gedichts, die „sich von den Ästen eines Baumes lösten oder Gebüsch, hineilend (!) geschlängelter Garten".[76] Die in Mayröckers Spätwerk entfaltete Blumensprache speist sich aus der proliferierenden Materie des Floralen. Das Flechtwerk vegetabiler Formen gibt das Modell ab für ein entgrenztes Schreiben, das sich in alle Richtungen schlängelt und zu einem Gestrüpp aus Verästelungen mehrdeutig verzweigter Wortfelder und verflochtener Satzästchen auswächst, und das sich im „Gestrüpp auf dem Schreibtisch"[77] materialisiert, das in keine Ordnung gebracht werden kann. Mayröckers „Bouquets v.Sprache"[78] haben die Struktur eines Rhizoms – notabene eine der Botanik entlehnte Metapher – und folgen einer Logik der Ver-

---

69 Charlotte de La Tour, *Le Language des fleurs* (Paris: Audot, 1819).
70 Claudette Sartiliot, *Herbarium, Verbarium: The Discourse of Flowers* (Lincoln: The University of Nebraska Press, 1993), 7. Sartiliot beruft sich dabei auf den Poststrukturalismus von Hélène Cixous.
71 Kranz, *Sprechende Blumen*.
72 Mayröcker, *fleur*, 25.
73 Mayröcker, *da ich*, 52.
74 Ibid., 125.
75 Ibid., 14.
76 Ibid., 43.
77 Mayröcker, *études*, 61.
78 Mayröcker, *da ich*, 67.

schlingung, wie sie dem Organischen eigen ist. Aufgrund ihrer ungeordnet assoziativen, wuchernden Schreibweise, die sich zu „Flächen von wildem Sprach Fleisch"[79] ausbreitet, kann Mayröckers Schreibmodus mit Denise Gigante als ‚organic form'[80] umschrieben werden, wobei die Gedankensprünge in verschiedene Richtungen wie eine Art Mimesis der Vernetzungsformen von Natur selbst wirken. Die Texte bilden Netzwerke im Sinne von Hartmut Böhme[81] und stellen dabei die Vernetzungstechnik als den Grundmechanismus des Lebendigen heraus.[82]

In seiner dem Floralen entlehnten Poetik der Vernetzung und Verschlingung lässt Mayröckers Schreibpraxis sich von Derridas *Glas. Totenglocke* leiten, der in ihr den Drang wecke, sich „selbst zu verschlingen".[83] Immer wieder wird Derridas Relektüre der althergebrachten Floriografie ausgespielt, mit der er eindeutige Bedeutungszuweisungen der Blumen ad absurdum führt: „Fort sind jene, die glaubten, daß die Blume bedeute, symbolisiere, metaphorisiere, metonymisiere, daß man dabei sei, die Signifikanten [...] in einem Register zu erfassen, die Blumen zu klassifizieren, sie zu kombinieren, zu ordnen, sie [...] zu einer Garbe oder einem Strauß zu binden."[84] Derridas diffraktive Lektüre der Floriografie lehnt sich an Jean Genets Blumenromane *Notre-Dame-des-Fleurs* (1944) und *Miracle de la Rose* (1946) an, die in *Glas / Totenglocke* als eine im Zeichen von Erotik und Begehren stehende Materialität der Sprache figurieren. Mayröcker gesteht, Bände wie *études* und *fleurs* seien „sehr beeinflusst durch Jean Genet, der ja fast in Blumen badet, und durch Jacques Derrida. Seit zehn Jahren begleitet er mich, gerade lese ich zum dritten Mal ‚Das Glas'".[85] So ist das Glas, in dem in Mayröckers Mimosen-Gedicht die Schnittblume ihr trauriges Dasein fristet, eine Chiffrierung von Derridas Apologie der Freiheit der Blumen, die in *Glas* im Anschluss an Genets Blumensprache entworfen wird.

Mayröcker *fleurs* ist an die Struktur von *Glas* angelehnt. Wie Derrida zwei- bzw. dreispaltig schreibt, so schreibt auch sie in zwei oder drei Strängen, die an jeder Stelle aufeinander bezogen werden können. Wie Derridas Buch hat das

---

79 Mayröcker, *études*, 44.
80 Vgl. Denise Gigante, *Organic Form and Romanticism* (New Haven: Yale University Press, 2009).
81 Vgl. Hartmut Böhme, „Netzwerke. Zur Theorie und Geschichte einer Konstruktion", in *Netzwerke. Eine Kulturtechnik der Moderne*, hg. v. Jürgen Barkhoff, Hartmut Böhme und Jeanne Riou (Köln: Böhlau, 2004), 17–36.
82 Vgl. Pollan, *Botany*, xxv.
83 Mayröcker, *fleurs*, 7.
84 Jacques Derrida, *Glas. Totenglocke*, übers. v. Hans-Dieter Dondek und Markus Sedlaczek (Paderborn: Wilhelm Fink, 2005), 48b.
85 Zit. nach Françoise Lartillot, „Lire le poststructuralisme en poète. Résistance tropologique de Friederike Mayröcker dans les études (2013)", *Études Germaniques* 276, no. 4 (2014): 560.

Wortgestrüpp von *fleurs* weder Anfang noch Ende und endet „mitten im Satz".[86] Vor allem aber ist das Verfahren der Dissemination, das Bedeutungen zerstreut und in alle Richtungen ausschlagen lässt, Derridas dekonstruktiver Floriografie entlehnt. Mit dem sowohl botanischen als auch sprachphilosophischen Begriff der Dissemination kann der Kern von Mayröckers Aufschreibesystem der Blumensprache benannt werden. Mit seiner Doppelgleisigkeit spielend, lässt sie daraus ihre „gläserne Sprache"[87] entsprießen, eine disseminative und proliferierende Blumen- als Liebessprache, die aus dem materiellen Gebüsch der Pflanzenwelt erwächst und dabei das „Brüchigwerden jenes Zeichenverständnisses" mitdenkt, „das die traditionelle Floriographie voraussetzt".[88] Mayröckers poetisches Projekt verschreibt sich damit der Dekonstruktion als einer quasi organischen Auflösung sprachlicher Linearität und Einsinnigkeit durch Assimilation natürlicher botanischer Prozesse. Ihre Blumensprache begreift sich als „fundamentally disseminative and differential",[89] sie entzieht sich eindeutiger Lesbarkeit und ist von einer nicht still zu stellenden Dynamik der Dissemination befallen.

Die Blumen Genets, die in Derridas Lektüre in *Glas* wundersame Blüten treiben, wuchern auch in Mayröckers Blumentexten tropisch. So wird der Autor selbst zum Ginster (*genêt*), wie Genet auf Französisch heißt. Durch „winzige Mutationen"[90] wird ein polyvalentes Spiel mit Blumennamen betrieben, welche die Blumen mit dem Schreibprozess verklammern und einer metapoetischen Reflexion Raum geben: So werden aus Narzissen Notizen,[91] die Knospe zur Kopie,[92] Tulpen zu Tupfen[93] und das Wort Ecke mutiert über iterative Prozesse in „das Wort Hecke und somit ein Gedicht".[94] An die Stelle organischer Metaphern, die einen Zusammenhang suggerieren, tritt ein assoziatives Geflecht mit rhizomatischer Struktur. Über kryptisch ineinander übergehende metonymische Verschiebungen wird das florale Netzwerk des Schreibens als ein bewegliches und lebendiges Ensemble inszeniert, das die insubordinaten, „mannigfaltigen Bewegungen" des Denkens spiegelt, die sich nicht „zu frommen Lauchblumen = Formulierungen"[95] fügen wollen.

Pflanzen werden damit für Mayröcker zu wichtigen Gelenkstellen einer vielschichtigen und verästelten Welt, zugleich aber auch des ungebundenen poeti-

---

86 Mayröcker, *fleurs*, 145.
87 Ibid., 56.
88 Thums, *fleurs*, 102.
89 Sartiliot, *Discourse*, 3.
90 Mayröcker, *Pathos*, 130.
91 Ibid., 93.
92 Ibid., 124.
93 Ibid., 258.
94 Ibid., 131.
95 Mayröcker, *fleurs*, 69.

schen Umgangs mit ihr. Gerade Genets Blumenwerk avanciert in ihren Texten zum Inbegriff poetischer Freiheit: „wie stürz' ich in die Gladiolen des Jean Genet, Schwertlilien von D., hoffe, dasz ich [...] die Ketten sprenge".[96] Die in Genets Werken strömende florale Abundanz gilt Mayröcker als Musterfall einer ungebärdigen poetischen Produktion, die sich über Grenzen hinwegsetzt und an der Stelle der dualistischen Zäsur ein Dickicht von Verzweigungen setzt. In diesem Sinne endet *Pathos und Schwalbe* mit der Formel von Edmond Jabès: „[D]u denkst der Vogel sei frei. Du hast geirrt: frei ist die Blume."[97] Mayröckers Texte machen sich die Freiheit der Blume zu eigen und überführen sie in ein sich rhizomatisch ausbreitendes Schreiben, das sich aus fixen Bedeutungen lösend ‚davonschlängelt'. Wenn vor allem in *études* das „Ästchen" zum Inbild des Schreibens aufrückt,[98] sind solche Tropenbildungen das Ergebnis hochgradig selbstreferenzieller Imaginationsprozesse, welche eine konventionelle Blumensymbolik weit hinter sich lassen.

Indem sich Mayröckers Texte vegetabilen Seinsweisen zuwenden und Homologien zwischen botanischen Prozessen und poetischen Verfahren herstellen, werden neue Einsichten in die ‚Natur' des Schreibens gewonnen. Das ‚Vegetabile' ihrer Schreibweise lässt sich aber auch als eine Poetik des Botanischen begreifen, die sich dem Denken der Pflanzen anzugleichen sucht, wie es von Michael Marder umschrieben wird als „an essentialism-free way of thinking that is fluid, receptive, dispersed, non-oppositional, non-representational, immanent, and material".[99] Das Mayröcker'sche Subjekt hat teil an der radikalen Offenheit und Materialität pflanzlicher Kognitionsformen, die als „weak thought"[100] apostrophiert werden können, ein „ausschwärmendes"[101] Denken, das sich von Kategorisierungen freihält und ‚in die Büsche schlägt', um sich – in einer Anverwandlung an die Pluralität und Mannigfaltigkeit der vegetabilen Formen – zu verzweigen, verteilen, Differenzen und Vielfalt zu bilden. Mayröckers Blumensprache gehört daher auch in den Kontext einer Wissenspoetik, die an der Materie des Floralen ansetzt und vorführt, „how human thinking is de-humanized and rendered plantlike, altered by its encounter with the vegetal world"[102] ein Prozess, der ebenso unkontrollierbar wie unabschließbar ist, denn – wie Barad zu Bedenken gibt – „[m]atter's dynamism is inexhaustible, exuberant, and prolific".[103]

---

96 Mayröcker, *Pathos*, 11.
97 Ibid., 265.
98 Vgl. Mayröcker, *études*, 34, 97, 117.
99 Michael Marder, *Plant-Thinking: A Philosophy of Vegetal Life* (New York: Columbia University Press, 2013), 152.
100 Vgl. ibid., xiv: „This radical openness of plant-thinking is precisely what is called for by weak thought, a postmetaphysical philosophy free from categories, measures, or frames".
101 Mayröcker, *études*, 184.
102 Marder, *Plant-Thinking*, 10.
103 Barad, *Meeting*, 170.

Fazit

Mayröckers Blumensprache entfaltet sich im Dialog mit der Floriografie und arbeitet sich an deren Symbolisierungen ab, indem sie sich an der Materie des Floralen und vegetabilen Seinsweisen orientiert. Die Materialität der Pflanzen entzieht sich dem Symbolraster der Floriografie, zersetzt die Ordnungen der Schrift und lässt Bedeutungen diffundieren. In Mayröckers Schreibpraxis materialisieren sich Blumen auf mannigfache Weise: Sie gehen als lebende Wesen in die Texte ein und sind Träger von Affekten, nicht von Bedeutungen; Blumen kommt Subjektstatus zu, sie werden zu Akteuren, die in ein Kommunikationsgeflecht eingebunden sind und eine das menschliche Subjekt dezentrierende Sichtweise herausfordern. Es wird damit in Mayröckers Texten ein Sprechen *mit* und nicht *über* Blumen inszeniert. In Mayröckers Blumenwerk sind Blumen keine klassifizierbaren und hermeneutisch auszubeutenden Objekte, ihre Texte sind vielmehr moderne Florilegien,[104] die fixe Bedeutungen unterlaufen und dabei doch auf der Bedeutsamkeit des Pflanzlichen insistieren. Symbolische Bedeutungszuweisungen werden auf die Ebene des Materialen heruntergebrochen, wobei die Materie des Floralen sich – ebenso wie jene der Sprache – vor die Bedeutungsvermittlung schiebt und eine unaufhörliche, wilde Semiose in Gang hält. Die Materialität des Pflanzlichen affiziert die Schreibpraxis selbst, lässt das Schreiben in unkalkulierbare Richtungen wuchern und zu einem unübersichtlichen Netzwerk von Verästelungen ausufern. Die Schlingpflanzenpoesie, die hier betrieben wird, generiert „ein unwillkürliches System affektiver Wucherungen",[105] mit dem die Blumensymbolik zu einer überbordenden Sprache des Begehrens hin überschritten wird, welche die floriografische Praxis gefährdet. Pflanzlichen Strukturen und Prozessen kommt daher insofern poetologische Relevanz zu, als sie in eine poetische Praxis umgedeutet werden und zum Modell poetischer Gestaltungsprinzipien avancieren.

Mayröckers Texte sind von einem „Halo aus Materie"[106] umgeben und untersuchen, wie materiale Formen miteinander intra-agieren und Konfigurationen von Bedeutungen produzieren.[107] Dabei spielen sie die queere Potentialität

---

104 Mayröckers Blumenwerk kann insofern als Florilegium angesehen werden, als die Tätigkeiten des Auswählens, Sammelns und Lesens übereinander geblendet werden: Zum einen konstituieren sich die Texte als Katalog eines botanischen Inventars, zum anderen als Zusammenstellung von einzelnen Versen, Redewendungen und Zitaten bekannter Dichter, wie sie in den Florilegien des Mittelalters und der frühen Neuzeit praktiziert wurden.
105 Mayröcker, „Magische Blätter II", 27.
106 Mayröcker, *da ich*, 160.
107 Vgl. Serenella Iovino und Serpil Oppermann, Hg., *Material Ecocriticism* (Bloomington: Indiana University Press, 2014), 7.

der natürlichen Materie[108] aus, indem sie zum einen eine Poetik der Verschlingung entfalten, in der die Spezies ineinanderwachsen und „*something of the vegetal being in us*"[109] hervortritt, und zum anderen eine Ästhetik der Verzweigung inszenieren, mit der die kategorialen Ordnungen zum unübersichtlichen Terrain werden. An die Stofflichkeit des Pflanzlichen andockend, bildet das Blumenwerk Mayröckers Entanglements aus Materie und Bedeutung, die eine performative Arbeit an den überkommenen Konzepten von Natur und Botanik leisten. Aus der Materialität des Pflanzlichen heraus werden Schneisen in angestammte Wissensbestände geschlagen und die Domänen und Kategorien des Wissens ins Gleiten gebracht. Wenn in Mayröckers Blumensprache vegetabile Denkformen nachempfunden werden, so geht es daher letztlich auch darum, im Gefolge der Blumen neues Denken zu produzieren.[110]

Bibliografie

Barad, Karen. *Meeting the Universe Halfway: Quantum Physics and the Entanglement of Matter and Meaning*. Durham: Duke University Press, 2007.
–. „Nature's Queer Performativity". *Women, Gender & Research* 1-2 (2012): 25–53.
–. „Posthuman Performativity – Toward an Understanding of How Matter Comes to Matter". *Signs. Journal of Women in Culture and Society* 28, Nr. 3 (2003): 801–31.
Bennett, Jane. *Lebhafte Materie. Eine politische Ökologie der Dinge*. Übersetzt von Max Henninger. Berlin: Matthes & Seitz, 2020.
Beyer, Marcel. „Eine Gleichung von mathematischer Eleganz". *Frankfurter Allgemeine Zeitung*, 01.07.2016. Abgerufen am 29.12.2022. http://www.faz.net/aktuell/feuilleton/buecher/autoren/marcel-beyer-besucht-friederike-mayroecker-14313553-p7.html?printPagedArticle=true#pageIndex_7.
Böhme, Hartmut. „Netzwerke. Zur Theorie und Geschichte einer Konstruktion". In *Netzwerke. Eine Kulturtechnik der Moderne*, herausgegeben von Jürgen Barkhoff, Hartmut Böhme und Jeanne Riou, 17–36. Köln: Böhlau, 2004.
Braidotti, Rosi. *Posthumanismus. Leben jenseits des Menschen*. Übersetzt von Thomas Laugstien. Frankfurt a. M.: Campus, 2014.
Bühler, Benjamin und Stefan Rieger. *Das Wuchern der Pflanzen. Ein Florilegium des Wissens*. Frankfurt a. M.: Suhrkamp, 2009.
Coccia, Emanuele. *The Life of Plants: A Metaphysics of Mixture*. Medford: Polity Press, 2019.
De La Tour, Charlotte. *Le Language des fleurs*. Paris: Audot, 1819.

---

108 Vgl. Karen Barad, „Nature's Queer Performativity", *Women, Gender & Research* 1-2 (2012): 25–53.
109 Marder, *Plant-Thinking*, 182 (Hervorh. i. O.).
110 Vgl. dazu ibid., 108: „To think of reason as a flower – or rather to think of the flower as the paradigmatic form of existence of reason".

Deleuze, Gilles. *Kritik und Klinik*. Übersetzt von Joseph Vogl. Frankfurt a. M.: Suhrkamp, 2000.
Derrida, Jacques. *Glas*. Paris: Galilée, 1974.
–. *Glas. Totenglocke*. Übersetzt von Hans-Dieter Dondek und Markus Sedlaczek. Paderborn: Wilhelm Fink, 2005.
Gigante, Denise. *Organic Form and Romanticism*. New Haven: Yale University Press, 2009.
Haraway, Donna Jane. *When Species Meet*. Minneapolis: University of Minnesota Press, 2008.
Iovino, Serenella und Serpil Oppermann, Hg. *Material Ecocriticism*. Bloomington: Indiana University Press, 2014.
Kranz, Isabel. *Sprechende Blumen. Ein ABC der Pflanzensprache*. Berlin: Matthes & Seitz, 2014.
Kranz, Isabel, Alexander Schwan und Eike Wittrock, Hg. *Floriographie. Die Sprachen der Blumen*. Paderborn: Wilhelm Fink, 2016.
–. „Einleitung". In *Floriographie. Die Sprachen der Blumen*, herausgegeben von Isabel Kranz, Alexander Schwan und Eike Wittrock, 9–32. Paderborn: Wilhelm Fink, 2016.
Lartillot, Francoise. „Friederike Mayröckers Blumenwerk in Pathos und Schwalbe". In *Fragen zum Lyrischen in Friederike Mayröckers Poesie*, herausgegeben von Inge Arteel und Eleonore de Felip, 253–80. Berlin: J. B. Metzler / Springer, 2020.
–. „Lire le poststructuralisme en poète. Résistance tropologique de Friederike Mayröcker dans les *études* (2013)". *Études Germaniques* 276, no. 4 (2014): 559–80.
Marder, Michael. *Plant-Thinking: A Philosophy of Vegetal Life*. New York: Columbia University Press, 2013.
Massumi, Brian. *Politics of Affects*. Hoboken, NJ: Wiley, 2015.
–. *The Power and the End of Economy*. Durham: Duke University Press, 2015.
Mayröcker, Friederike. *da ich morgens und moosgrün. Ans Fenster trete*. Berlin: Suhrkamp, 2020.
–. *études*. Berlin: Suhrkamp, 2013.
–. *fleurs*. Berlin: Suhrkamp, 2016.
–. *Gesammelte Gedichte 1939–2003*. Herausgegeben von Marcel Beyer. Frankfurt a. M.: Suhrkamp, 2004.
–. „Magische Blätter II". In Friederike Mayröcker, *Gesammelte Prosa*, Bd. III: *1987–1991*, herausgegeben von Klaus Kastberger, 7–201. Frankfurt a. M.: Suhrkamp, 2001.
–. *Pathos und Schwalbe*. Berlin: Suhrkamp, 2018.
–. „Stilleben". In Friederike Mayröcker, *Gesammelte Prosa*, Bd. IV: *1991–1995*, herausgegeben von Klaus Reichert, 7–208. Frankfurt a. M.: Suhrkamp, 2001.
Pollan, Michael. *A Botany of Desire: A Plant Eye's View of the World*. New York: Random House, 2001.
Ryan, John Charles. „Passive Flora? Reconsidering Nature's Agency through Human-Plant Studies", *Societies* 2 (2012): 101–21.
Sartiliot, Claudette. *Herbarium, Verbarium: The Discourse of Flowers*. Lincoln: The University of Nebraska Press, 1993.
Thums, Barbara. „fleurs. Friederike Mayröckers Blumensprache". *literatur für leser* 2 (2017): 101–15.

Piotr F. Piekutowski (University of Silesia in Katowice)

Plant Plotting: Econarratological Reading of Olga Tokarczuk's "Green Children"

Abstract
The chapter demonstrates the diegetic potential of plant organisms and how their ontological otherness, described by Michael Marder, affects the literary text, the environment and humans. The plant-thinking concept, emerging in ecocriticism and philosophy, can be transferred to the narrative medium as a project of plant plotting. The proposed idea is discussed based on Olga Tokarczuk's short story "Green Children" (2018). Using research on econarratology and phytography, the chapter examines representations of non-human decentralization, agency, and interspecies relationality. The displacements made by plants within the diegetic elements (setting, actor, and event) in fiction impact both the structure of the environmental text and the message that deconstructs the anthropocentric paradigm and dualistic perspective.
Keywords: econarratology, phytography, plotting, becoming-plant, Olga Tokarczuk

Background, space, and setting – these are diegetic elements with which we conventionally associate plant organisms. Meadows, consisting of dozens of species of plants entangled in the communication process, function as an idyllic and "attractive" background for both a budding romance and a battle contrasting with the calmness of the grass in historical fiction, whereas a forest intended as a setting may reflect the protagonist's mental state – alienation or loss, or, on the contrary, refer the reader through allegory to the Garden of Eden. These prototypical projections of plants in literary narratives, although not limited just to this medium, combine two features. The first is thinking about plants as a stable element of the environment, devoid of agency and active participation in events. Nature here is merely a painted landscape against which the human actors perform, as in stylized portraits from the early days of photography. Thus, trees, mosses, or rhizomes are, at most, passive spectators of anthropocentric stories – events take place beyond them. The environment perceived in this way is reduced to the position of a stylistic device. Here, the second shared feature of the described narratives is shown – the separation of fictional representations from the actual biological (both at the species and individual level) reference. Plants are deprived of agency but also their distinctive attributes, possibilities or manifestations of physiological or ecological processes occurring in them or through them. Thus, they are closer to inanimate than organic matter.

Moving flora to the role of a passive setting is the result of splitting humans from nature in the discourses of modernity. Reconnecting these two states requires a redefinition of the current paradigm (which is dealt with by ecocriticism) and green displacements at the narrative level. Lawrence Buell poses the question of the status of networked environmental stories in his ecocritical monograph *The Environmental Imagination: Thoreau, Nature Writing, and the Formation of American Culture:* "But what sort of literature remains possible if we relinquish the myth of human apartness? It must be a literature that abandons, or at least questions, what would seem to be literature's most basic foci: character, persona, narrative consciousness. What literature can survive under these conditions?"[1] Answering these questions, Buell proposes the concept of environmental text, i. e. a type of literature that would be "a combination of several properties which would be located at the crossing of intratextual components, communication situation and various cultural contexts"[2] and, most notably for my further analyses, "in the environmental text, nature should not be just a background, a stylistic device or a performance framework, but a fundamental determinant of the literary plot and characters condition."[3] The concept of the American humanist is a project that is still emerging, as the meticulous reconstruction by Aleksandra Ubertowska portrays. The idea of an environmental text is reconfigured, expanded and modified by the creator and other researchers. The ecocritical interest in literature as a medium of expression of nature is evidenced by the theories of Hubert Zapf's "cultural ecology"[4] or Scott Knickerbocker's "organic formalism,"[5] which remain in dialogue with Buell's concept.

I will exemplify the phenomenon of the displacement of nature, and especially plants, from the position of a static background of the plot to the role of a non-human agent of history, and even being a narrative event itself, in Olga Tokarczuk's short story "Green Children" ("Zielone Dzieci") from *Tales of the Bizarre* (*Opowiadania bizarne*) collection (2018). Environmental points, fantastic ele-

---

1 Lawrence Buell, *The Environmental Imagination: Thoreau, Nature Writing, and the Formation of American Culture* (Cambridge: Harvard University Press, 1995), 145.
2 Aleksandra Ubertowska, "'Mówić w imieniu biotycznej wspólnoty': Anatomie i teorie tekstu środowiskowego/ekologicznego," *Teksty Drugie*, vol. 2 (2018): 27.
3 Ibid.
4 See Hubert Zapf, *Literature as Cultural Ecology: Sustainable Texts* (London: Bloomsbury Academic, 2016).
5 See Scott Knickerbocker, *Ecopoetics: The Language of Nature, the Nature of Language* (Amherst: University of Massachusetts Press, 2012).

ments, hybrid identity, or the impact of space as a type of genius loci are some of the leads emerging in the story, which are hallmarks of the Polish writer's works.[6] I will start by attempting to characterize plants as a decentralized green space. Following, I will consider how their relationality and hybridity as agents are shaped in fiction and how their unstable and liquid ontology affects the poetics of the text and its message. I aim to examine the plant as a diegetic organism – co-participating in constructing an environmental story – and in a literary medium capable of fictionalization and unnatural imaginations through which the "true disassembling of anthropocentrism"[7] takes place. Becoming-plant in and through Tokarczuk's fiction turns up in the environmental circumstances implicating the metamorphic and networked condition of plants into the structure and message of the text as well as the human recipient. This approach is in line with phytography, as reinterpreted by ecocriticism and posthumanist theory. The concept of phytography is itself derived from botany and refers to the practice of writing about plants, on the one hand, and plant writing, on the other.[8] In addition to the idea of environmental text and phytography, an essential methodological ground of my analysis is the theory of econarratology,[9] which is the practice of green reading of diegetic elements. I see plant plotting as a narrative manifestation of what Michael Marder calls *plant-thinking*.[10] Vegetal organisms, even more radically than animals, manifest their Otherness towards humans and the anthropocentric paradigm, which is why plant fiction, as I will indicate in the representation of "Green Children," turns out to be a medium of expression of the difference, a place of assemblage meeting, and interspecies environmental negotiations.

---

6 These and other components of Tokarczuk's work have been the subject of numerous literary studies run in diverse theoretical frameworks, from post-secularism to feminist criticism. For further discussion of this, see Magdalena Rabizo-Birek, Magdalena Pocałuń-Dydycz and Adam Bienias, eds. *Światy Olgi Tokarczuk* (Rzeszów: Wydawnictwo Uniwersytetu Rzeszowskiego, 2013); Marcin Czerwiński, *Smutek labiryntu. Gnoza i literatura: Motywy, wątki, interpretacje* (Kraków: Universitas, 2013); Katarzyna Kantner, *Jak działać za pomocą słów? Proza Olgi Tokarczuk jako dyskurs krytyczny* (Kraków: Universitas, 2019); Monika Świerkosz, *W przestrzeniach tradycji: Proza Izabeli Filipiak i Olgi Tokarczuk w sporach o literaturę, kanon i feminizm* (Warszawa: Wydawnictwo Instytutu Badań Literackich PAN, 2021).
7 Joanna Bednarek, "'Upojenie jako triumfalne wtargnięcie w nas rośliny': obietnice i niebezpieczeństwa roślinnej seksualności," *Teksty Drugie*, vol. 2 (2018): 201.
8 See Patrícia Vieira, "Phytographia: Literature as Plant Writing," *Environmental Philosophy* 12, no. 2 (Fall 2015): 205–20; John Charles Ryan, "Writing the Lives of Plants: Phytography and the Botanical Imagination," *a/b: Auto/Biography Studies* 35, no. 1 (Winter 2020): 97–122.
9 Erin James, *The Storyworld Accord: Econarratology and Postcolonial Narratives* (Lincoln: University of Nebraska Press, 2015).
10 Michael Marder, *Plant-Thinking: A Philosophy of Vegetal Life* (New York: Columbia University Press, 2013), 10.

Green Fear. Between Passivity and Activity of Setting

Olga Tokarczuk created the short story as a first-person expedition report which, despite the absence of dates ordering paragraphs, is stylized as a travel diary.[11] The title "Green Children, or a Description of Strange Events in Volhynia, Prepared by William Davisson, the Medic of His Majesty King Jan Kazimierz," as its full version reads, reveals the most critical components of the report. The homodiegetic narrator precisely defines the time of action. It is the spring of 1656, William Davisson arrives from France at the court of the Polish king to take up a double position of royal medic and botanist. However, regardless of preliminary plans, the protagonist-narrator must leave Warsaw with the court and go to Lviv. Travelling east means entering an area controlled by nature, which, despite the character's botanical education, evokes in him an unpredictable fear of wild vegetation:

> ...when we were passing through dense, damp forests, I realized that there was no more monstrous land on earth, and I began to regret that I had agreed to this expedition. I sincerely believed that I would never return home and that among these infinite marshlands, among the humid forest, the low sky, the puddles covered with thin ice, which resembled the wounds of some ent lying on the ground, we all, richly or poorly adorned, kings, lords, warriors or peasants, we all are nothing.[12]

Contact with flora determines confrontation with the view of human littleness. In describing his encounter with wild vegetation, the protagonist, who is under the influence of Descartes, with whom he is in a friendly relationship, but also inspired by medicine and natural sciences, reaches not for the scientific language and terminological precision of botany, but for fantasy and fairy tale figures – like a mythical ent. Attempts to include successive climbing and flowering plants within a known taxonomy do not give any result, which, as the protagonist states: "made me feel ashamed as a botanist."[13] The main categorization that Davisson stays with throughout the story is the centre-periphery dichotomy. He portrays himself as a person coming from the rational and safe centre of the world, France; therefore, Davisson sees his arrival in Warsaw as a journey to the boundary of

---

11 When we try to specify the genre of Tokarczuk's text, similarities with the jungle novel emerge. Of course, in the case of "Green Children," we are talking about a short story, and the non-human setting is not a tropical jungle but a European forest, but Tokarczuk's narrative fits into a broader genre explicitness. The jungle novel balances between the experience of the primaeval woods as a "green hell" and the wishful return to the idyllic wilderness. The genre also evokes plant interest, which resonates with the environmental text's assumptions. For further information on the poetics framework of the jungle novel, see Vieira, "Phytographia."
12 Olga Tokarczuk, "Zielone Dzieci, czyli Opis dziwnych zdarzeń na Wołyniu sporządzony przez medyka Jego Królewskiej Mości Jana Kazimierza, Williama Davissona," in Olga Tokarczuk, *Opowiadania bizarne* (Kraków: Wydawnictwo Literackie, 2018), 19.
13 Ibid., 33.

civilization. For the character, the prehistoric forest extending in the east of the Kingdom of Poland is an area where human thinking categories and scientific objectivity are insufficient.[14] As the protagonist describes: "the closer to the centre, the more real and substantial everything seems, whereas the farther, the more the world appears to grow apart."[15]

Modernity's distinction between culture and nature is reflected in "Green Children" in a spatial opposition.[16] The actor-narrator's feeling of fear caused by the overgrown periphery does not proceed from contact with the unknown but also from the ontological non-binary character of the environment. As Natania Meeker and Antónia Szabari, authors of the "radical botany" concept, write: "Plants are troubling in their seeming passivity, and in their indifference to our needs and ends."[17] The vegetal agent-space's motion, intercommunication, and metamorphic identity do not fit into anthropocentric expectations. Their passivity and stagnation are ostensible, while the green agency is usually quiet and visible just in a more protracted temporal perspective. At the level of plot structure, the protagonist's fear can be explained by narrative dissonance, i. e. the unpredictable activity scale of environmental representation, although in a dimension that does not coincide with the human agency model. Plants, forest or lush swamps in the conventional story would be reduced to the role of a stagnant setting, therefore ennobling actions of human actors, in this case, Davisson, who represents a colonial explorer. "Setting typically denotes time and place, but not motivations, aims, or means"[18] – David Herman's definition is represented in natural narratives, as opposed to the functioning of the setting in unnatural

---

14 In this context, one should recall Marc Augé's research on binary spatial oppositions. The French ethnologist analyses the centre as a manifestation of power, showing it as something stagnant and almost unnaturally stable. The sovereign becomes ossified, identified with an immovable throne, in contrast to the changing peripheries. Its main attributes are multiplicity, fluidity, otherness and being outside the order of control; Marc Augé, *Non-Places: Introduction to an Anthropology of Supermodernity*, trans. John Howe (London: Verso, 1995).
15 Tokarczuk, "Zielone Dzieci," 25.
16 Mieke Bal writes about such plot structures and the impact of locations on the events overtones in *Narratology: Introduction to the Theory of Narrative* (Toronto: University of Toronto Press, 2009), 221. The functioning of space and its various expressions in Tokarczuk's prose are analyzed by Olga Fliszewska. The researcher proposes two separate typifications. In the first one, she distinguishes between space as the natural element, a group of objects and a closed location. The attribute of the place determines the second dividing line; the investigator selects in the Polish author's fiction: realistic (with authentic designations), internal (psychological-spiritual) and mythical space; see Olga Fliszewska, "Przestrzeń w twórczości Olgi Tokarczuk," *Acta Universitatis Lodziensis. Folia Litteraria Polonica* 7 (2005): 515–32.
17 Natania Meeker and Antónia Szabari, *Radical Botany: Plants and Speculative Fiction* (New York: Fordham University Press, 2020), 7.
18 David Herman, *Story Logic: Problems and Possibilities of Narrative* (Lincoln: University of Nebraska Press, 2002), 391.

fictions,[19] and thus also fantastic or non-anthropocentric stories. According to Alexa Weik von Mossner, "the narrative environments are as important to our understanding of given narrative as are the characters or plot lines; that they may in fact play a central role in both character and plot development."[20] The researcher thus reminds us of the need to include the environment as a creative and active element of the story in econarratological analyses. Cynthia Huff comes to convergent conclusions of the significance of space, although she derives them not from a postclassical narrative theory like Weik von Mossner, but from posthumanism and the relationality phenomenon: "Posthuman life narrative would encompass multiple subjectivities located in the materiality of their particular surround (for example, a field, a cityscape, or a building). Location would be as important as relationality."[21] Human and non-human actors are defined by the liquid connections they form under specific conditions. However, in the proposed perspective, such transspecies relationality concerns both the characters and the green space.

The environment in "Green Children" is not an aesthetic background, but it shapes the plot, turning out to be one of the actors in seemingly exclusively human narrations, as in the Polish-Swedish military conflict outlined on the story's horizon. Plants return to post-war areas, overgrow abandoned villages, affect the route of the characters' expedition, and, penetrating the human minds, disorganize the logical view of reality. Vegetal being in endless transformation, taking place in different than anthropocentric time categories, forces ontological revisions,[22] and in the context of narrative space – decenters the plot, being its active factor. In addition to the unexpected agency of something that, according to the protagonist-narrator, should remain only a mute witness of events, the liquefaction of binary borders (human-non-human, nature-culture, centre-periphery, activity-passivity) that is another attribute of plants causing anxiety in the protagonist's mind: "[it] was some bizarre fear, leafy-greenish, stinking of

---

19 The category of unnaturalness refers to the approach explored by unnatural narratology; see Jan Alber, Henrik Skov Nielsen and Brian Richardson, eds., *A Poetics of Unnatural Narrative* (Columbus: The Ohio State University Press, 2013).
20 Alexa Weik von Mossner, *Affective Ecologies: Empathy, Emotion, and Environmental Narrative* (Columbus: The Ohio State University Press, 2017), 27.
21 Cynthia Huff, "After Auto, after Bio: Posthumanism and Life Writing," *a/b: Auto/Biography Studies* 32, no. 2 (Spring 2017): 280.
22 The need to notice the environment's entanglement and develop new ethics of a more-than-human community in this meeting point is constantly mentioned by ecocritical thought. However, as Carolyn Merchant suggests, such an approach requires verifying the plants' ontological status. "A new ethic of human partnership with nature – is needed, one in which nature is an active subject, not a passive object." Carolyn Merchant, *Reinventing Eden: The Fate of Nature in Western Culture* (New York: Routledge, 2003), 205.

mud and lichens. A moist, wordless fear that disturbed our thoughts and led them towards the ferns, towards the bottomless swamp."[23]

Tokarczuk's story is set in a specific plant space, which, due to its organization, historicity and meaning, is a crucial motif among environmental texts: the old-growth forest, i.e. the remains of the primaeval vegetal area, which in contemporary Europe is limited only to the zone of the Białowieża Forest spread between the territory of Poland and Belarus. This floral subjectivity in its radical Otherness and cross-border nature is complemented in "Green Children" with the narrative relationality of the space. Patrícia Vieira describes a primaeval forest (in her case – the Amazon) "[a]s a borderline region, a meeting point between (Western) human society and the forest, the 'frontier' allows for an encounter where the prejudices and preconceptions that govern the relations between humans and non-humans still have not taken root."[24] And as Ubertowska notes, the experience of the old-growth forest faces up humans to their own "wildness" and belonging to nature,[25] which in case of the simultaneous fascination and fear reaction of the botanist William Davisson brings to mind connections with the Freudian diagnosis of the uncanny (*das Unheimliche*).[26] The primaeval forest setting, characterized by the mutability of plants' identity forms, gains anthropomorphic models in Tokarczuk's story, such as the title green children, whom the protagonist and the royal court find in the depths of the forest. In fiction, the children complement nature's capability to disassemble anthropocentric thought systems, revealing "the narrative dimension" of plant organisms.

Becoming-Plant

The fantastic figures of children in Tokarczuk's story function, on the one hand, as an embodiment of the project of environmental relationality; on the other, they can be read as an anthropomorphization of plants. In the traditional narrative, human "[l]anguage demands both an agent and an action goal; it dictates an anthropocentric perspective and anthropomorphizes what is beyond the human,"[27] states Justyna Schollenberger. However, research on environmental and non-human narratives shows that exceeding the human point of view is

---

23 Tokarczuk, "Zielone Dzieci," 33.
24 Vieira, "Phytographia," 218.
25 Aleksandra Ubertowska, *Historie biotyczne: Pomiędzy estetyką a geotraumą* (Warszawa: Wydawnictwo Instytutu Badań Literackich PAN, 2020), 225–26.
26 See Sigmund Freud, "The Uncanny," trans. Alix Strachey, in *Studies in Parapsychology*, ed. Philip Rieff (New York: Collier Books, 1963), 19–62.
27 Justyna Schollenberger, *Stworzenia Darwina: O granicy człowiek-zwierzę* (Warszawa: Wydawnictwo Instytutu Badań Literackich PAN, 2020), 145.

possible. Anthropocentric discourse is not equivalent to anthropomorphization; what is more, sometimes, these categories are understood as oppositions.[28] In the instance of Tokarczuk's environmental text, the anthropomorphization of vegetal space is "a narrative expedient that stresses the horizontal relationship between humans and their nonhuman counterparts."[29]

The initiating event for Tokarczuk's plot is the appearance of the green children, a boy and a girl. From that point, the deterritorialization of the world, whose binary imagination represented by Davisson had already been affected by the experience of the forest, further intensifies. In principle, the first contact with the children makes it impossible for the narrator to classify them unambiguously. In the beginning, they seem to be human-animal hybrids, as we can notice in the narrator's description of their bodies and the scene of capture itself. The children caught by the royal hunters were "bound like deer and fettered to the saddles";[30] attempts to make verbal contact gave just inarticulate sounds and growls, and physical contact resulted in biting by the green boy. According to Davisson, they fit into the phenomenon of feral children that fascinated scientists in modernity, which is why the protagonist-narrator compares them to the famous myth of Romulus and Remus – brothers raised by a wolf and later founders of Rome. For Davisson, the feral children appear as not-fully-human beings, resulting not only from their lack of contact with (Western) civilization but also from current cultural norms and the colonial perspective of the botanist. "They are young plants which need tending and watering frequently,"[31] writes Philippe Ariès in his monograph about childhood. Such phrasing is a certain metaphor, but it simultaneously indicates the conviction about the children's suspension between human and non-human. The identification of wild children, thus subordinate beings, with plants, is distinguished in the colonial discourse analyzed by Patrícia Vieira.[32] Their potential humanity is a project that needs to be realized, which in Tokarczuk's narration takes the form of cultural oppression, such as forced baptism and naming of the girl and boy.

The effects of the following examination conducted by the protagonist problematize the initial taxonomization even more. It turns out that the children's strange bodies resist the unambiguous determination of their origin and

---

28 Jane Bennett, among others, points out this unobvious connection: "We need to cultivate a bit of anthropomorphism – the idea that human agency has some echoes in nonhuman nature – to counter the narcissism of humans in charge of the world." Jane Bennett, *Vibrant Matter: A Political Ecology of Things* (Durham: Duke University Press, 2010), xvi.
29 James, *The Storyworld Accord*, 32.
30 Tokarczuk, "Zielone Dzieci," 19.
31 Philippe Ariès, *Centuries of Childhood: A Social History of Family Life*, trans. Robert Baldick (New York: Alfred A. Knopf, 1962), 132.
32 Vieira, "Phytographia," 33–34.

age; what is more, the diagnosis of their partial animality gives way to the reflection of a plant element in them. Recalling fragments of the description: "[the girl] smells of moss," "it looked as if some lichens had grown into it [hair]," "the skin [...] was full of tiny dark green dots."[33] The bodily-affective behaviour of children is also a form of the green assemblage:

> They defecated outside, ate with their hands and very greedily, but they did not want to know the meat, and they spat it. Nor did they know beds or a bowl of water. If frightened, they threw themselves on the ground and, walking on all fours, tried to bite, and when reprimanded, they cringed and stood still for a long time. They communicated with each other in hoarse sounds, and when the sun was out, they threw off clothing and exposed themselves to the sun's heat.[34]

In his travel diary, the narrator provides fragmentary descriptions of green children's uncanny bodies and behaviours, but he holds the Enlightenment distance from the examined objects. The botanist tries not to formulate hypotheses because the hybrid actors elude the rational classifications he declares, or the homodiegetic narrator, i.e. telling from inside of the world, does not yet have access to specific facts known to the reader, as, for example, the photosynthesis, which the plant-human organisms of wild children seem to carry out. The Dutch naturalist Jan Ingenhousz discovered this process over a hundred years after the story's plot is set.

The personified narrative space in the short story fulfils the function of adapting a different experience to human cognitive abilities. However, the relation between the protagonist-narrator and the forest and plants in the anthropomorphic model of children is reciprocal. For Marco Caracciolo, "*metaphor* is the cognitive tool that allows humans to leverage embodiment toward more abstract forms of thinking."[35] Meeting of the protagonist and the supporting characters with the green children is tantamount to starting an action, an attempt to re-enter the "biotic community,"[36] or even the method of becoming-plant[37] defined by Gilles Deleuze and Félix Guattari. The idea of going beyond the human and abandoning the foundation of individual subjectivity and the human framework of bodily existence, which, however, can evoke fear in Davisson, in its assumptions, seems to be "a more radical" variant of the becoming-animal

---

33 Tokarczuk, "Zielone Dzieci," 29.
34 Ibid., 28.
35 Marco Caracciolo, "Plotting the Nonhuman: The Geometry of Desire in Contemporary 'Lab Lit,'" in *Narrating Nonhuman Spaces*, ed. Marco Caracciolo, Marlene Karlsson Marcussen and David Rodriguez (New York: Routledge, 2021), 170.
36 See Ubertowska, "Mówić w imieniu biotycznej wspólnoty."
37 Gilles Deleuze and Félix Guattari, *A Thousand Plateaus: Capitalism and Schizophrenia*, trans. Brian Massumi (Minneapolis: University of Minnesota Press, 1987), 12–13.

concept. Nevertheless, the researchers and philosophers themselves warn against such a strategy of hierarchizing particular "becomings."[38]

The rhizomatic decentralization proposed by the plant-turn requires the human being to get lost, as in Tokarczuk's fiction. Luce Irigaray and Michael Marder state in their monograph that forest is the model space for the becoming-plant process: "Paradoxically, in order to recover ourselves we must lose ourselves better by learning how to grow *outward*, to be an excrescence that, while remaining rooted, knows how to grow *with* nonhuman others – the elements, plants, and animals."[39] Translating the non-anthropocentric and post-human relationality approaches into an unnatural literary narrative requires, as Marco Caracciolo argues, an embodied experience: "an organism can be defined only in relation to its environment, and against the background of its evolutionary history [...]. In turn, the environment does not exist in abstraction from the sensorimotor possibilities of the organism."[40] In Tokarczuk's story, the embodied and supraspecies subjectivity is expressed not just by plants understood as diegetic space (forest) or actors (green children), but also by environmental relationality. As Linda Nash states, "ideas often cannot be clearly distinguished from actions,"[41] which opens up a narrative perspective of the plant as an agent, but also as the interaction or event itself.

Plant as Narrative Event

Michael Marder defines plants as "growing beings," and "[t]heir appearing in the world is a coappearing together with everything that supports their growth."[42] Thus, the philosopher reconstructs plant ontology as a constant appearance, endless growth, through which the plant never achieves subjective stability, never reaches its final, "true" form. The plant organism, seen as an event or, to better reflect its nature, a series of events taking place in non-human time,[43] manifests

---

38 Bednarek, "Upojenie," 187.
39 Luce Irigaray and Michael Marder, *Through Vegetal Being: Two Philosophical Perspectives* (New York: Columbia University Press, 2016), 174.
40 Marco Caracciolo, *The Experientiality of Narrative: An Enactivist Approach* (Berlin: De Gruyter, 2014), 76.
41 Linda Nash, "The Agency of Nature or the Nature of Agency?" *Environmental History* 10, no. 1 (January 2005): 69.
42 Irigaray and Marder, *Through Vegetal Being*, 167.
43 Marder defines "temporality as the mainspring of the plants' ontology" (Marder, *Plant-Thinking*, 94). The researcher recognizes three levels of plant time: vegetation, growth, and iterability temporality; see ibid., 95–117. Literary exemplifications of the non-human scaling of narrative time following plant specificity would be two short stories by Ursula K. Le Guin *Vaster than Empires and More Slow* and *Direction of the Road*, and as part of the essay writing

itself in relation to the environment and its organic and inorganic actors. Such an approach to vegetation enters into a dialogue with Jacques Derrida, who understands "text as a non-human being,"[44] as Ubertowska reminds us, as well as with the concept of posthumanist phytography.

When we look at plant organisms (also in "Green Children") from the perspective of non-human narrative theory or econarratology, we notice that the displacements at the level of diegetic elements come to the fore, i.e. the shift of plants from setting or narrative space to the function of the event. As Lawrence Buell writes, background "deprecates what it denotes, implying that the physical environment serves for artistic purposes merely as backdrop, ancillary to the main event."[45] Reading and writing plants just on the level of a passive setting is an expression of an anthropocentric arrogance which attributes creativity and even agency exclusively to human beings. Only plant fictional representations treated as agents or events expose these beings' rhizomatic ontology and refer to their diegetic potential. According to Erin James, we need to rethink the issue of narrative, and its nonverbal, beyond human possibility. As the econarratologist identifies, plant poetics is devoid of more complex elements such as: "focalization, representations of the consciousness of characters, metalepsis, metanarration, and heteroglossia. They are also not capable of changes in chronology or temporality."[46] Nevertheless, adds James, the ability of plants to record events cannot be denied. The researcher asks, "If the basic definition of a narrative is a representation of a sequence of events, what simpler narrative can we identify than a series of tree rings?"[47] The scheme of past events written in the cross-section of a trunk, in which botanists read not only a tree's age but even the changing environmental conditions, brings to mind a plot structure. In *The Living Handbook of Narratology*, Karin Kukkonen, describing plot, draws attention to its contemporary use in multiple contexts, both humanistic and non-scientific, which translates into the term's ambiguity. However, given one of the basic definitions of a plot as "a fixed, global structure. The configuration of the

---

collection *Patyki, badyle* (Warszawa: Wydawnictwo Marginesy, 2019) by Urszula Zajączkowska. I should mention that this phenomenon (combined with plant movement, which only in a different temporal perspective reveals itself to the human), extended with the question of the hybridity of the plant-human relation, is also explored by the Polish author through the audio-visual medium; see Zajączkowska, *Metamorphosis of Plants* (Poland, Warsaw University of Life Sciences, 2016), film.

44 Ubertowska, *Historie biotyczne*, 42.
45 Buell, *The Environmental Imagination*, 85.
46 Erin James, "What the Plant Says: Plant Narrators and the Ecosocial Imaginary," in *The Language of Plants: Science, Philosophy, Literature*, eds. Monica Gagliano, John C. Ryan and Patrícia Vieira (Minneapolis: University of Minnesota Press, 2017), 267.
47 Ibid., 266–67.

arrangement of all story events, from beginning, middle to end, is considered,"[48] the tree rings mentioned by James seem to fit this narrative feature.

Plant plotting is present in material bodies of green organisms in the same way as in literary imagination. It brings to mind, on the one hand, non-human autobiografictions[49], and on the other, the life writing idea, from which John Charles Ryan derives two strategies of phytography: "writing-with" and "writing-back." "The first term denotes more-than-human life writing composed in dialogue with living plants, whereas the second signifies the ways in which plants write their own lives – sensorially and materially – irrespective of human mediation."[50] While the first writing-with poetics can be seen in the previously analyzed relational space in "Green Children" and assemblage displacements between actors in the process of becoming-plant, writing-back as a project of non-human plotting in Tokarczuk's story is especially demonstrated in the agency of anthropomorphized plants. Because as it turns out in the story's ending, the plant attributes of feral children include not only clusters of chloroplasts visible under their skin or the ability to carry out photosynthesis but also their diegetic potential. Thanks to the construction of immersive, more-than-human plots by the green girl, "irruption of the plant in us"[51] takes place, as Deleuze and Guattari describe it.

At the plot's climax, the girl, whom expedition members named Ośródka,[52] talks about an assemblage network of humanoid plants. The beings to which the green children belong are, in fact, the fruits of plant organisms, and their community (a paradoxical combination of sub-individual and super-individual)[53] functions on an eventness basis. It thus constitutes the liquidity of subjective, sexual and narrative forms. The reader, however, receives a non-anthropocentric story in a rhizomatic, decentralized and unnatural state because its intended target audience is human children from the village where the royal court stayed. Then, the homodiegetic narrator, the botanist Davisson, reconstructs the fragments of the uncanny narration he has heard. This several-stage "filtration" of the plant plotting appears to protect the reader from the risk of destabilising the anthropocentric identity because, in Tokarczuk's fiction, children who listened to the vegetal story were lost in the depths of the forest, joining the biocentric

---

48 Karin Kukkonen, "Plot," in *The Living Handbook of Narratology*, edited by Peter Hühn et al., Hamburg: Hamburg University, revised March 24, 2014, https://www-archiv.fdm.uni-hamburg.de/lhn/node/115.html.
49 For further discussion of non-human – especially animal – autobigrafikcje see Piotr F. Piekutowski, "Zwierzęce autobiografikcje," *Czas Kultury* 217, no. 2 (wiosna 2023): 25–33.
50 Ryan, "Writing the Lives of Plants," 99.
51 Deleuze and Guattari, *A Thousand Plateaus*, 11.
52 The girl's name is a plant-based neologism created from the word nucellus, referring to a part of the ovule in seed plants.
53 Marder, *Plant-Thinking*, 183.

network. The fragmentation and decentralization of the narrative also refer to the ontology of plants perceived as events – in their vegetative growth, modelling relational systems and plot sequences that branch out in a non-human form, but also green events understood as environmental initiators.

Adam Dickinson notes that an environmental text "asks fundamental questions about how we write the environment and how the environment writes us."[54] The interdependencies emphasized in econarratives can also be seen in plant writing. In this case, as indicated by the examples from Olga Tokarczuk's "Green Children," the Otherness of green bodies, cognitive models, assemblage community, and non-human stories play an equally important role. "Plants help us 'de-think' many assumptions,"[55] their root systems gradually grow apart from the fossilised anthropocentric paradigm, penetrating specific narrative elements.

Bibliography

Alber, Jan, Henrik Skov Nielsen, and Brian Richardson, eds. *A Poetics of Unnatural Narrative*. Columbus: The Ohio State University Press, 2013.
Ariès, Philippe. *Centuries of Childhood: A Social History of Family Life*. Translated by Robert Baldick. New York: Alfred A. Knopf, 1962.
Augé, Marc. *Non-Places: Introduction to an Anthropology of Supermodernity*. Translated by John Howe. London: Verso, 1995.
Bal, Mieke. *Narratology: Introduction to the Theory of Narrative*. Toronto: University of Toronto Press, 2009.
Bednarek, Joanna. "'Upojenie jako triumfalne wtargnięcie w nas rośliny': obietnice i niebezpieczeństwa roślinnej seksualności." *Teksty Drugie*, vol. 2 (2018): 186–205. https://doi.org/10.18318/td.2018.2.12.
Bennett, Jane. *Vibrant Matter: A Political Ecology of Things*. Durham: Duke University Press, 2010.
Buell, Lawrence. *The Environmental Imagination: Thoreau, Nature Writing, and the Formation of American Culture*. Cambridge: Harvard University Press, 1995.
Caracciolo, Marco. "Plotting the Nonhuman: The Geometry of Desire in Contemporary 'Lab Lit.'" In *Narrating Nonhuman Spaces*, edited by Marco Caracciolo, Marlene Karlsson Marcussen and David Rodriguez, 166–81. New York: Routledge, 2021.
–. *The Experientiality of Narrative: An Enactivist Approach*. Berlin: De Gruyter, 2014.
Czerwiński, Marcin. *Smutek labiryntu. Gnoza i literatura: Motywy, wątki, interpretacje*. Kraków: Universitas, 2013.
Deleuze, Gilles, and Félix Guattari. *A Thousand Plateaus: Capitalism and Schizophrenia*. Translated by Brian Massumi. Minneapolis: University of Minnesota Press, 1987.

---

54 Adam Dickinson, "Pataphysics and Postmodern Ecocriticism: A Prospectus," in *The Oxford Handbook of Ecocriticism*, ed. Greg Garrard (New York: Oxford University Press, 2014), 147.
55 Bednarek, "Upojenie," 189.

Dickinson, Adam. "Pataphysics and Postmodern Ecocriticism: A Prospectus." In *The Oxford Handbook of Ecocriticism*, edited by Greg Garrard, 132–51. New York: Oxford University Press, 2014.

Fliszewska, Olga. "Przestrzeń w twórczości Olgi Tokarczuk." *Acta Universitatis Lodziensis. Folia Litteraria Polonica* 7 (2005): 515–32.

Freud, Sigmund. "The Uncanny." Translated by Alix Strachey. In *Studies in Parapsychology*, edited by Philip Rieff, 19–62. New York: Collier Books, 1963.

Herman, David. *Story Logic: Problems and Possibilities of Narrative*. Lincoln: University of Nebraska Press, 2002.

Huff, Cynthia. "After Auto, after Bio: Posthumanism and Life Writing." *a/b: Auto/Biography Studies* 32, no. 2 (Spring 2017): 279–82. https://doi.org/10.1080/08989575.2017.1288038.

Irigaray, Luce, and Michael Marder. *Through Vegetal Being: Two Philosophical Perspectives*. New York: Columbia University Press, 2016.

James, Erin. *The Storyworld Accord: Econarratology and Postcolonial Narratives*. Lincoln: University of Nebraska Press, 2015.

—. "What the Plant Says: Plant Narrators and the Ecosocial Imaginary." In *The Language of Plants: Science, Philosophy, Literature*, edited by Monica Gagliano, John C. Ryan and Patrícia Vieira, 253–72. Minneapolis: University of Minnesota Press, 2017.

Kantner, Katarzyna. *Jak działać za pomocą słów? Proza Olgi Tokarczuk jako dyskurs krytyczny*. Kraków: Universitas, 2019.

Knickerbocker, Scott. *Ecopoetics: The Language of Nature, the Nature of Language*. Amherst: University of Massachusetts Press, 2012.

Kukkonen, Karin. "Plot." In *The Living Handbook of Narratology*, edited by Peter Hühn et al. Hamburg: Hamburg University, revised March 24, 2014. https://www-archiv.fdm.uni-hamburg.de/lhn/node/115.html.

Marder, Michael. *Plant-Thinking: A Philosophy of Vegetal Life*. New York: Columbia University Press, 2013.

Meeker, Natania, and Antónia Szabari. *Radical Botany: Plants and Speculative Fiction*. New York: Fordham University Press, 2020.

Merchant, Carolyn. *Reinventing Eden: The Fate of Nature in Western Culture*. New York: Routledge, 2003.

Nash, Linda. "The Agency of Nature or the Nature of Agency?" *Environmental History* 10, no. 1 (January 2005): 67–69.

Piekutowski, Piotr F. "Zwierzęce autobiografikcje." *Czas Kultury* 217, no. 2 (wiosna 2023): 25–33.

Rabizo-Birek, Magdalena, Magdalena Pocałuń-Dydycz, and Adam Bienias, eds. *Światy Olgi Tokarczuk*. Rzeszów: Wydawnictwo Uniwersytetu Rzeszowskiego, 2013.

Ryan, John Charles. "Writing the Lives of Plants: Phytography and the Botanical Imagination." *a/b: Auto/Biography Studies* 35, no. 1 (Winter 2020): 97–122. https://doi.org/10.1080/08989575.2020.1720181.

Schollenberger, Justyna. *Stworzenia Darwina: O granicy człowiek-zwierzę*. Warszawa: Wydawnictwo Instytutu Badań Literackich PAN, 2020.

Świerkosz, Monika. *W przestrzeniach tradycji: Proza Izabeli Filipiak i Olgi Tokarczuk w sporach o literaturę, kanon i feminizm*. Warszawa: Wydawnictwo Instytutu Badań Literackich PAN, 2021.

Tokarczuk, Olga. "Zielone Dzieci, czyli Opis dziwnych zdarzeń na Wołyniu sporządzony przez medyka Jego Królewskiej Mości Jana Kazimierza, Williama Davissona." In Olga Tokarczuk, *Opowiadania bizarne*, 10–44. Kraków: Wydawnictwo Literackie, 2018.

Ubertowska, Aleksandra. *Historie biotyczne: Pomiędzy estetyką a geotraumą*. Warszawa: Wydawnictwo Instytutu Badań Literackich PAN, 2020.

–. "'Mówić w imieniu biotycznej wspólnoty': Anatomie i teorie tekstu środowiskowego/ ekologicznego." *Teksty Drugie*, vol. 2 (2018): 17–40. https://doi.org/10.18318/td.2018.2.2.

Vieira, Patrícia. "Phytographia: Literature as Plant Writing." *Environmental Philosophy* 12, no. 2 (Fall 2015): 205–20. https://doi.org/10.5840/envirophil2015101523.

Weik von Mossner, Alexa. *Affective Ecologies: Empathy, Emotion, and Environmental Narrative*. Columbus: The Ohio State University Press, 2017.

Zapf, Hubert. *Literature as Cultural Ecology: Sustainable Texts*. London: Bloomsbury Academic, 2016.

Magdalena Roszczynialska (University of the National Education Commission, Krakow)

The Named Ties of Nature: The Functions of Botanical Nomenclature in the Ecoliterature of Michał Książek

Abstract
The article discusses the work of Michał Książek from the perspectives of plant studies and new materialism. A Polish forester and expert on the culture of Siberia, Książek combines in his eco-writing a natural science professiolect with indigenous knowledge. Using the names of animal species in the function of proper names serves the purpose of animal empowerment and articulation. The case is different for plants, which are more difficult to empower and communicate with. The names of plant taxa are used to orient the organisms in the biotope. Frequent use of names of plant communities and collective organisms serves to show the environment (including humans) as an interconnected community. The names of biochemical processes, tissues, molecules in relation to humans and plants highlight this affinity. Plant "-onyms," instead of individualising, an-onymise. Descending to the level of matter makes it possible to find the pre-symbolic plane of communication, phytosemiotics.
Keywords: Michał Książek, ecopoetics, phytography, phytosemiotics, proper nouns

Michał Książek (born 1978), a Polish poet and novelist, is the author of the volumes *Jakuck. Słownik miejsca* [*Yaktusk: A Dictionary of Place*] (2013), *Nauka o ptakach* [*The Study of Birds*] (2014), *Droga 816* [*Route 816*] (2015) and *Północny wschód* [*North-east*] (2017). All these texts are marked by consistent artistic diction. The short forms of the works correspond to his phenomenological (in Merleau-Ponty's sense), embodied mode of perception. Cognition by point sensation determines the literary form of a descriptor, lexicographic entry, or seed descriptor, i.e., a proper name. The composition of the volumes is spatial, determined by the movement of the subjects: e.g., hiking along route 816, bird migrations, activities in the Białowieża Forest,[1] and the boundaries of some biocenosis, e.g., plant formation, breeding territory, habitat. The biographical filter of a natural scientist, forester, cultural expert, and Siberian guide leads the

---
1 The Białowieża Forest, a UNESCO World Heritage Biosphere Reserve, has become a battleground in Poland since 2017 between proponents of the resource approach (mass felling of trees) and those who recognise intrinsic value in nature. Książek is a defender of the Forest.

author to linguistic precision, the use of the natural science terminology, the methodical micro-observation of the material phenomena of nature captured in all its complexity, and reflection on the essence of language and communication, especially intercultural and interspecies communication. This nature-centred work is located within *nature writing* as an artistic record of experience, and within the domain of ecopoetics as invention, aiming to find a fairer language for articulating nature. Książek's writing is inventive and interventionist, but, as I will show, also intra-active, entangling human and non-human subjects.[2] What is noticeable is the intensification of the poet's engagement with nature and its interests and the accompanying thematic evolution in subsequent volumes. Perception shifts from macro-objects, such as the Yakutsk permafrost, taiga, to the micro-scale of individual points along the trail of Route 816 or the Białowieża Forest and the attentive representatives of the plant, animal, and fungi species that inhabit them, before returning to the macro-scale of biocenotic communities. The initial role of guide or lexicographer (as in *Jakuck*) is transformed into a daily coexistence within the natural world, emphasised by the behavioural, habitat, morphological, physiological, and even molecular similarities between Książek and his non-human subjects.[3] Also, within the bio-community outlined by the poet, one can observe a shift of attention from the animal world to the plant world, especially the forest world, and consequently to communities and collectives. I will be interested in the linguistic aspect of representing plants – the classes of words that name flora, but also the content of these collections and the functions of botanical nomenclature.

In Książek's writings, birds and trees are particularly privileged organisms, so ornithological and dendrological nomenclature have the highest frequency. I have written in more detail elsewhere[4] about the ways he represents trees in his work. Individual tree species (most often: maple, larch, oak, linden, pine, field and pedunculate elm, sycamore, birch, ash, grey and black alder, walnut, ash, apple, cherry, poplar, willow), although shown on a molecular, cellular, tissue level, or in processes of morphogenesis, photosynthesis etc., often appear as individual, phenotypic specimens with which the poet builds a strong personal bond. They accompanied both his childhood and his adult life as a trained forester, an expert and lover of the forest: "The trees were like a school classroom,

---

2 Karen Barad, "Posthumanist Performativity: Toward an Understanding of How Matter Comes to Matter," *Signs. Journal of Women in Culture and Society* 28, no. 3 (Spring 2003): 803.
3 Magdalena Roszczynialska, "Poetyka aktywnej wrażliwości Michała Książka (w dobie antropocenu)," in *Twórczość Wiesława Kazaneckiego oraz laureatów Nagrody Literackiej jego imienia*, ed. Marek Kochanowski and Katarzyna Sawicka-Mierzyńska (Białystok: Wydawnictwo Uniwersytetu w Białymstoku, 2020), 151–69.
4 Magdalena Roszczynialska, "Dendrofilia: Literatura wrażliwa na drzewa (o twórczości Michała Książka)," *Białostockie Studia Literaturoznawcze*, no. 16 (2020): 7–33.

a circle of friends, a herd."[5] On the linguistic level, this requires reconciling the formal structure of a taxonomic name (e.g., common maple), thus defining a population that shares a trait – from a linguistic point of view, common names are so formed – with a term that identifies an individualised, specific tree, "extraordinary maple,"[6] thus functionally a proper name. The actual proper names of plants, i.e., the names of monumental trees, are not present in Książek's work. Their function is taken over by the names of taxa, especially tree species, considered by the poet as "living personifications of botany."[7] The artist's way of relating to trees resembles his way of relating to birds, but exceeds it, due to the different ontology of plants.

Anita Jarzyna devoted her study to ornithological themes, discussing Książek's linguistic strategy of translating ornithological dictionary entries into the language of poetry from the perspective of *animal studies*.[8] In numerous onomastic metareflections, the poet revealed a desire to shorten the distance between the word and the designator, which Jarzyna considered a kind of "fidelity to the sources."[9] She identified the reasons for Książek's non-discursive relationship with nature in his willingness to "non-appropriatingly observe,"[10] to listen (also to the sound layer of language, such as the euphony of Latin names). Still, in this view, I think, the distance between the human and non-human worlds is marked. While the poet believes that evidence of the interspecies bond between humans and other organisms is deposited in lexis, the researcher raised objections to the possibility of such confidence in the materiality of words. In my deliberations, I want to transcend this limitation on the grounds of materialism. I believe that the reorientation from the world of animals to the "body of plants," the activation of senses other than sight and hearing, a deeper entanglement than in the case of observation, the location of the human subject in the matter of nature will highlight the basis of this bond.

As Michael Marder noted, "the ontology of plants has always been elucidated in the shadow of metaphysics."[11] Similar claims accompanied the attitude toward animals. The discoveries of biology have verified accounts of the natural world

---

5 Michał Książek, "Twarz klonu," *Przekrój*, no. 2 (2022): 136. All translations into English of previously untranslated works have been prepared by the author of the article.
6 Ibid.
7 Ibid.
8 Anita Jarzyna, *Post-koiné: Studia o nieantropocentrycznych językach (poetyckich)* (Łódź: Wydawnictwo Uniwersytetu Łódzkiego, 2019), 451.
9 Ibid., 444–46.
10 Ibid., 446.
11 Michael Marder, *Plant-Thinking. A Philosophy of Vegetal Life* (New York: Columbia University Press, 2013) 662–69.

using the logic of hierarchical dualisms.[12] Posthumanism abolishes the nature/culture opposition in favour of a multi-species – including inanimate nature and objects – collective.[13] However, it seems that it is still easier for humans to recognise the levelling of the ontological boundary with those non-human entities with which they share animalism, so-called spatial autonomy, and the ability to communicate through the articulation of sounds. It is only the discourse of the Anthropocene, which takes into account the entire spectrum of non-human biotic and abiotic entities, that paves the way for the – hitherto "silent and invisible" – plants.[14]

I will be showing how the poet's accomplished literary archaeology of names leads him to believe that there is a common pre-symbolic communicative plane. I would also like to transcend animality, to think – through the poet's inquiries – about the possibility of phytosemiotics. I think that phytosemiotics, to a greater extent than zoosemiotics, nullifies the temptations of linguistic tokenisation and the consideration of an acoustic or gestural form of communication, allows us to "go below" to more basic levels of communication.[15]

Zoobotanical nomenclature and taxonomy contribute to the exploration of the transition from pre-modern to modern culture. In *The Order of Things*, Michel Foucault presents the history of the formation of modern scientific discourse as a process of divergence of things and words on their example.[16] In pre-biological (i.e., pre-scientific) natural history, there was a parallelism between classification and naming, delimitation and designation. Taxonomies were created on the basis of comparing sensually graspable features of objects. The development of science meant that the elements discernible on the surface were no longer sufficient as a basis for species classification, based on the differentiation of these features,[17] and the ordering criteria began to provide internal, hidden features; then: "Name and genera, designation and classification, language and nature cease to be automatically interlocked."[18]

---

12 Justyna Tymieniecka-Suchanek, "Eto/biologia w dyskursie (zoo)semiotycznym," in *Biological Turn: Idee biologii w humanistyce współczesnej*, ed. Dobrosława Wężowicz-Ziółkowska and Emilia Wieczorkowska (Katowice: Wydawnictwo Uniwersytetu Śląskiego, 2016), 47.
13 Cf. also the tentacle metaphors of D. Haraway, B. Latour's actor-network, T. Morton's symbioticity (Donna Haraway, "Anthropocene, Capitalocene, Plantationocene, Chthulucene: Making Kin," *Environmental Humanities* 6 (May 2015): 159).
14 Katarzyna Szopa, "Rośl-inne myślenie, czyli przyczynek do 'plant studies,'" *Czas Kultury*, no. 1 (2015): 150.
15 So-called psychobotanical level. Tymieniecka-Suchanek, "Eto/biologia," 48.
16 Michel Foucault, *The Order of Things. An Archeology of the Human Sciences* (New York: Vintage Books Edition, 1994), 226–32.
17 Its expression is binominal nomenclature (common maple).
18 Foucault, *The Order of Things*, 230.

The formative model for communing with nature is, for Michał Książek, the traditional culture of the peoples of eastern Siberia, and therefore the system of indigenous knowledge.[19] His biography as a cultural scientist and family relations eventually merged with Siberia. The literary record of his stay there was the début *Yakutsk: A Dictionary of Place*. It is dominated by analyses of local spatial nomenclature. I will show by their example how Książek's onomastic reflection was formed. Each time the lexicographic record is linked to a genetic, historical and etymological analysis of the word: *oron* – place, lair, *sir* – place, place of clearing ice, lair under a larch tree, taiga, *uhuk* – blade, tip of a knife, tip of a needle, centre, *uhuktabyn* – the denominal verb "I wake up" ("like after a stab of light"[20]), *yllyk* – path, sledge skids, *kiin* – navel, centre. The name, therefore, refers to the circumstances of its creation or is juxtaposed with the most obvious point of reference, which is one's own body. Echoes of things can be heard in the words of vernacular language, unlike in modernity, language and nature have not (yet) ceased to fully intersect. Yakutian words carry the memory of materiality, they refer to the world from which they come. Such an approach corresponds to the concept of embodied knowledge. The features of the designators, the physical characteristics of the place, lent meaning to the names. Environmental causality is emphasised here.

The poet considers his next prose work *Route 816* (which leads along Poland's eastern border) to be the written song of Siberian nomads. In further works, he treats the names as indigenous knowledge does. Let us look at the botanical names. In the essay "Twarz Klonu" ["The Face of the Maple"] he wrote: "Nothing explained the strange name: klon [maple – trans.] [...]. The elm [wiąz – trans.] had to bind something [wiązać – trans.] [...], the ash [jesion – trans.] shone brightly [jaśnieć – trans.]. The maple was silent about itself, closed tight as its seed, deaf as a post. I couldn't get over the fact that it was called a common maple. It was not an apt name. Someone had made a mistake. I would prefer to say: 'maple extraordinaire.'"[21] The subject speaks from a child's perspective, which allows him to reach beneath the layer of scientific tarnish on the language and also see a natural connection between the name and the thing.[22] The conceptualisations are embedded in direct experience of physical processes – bonding, shining (e.g., silvery leaves). The lack of a natural motivation for the name causes

---

19 On the relationship between local knowledge-making practice and other "plant thinking," cf. Eduardo Kohn, *How Forests Think: Toward an Anthropology beyond the Human* (Berkeley: University of California Press, 2013).
20 Michał Książek, *Jakuck. Słownik miejsca* (Wołowiec: Wydawnictwo Czarne, 2013), 20–21.
21 Książek, "Twarz klonu," 136.
22 On the discrepancy between proper name and descriptor cf. Saul Kripke, *Naming and Necessity* (Oxford: Brasil Blackwell Publishers, 1980). To paraphrase the philosopher: in a system of indigenous knowledge, a name necessarily follows from the materiality of the designator.

confusion and triggers the desire to create a correct one from the maple's own experience. In a child's perception, the maple resembles a human body, an association motivated by the shape of the winged fruit, colloquially called 'noses' [noski – trans.]: "Of all the trees I knew at the time, the maple seemed the most human. It had fingers, hands, and a nose. [...]. Our biologies were never closer to each other than when, on my way home from school, I would stop under him and gather green 'noses'. I pasted them on the tip of my own nose, experiencing a strange satisfaction, a kind of personal unity with the maple."[23] The construction of the name is based on the mechanism of analogy, it results from the comparison of domains. This is how cognitive linguists explain the natural process of knowledge production: imaginative schemata, still pre-conceptual seeds of concepts,[24] arise from somatic experience, from everyday life. As Julia Fiedorczuk and Maciej Rosiński, writing about biosemiotics, noted "[S]chemata are characterised by meaning, they are an extension of the external environment into the interior of the mind and reveal the fragility [...] of the sharp dichotomy: organism/environment."[25] Here is drawn one of the paths that enable communication ("a kind of personal unity") between man and plant. The analysis of botanical names, which in Książek's case takes the form of renewing ossified conceptual metaphors, revitalises, restores the original connection between man and the rest of nature. Renewal is achieved by incorporating (zoo)botanical nomenclature into a new – poetic – context. I would add that this action resembles the evolutionary mechanism of adaptation to a new environment and highlights the entanglement, the diffraction of the meaning,[26] dependent on the parties to the nomination process. The metaphorical nature of language also has a lot to do with translatability, which is also, after all, about transferring from domain to domain. I believe that the poet's cross-cultural experience played a part in shaping his cognitive approach to -*onyms*.[27]

Translationality, conduction, as a property of the plant was pointed out by Michael Marder. *Plant-Thinking* first and foremost restores the plant to its body, from which it was previously uprooted by a metaphysical ontology that transforms the materiality of plants (animals, objects) into a discursive mechanism for producing anthropological difference.[28] Plants shatter the established order and

---

23 Książek, "Twarz klonu," 136.
24 Ronald W. Langacker, *Cognitive Grammar: A Basic Introduction* (Oxford: Oxford University Press, 2008).
25 Julia Fiedorczuk and Maciej Rosiński, "Metafory w każdym życiu: Fenomenologia, biosemiotyka, poezja," in *Po humanizmie: Od technokrytyki do animal studies*, ed. Zuzanna Ładyga and Justyna Włodarczyk (Gdańsk: Katedra, 2015), 223.
26 Barad, "Posthumanist Performativity," 803.
27 Especially since it was an encounter with culture, nature and languages that were radically different.
28 This mode of thinking is also present in the work of Donna Haraway (2015).

cease to be the ontological other of man, as well as the aesthetic other, the unacknowledged dark side. After all, what is latent, monstrous, mortal, necrotic, what we repress, is the essential basis of life, the life-giving humus. Taking a materialist approach, "[t]his grounding of man shows that the soil is the link between him and the plants."[29] *Plant studies* identifies yet a third dimension of otherness: plant heteronomy, i.e., non-individualisation, the fact that it is constitutive for a plant to relate to another. To quote Marder: "If vegetal being is to be at all, it must remain an integral part of the milieu wherein it grows."[30] The plant's growth vectors are multidirectional: phototrophic, geotrophic, rhizomatic. Planting and dying involves the absorption, conduction, processing and production by the plant of substances external to it: nitrogen, carbon dioxide, light, oxygen, organic carbon, carbohydrates, water, etc. Participating in the process of plant photosynthesis, chloroplasts are also newcomers – symbionts. The plant exists tentacularly, collectively, and especially in between, i.e., intermediately. This kind of plant otherness will be significant in my considerations, as it directs towards the practices of (bio)semiotics. The philosopher noted that in the processes of photosynthesis, the plant is "a medium of proto-communication between disparate aspects of the *physis*,"[31] communication understood non-symbolically, as a network of interactions.

Książek signs the aforementioned essay "The Face of the Maple" as "Advocate for Mosses and Lichens. Microphyll."[32] What draws attention in this declaration is not only the shortening of the distance and the focus on the details, but also the selection of specific organisms. Mosses and lichens are characterised by collectivity, entanglement and plexiformity, heterogeneity (in the case of lichens, a symbiosis of algae and fungi), adjacency (to what they overgrow), co-creation of plant communities (tundra) and plant formations (mosses – peatlands) and the effects of their decomposition processes, fertile humic pioneer layers and peat. Given the botanical nomenclature, and therefore the workings of language, the poet's self-definition as a spokesperson is significant. Performing this role involves two types of activities. First, he is the instance of appeal in a situation where someone's rights and freedoms are violated, the one who helps enforce justice (e.g., the defence of the Białowieża Forest). Secondly, a spokesperson is one who speaks on behalf of someone else, most often some collective, not usurping this

---

29 Andrzej Marzec, *Antropocień: Filozofia i estetyka po końcu świata* (Warszawa: PWN, 2021), 109. (Haraway's: "we are the children of compost.")
30 Marder, *Plant-Thinking*, 69.
31 Ibid., 669.
32 Książek, "Twarz klonu," 136.

right, but, on the contrary, being called to this activity.[33] We may wonder about the sources of the poet's certainty about the legitimacy of this vocation. I think the justification for advocacy in the second sense is advocacy in the first sense. In order to assign responsibility (in this case for the damage caused to nature), some form of subjectivity is needed. The minimal, embryonic way for non-human actors to exist in the human world is through naming which, admittedly indirectly (through a spokesperson), nevertheless enables them to manifest themselves. The more accurate, more precise and distinguishing this non-human subject's name, the more precise is the attribution. This is the fundamental reason for the high frequency of common and professional names of plants, animals, and fungi in Książek's poetic lexicon.

If the taxon names derived from the language of scientific classifications do not become a tool of anthroponormative violence, it is because, as Jarzyna noted in the spirit of hermeneutics, they realise the need to interact with the non-human actor as a second partner. In the environmental humanities, we are more likely to say that animal or plant personifications ("the face of the maple") arise due to the fact that humans have a biologically determined need to recognise individualised examples; in their social life individual signatures are an important stimulus of adaptive importance. I see here the possibility of framing the human practice of nomination from a non-anthropocentric perspective, as simply part of a shared human-non-human world, an *umwelt*, in which organisms realise their diverse needs. For the human animal, it is the need to communicate face to face. Another – though common to living organisms – is the need for security. The locative, or more precisely indicative function of botanical names is indicated by the words of the poem-apostrophes to wild geese: "Please show me the north / To go and speak the names / of tares, lily of the valley, marsh cinquefoil, mullein."[34] These names of fairly common plants of temperate climates allow the subject to orient himself in his own world, to recognise it as safe and familiar. At the level of language, the equivalent of this individualisation is a proper name, a first name. As I have already mentioned, in Książek's work the functional substitutes of proper names are taxonomic names: marsh columbine, hare's sorrel, field elder, bologna bellflower, shagbark spurge, mulleins: cutleaf and purple, branch arachnid, bladderwort, yellow pincushions, dog chamomile, meadow goatgrass, sorrel, grass, mosses: haircap and mountain fern moss, dandelion, couch grass, etc.

---

33 In various jurisdictions there is the function of the environmental/animal ombudsman. A new practice is the legal empowerment of non-human entities, such as rivers or ancestral territory.
34 Michał Książek, *Północny wschód* (Białystok: Fundacja Sąsiedzi, 2017), 7.

An overview of the linguistic material in Książek's writing allows him to distinguish several classes within the botanical nomenclature he uses. These will include common names of plant taxa, taxonomic hypernyms, professional names – Polish and Latin uni- and binominal botanical nomenclature, names of syntaxons (i.e., communities, bio- and phytocenoses), nomenclature related to plant ecology and geography (e.g., their ranges), tissue and morphological names, names of processes related to growing and dying, plant physiology. The tendency toward particularisation prevails, so there is an apparent almost abandonment of hypernyms (botanical terms with the highest degree of generality: tree), and taxon names prevail. They perform, like the naming of animals, the usual identification-differential functions for -onyms. There is an aesthetic (euphonic) motivation, is Jarzyna's observation, in invoking Latin nomenclature (*Larix dahurica*, *Betulis pubescens*), although the frequency of Latin botanical names is much lower than zoonyms. In an era of disappearance of common knowledge about nature, and at the same time loss of biodiversity, -onyms also serve to rescue.

I would like to draw attention to those ways of talking about nature that hinder anthropomorphisation, that is, to names of impossible to individualise – even metaphorically – communities. An analogous class of nomenclature does not occur in Książek's works in relation to animals. When discussing animals, Książek uses species names primarily for individual identification purposes. This is because the naming of communities exposes what is constitutive of plant being: multiplicity, modularity, lack of a central management system (brain), collectivity, relationality, interconnectedness, fuzziness of boundaries. Noteworthy are the names describing phytocenoses (systems of competing and interdependent plants, linked by habitat), biocenoses (also includes animals) and biogeocenoses – ecosystems (taking into account abiotic factors in addition). They represent both remnants of natural and semi-natural nature (old-growth forests, bogs) and transformed nature (maple avenue, cemetery oaks, pasture), as well as the so-called "fourth nature of the wasteland,"[35] for the author of *Jakuck* has no naive illusions about the "purity" of nature, his ecology is Mortonian, dark; for example, in birds' nests he recognises "moss, threads, down, cobweb and horse hair" and shreds of foil.[36] The philosophical term hyperobject is not part of the biological nomenclature, but in the era of the Anthropocene it is the one that perhaps best expresses the entangled status of the communities made literally present by Książek. For example, the text *Dung* says: "Farmers and cattle ranchers are particularly aware of the inevitability of decay. [...] This would

---

35 Ingo Kowarik, "Cities and Wilderness: A New Perspective," *International Journal of Wilderness* 19, no. 3 (December 2013): 32–36.
36 Michał Książek, *Droga 816* (Białystok: Fundacja Sąsiedzi, 2015), 47.

explain the freedom with which the peasants disposed of their garbage. Perhaps they believed that the packaging and bottles would rot, disappear like old potatoes or manure in a field. And the fact that it would take a little longer was of no consequence."[37] The model hyperobject is the Siberian permafrost.

The choice of names for phyto/bio/geocenoses is, of course, determined by the author's journeys on *Droga 816*. Thus, these will be mainly boreal forest complexes, coded by the title of the poetic volume *North-east* – the forests of the eastern borderlands of Poland, and taiga forests. Thus, forests, oaks, alders, marshes, swamps, swampy meadows, grasslands, fields, forest edges, pastures, undergrowth, and xerothermic grasslands appear. Descriptors of these groupings are usually developed as a series of enumerations of the names of the constituent species: "The old forest was formed by pines, oaks and cherry trees,"[38] and so in the convention of natural science – an enumeration of the distinguishing species of a given community. However, the inclusion of plants as a collective allows the author to reflect yet another order of nature other than the captivating, classificatory one, this time the relational and limitotrophic[39] "order" of nature. The forest community appears to Książek as a collective organism of trees and other plant and animal species linked by a network of interdependencies, a hylocenosis: "In the forests [...] a small bark beetle [...] in the trails chewed into the wood grows mushrooms, which he and his large family feed on."[40] A synecological view of plants takes into account their multiple external connections and internal complexities, and unveils plant heteronomy. Plants framed as collectivities in relationship with others are sympoietic (kincentric) communities, as Donna Haraway wrote. These are systems that produce collectively, tentacle-like, intertwined, limitless (because they are conductive), sharing living and dying, allying with each other because their survival and evolution are conditioned by cooperation.

> The view, called an alder, unexpectedly combines two environments, two landscapes: lake and forest. In it, trees grow on islands surrounded by water [...]. They are usually alders or ash [...]. The islets are covered with sylvan vegetation: mosses, ferns, lichens, hare's sorrel, and between them, in the swamp, swampy vegetation just like this: cinquefoil, tussock, dogwood and iris. The alder carr takes on a special form when the water comes down and exposes expanses of silt and mull humus, in which you can sink up to your armpits. Forest meets swamp, habitats intermingle, creating a new place – an alder carr. Liquid and muddy, it spills over the view and often soaks into the surrounding spruce trees, spreading out making the primeval forest look like one big border of

---

37 Ibid., 83.
38 Ibid., 25.
39 Jacques Derrida, *The Animal That Therefore I Am*, ed. Marie-Louise Mallet, trans. David Wills (New York: Fordham University Press, 2008), 29–31.
40 Książek, *Droga 816*, 126.

several communities in places. Environmentalists call it an ecotone. Syncretism, eclecticism, confusion. [...] And I caught life red handed. A male middle-spotted woodpecker sat on a female, a willow apex bud burst in my mouth, and I noticed a blooming alternate-leaved golden-saxifrage under my feet. [...] I caught death in the act: an owl, an owl smaller than a hand, hooted into a hollow, something that was still alive, the trunk of the oak banged under my weight, I fell up to my navel, and from inside the giant burst decay and dust, the stench of rot, swamp and decay spread.[41]

Note that the human subject remains incorporated into this world, inseparable, co-creating a human-non-human community. The distancing words – *view, landscape, I caught,* are balanced by those conveying the position of the subject within – sunk in a swamp, in the scarred trunk of an oak tree, the human subject is one of the associated species. Activated here, in addition to vision, from close range senses – smell, taste, touch and proprioception. They bring the possibility of biocommunication with organisms of a different degree of complexity and different perceptual apparatus from humans, such as insects, worms, plants, and fungi. Shifting to a non-symbolic system of communication – sensory – facilitates a sense of community with plants, animals, and fungi, as, for example, in the poem *Facing the Oak,*[42] where we read: "It's as strong [...] as if I knew the root map / From fungus larvae and earthworms." It is no coincidence that Książek refers to coprolitic organisms and destructor/reducer organisms (fungi and root bacteria), which break down dead matter into mineral compounds – the building blocks of life. By descending to the molecular level in the experience of reality, a sense of bio-community becomes possible as the kinship between humans and other organisms through their sharing and exchange of the same building material – in the work in question, he confesses: "I almost remember / As you were the earthy humus / And I right next to you in atoms bound."

A characteristic ploy of the poet is to refer to the manifestations of the cycle of life and death: naming the physiological processes of plants associated with growing and dying (the peculiar movement of plants), naming the tissues and organs involved in these processes, also in the context of the entropy of human existence, as in the poem *Passing Away*[43]: "Apical meristems – be responsible for growth. / Cork tissues – cover the trees with an ever thicker layer. / Petioles – separate boldly." The poem ends with the declaration "I give my consent. / I give my written consent / to the passing," and no doubt this is consent to the passing of man as well. Going below the individual level, ceasing to think of the subject in terms of the individual and identity in favour of the collective and sharing serves the poet to suggest the unity of life based on matter. Naming of collective cate-

---

41 Ibid., 170–71.
42 Książek, *Północny wschód*, 17.
43 Michał Książek, *Nauka o ptakach* (Białystok: Fundacja Sąsiedzi, 2014), 25.

gories *de facto* serves an-onymisation. Diffusing into a plant or gaining a plant's perspective, as in the phrase from the poem *Thirty-six Times*[44]: "my eyes are good to see / winter green," consequently removes the subject as representative of a particular species (homo sapiens), displacing him to the interior of the tangled natural world. In this context, it is worth revisiting the poet's declared role as an "advocate for mosses and lichens," courting justice for the victims of ecocide – and asking on whose behalf? In the line *Blockade in Ward 338*,[45] documenting the annihilation of the Białowieża Forest, the following words are said: "The harvester is made of metal and noise. The operator says: get the fuck out of here weirdo / But herbs, mosses and trees don't have muscles. And fungi merely spores. [...] / We're not going anywhere." The inclusive grammar of the collective self suggests that Książek moves to a posthumanist position, relinquishes his human voice and subjectivity, and thus speaks not on behalf of non-human nature, but on behalf of all nature, including – at the molecular level – his own. Entering into an alliance with the akinetic, in addition, pioneering and necrotic organisms, it suggests its own residual, compost-like persistence with them, which will become the basis for the re-creation of matter, and thus the recovery of agency.

In the context of nature's agency, it is still worth mentioning the names of synanthropic ruderal plants and indicator plants. Synanthropic plants accompany man by colonising places stripped by him of their original vegetation. Witnessed in Książek's work, ruderal communities grow on transportation routes, debris left over from human settlements, rubbish dumps, and burial sites. They are indicators of transformative human activity, embodying the memory of it. Moreover, growing in places left behind by humans, abandoned farmyards, cemeteries, they dispose of, incorporate the material (not only) human remains into their bodies: "Well, and pines, *Pinus silvestris*. When they couldn't manage to bury [the bodies of those exterminated at Sobibor], they burned the corpses on grates, and the coals from the burning were bound by the surrounding trees. Thanks to this, they flourished and grew."[46] Their time scale – sometimes as individuals (trees), and always as collectives – precedes and exceeds the human scale ("flower plant era").[47] Their body incorporates and associates human bodies. Synanthropic plants become entangled with humans and other actors in causal entanglements, depending on them and making them independent, such as the birdweed, "a trampling-resistant witness to travel, which grows by the railway tracks. One of its folk names is 'podorożnik' [traveller – trans]. The

---

44 Ibid., 21.
45 Książek, *Północny wschód*, III page of the cover. The title branch is the economic area of the forest.
46 Książek, *Droga 816*, 63.
47 Ibid., 137.

frequent occurrence of knotweed along roads and rural trails was of no small importance in its journey to the southern hemisphere, where once it did not occur."[48] Indicator plants, on the other hand, are plants that allow the determination of syntaxonomic ranges, that is, the geographic extent of a given phytocenosis. Phytocenosis, in its material geographic location and in terms of nomenclature, is indicated by the occurrence of a particular plant species or their complex (e. g., xerothermic grasslands, peat bogs, and alder carrs). I propose to recognise in this class of naming the practice of biosemiotics, an echo of prediscursive acts of nomination arising from localised – in this case, in plant bodies – indigenous knowledge.

Bibliography

Barad, Karen. "Posthumanist Performativity: Toward an Understanding of How Matter Comes to Matter." *Signs. Journal of Women in Culture and Society* 28, no. 3 (Spring 2003): 801–31. https://www.journals.uchicago.edu/doi/10.1086/345321.

Derrida Jacques. *The Animal That Therefore I Am*. Edited by Marie-Louise Mallet, translated by David Wills. New York: Fordham University Press, 2008.

Fiedorczuk, Julia, and Maciej Rosiński. "Metafory w każdym życiu: Fenomenologia, biosemiotyka, poezja." In *Po humanizmie: Od technokrytyki do animal studies*, edited by Zuzanna Ładyga and Justyna Włodarczyk, 211–40. Gdańsk: Katedra, 2015.

Foucault, Michel. *The Order of Things. An Archeology of the Human Sciences*. New York: Vintage Books Edition, 1994.

Haraway, Donna. "Anthropocene, Capitalocene, Plantationocene, Chthulucene: Making Kin." *Environmental Humanities* 6 (May 2015): 159–65. DOI: 10.1215/22011919-3615934.

Jarzyna, Anita. *Post-koiné: Studia o nieantropocentrycznych językach (poetyckich)*. Łódź: Wydawnictwo Uniwersytetu Łódzkiego, 2019.

Kohn, Eduardo. *How Forests Think: Toward an Anthropology beyond the Human*. Berkeley: University of California Press, 2013.

Kowarik, Ingo. "Cities and Wilderness: A New Perspective." *International Journal of Wilderness* 19, no. 3 (December 2013): 32–36. https://www.researchgate.net/publication/259389620.

Kripke, Saul. *Naming and Necessity*. Oxford: Brasil Blackwell Publishers, 1980.

Książek, Michał. *Droga 816*. Białystok: Fundacja Sąsiedzi, 2015.

–. *Jakuck. Słownik miejsca*. Wołowiec: Wydawnictwo Czarne, 2013.

–. *Nauka o ptakach*. Białystok: Fundacja Sąsiedzi, 2014.

–. *Północny wschód*. Białystok: Fundacja Sąsiedzi, 2017.

–. "Twarz klonu." *Przekrój*, no. 2 (2022): 136–37.

Langacker, Ronald W. *Cognitive Grammar: A Basic Introduction*. Oxford: Oxford University Press, 2008.

---

48 Ibid., 108.

Marder, Michael. *Plant-Thinking. A Philosophy of Vegetal Life*. New York: Columbia University Press, 2013.

Marzec, Andrzej. *Antropocień: Filozofia i estetyka po końcu świata*. Warszawa: PWN, 2021.

Roszczynialska, Magdalena. "Dendrofilia: Literatura wrażliwa na drzewa (o twórczości Michała Książka)." *Białostockie Studia Literaturoznawcze*, no. 16 (2020): 7–33. DOI: https://doi.org/10.15290/bsl.2020.16.01.

–. "Poetyka aktywnej wrażliwości Michała Książka (w dobie antropocenu)." In *Twórczość Wiesława Kazaneckiego oraz laureatów Nagrody Literackiej jego imienia*, edited by Marek Kochanowski and Katarzyna Sawicka-Mierzyńska, 151–69. Białystok: Wydawnictwo Uniwersytetu w Białymstoku, 2020. http://hdl.handle.net/11320/10102.

Szopa, Katarzyna. "Rośl-inne myślenie, czyli przyczynek do 'plant studies.'" *Czas Kultury*, no. 1 (2015): 150–55.

Tymieniecka-Suchanek, Justyna. "Eto/biologia w dyskursie (zoo)semiotycznym." In *Biological Turn: Idee biologii w humanistyce współczesnej*, edited by Dobrosława Wężowicz-Ziółkowska and Emilia Wieczorkowska, 47–62. Katowice: Wydawnictwo Uniwersytetu Śląskiego, 2016.